朱瑞兆应用气候论文集

朱瑞兆 编著

U0247121

中国计划出版社

图书在版编目（ＣＩＰ）数据

朱瑞兆应用气候论文集 / 朱瑞兆编著. -- 北京 ：
中国计划出版社，2019.8
ISBN 978-7-5182-0967-5

Ⅰ．①朱… Ⅱ．①朱… Ⅲ．①应用气候学—文集
Ⅳ．①P46-53

中国版本图书馆CIP数据核字(2018)第283385号

朱瑞兆应用气候论文集
朱瑞兆　编著

中国计划出版社出版
网址：www.jhpress.com
地址：北京市西城区木樨地北里甲 11 号国宏大厦 C 座 3 层
邮政编码：100038　电话：（010）63906433（发行部）
新华书店经销
北京虎彩文化传播有限公司印刷

787mm×1092mm　1/16　28.25 印张　795 千字
2019 年 8 月第 1 版　2019 年 8 月第 1 次印刷

ISBN 978-7-5182-0967-5
审图号：GS（2019）1139 号
定价：98.00 元

前　言

我 1997 年退休，退休前一直为国家计委新能源处（后改属国家能源局）提供全国风能、太阳能资源分布、区划和储量等资料，作为我国风能、太阳能发展和规划的参考，我还参与规划等研讨工作。

1999 年计委同志告诉我，计委系统成立的"北京计鹏信息咨询有限公司"欲聘我为顾问，我想：我搞了十多年风资源的研究，退休后还能再为祖国新能源发展尽自己微薄之力是一件幸福的事，就这样我成了计鹏公司的顾问。

天地悠悠、岁月匆匆，不觉在计鹏公司走过了近二十个春秋，我已入耄耋之年，多次提出不再做顾问了，却被公司领导一次次挽留，这主要是我们之间相处和谐、相互信任，更重要的是计鹏公司创造的企业文化的作用，我记得其中有句话"感恩之心做人，敬畏之心做事"。正是他们对我的尊重、照顾、关怀，使我感到很欣慰，也愿意同计鹏人一起工作。

计鹏公司领导决定为我出版论文集，开始我不同意，在他们的坚持下，我就同意了。由于我在工作期间没注意收集发表过的论文，仅从已保留的论文中整理出这个文集，因篇幅关系，没有收录英文版论文，如 1993 年 12 月香港第三届亚太风工程会议论文、1982 年华盛顿世界气象组织第八届气候委员会会议论文、1991 年中苏应用气候研讨会会议论文、气象学报英文版等，我担任《Boundary-Layer Meteorology》编委十多年的书评也未收录。

关于本论文集书名中的"应用气候"一词，其源于 1977 年世界气象组织第七届世界气象大会决定制订"世界气候计划"。1979 年第八届世界气象大会确定了世界气候计划分为气候资料计划、气候应用计划、气候影响计划和气候研究计划四个子计划，并阐明其研究任务和方法。1987 年正式编制出《世界气候计划（1988—1997）》，说明了计划目的、目标和进度，随后各国制订了相应计划。中国于 1987 年成立了国家气候委员会，对应世界气候计划成立了四个分委员会，并增加一个"热带海洋和全球大气专业委员会"，我参与了其中的气候应用分委员会计划的编写。在我国，习惯上将"气候应用"称为"应用气候"，故本文集沿用此名。

最后，我衷心感谢计鹏公司创始人以及李昕、周哲、任鹏、高赟等领导，他们不但给我提供了为中国风电事业继续服务的工作平台，而且在工作中对我尊重、照顾，还非常关心我的身体健康，使我铭记在心，诗经有句话："子兮子兮，如此良人何!"我只能在心里默默地祝愿计鹏公司砥砺奋进，为中国新能源事业的发展作出更大贡献。同时还感谢王富雷同志帮我整理稿件、编目以及联系出版等事宜。

朱瑞兆

2019 年 5 月

目　　录

第一篇　应用气候的意义

第二篇　风能太阳能资源研究

第三篇　风　压　研　究

第四篇　城市与气候

附　　录

第一篇
应用气候的意义

应用气候学的意义、内容和特点*

朱瑞兆

（中央气象科学研究所）

应用气候学是气候学基本理论结合生产或国防各部门的具体需要而发展起来的。到现阶段应用气候学中已形成了一些专门学科，如工业、农业、建筑、水利、交通通信、海洋、航空、大气污染和医疗卫生等。

应用气候学近二十几年来发展较快，但各国很不平衡，同时在内容和侧重方面各国也不完全一致，有些应用气候学科已经发展庞大，如农业气象学、海洋、航空、大气污染等在有的国家已作为独立学科，不再作为一般应用气候的内容。

在我国，1949 年后，气候工作配合了国家社会主义革命和社会主义建设，开展了专业服务，并进行了一些问题的研究，尤其在 60 年代中期以后，在全国普遍开展了军事气候志和气候考察方面的工作。我国应用气候的最大特点是密切结合社会主义建设的实际开展分析研究。二十多年来，我国的应用气候工作积累了丰富的经验，需要我们科学地加以总结，并在今后的实践中继续提高。

一、应用气候学的意义

1. 应用气候学能为国民经济建设达到经济、适用、安全提供有关参考数据。应用气候学研究出的一些指标值，如风压、雪压、采暖通风温度、暴雨强度等，如合理利用，就会在建设中给国家节约大量的财力、人力和时间；如果没有合理利用，就会影响建筑工程的安全，引起不必要的损失。

2. 应用气候学与天气预报的区别：一个城市的规划、一个工厂的布置，甚至于一个烟囱的设计，无不考虑气候指标值，往往由于没有这些值就不能设计和施工。而天气预报则只是在施工或操作过程中需要考虑的气象条件。应用气候学是长期天气气候观测、预报、资料分析概括的结果，带有长期规划性、战略性。应用气候学与天气预报在实际应用上也是不同的，例如：

（1）1965 年 11 月 1 日，英国约克郡的费尔桥，三个冷却塔（塔高 114.3m）在大风中倒塌，其原因是由于设计的错误，风压取值比英国风荷载规范规定的值低 24%。这一事故影响到英国的风压取值方法，由原来的 1 分钟平均风速改为 3 秒钟平均风速，世界上也有增加风压取值时距的趋势。

（2）1940 年 10 月 7 日，美国华盛顿州的塔康马（Takama）悬桥，在风荷载的动力作用下，

---

* 本书收录在《全国应用气候会议论文集》，科学出版社 1977 年版。

该桥崩毁。桥长 1662m，是世界上最大悬桥之一，故该桥崩毁后，世界工程界震动很大。

（3）我国抚顺等城市，由于新中国成立前工业区不合理的布局，因而使一部分居住区经常受到工业企业排出烟尘的影响。

这些例子都是由于忽视了气候条件，至少是部分地忽略了气候条件，而出现了人命财产的损失。因此，若违背了气候特点，不可避免地会造成巨大损失。这时，天气情报与天气预报即使是正确的，也无法补救这种损失。

二、应用气候学的内容

国民经济建设的日益发展对应用气候学的研究提出了新的要求，气候学为国民经济建设服务的某些方面已发展成为独立的学科，如农业气象学、航空气象学、海洋气象学等，这些学科在有些国家就不包括在应用气候学范围之内。现就当前情况，大致将相关专业与气候的关系列图表示（见图 1~图 6）。

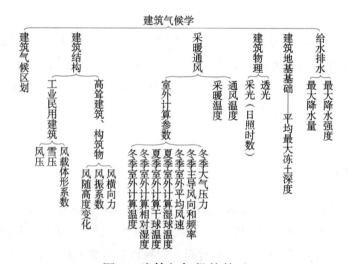

图 1　建筑与气候的关系

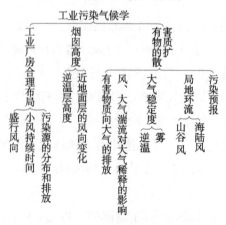

图 2　工业污染与气候的关系

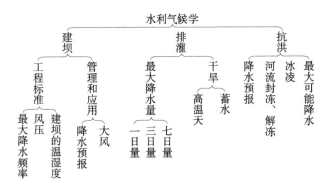

图 3　水利与气候的关系

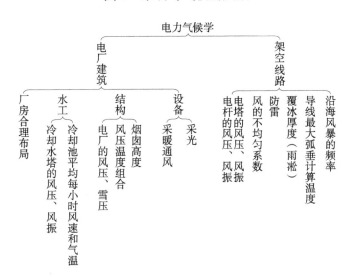

图 4　电力与气候的关系

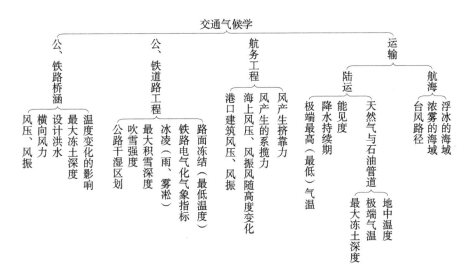

图 5　交通与气候的关系

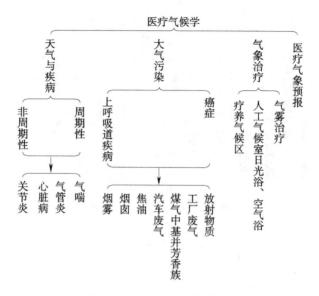

图 6　医疗与气候的关系

三、气候应用学的特点

从以上内容可以看出，应用气候学的特点是范围宽广、内容复杂、要求严格、发展快速、变化多样。但是仔细分析后大致又可分为两类情况：一类是使用单位直接从气象报表中查得就可以应用，如盛行风向、最大冻土深度、平均温度等；另一类是要经过研究后才能应用，如风压、风振、风随高度变化、雪压、暴雨强度、冰凌等。前者为气候资料服务，后者需要一定的气候研究。我们主要讨论的是后者。

从以上庞杂的气候服务中又可抓主要矛盾，分清轻重缓急，有重点开展工作。从以上内容还可看出，除医疗气象外，风的研究贯穿着各个专业；其次是降水（包括雪、雨凇）和温度。此外，关于气候资源利用的研究主要是太阳能和风能。

太阳每秒钟所放出的热量相当于烧 11.6 万亿 t 煤所发出的热量。这个热量是向四面八方辐射的，达到地球的能量仅二十亿分之一，即相当于每小时燃烧 1988 万 t 煤所发的热量。太阳所射到地球上的总能量，相当于 1730 亿 MW，是目前全世界全部发电厂发出能量总和的 1.8 万倍。

人们可以利用的风能，仅按近地面一二百米之内的能量估计就有二三百亿千瓦左右（为全部风力的 1%~2%），远远超过全球每年可利用水能和目前每年开采出来的各种燃料能的总和。我国对风能的利用已有悠久的历史，但对我国风力蕴藏量的研究却很少。

为了充分节约煤炭、石油等贵重燃料和防止大气污染，积极地开展对于太阳能、风能资源利用的研究，具有一定意义。

关于医疗气候的研究在国内发展较快，特别是 60 年代中期以后，有人专门研究气象与疾病的关系。

应用气候研究进展

朱瑞兆

（中国气象局气象科学研究院）

"七五"期间应用气候研究组承担国家科技攻关"75-21"项目中两个子项，即"被动太阳房设计手册"和"最佳风场和风特性研究"；国家自然科学基金项目"京津冀晋地区水分平衡与经济发展的研究"；国家气象局气候基金项目："太阳能、风能数据库研究""不同气候区城市气候研究""城市气候数值模拟研究"，还有"国家建筑荷载规范""采暖通风和空调规范"等研究工作。这些研究工作都按计划完成了任务，研究成果已为有关单位所采用，取得了良好的经济效益。

一、太阳能的研究

太阳能资源研究，在全国 7 个站（北京、郑州、烟台、济南、成都、昆明、广州）进行了为期一年的光合有效辐射资源的观测。发现无论是小时累计量，还是正点瞬时量，光合有效辐射与总日射的比值为一定值，在 0.42~0.43，据此可以推算出任何地区的光合有效辐射资源[1]。

利用直接日射历史资料，研究了国内各地气溶胶浑浊系数的分布情况，借此了解大范围大气污染情况。

为了简便日辐观测的计算，给出了一套太阳赤纬、日地距离订正系数和时差的简便计算公式，其准确度比世界气象组织地面观测指南中推荐的公式要高得多，还研究了滤光片透射系数的直接测定[2]。

在国家自然科学基金的支持下，对总日射表倾斜响应进行了研究，倾斜的响应具有方位效应和辐照水准效应，研究结果不仅对太阳能利用中倾斜情况下的辐射测量是重要的，对气象观测地表反射比的测定也有实际价值。此外，还发现总日射表具有热滞后效应等[3]。

根据太阳能的作用，进行了被动太阳房的区划，为优先开发利用提供了依据。

二、风能资源研究

在我国风能资源和风能区划研究的基础上[4]，对风电场（风力田）选址、风力资源潜力和风能资源数值模拟进行了研究。

（一）风电场选址

以辽宁大鹿岛为基地，并在天津渤海沿岸进行距海不同距离的风速增减情况的观测，分析不同地形下风的变化规律。如大鹿岛在不同地形下风速可相差1倍，在同一观测点风向不同，风速也可相差1倍或1倍以上，这些差异，主要是地形造成的。渤海沿岸设了两组观测站，1组距海岸垂直距离为0~8.6km，2组为0~54.2km，得出两组方程。

1组为

向岸风　　　　$y = -0.033x + 1$

离岸风　　　　$y = -0.020x + 1$

2组为

向岸风　　　　$y = [1.930 / (x + 4.795)]^{0.656} + 0.45$

离岸风　　　　$y = [8.018 / (x + 14.071)]^{0.766} + 0.35$

式中：y——所在点风速与标准站的风速比；

　　　x——所在点的距海距离（km）。

（二）风能开发利用潜力评估

根据全国800余站的多年逐时测风资料，计算了各站的Weibull参数的形状参数k和尺度参数c的全国分布图。利用k、c参数结合各种大、中、小型风力发电机的参数，可计算出各地各种风力机的潜力，也称风力机的容量系数（capcity factor）F_c[4,5]，即

$$F_c = \overline{P} / P_r$$

式中，$\overline{P}$为风力机实际平均输出功率，其公式：

$$\overline{P} = \int_0^{V_0} + \int_{V_0}^{V_1} + \int_{V_1}^{V_2} + \int_{V_2}^{\infty} [P(v) p(v) \, dv]$$

式中：V_0——切入风速；

　　　V_1——额定风速；

　　　V_2——切出风速；

　　$P(v)$——风力机输出功率；

　　$p(v)$——风速概率密度函数；

　　　P_r——额定功率。

F_c是衡量一地风力机安装潜在输出能力的评价指标。

（三）山区和复杂地形风能资源模拟

山区风能资源模拟，是以地形坐标系中的水平无辐散关系作为约束条件，在变分的意义下对客观分析获得的风场进行调整。计算中对风场进行了自然正交展开，可大大地减少无辐散调整次数[6,7]。以内蒙古乌盟南部山丘地带气流的模拟为例，该地区有6个观测点，在验证时不包括其中1个或2个点，计算值与实测值的误差为-1.0~2.0。这表明，这种方法可以得到一定精度的山区风能估计值。

复杂地形风场数值模拟及试验，运用一层σ坐标下的中尺度模式。它是给定天气尺度的高度和温度场后，积分地面水平运动方程和温度方程到稳定状态，可诊断由复杂地形强迫

产生的地面风场和温度场。以此为初始场，加入非绝热强迫项，再积分模式至规定时间，得到模式的输出风场。对辽东半岛复杂地形的地面流场进行诊断模拟，验证其模拟能力。将模拟图与实测风场图对比（见图1、图2），两者大致相当。所以从这个模拟结果来看，该模式能较好地模拟出中尺度流场，对一些局地环流细致特征，如绕流、汇合、狭管效应等都有一定的模拟能力。

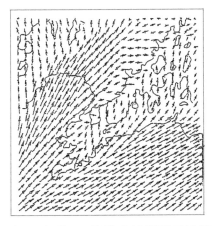

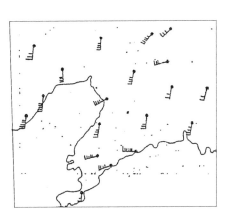

图 1　积分 6h 的输出计算模拟风场　　图 2　1985 年 10 月 21 日 14 时地面实测风场

（四）太阳能、风能利用区划

我国冬季风能丰富、夏季太阳能丰富两者可以相互补充，结合我国的气候特点，尽可能有效利用这两种能源。根据以上特点，我们把全国分为 13 个大区，31 个副区[8]。

三、建筑气候研究

（一）城市规划与气候的研究

在过去的城市规划中，工业区布置在主导风向的下风向，居住区在其上风向，这样污染物对人的影响最小。此原则对非季风气候区域是较合理的，但对季风气候国家是不适用的，因为季风区内，冬夏风频相当而风向相反，冬季是上风向，到了夏季便变为下风向。所以在季风气候区域内，必须采用最小风向频率这一概念，因为从最小风频风向吹来的次数最少，因而污染的机会也最小。故应将那些向大气排放有害物质的工业企业，按当地最小风向频率，布局在最小风向频率的上风方向，居住区在其下风向。

在城市规划中还要考虑风速，通常利用污染系数即为某一方向风向频率（D_F）除以相应风向的平均风速（$\overline{V'}$），但这样分子是无因次的，分母是有因次的，两者不便比较，我们改进为

$$污染系数 = \frac{D_F}{\overline{V'}/\overline{V}}$$

式中，$\overline{V}$ 为平均风速，这样分子分母都是无因次量。

(二) 建筑风压研究

为了将各种风速换算为统一标准，建立了一系列风速观测时距的关系，根据全国几百个自记风速资料，建立的关系式如自记 10min（y）与定时 2min（x）关系：

$$y = 0.78x + 8.41$$

自记 10min 与瞬时风速（x）关系：

$$y = 0.65x + 5.00，陆地$$

$$y = 0.75x + 1.00，海上及沿海$$

风压要求的风速是 1/30 或 1/50 的重现期风速，利用极值 I 型分布函数计算的。

$$F(x) = e^{-e^{-\alpha(x-\mu)}} \qquad (-\infty < x < \infty)$$

式中：α——常数；

μ——极值分布众数，为待定参数，它与分布的标准差和平均值有关。

高层建筑还需要 50m 以上的风压，我们根据国内外的实测资料，确定采用指数律：

$$V_n = V_1 \left(\frac{z_n}{z_1} \right)^{\alpha}$$

式中：V_n——高度 z_n 处的风速；

α——指数。

根据我国实际观测资料，在海面、沿海及沙漠 α 取 0.12；乡村、小镇 α 取 0.16；大城市 α 取 0.20。

四、城市气候研究

(一) 城市热岛的变化

城市热岛与人口密度有高度相关关系，以我国温带城市为例（见表 1）。

表 1　我国温带城市热岛与人口密度的关系

城市名	气候区域	城市面积（km²）	城市人口（万人）	人口密度（人/km²）	城乡年平均气温差（℃）
北京	北温带亚湿润气候区	87.8	239.4	2725.4	2.0
沈阳	中温带亚湿润气候区	164.0	240.8	1468.0	1.5
西安	中温带亚湿润气候区	81.0	130.0	1600.0	1.5
兰州	中温带亚干旱气候区	164.0	89.6	546.3	1.0

利用卫星遥感诊断城市热岛，由图 3 可见，热岛结构形状与城市建设规模基本一致。

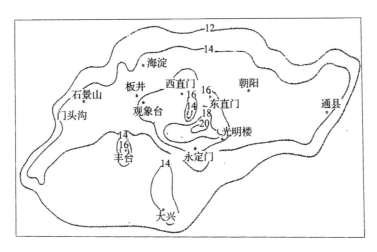

图3 卫星遥感北京热岛（℃）

（二）城市气候模式研究

建立一个三维线性定常城市边界层气候解析模式，考虑城市地面人为加热因子和边界层热力输送过程，使用富氏变换反演法对模式方程组求出形式解，再结合实际的城市气候资料进行分析和计算，得到温度场和风场分布特征的初步结果。结果表明在边界层低层位于城区上风处对应着下沉运动，下风处于应着上升运动，在边界层上层热岛减弱并消失；垂直运动也减弱。这对于从理论上认识城市热岛、城市风场分布的基本特征及其影响因子有重要的意义。

五、医疗气候研究

主要对急性心肌梗塞发病气象条件进行了研究。发现冬半年是该病的高发期，这与冷锋过境和大风降温天气有关。

根据北京1977—1979年逐日发病资料对应地面天气图和700hPa、850hPa高空天气图，在冷空气侵入、暖空气侵入和低压发展时，发病率显著增多，称为激发型；在单一的高、低压控制下，发病率明显减少，称为缓和型。

激发型全年出现次数较少，仅占全年的35%，而缓和型则占全年的65%。尽管激发型天气过程出现次数较缓和型少，但此类天气对发病率影响却很大，在全年发病高峰日中有89.2%是受激发型天气影响所致[9]。

参 考 文 献

[1] 王炳忠，税亚欣. 关于光合有效辐射的气候学计算问题 [J]. 太阳能学报，1988（1）：61-67.

[2] 王炳忠. 关于滤光片透射系数的直接测定 [J]. 太阳能学报，1988（3）：108-114.

[3] 王炳忠，葛洪川，邸乃力，等. 总日射表倾斜效应的研究（1）——实验装置及结

果 [J]. 太阳能学报, 1991 (2): 214-224.

[4] 薛桁, 朱瑞兆. 我国风能开发利用及布局潜力评估 [J]. 太阳能学报, 1990 (1): 1-11.

[5] 朱瑞兆. 我国风力机潜力的估计 [J]. 气象科学研究院院刊, 1986 (2): 185-195.

[6] 刘永强, 朱瑞兆. 山区风能资源的模拟研究 [J]. 气象学报, 1988 (1): 69-76.

[7] 朱瑞兆, 刘永强. Forecast and variation characteristics of wind over mountain area [C]. Recent Advances in Wind Engineering. International Academic Publishers, 1989.

[8] 朱瑞兆. 中国太阳能-风能综合利用区划 [J]. 太阳能学报, 1986 (1): 3-11.

[9] 王衍文, 仇学淬. 急性心肌梗塞发病气象条件的研究 [J]. 气象学报, 1985 (4): 109-112.

气候应用计划的设想 *

朱瑞兆

（中央气象局气象科学研究院）

气候作为自然环境的一个组成部分，能够促进或阻碍人类活动，气候变化可能是有利的，也可能是有害的。应用气候的研究就是充分利用气候有利的一面，尽可能以最小代价来避免其不利的一面，使气候灾害所造成的社会和经济损失减小到最少。

世界气候计划为什么成为国际性的问题呢？

1. 随着世界人口的增长和生活标准的提高，对有限环境资源的要求也正在增长。

2. 人类本身的活动可以改变气候。因此，必须研究如何避免不利的影响，或者在证明这些不利影响已不可避免的情况下，如何来安排生活。

3. 研究过去的气候已表明，气候变化和变迁在所有的时间和空间尺度都可发生。因此，在人类所计划的时间尺度内，气候发生重大的自然变化，也并不是不可能的。

4. 现有的工具已能提高我们对气候及其与人类社会相互关系的了解。其中有用于全球大气、陆地、海洋观测的新技术，以及收集、传递、贮存、加工和整理这类资料的新技术。随着这些新技术的发展，在理性认识和研究气候系统的模拟能力方面，也都同样有了很大的进展。

世界气候计划（WCP）有四个子计划，其中一个就是世界气候应用计划（WCAP）。世界气候计划由世界气象组织秘书处负责，1982年3月成立了世界气候处，负责WCP的全面协调，并具体负责气候资料计划和气候应用计划的制订和实施。

世界气象组织的第二次长期计划（1988—1997年）是在第一次（1980—1983年）世界气候计划提要的基础上制订的，于1986年召开的第十次世界气候大会上批准通过。

一、WCP 中气候应用计划的目标和内容

由于气候对社会经济和社会生活的影响，产生了应用气候学，这在1979年日内瓦召开的世界气候大会，以及关于应用气候的一系列国际会议和讨论会上都一致明确了的。因此，在目前WCP中应用气候占有重要地位。

（一）气候应用的目标

气候应用的目标，是推动社会提高其完成各项活动的能力，并在不同的气候条件下获得

---

*　本文收录在《国家气候委员会成立大会文件汇编》，气象出版社1987年版。

最大的经济和社会效益，同时保持环境不受破坏。

（二）气候应用有效的应用原则

1. 为了有效的气候应用，必须努力鉴别易受气候影响的过程。对这种过程要求应有明确的规定，如为了证明气候指标①与各项活动之间的定量关系；为了提出有用的气候指标值；为了告诉使用者在他们做决定过程中如何使用气候指标。

2. 在主要的资源利用方案被最后确定或在改变之前，如能提出并利用气候指标，那是有极大经济意义的。

3. 一项与气候有关的工程、具体规划、设计、政策决定，通常可能要研究专门的气候指标。

4. 人们了解现有气候指标的性质和应用，可以有的放矢联系各个用户以及他们所要求的指标。

（三）气候应用计划的重点内容

全世界日益强调改善经济发展、人类健康、环境保护以及合理利用自然，这增强了世界气候应用计划的潜在重要性。因此世界气候应用计划提倡将现有气候情报优先用于能及早大量受益的重点活动领域，例如：

1. 农业、渔业、减轻作物和动物的病虫害、水土保持、土地利用、沙漠化的控制。

2. 水资源，水的管理系统，在效益方面应考虑保持一个世纪或更长的时期，使用降水变率，有助于在一定时期内避免洪水灾害，保障灌溉水的利用和费用开支。

3. 气候对能源的影响，首先描述气候的影响，然后促进实际应用。能源的开发，生产运输，保持和消耗。

4. 城市气候和建筑气候，气候与人类健康，环境污染的控制，气候效益等都有很重要的关系。具体说明气候的影响，系统阐述对气候情报的需要。

5. 交通通信。

6. 海运业和滩涂地带的开发利用。

7. 完成所有主要应用气候领域的气候应用资料通报系统（CARS），以便随时存取已验证的气候应用技术。

这些项目对经济发展，特别是发展中国家的经济发展是极其重要的。

应用气候学的领域正在不断发展，应用范围也在扩大，故而绝不限于上述几个方面。在任何情况下，应用气候应保证与对社会经济发展和人类福利事业所可能做的贡献成正比。

当前正根据国家的要求大量地进行气候应用新的应用方法研究，根据有效的最优利用理论去研究应用的新方法，对于发达国家和发展中国家的利益都是最重要的，在这方面的协作和综合利用也是必不可少的。

应该鼓励对气候和人类活动之间相互作用问题的多学科研究，因为这些研究对发展计划

---

① 气候指标——专业对气候的具体要求的定量数值。

的重点和战略都是一个可能有用的手段。

气候应用的研究，要依靠气候学家和各个应用领域里的专家相互配合，一起工作，有助于提高研究水平和达到实用的目的。这不但可促进成果的合理应用，很快推广，而且能最佳地取得经济效益。

二、我国气候应用的情况

关于气候资源的重要性已经越来越为人们所重视。随着经济范围的扩大，国民经济各部门对变化着的气候条件的依赖性在不断增加，并且随着社会生产的发展而增长。由于气候在社会生活中的作用越来越大，现在已经形成这样一种倾向，即把气候科学转化为能够提高社会效益的现实力量。它是通过社会最佳化的应用气候资源来实现的。为此，必须把气候资源看作是提高社会生产效益的强有力的因素之一。在做计划、设计和评价经济活动时要充分予以考虑。

估计气候对经济活动各个方面的影响，这是气候应用的重要内容。

（一）气候资源的开发利用

1. 太阳能、风能资源开发利用是国民经济建设的主要物质基础。

所谓能源，就是供应能量的自然、物质资源。

我们要在 20 世纪末实现战略目标，工农业总产值翻两番，能源只能翻一番。以翻一番的能源保证实现工农业总产值翻两番的任务，就要依靠科学技术进步。1981 年是 6 亿 t 标准煤，翻一番是 12 亿 t 标准煤，这是非常艰巨的任务。所以，应从开源节流两方面入手，利用新能源也是开源的一种方式。

我国农村用能更为紧张，全国近 8000 万农户每年缺烧柴 6~8 个月，占全国总农户的 47.7%。1949 年以来，尤其最近几年，我国电力事业有了迅速的发展，但仍不能适应生产和人民生活水平提高的需要。到目前为止，我国农村仍有 40% 以上的大队和 30% 的人口还没有用上电。这些地区，绝大部分是交通不便，经济落后的深山、草原、海岛、远离电网而且缺少常规能源的地区。同时在 2000 年前让国家拿出能源供应农村也是很困难的。但是，这些地区大都具有丰富的太阳能和风能资源。因此，因地制宜的发展太阳能和风力发电，解决这些地区的缺电问题，是一条比较现实可行的途径，所以"六五"规划把开发农村能源列为国家攻关项目。我国目前有风力发电机 4 万台左右，主要在内蒙古。此外有大型风力发电机 20 余台，如平潭的 4 台 200kW 和 1 台 55kW，山东荣成 4 台 55kW，嵊泗 1 台 40kW 及 1 台 22kW，新疆 1 台 100kW 和 1 台 50kW，以及海南岛东方 2 台 55kW 等。太阳灶 10 万台，太阳能热水器 45 万 m^2，太阳房 230 幢，都取得了一定的社会和经济效益。所以"七五"又列为国家重点科技攻关项目中第 21 项，"农村可再生能源技术开发"（共 76 项）。我们气象部门计算太阳能、风能资源和考察风力机最佳位置是责无旁贷的，也是 WCP 的一个项目，WCP 中气候应用管理系统（CARS）也包括能源。我国气候应用计划应包括：

（1）太阳能，风能利用的气候规律研究；

（2）太阳能，风能计算及其区划；

（3）近地层风能变化规律；

（4）风力机最佳场地的选择；

（5）用诊断模式估算太阳能和风能。

2. 水资源的开发利用。

水是人类生活和生产的基本物质。

地球上水的储量很大，包括海洋水、地下水、土壤水、河流水、湖泊水、冰川积雪、大气水、生物水等，估计约有 139 亿亿 m^3。但其中参与全球水循环、逐年可以得到恢复和更新的淡水资源数量很有限，约 120 万亿 m^3，还不到全球总水量的万分之一。这部分淡水与人类的关系最密切，并且有经济利用价值。

所谓水资源是逐年可以得到恢复、更新的淡水量，所以大气降水量是主要的水源。

我国降水量，全国多年平均约为 6 万亿 m^3，折合平均降水量为 628mm。全国冰川多年平均径流量约 2.6 万亿 m^3，折合平均径流量 276mm（其中包括地下水的补给约 6210 亿 m^3，冰川融雪水补给 500 亿 m^3）。全国地下水总补给量约 7718 亿 m^3。由于地表水和地下水同源于降水，密切联系又相互转化，扣除相互重复部分的水量，初步估算全国水资源总量约为 2.7 万亿 m^3。

我国水资源的突出问题是水土资源组合极不平衡。全国有 45% 的国土处在降水量少于 400mm 的干旱、少水地带。全国河川径流量的分配：外流河水系占 95.8%，内陆河水系占 4.2%，而内陆河水系面积占全国 35%。长江流域及其以南径流量占全国 82%，耕地只占全国 38%，黄淮海三大流域的径流量只占全国 6.6%，而耕地却占全国 40%。南北水土资源分布相差悬殊。我国水资源时程变化大，年内年际分配极不均匀，是造成我国水旱灾害出现频繁和农业生产很不稳定的主要原因。我国水资源的特点，给治水和用水带来许多特殊问题。

全国农业和城市工业用水的总需水量，到 20 世纪末，将达 7000 亿 m^3，约占我国水资源的总量 26%。由于水资源地区分布不均匀，全国缺水 700 亿 m^3，主要集中在黄、淮、海、辽四个地区，每年缺水 400 亿~500 亿 m^3。水资源将成为北方地区经济发展的最大制约因素。我国水利部门过去做了大量的工作，今后仍将继续研究：

（1）气候与水文过程造成的水资源间相互关系；

（2）水资源（降水）的数量及其时空分布特征；

（3）水资源开发利用；

（4）气候情报在水资源管理方面有效的利用；

（5）水平衡；

（6）气候变化和变迁对水资源的影响。

3. 国土资源开发利用。

国土是国家和民族赖以生存的物质基础，既是人民生活的场所，又是生产基地。国土资源包括自然资源、经济资源和劳动资源。通过对国土的全面调查研究、科学分析，提出开发、利用、治理、保护的统一规划和措施；制止和预防对国土资源的破坏和浪费，以获得最有效的经济效益，最佳的生态平衡，为人们提供最优的生产、生活条件。

当前影响世界经济发展的几个大问题是粮食、人口、能源和环境等。能否合理而有效的利用土地，不仅关系到上述问题的解决，还会影响未来的生活。国内外都非常重视这一工作。我们应重点关注以下内容：

（1）三江平原开荒问题，主要弄清这地区大面积开荒同生态系统及气候的关系；

（2）我国滩涂的气候分析研究；

（3）黄土高原水土流失与气候关系；

（4）长江三峡水利工程建成后气候效应模式研究；

（5）西北干旱的物理数学模式研究；

（6）黄、淮、海盐碱地治理和预防旱涝的研究；

（7）南水北调的气候效应；

（8）青藏高原的开发。

（二）气候对规划建筑设计和城市发展的影响

1. 规划和建筑设计。

国际住房计划联合会每4年左右主持一次气候对规划和建筑影响的会议。

建筑工业的任务在于建造一个局部环境，使得人们不受反复变化着的天气影响，能够健康和舒适地生活与工作。要设计足够的强度来抵抗风压、雪压，不被狂风吹毁、大雪压垮。因而进行房屋的设计施工以及建筑的总体布置等，都必须对局地气候条件有一个全面的了解，使建筑设计适应气候特点。这就要求研究应用于建筑上的气候指标。建筑气候，就是研究建筑物如何适应气候特点，创造适宜的室内气候以及建筑的气候效应的学科。

北京京西电厂，由于厂址规划时没有认真考虑气象条件，待一切基建都完成后，安装发电机组时，发现气流方向不同于设计时的方向，才开始组织气象观测，但为时已晚。为了不给周围居民造成污染，只好被迫减少原设计发电能力为40万kW发电机组的发电，现只能发12万kW，造成投资的巨大浪费。此外，还有类似的情况，如广东马坝冶炼厂、湖北松木坪发电厂、望亭发电厂、微水电厂等都是在建厂时没有很好按气候规律规划厂址，导致工厂烟尘排放不出去，被迫停产或减产。

我国在城市规划（工厂布局）和建筑设计上做了很多工作，今后还应深入研究：

（1）建筑气候分区；

（2）气候和住房设计关系，如风压、雪压、风振、采暖通风和采光等；

（3）气候和新住宅规划；

（4）通过美化建筑改善局地气候；

（5）长期绿化作为改善局地气候的手段；

（6）在不同气候条件下的人类活动及其对规划和建筑影响；

（7）在建筑物的环境中因人类活动所引起的气候变化。

2. 大型工程的气象保障。

大型桥梁、电视塔、转播塔以及高层建筑物的设计，风是主要载荷，风压的大小决定其结构与造价。所以，必须首先研究风载荷的取值大小。若取值合理，可以给国家节约大量资金而且避免灾害；若取值不合理，不但浪费而且造成灾难。如美国的塔康马（Takoma）大桥长 1662m，由于设计不当，在一次大风中被吹毁。英国费尔桥电厂，八座冷却塔高 123m，1965 年 11 月 1 日的一次大风吹毁三座，也是由于风压取小 10% 造成的。

武钢设计厂房时，最初取风压为 $60kg/m^2$，经过分析计算认为 $30kg/m^2$ 更适合，仅这一项给国家节约 3700 万元。

上海在新中国成立前，房屋设计风压取 $200kg/m^2$，1958 年降为 $120kg/m^2$，现又降为 $50kg/m^2$；这样可使每平方米造价降低 5~10 元，以上海地区每年平均建筑 100 万 m^2 计算，则每年可节约 500 万~1000 万元。

风压是建筑工程首要问题，各国都很重视。所以，我国在广州、上海、武汉进行了风压梯度观测，并在上海、广州进行了建筑物在大风情况下响应观测。这方面取得了初步成果，但还要进行：

（1）近地层风压的研究；

（2）风振的观测和研究；

（3）不同概率下的最大风速的模式研究；

（4）风对结构物的动力响应研究。

大型水库设计与可能最大降水（PMP）有关，在"75.8"暴雨后，这方面的研究提高了一步。其估计方法可分为三类：暴雨物理因子放大法，即按暴雨成因分析得出关键物理因子或指标，然后将这些因子放大；暴雨移置法；暴雨组合法，将两场或两场以上的暴雨，按天气过程承替规律合理地组合在一起，作为可能发生的理想暴雨序列，再将组合的暴雨系列放大其中的一场，即可求得设计流域内的可能最大降水。

3. 电力通信线网与气候。

我国 1974—1983 年 10 年间，全国 220~330kV 高压线路 17 次遇大风，共倒塔 50 基、倒电线杆 123 基，停电共 5509h，电能损失 9061 万 kW·h（不完全统计），这在世界上也是比较突出的。其中 1980 年 6 月 13 日，陇蓟通 220kV 双回路输电线因大风倒混凝土杆 84 基、铁塔 8 座，全长 28km，是新中国成立以来最严重的事故，仅塔杆损失 397 万元。所以，高压输电线路如何正确考虑气象因子，是非常重要的问题。问题发生在什么地方？主要是输电线路的风压取值按建筑标准，如建筑风压的标准是 30 年一遇自记 10min 平均风速。对输电线路来说 10min 平均风速显然不合理。故此仍需进行：

（1）风速时距间的研究；

（2）复杂地形下气流的变形研究。

电力通信线网的第二个与气象关系大的问题是电线积冰。湖南 1954 年底发生一次严重的冰凌，全省冰冻十多天，普遍的电线覆冰厚度大于 10mm，湖区为 50~70mm。沅江冰厚达 120mm，衡山冰厚竟达 320mm。线路发生断线或倒杆，使工厂停电，损失达 2 亿多元。1975 年江西梅岭输电线上覆的粒状雾凇达 14kg/m，不但输电线路倒杆，还压垮了梅岭、宜春两个电视塔天线，造成停播。

我国的长江中下游及云贵高原是雨凇最严重的地区，水电部也很重视，曾于 1964 年在四川省会东县白龙山建立了第一个专门电线积冰观测站，从 1965 年 1 月 1 日到 1969 年 3 月 31 日进行了 4 年零 3 个月的观测。我国有几十个气象站在雨凇架上进行电线积冰观测。但雨凇架资料不能直接用到工程设计上，因为电线悬挂高度、建筑物高度、电线直径、线路所跨的地理环境等情况都和气象站雨凇架的状况有很大差别，必须研究和掌握电线积冰的小气候规律，才能对雨凇架资料进行订正而加以利用，这也是应用气候的一个课题。为此必须进行下列研究：

（1）冰厚随高度变化；

（2）风与电线交角和积冰厚度的关系；

（3）积冰厚度与电线直径的关系；

（4）积冰极值概率计算。

4. 城市发展与气候。

所谓城市就是一个以人为主体，以空间利用和自然环境利用为特点，以集聚经济效益、社会效益为目的，集约人口、经济、科学技术和文化的空间地域大系统（钱学森，《光明日报》1985 年 3 月 18 日）。

城市是伴随着工业的发展和人口的集中而逐渐形成的，城市化的程度势必将日益加强。目前，世界上已有 1/3 的人生活在城镇。到 20 世纪末，大约世界人口的一半将居住于城市中。因此，城市便成了人类与自然环境冲突最强烈、最复杂的地方。城市需要输入洁净的空气、洁净的水、食物、能量和住宅，城市活动又可导致污水、污气和垃圾的排出。气候就受到城市的制约。大气与它所经过的陆地之间的复杂相互作用影响着气候，当陆地表面被改变时，气候也就被改变了，甚至一个孤立的房屋也多少改变着其邻近的气候。尽管一个大城市在其内部和上部对气候能产生明显的影响，密集建筑物和街道会改变一点气候，但在几百平方公里的乡村这种影响便可消失。

除了高纬度地区城市热岛减少了冷冬之外，一般城市的气候通常比乡村的气候差。然而，假如充分合理地在城市规划中利用气候规律，就可以减少城市化的不利后果。

大规模的城市建设将各城市可能结合成为无边的连续建筑面积。这会不会改变区域尺度的气候？如城市热岛，城市空气成分改变，能见度降低和风场的显著转变，城市下风方的降水增加，无疑确实存在着人为的气候变化。

沥青和混凝土吸收的太阳热量约为自然植被的三倍。街道将日光从一座建筑物反射到另一座建筑物，这一热量在日落后慢慢散失出来，在其逸入空间之前，被水泥和砖石的表面又吸收和辐射了许多次，其结果使城市夜间的温度比周围的乡村高 3~5℃，有时可达 8℃，这种现象叫"城市热岛效应"。

来自城市的热量混入空气，造成气流上升，这一上升促使空气冷却并使水汽凝结在微粒周围。在城区，这种起到凝结核作用的微粒由于汽车和工业的污染而供应丰富，其结果便是降雨的增加。在那些铺有不透水路面的区域，降雨的增加可大大加速径流而造成这些区域的洪涝。

城市每年向大气排放 2000 万 t 以上的固体物质，包括 CO、CO_2，也有硫和氮的氧化物。这种污染造成很大损失，如美国估计每年损失几十亿美元以上，而且对人体健康有很大危害作用。对于改善空气污染，最基本的常常是贯彻执行、利用气象上合理的方案，即选择污染最小的区域，如在季风区选风频最小的上风向是工业区，下风向为居住区，再如避免逆温和空气流通差的地方。

气候学可以恰当地应用到城市规划中去。世界上对这方面的认识不断增加，已经促进了许多国家对城市气候的研究。

有限区的气候模式可以用来帮助解决城市规划问题，在某些国家还进行了风洞实验，如研究高大建筑群周围的气流，城市气候可以用来大大地减少建筑物内加热或冷却的需求量。城市气候研究应为城市规划、建设、城市环境保护提供科学依据，气候计划应进行的课题有：

（1）城市规划与气候（风和日照）；

（2）城市化引起的气候效应。估计当前气候将如何被城市化所改变，为了经得住年复一年的变异性或更长期的变化趋势，应该采用多大的容限，从气候学观点看工业区的最佳设置，为了城市气流流通，要充分利用局地风等；

（3）城市能量的平衡和水平衡；

（4）城市环境及气象要素的数值模拟；

（5）城市空气质量评价；

（6）建立城市气候数值试验模式。这是为了理解气候变化，进行超过通常时效的天气预报以及确定人类活动现在究竟在多大程度上或者将来可能在多大程度上改变局地气候。

城市气候的研究，现在主要缺乏观测资料。所有的假设和模式最终都必须由观测来检验，观测永远是气候学的根基，也是国际合作的核心。

（三）交通运输与气候

交通运输气象关系，大致可分为工程设计和运行两个方面。

工程设计要考虑影响交通安全的各种气候规律，如降水强度为设计桥涵结构孔径大小的依据。大型桥涵要求 300 年一遇降水强度，正确的桥涵孔径可以保证排泄洪水等的顺利通过。冻土是确定地基土的冻胀性和基底埋深。风是机场、港口位置选择的主要考虑因子之一。

交通运行管理要考虑天气预报，采取临时措施。汽车在积雪 20cm 以上时，一般不能行驶。1966 年新疆天山一条公路因积雪 40cm，交通中断六个月，全国平均每年因水害中断铁路运输一百次以上。如 1983 年 4 月齐齐哈尔地区连降大雪，降水量 80~90mm，导致铁路严重受灾，其中仅电线杆倒 3000 多根，造成停电、停水、通讯中断，运输全部瘫痪。再如兰新铁路的百里风压，平均 2 年大风吹翻列车一次，直接威胁着铁路运输安全。

一般来说，气象灾害有时是不可避免的，但是，如事先采取一些有力的措施，灾害造成的损失是可以控制的。所以要进行"公路气候区划""电气铁路气候区划"，其目的是为路基、路面设计、施工和养护服务，此外还可兼顾选线勘测、规划布局的需要。要区分出各不同气候区气候差异，保障道路的干、湿、冷、热以及整体稳定性，使公路、铁路保持应有的力学强度。

（四）医疗及其他行业与气候

1. 医疗与气候。人生活在自然界中，气候是自然环境的一个因子。它的变化无疑影响到人类健康状况。我国研究分以下四个方面：

（1）季节性疾病，如脑血管病俗称中风，是当今世界上与恶性肿瘤和心脏病并列为三大死因的一种常见病。它和季节关系很大，冬季发病率最高，死亡率比其他季节高 30%。传染病也有季节性，乙型脑炎多发于夏秋。麻疹、流脑、猩红热多流行于冬春。急性肠炎、黏膜炎等夏季最多。

（2）天气与疾病，如锋面过境关节炎、心脏病疼痛加剧。这些人往往在天气变化前就有感觉，故又称"气候病"。心肌梗塞也多发生在锋面到来之前。

（3）大气污染对健康的影响，如英国 1952 年发生伦敦烟雾事件，造成 4000 多人死亡，是由于粉尘中二氧化硫氧化，生成硫酸液末附着在烟尘上或凝聚在雾滴上，进入呼吸系统，使人发病或加速慢性病患者的死亡。

（4）气候的治疗作用。疗养是对病人采取的一种综合治疗措施。对不同病人可以提供不同的疗养区，国外进行了疗养气候区划。

2. 旅游与气候。外出旅游时，人对气候的依赖是很大的。

3. 商业与气候。许多工业产品和农副产品的出售直接依赖于气候条件。

4. 服装与气候。我国曾进行了被服气候区划，主要为解放军配备被服所用。

5. 食品与气候。农产品和水产品的种类、产量和当地的气候有关，随着季节变化和天气变化，人们所需要的食品种类也不同。

三、对发展气候应用的几点看法

（一）气候应用服务于经济建设具有战略意义

气候应用的基本目的是分析气候对社会活动和经济建设的作用。如一次台风吹毁了建筑物，是天气预报不准造成的，还是在工程设计时气候指标值（或极大值）取得不当造成的？人们以往常常忽视气候的作用，只从天气预报上找原因。事实上，每一项工程建设的设计，首先考虑气候平均值、极端值，还要考虑一些专门的气候指标值，如风压、风振、雪压、可能最大降水等，这些指标值常常直接影响到基本建设的投资。指标值取大了，会造成很大的浪费；取小了，一次大风可以毁坏工程建设。1969 年 7 月 28 日汕头一次台风吹毁了上万间房屋。这时，即使天气预报完全正确，也无法挽回由于指标值取小的损失。所以，国外气候学家指出，国民经济各部门的规划和设计，以气候指标值为依据，而天气预报是在施工及管理过程中的依据。故可以说，气候应用具有战略的意义，短期天气预报具有战术的意义。

若在制定规划和设计时，没有充分考虑气候指标值，那么在以后管理中，想利用天气预报作临时防御也不一定能完全避免损失。有些人还不了解气候应用的潜在作用和价值，就是因为气候指标值是长远起作用的，即使取值不正确在短期内也不会被人们所发现。在有些情况下，使用气候指标值不当造成设计上的缺点，也可以事后弥补，天气和气候二者各有其用途，忽视哪一方面，都可以造成人类生命及财产的损失。

（二）气候应用是气象部门直接服务国民经济的一个支柱

世界气候计划有四个子计划，气候应用就是其中之一，天气服务于国民经济是非常重要的，这是不言而喻的。可是气候服务于国民经济，在过去往往不被人们所注意。

大家知道，在整个文明发展史时期，过去和现在气候都给予人类活动以重大影响。但是，在全部文明史内，整个气候问题包括诸如气候变化的长期趋势、气候变率、气候异常、阐明气候变化的物理机制、气候对人类活动的影响和人类活动对气候的反作用，从来没有像近10年这样引起广大科学界、政府机构以及气候情报用户的兴趣。

这与许多情况有关，特别是同经济活动规模的扩大和社会对气候及其变化明显增长的依赖关系有关。

生产力的迅速增长已经造成这样一种情况，即经济活动部门和整个国家对变化着的气候条件的依赖程度，不是降低而是增长，并随着生产的增长而增加。正是这个缘故，近年来，从事社会经济发展计划和生产管理的部门，越来越重视国民经济和社会繁荣对气候变动的依赖关系。

提高对气候及其变化问题关注的推动力，很大程度上是近年来严重影响许多国家经济甚至某些国家生存条件的一系列气候大异常。在许多情况下，气候大异常的后果还涉及国家之间的关系。

同时，由于经济活动，人类本身开始对气候产生意想不到的影响。这种影响暂且仅局限于有限的范围内，只影响局部地方的某些气候特点，但是在人口增长和人类更强烈活动叠加的条件下，人们将在广阔的空间上，甚至在子孙后代的生活中使气候发生出乎意料的变化。

由此可见，气候对社会和经济的影响是不能忽视的。天气预报是气象部门最主要的服务手段，但气候也是一种很重要的手段，如长江葛洲坝水库、刘家峡水库、长江大桥、羊卓雍湖水库等大型工程就要考虑降水长期变化。1981年7月19日凌晨，葛洲坝断面最大流量是7200m³/s，闸上最高水位是61.62m，洪峰相当于有记录以来最大流量的1896年，超过1954年的记录。而葛洲坝第一期工程根据可能最大降水计算，最大泄洪能力为86000m³/s，所以洪峰可以顺利通过。总之，凡是大型工程无不考虑气候情况。如北京电视塔是考虑370m处的风压、风振设计的，亚运村的形状是根据气候规律确定的，等等。所以，WCP指出，"为了人类本身经济活动和环境活动的利益，已广泛地应用了气候规律，以检验气候的难以预测变化的危害性"。

（三）气候应用领域应该进行科学改革

近年来气候学发生了重大变革，过去的气候学基本上是一门经验学科，虽然揭示了现代和古代气候的许多重要规律，但却不能用来定量解释气候的成因和许多其他有重大科学及实际意义的问题，所以必须进行改革。

气候应用的研究一般分四个步骤发展：

1. 某专业与气候间现象的认识和描述；

2. 现象的特征与气候要素联系的气候诊断分析；

3. 研究引起该现象的过程；

4. 制作有限区的符合实际的气候理论模式。

据此，气候应用这个领域还处于 2、3 阶段。这是不能令人满意的，近 10 年才注意到过程（形成这些观测结果的原因）和物理数学模拟的研究，气候学才发生了改革。这种改革有两点：

1. 气候应用研究上广泛地应用近代大气物理的理论和实验方法。建立气候模式，对气象观测资料进行详细的统计分析，成功地发展了气候对各种自然过程发生影响的数值模拟。

2. 在气候学过去彼此分隔的各个分支之间建立了密切联系，组织进行了大规模的综合研究。这种研究最突出的例子是城市和建筑气候的研究。人类造成的气候变化在气候学改革中起着特殊的作用。根据分析，不久的将来，人类的经济活动将会使气候发生深刻的变化并影响许多自然过程和国民经济部门。因此，人类活动对气候影响这个问题引起了人们的关注。随着对人类与全球气候相互作用引起自然条件变化规模的了解，将会进一步扩大这个具有特殊意义问题的研究范围。

应该指出，为迅速而准确地解决应用气候学的一些最迫切的课题，未来以各种气候敏感活动的响应模式为基础，计算机在各种气候指标计算方面的应用将会有更大的发展。对于古典的气候学来说，这些模式本质上是一种全新的方法。

我国气候应用的研究与其他国家相比，研究的领域或深度都可达到国际水平，特别在风压、风能的计算方面水平还是比较高的。联合国教科文组织将我们的风能计算论文收入世界风能专集，而且还将作者列入了世界能源研究的著名科学家行列。

第二篇
风能太阳能资源研究

我国风能资源 *

朱瑞兆 薛 桁

（中央气象局气象科学研究院）

能源是提供能量的物质资源，风能就是自然能源之一。据估计，地球上近地层风能总量约为 $1.3 \times 10^{15} \mathrm{W}$[1]。可以被利用的风能有 $10^{12} \mathrm{W}$，约为可利用水力的 10 倍[2]。远在几千年前，人们就开始利用风力，古代中国、波斯、埃及等国风车的使用都有悠久的历史，在欧洲风力的利用也十分广泛，风力是当时人们生产、生活、航行的重要动力之一[3]。以后，风力的利用逐渐被其他动力所取代。随着人类能源消耗的增加，常规能源日益枯竭，风能利用再次为全世界各国所重视。目前，国外正积极研究大型风力发电，风能作为地球巨大的能量资源，将是常规能源的一种重要的替代或补充。

关于风能资源的研究，Justus 等利用风速的 Weibull 分布计算了美国 100kW 和 1MW 风力发电机的年容量率[4]。Baker 等对美国西北太平洋地区风能进行了分区[5]。本文统计分析了我国 3~20m/s 范围内各 m/s 的出现时数，并计算了风能密度，给出分布图，进而分析我国风能资源潜力。

一、风能密度的计算

1 秒钟内流过垂直于风速截面积 $F(\mathrm{m}^2)$ 的风能为

$$W = \frac{1}{2}\rho V^3 F \tag{1}$$

式中：W——风能（W）；

ρ——空气密度（kg/m³）；

V——风速（m/s）。

在风能计算中，ρ 和 V 取值不同，其结果不同。在 1 秒钟内流过单位截面积上的风能，即当 $F=1$，则有

$$w = \frac{1}{2}\rho V^3 \tag{2}$$

我们称 w 为该时刻的风能密度（W/m²）。

一个地方风能潜力的多少，要视该地常年平均风能密度的大小，即

$$\bar{w} = \frac{1}{T}\int_0^T \frac{1}{2}\rho V^3 \mathrm{d}t \tag{3}$$

＊ 本文发表在《太阳能学报》，1981 年第 2 期，收录在《风能、太阳能资源研究论文集》，气象出版社 2008 年版。

其中，$\bar{w}$ 为平均风能密度，V 为任何时刻的风速，T 为总的时间。

在知道风速 V 的概率分布 $p(V)$ 后，平均风能密度还可根据下式求得

$$\bar{w} = \int_0^\infty \frac{1}{2} \rho V^3 p(V) \, \mathrm{d}V \tag{4}$$

（一）风速的取值

从风能公式可以看出，风能与风速的立方成正比，因此必须准确地考虑风速的分布。风速分布与天气系统和地形等因素有关。通过样本可对风速分布进行估计，它的取值方法不同，其估计能量相差很大。

1. 不同观测时次估计风能的误差。

我国气象观测规范规定的观测报表平均风速是指 1 日 4 次定时（02 时，08 时，14 时，20 时）的平均风速。但按 1 日 4 次观测和自记 1 日 24 次（每小时 1 次）统计的平均风速就有差异，根据计算得到经验公式：

$$\begin{aligned} y &= 1.027x + 0.178 \\ r &= 0.96 \end{aligned} \tag{5}$$

其中，y 为自记平均风速，x 为定时 4 次平均风速，r 为相关系数。这个误差虽不大，但利用 4 次观测资料跟利用 24 次观测资料计算出来的风能差别还是较大的。这种误差主要是统计本身的误差。

2. 平均风速相同，其风能有差异。

平均风速即使相同，其风速概率分布型式 $p(V)$ 并不一定相同，计算出的可利用风力小时数和风能有很大的差异，如表 1 所示。可以看出，≥3m/s 风速在一年中出现的小时数，在平均风速基本相同的情况下，最大的可相差几百小时，占≥3m/s 出现小时数的 30%，两者相等的几乎没有，其能量相差就更为突出，有的可以相差 1.5 倍以上。从全国 300 余站资料的分析来看，情况大体相似。两站平均风速基本相同，其≥3m/s 小时数和风能却不相同，若以相差 5% 为相同者，其站数还不到总站数的 5%。故以平均风速估计一地的风能是不妥当的。必须按各等级风速 [1，2，3，…，30，…m/s] 出现的频率计算各地的风能。

表 1　各地风速（m/s）、风能（kW）对比表

地　　名	嵊泗	泰山	青岛	石浦	长春	满洲里	西沙	五道梁	茫崖	旅大	涠洲岛	锦州
平均风速	6.78	6.68	5.28	5.23	4.2	4.2	4.79	4.79	4.85	4.90	3.99	4.0
≥3m/s 小时数	7723	6940	7115	7015	5534	5888	6634	5742	6347	6332	5782	5184
两站差值	783		100		354		892		15		598	
两站比值	1.11		1.01		1.06		1.16		1.00		1.12	
≥3m/s 风能	3169	2966	1568	1486	1196	851	1137	1082	1001	1502	705	877
两站差值	203		82		345		109		501		172	
两站比值	1.07		1.06		1.41		1.11		1.50		1.24	

续表 1

地　　名	多伦	烟台	丹东	阳江	林芝	福州	九江	阜新	库车	日喀则	梅县	梧州
平均风速	3.97	3.93	3.03	3.03	1.85	1.85	2.40	2.41	2.07	2.03	0.97	0.98
≥3m/s 小时数	4806	5179	4006	4108	1967	2495	3128	3223	1862	2345	500	661
两站差值	373		102		528		95		483		161	
两站比值	1.08		1.03		1.27		1.03		1.26		1.32	
≥3m/s 风能	1159	873	452	425	80	195	203	355	93	103	19	25
两站差值	286		27		115		152		90		6	
两站比值	1.33		1.06		2.44		1.75		1.87		1.32	

（二）空气密度的影响

从风能公式还可以看出，ρ 的大小直接关系到风能的多少，特别是在 3000m 以上，影响就更突出。从气象学可知，空气密度 ρ 是气压、气温和湿度的函数，其计算公式为

$$\rho = \frac{1.276}{1 + 0.00367t}\left(\frac{P - 0.378e}{1000}\right) \tag{6}$$

式中：P——气压（hPa）；

　　　t——气温（℃）；

　　　e——绝对湿度（hPa，即水汽压）。

经过计算我国 300 个站的年平均空气密度，并且为了摸清我国不同地区空气密度随高度的变化规律，还利用 300 个站计算出的结果得到如下的经验公式：

$$\rho = 1.225e^{-0.0001z} \tag{7}$$
$$r = 0.98$$

式中：z——海拔高度（m）。

2000m 处的 ρ 大约为海平面的 80%，4000m 为其 67%，所以密度的影响还是很大的，在风能计算中必须考虑。

（三）风能密度计算

风能密度计算，首先要考虑风速的分布。利用风速资料估计风速的年（月）概率分布，从而可得到不同地区各等级风速 [1，2，3，…，30，…m/s] 出现的累积时间。也可直接从风速资料统计各个站各等级风速出现的全年累积小时数（N_1，N_2，N_3，…，N_n），由式（6）或式（7）求出各地空气密度，然后利用式（2）计算各级风速下的能量密度 $\frac{1}{2}N_i\rho V_i^3$，再将各个等级风能之和除以总时数，即

$$w = \frac{\sum \frac{1}{2} N_i \rho V_i^3}{N} \tag{8}$$

即得到一地年（月）平均风能密度（W/m²）。

风力机是根据一个确定的风速来设计的，这个风速称为"设计风速"或"额定风速"。在这种风速下，风力机功率最为理想。但当风速大于设计风速时，由调速器或限速器限制其风轮转速不超过设计风速，但若大到某一极限风速时，风力机就有损坏的危险，必须停止运行。风力机还有个起动风速，大于起动风速，风力机才开始运转。因此，在统计风速资料时，必须考虑这两种因素。因为我国现在风力机机型尚未系列化，我们取≥3m/s 为起动风速（现在我国大部分风力机所用的风速），20m/s 为上限风速，我们将风速为 3~20m/s 的风力称为"有效风力"，计算的风能称为"有效风能"。本文所指风能资源均指有效风能。

二、我国风能资源分布

根据全国有效风能密度、有效风力出现时间百分率以及风速≥3m/s 和风速≥6m/s 的全年累积小时数（见图 1~图 4），可以看出我国风能资源的分布特点。

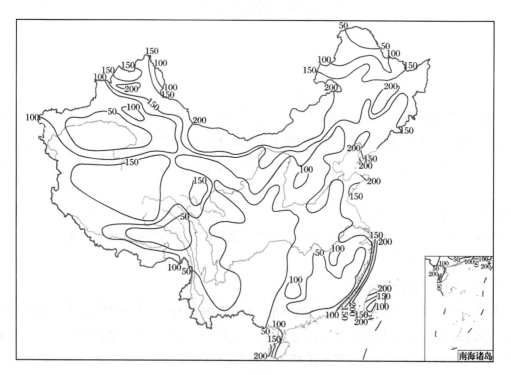

图 1　我国有效风能密度（W/m²）

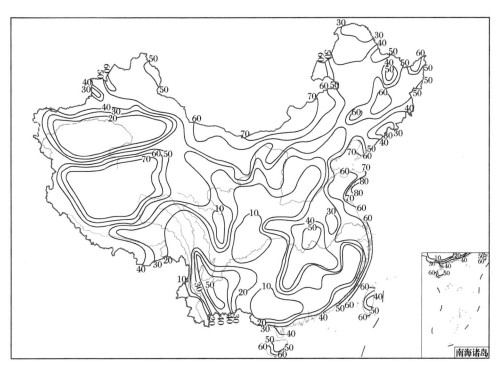

图 2　有效风力出现时间百分率（%）

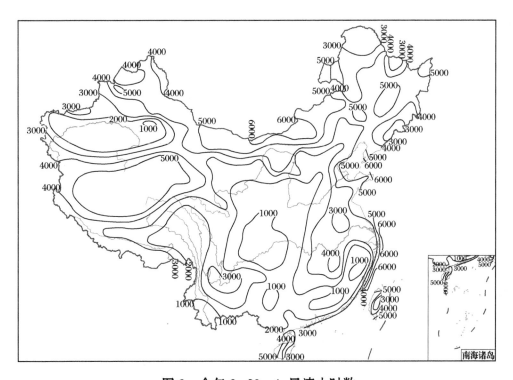

图 3　全年 3~20m/s 风速小时数

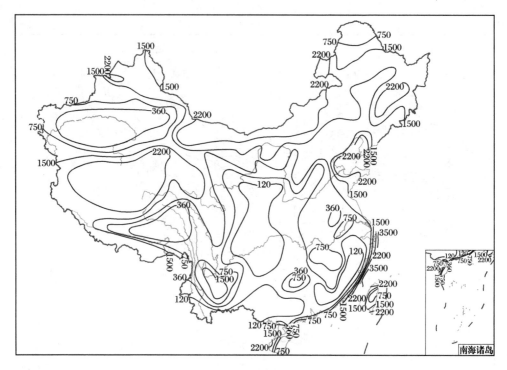

图 4　全年 6~20m/s 风速小时数

1. 东南沿海及其岛屿为我国最大风力资源区。有效风能密度 ≥200W/m² 的等值线平行于海岸线，沿海岛屿的风能密度在 300W/m² 以上，有效风力出现时间百分率为 80%~90%，风速 ≥3m/s 的全年累积小时数为 7000~8000h，风速 ≥6m/s 的全年累积小时数为 4000h 左右。但从这一地区向内陆则丘陵连绵，冬半年强大冷空气南下，很难长驱直下，夏半年台风在离海岸 50km 风速便减少到 68%[6]。所以东南沿海仅在由海岸向内陆几十公里的地方有较大的风能，再向内陆风能锐减，在不到 100km 的地带，风能密度降至 50W/m² 以下，反而为全国最小区。但在沿海的岛屿上（如福建台山、平潭等，浙江南麂、大陈、嵊泗等）风能都很大。其中台山风能密度为 534.4W/m²，有效风力出现时间百分率为 90%，风速≥3m/s 全年累积出现 7905h。换言之，平均每天风速 ≥3m/s 可有 21h20min，是我国平地上有记录的风力资源最大的地方之一。

2. 内蒙古和甘肃北部为次大风能区。这一带终年在西风带控制之下，且又是冷空气入侵首当其冲的地方，风能密度在 200~300W/m²，有效风力出现时间百分率为 70% 左右，风速 ≥3m/s 的全年累积时数在 5000h 以上，风速 ≥6m/s 的全年累积时数在 2000h 以上，从北向南逐渐减少，但不像东南沿海梯度那样大。最大的虎勒盖尔地区，风速 ≥3m/s 和风速 ≥6m/s 的全年累积时数分别可达 7659h 和 4095h。这一区虽较东南沿海岛屿上的风能密度小一些，但其分布的范围较大，是我国连成一片的风能最大地带。

3. 黑龙江和吉林东部及辽东半岛沿海风能也较大，风能密度在 200W/m² 以上，风速 ≥3m/s 的全年累积时数也在 5000~7000h 之间，风速 ≥6m/s 的全年累积时数在 3000h

左右。

4. 青藏高原北部、三北地区的北部和沿海风能较大区，这三个地区（除去前述范围），风能密度在 150~200W/m² 之间，风速≥3m/s 全年有 4000~5000h，风速≥6m/s 可达 30000h 以上。青藏高原风速≥3m/s 的全年累积时数可达 6500h，但由于青藏高原海拔高，空气密度较小，所以风能密度相对较小，按式（7）计算，在 4000m 的空气密度大致为地面的 67%。也就是说，同样是 8m/s 的风速，在平地为 313.6W/m²，而在 4000m 只有 209.9W/m²。所以，若仅按风速≥3m/s 和风速≥6m/s 出现小时数，青藏高原应属风能最大区，实际上这里的风能远较东南沿海岛屿为小。

从三北北部到沿海几乎连成一片，包围着我国大陆。大陆上风能能够利用区也基本上和这一区的界线相一致。

5. 云贵川，甘肃、陕西南部，河南、湖南西部以及福建、广东、广西的山区以及塔里木盆地为我国最小风能区，有效风能密度在 50W/m² 以下，可利用风力仅 20% 左右，风速≥3m/s 的全年累积时数在 2000h 以下，风速≥6m/s 的全年累积时数在 150h 以下。在这一地区，尤以四川盆地和西双版纳地区风能最小，这里全年静风频率在 60% 以上，如绵阳 67%，巴中 60%，阿坝 67%，恩施 75%，德格 63%，耿马孟定 72%，景洪 79%。风速≥3m/s 的全年累积时数为 300 多小时，风速≥6m/s 的全年累积时数为 20 多小时，所以这一地区除高山顶和峡谷等特殊地形外，风力潜能很低，无利用价值。

6. 其余的广大地区为风能季节利用区。如有的在冬、春季可以利用，有的在夏秋可以利用等，这一地区风能密度在 50~150W/m² 之间，可利用风力 30%~40%，风速≥3m/s 的全年累积时数为 2000~4000h，风速≥6m/s 的全年累积时数为 1000h 左右。

三、风能随高度变化

以上所讨论的风能均是指离地面 10m 高处的风能，实际上风力机的高度不正好是 10m，如美国 MOD-1 型风力机安装在塔架 100m 高度处，我国嵊泗安装的 FD-13 型风力机塔架 12.9m。因此必须对轮毂高度风力进行修正。由于这一范围内空气密度变化极小，可以忽略不计，主要考虑风速随高度的改变，从我国北京、武汉、广州、南京等地近地层风的梯度观测结果看，与国外[7]相似，风速随高度基本按乘幂律分布，即

$$\frac{v_n}{v_1} = \left(\frac{z_n}{z_1}\right)^\alpha \tag{9}$$

其中，v_n、v_1 分别为 z_n、z_1 高度上的风速，α 为参数（可称为幂指数），由 4~5 个以上层次观测而求得。根据我国武汉铁塔分析结果，α 随风速大小、天气条件和大气稳定程度而异，其平均值为 0.19，大风时 $\alpha = 0.16$。我国在建筑工程上风荷载主要是考虑在大风情况下的 α，其值为 0.15。风机在大风情况下是停止运转的，所以还是取 $\alpha = 0.19$ 较为合适。根据 α 为 0.19 和 0.16 计算得到的各高度风速订正系数如表 2 所示。

表 2   各高度风速订正系数

高度（m）	α=0.16	α=0.19	高度（m）	α=0.16	α=0.19
5	0.89	0.87	30	1.19	1.23
8	0.91	0.96	35	1.22	1.27
10	1.00	1.00	40	1.25	1.30
12	1.03	1.04	50	1.29	1.36
15	1.07	1.08	60	1.33	1.41
18	1.09	1.12	70	1.37	1.45
20	1.12	1.14	80	1.40	1.48
25	1.16	1.19	100	1.45	1.55

由表 2 可以看出，若 α=0.19、风力机塔架高 30m，则风速可比 10m 高度处提高 23%，风能是 10m 高度处的 1.87 倍；若 α=0.19、塔架为 50m，风速将比 10m 高处提高 36%，风能为 10m 高度处的 2.5 倍。可见适当选取塔架高度，对提高风能的捕获能力是有明显效果的。此外，从对近地层风结构的研究表明，越接近地表面，气流的紊流度越大，对风机机械强度要求也越高。因此，合理提高风机高度，对降低制造成本、安全运转也具有重要的意义。

四、小结

我国相当大的地区有着丰富的风能资源。在最大风能区（>200W/m²，有效风力出现时间百分率>50%），一台风轮直径为 10m 的风力发动机，据估计一年约可获得 3 万 kW·h 以上的电能，按法捷耶夫提供的公式[8]，1km² 地区上能装置 $\frac{5100}{D^2}$ 台风力发动机 [D 为风轮直径（m）]，风轮直径为 10m 的风力发动机能装置 51 座，每年能得到 153 万 kW·h 的电能。若装置风轮直径为 2m 的小型风机，一年每台也可得到 1100kW·h 电，特别对农户分散的农村地区能很好满足日常用电的需要。在其他地区，若很好地结合地形、高度等因素，合理选择风机，风能利用潜力也很可观。同时也要看到我国还有很多地区风能资源较贫乏，甚至无多大利用价值。为了合理开发我国风能资源，制定适合我国特点的风能开发政策是非常重要的。

参 考 文 献

[1] Gustavson M R. Limits to Wind Power Utilization [J]. Science, 1979, 204: 13-17.

[2] Von Arx W S. Energy: Natural limits and abundances [J]. Eos Transactions American Geophysical Union, 1974, 55 (9): 828-832.

［3］ Hewson E W. Generation of power from the wind ［J］. Bulletin of the American Meteoro-logical Society，1975，56（7）：660-675.

［4］ Justus C G，Hargraves W R，Yalcin A. Nationwide Assessment of Potential Output from Wind-Powered Generators ［J］. Journal of Applied Meteorology. 1976，15（7）：673-678.

［5］ Baker R W，Hewson E W，Butler N G，et al. Wind Power Potential in the Pacific Northwest ［J］. Journal of Applied Meteorology，1978，17（12）：1814-1826.

［6］ 朱瑞兆. 风压计算的研究 ［M］. 科学出版社，1976.

［7］ Davenport A G. The relationship of wind structure to wind loading ［C］ //Proc. of the Symp. on wind effects on building and structures ［M］. London：Her Majersty's stationary office，1965.

［8］ 法捷耶夫. 风力发动机及其在农业中的应用 ［M］. 陈德华，朱嘉燊，朱其清，等译. 北京：农业出版社，1962.

风能的计算和我国风能的分布[*]

朱瑞兆 薛 桁

（中央气象局气象科学研究院）

风能的利用，在我国和全世界都有着悠久的历史。由于近年来世界范围内的能源危机，风能的利用再度引起了人们的注意。

风能的优点很多。风力机是靠风力运转的，它不需要燃料，也不需运输。同时它也不会污染环境，是一种"清洁"的能源。风能又是一种可以再生的能源，也就是说，风在通过风力机作功以后，还能在一定距离以外再次造成与原来相同大小的风力。世界上风能的具体储量，目前人们的估计颇不相同。但是总的说来，风力的潜在能量是很大的，是取之不尽、用之不竭的。

但是，风能的利用也有许多困难。风能的能量密度低，大致是水能的1/816。要获得与水能相同的功率，风轮的直径就要比水轮的大许多倍。同时，风的能量不稳定，它不仅受天气、气候的影响，还受地形因子的影响。另外，风有阵性，时大时小，也给风能的利用带来困难。风速很小时，风力机无法启动。风速超过20m/s（或27m/s）时，风力机的安全会受到影响，这时就需要关闭风机，停止运转。

下面介绍一下风能的计算方法和我国风能资源的分布。

一、风能的计算

根据流体力学可知，气流的动能为

$$W = \frac{1}{2}mv^2 \qquad (1)$$

式中：m——气体的质量；

v——气流速度。

在1秒钟内气流以速度 v 垂直流过截面积为 F 的气体的体积为

$$V = vF$$

则体积为 V 的空气质量是：

$$m = \rho V$$

也即

---

[*] 本文发表在《气象》，1981年第8期，收录在《风能、太阳能资源研究论文集》，气象出版社2008年版。

$$m = \rho v F$$

上式中，ρ 为空气密度，其单位为 kg/m^3。此时气流所具有的动能为

$$W = \frac{1}{2}mv^2 = \frac{1}{2}\rho F v^3 \tag{2}$$

此式即通常所用的风能公式。由式（2）可以看出，风能与气流通过的面积成正比，与风速的立方成正比。因此，风速的较小误差能引起风能的较大误差，故在风能利用中取什么样的风速是要慎重考虑的问题。

面积 F 可以看作是风力机风轮旋转一圈所扫过的面积，那么

$$F = \pi\left(\frac{D}{2}\right)^2 = \frac{\pi D^2}{4} \tag{3}$$

上式中，D 为风轮直径，所以

$$W = \frac{1}{2}\rho v^3 \cdot \frac{\pi D^2}{4} = \frac{\pi}{8}D^2\rho v^3 \tag{4}$$

但是风轮只能把穿过它的风能的一部分吸收变成机械能，故风轮效能总是小于1。根据苏联沙比宁（Сабинин Г. Х.）计算，最理想的高能利用率为 0.687，但实际上只有 0.4 左右。一般将此称为风能利用系数，用 ξ 表示。这样，风力机的实际功率应乘 ξ，即

$$W = \frac{\pi}{8}D^2\rho v^3 \cdot \xi \tag{5}$$

在标准大气下，$\rho = 1/8 kgf \cdot m/s$，代入式（5）：

$$W = \frac{\pi}{8}D^2 \frac{1}{8} \cdot v^3 \cdot \xi$$

整理后：

$$W = \frac{\pi}{64}D^2 v^3 \xi \tag{6}$$

又因 1 马力 = $75 kgf \cdot m/s$，再将 π 的数字代入，则由式（6）可得

$$W = (D^2 v^3 / 1530) \cdot \xi \tag{7}$$

若以 kW 为单位，因 1 马力 = 0.736kW，故式（7）可改写为

$$W = (D^2 v^3 / 2080) \cdot \xi \tag{8}$$

式（7）和式（8）是计算风力机实际功率用的。利用它们可以把不同风速和不同直径风轮的功率直接计算出来。

现在和我们气象工作关系最密切的是，估计一地的风能潜力大小时，v 取什么风速。取日、月和年的平均风速？还是取自记 24 次的 10min 风速？根据我们对全国 300 多站风速资料进行的对比分析，发现用日、月、年的平均风速计算风的能量，其误差很大。以 1 年中风速 ≥3m/s 的总时数和风能（kW）来比较，两站平均风速基本相同时，风速 ≥3m/s 的时数可相差几百小时，风能可相差 1.2~1.7 倍（最多可相差 2.4 倍）。例如，林芝和福州的平均风速都是 2.0m/s，但是风速 ≥3m/s 的时数却相差 528h，风能相差 115kW；西沙和五道梁

的平均风速都是 4.8m/s，但风速≥3m/s 的时数却相差 892h，风能相差 109kW。

若以各级风速（≥3，4，5，…，20m/s）相比较，差异也很大。例如，张掖和赤峰两站年平均风速仅相差 0.05m/s，但张掖的≥3m/s 风速时数要比赤峰多 417h，而 4~8m/s 的风速时数张掖反比赤峰少 692h，>8m/s 的风速时数张掖又比赤峰多 93h。虽然张掖比赤峰年平均风速小 0.05m/s，其能量密度还大 10.2W/m²。同时从对 300 多个站的统计来看，年平均风速相同，风速≥3m/s 的小时以及风能相同者甚少。若以相差 5% 算作相同者，其站数也只占总站数的 5% 以下。所以我们认为以平均风速估计一地的风能或可利用的风速（≥3m/s）的小时数都是不恰当的，而必须根据 24 次自记记录，按不同等级风速出现的频率计算各地的风能和小时数。

式（7）和式（8）是假定在标准大气下得出的公式，现在很多人不考虑海拔高度等因素而直接利用这两个公式计算风力机的实际功率，这是不妥当的，因为这样做只是在海拔 500m 以下误差不大。若超过 500m，这两式就有误差了。这主要是随着海拔增高、空气密度减小而造成的。故此时仍需回到式（2），按当地的压温湿计算空气密度 ρ，其公式为

$$\rho = \frac{1.2930}{1 + 0.00367t}\left(\frac{P - 0.378e}{1000}\right) \tag{9}$$

其中，P 为气压（hPa）；t 为气温（℃）；e 为绝对湿度（hPa）。我们根据全国 300 余站的计算，得出海拔高度与空气密度的指数经验公式如下：

$$\rho = 1.225e^{-0.0001z} \tag{10}$$

$$r = 0.98$$

其中，ρ 为对应 z 的密度，z 为海拔高度，r 为相关系数。由式（10）可见，空气密度的影响还是很大的。这也会直接影响到能量的计算。我们按 8m/s 风速计算各高度的风能，如表 1 所示。由表 1 可以看出，3000m 处的风能量仅是 500m 以下处的 74%，4000m 处是其 67%。

表 1　不同高度处的风能

海拔高度（m）	≤500	1000	2000	3000	4000	5000
空气密度	1.225	1.11	1.00	0.91	0.82	0.74
风能（kW）	313.6	284.2	256.6	233.0	209.9	189.4
比值	1.00	0.90	0.82	0.74	0.67	0.60

有了空气密度，再代入式（2）计算风能，才是当地真实的风能。

下面将给出风能密度的计算。风能密度是一地风能潜力大小的指标值。因为它既反映了各级风速出现的频率，又反映了空气密度的影响，所以现在各国多采用这个指标值。其计算方法是将式（2）的 F 取作 1，即为

$$W = \frac{1}{2}\rho v^3$$

一地的风能密度大小，要视该地常年平均风能的多少而定，即

$$\bar{w} = \frac{1}{T}\int_0^T \frac{1}{2}\rho v^3 \mathrm{d}t \qquad (11)$$

式中：$\bar{w}$——平均风能密度；

　　　v——对应任何时刻的风速；

　　　T——总时数。

在知道了风速的概率分布 $P(v)$ 后，平均风能密度还可根据下式求得

$$\bar{w} = \int_0^T \frac{1}{2}\rho v^3 P(v)\mathrm{d}v \qquad (12)$$

近地层风速概率分布有很多模式，常用的有韦布尔（Weibull）分布，其概率密度形式为

$$P(v)\mathrm{d}v = (k/c)(v/c)^{k-1}\exp[-(v/c)^k]\mathrm{d}v$$

这里 c 为尺度参数，k 为形状参数。这两个参数的变化与天气气候特点、地形等因素有关。通过风速观测的样本可确定这两个参数，然后再估算风能。此外，也可以从风速自记资料中直接统计各个站、各等级风速出现的累积小时数，然后利用式（2）计算各级风速下的能量。再将各等级风能之和除以总时数，即得到一地年或月的平均风能密度（W/m²），即

$$\bar{w} = \frac{\sum \frac{1}{2}N_i\rho v^3}{N} \qquad (13)$$

上式中，N_i 和 N 分别表示各等级风速全年累积小时数和总时数。

由于风力机在风速 3m/s 以下时不能启动，20m/s（国外有取 27m/s）以上时对风力机有破坏的危险，所以称风速 3~20m/s 为可利用风能。依此计算的风能密度称为有效风能密度。

二、我国风能资源分布

根据全国有效风能密度和风速≥3m/s 的全年累积小时数，可以将全国分为四个区域。

Ⅰ区：风能资源丰富区。主要集中在东南沿海及其岛屿，风能密度在 300W/m² 以上，风速≥3m/s 的全年小时数为 7000~8000h。风速≥200W/m² 的风能密度等值线与海岸线平行，但向内陆减弱很快。风能丰富区约在离海岸 50km 狭窄带里，在不到 100km 的地带风能密度降至 50W/m² 以下。

Ⅱ区：风能资源较丰区。这一区包括四个地带。

（1）内蒙古和甘肃北部，其风能密度在 200~300W/m²，风速≥3m/s 的全年小时数有5000~6000h 从北向南逐渐减小。但其梯度远较东南沿海小，且分布较广，为我国连成一片的最大地带。

（2）黑龙江、吉林省的东部及辽东和山东半岛沿海地区，风能密度也在 200W/m² 以上，风速≥3m/s 的全年小时数在 5000h 以上。

（3）青藏高原北部，风能密度在 150~200W/m² 之间，风速≥3m/s 的全年小时数也在

5000h 以上。青藏高原由于海拔高，空气密度较小，能量密度较同是 5000h 的地方为小。

（4）东南沿海 50～100km，海南岛西部，台湾岛南端、北端以及新疆阿拉山口地区。这些地区风能密度都在 200W/m² 以上，风速≥3m/s 的全年小时数也都在 5000h 以上。

Ⅲ区：风能季节利用区。这一区风力季节变化较大，有的冬春季风力大，有的夏秋季风力大，还有的春秋季大等。这一区风能的利用要采取综合利用的措施。否则，需要用风力时则无风，故在江苏有句谚语，风能是"救穷不救急"。这不但说明了风能给人们带来的好处，也包含有风能的不稳定性及季节利用的内容。这一区风能密度在 50～150W/m² 之间，风速≥3m/s 的全年小时数有 1500～5000h。这一区分布较广，包括长江、黄河中下游，东北、华北和西北除Ⅱ区以外的地区和青藏高原东部等地带。

Ⅳ区：风能资源贫乏区。包括云贵川大部，甘肃、陕西南部，河南、湖南西部，福建、广东、广西的内陆山区以及塔里木盆地和雅鲁藏布江河谷地区等。其有效风能密度在 50W/m² 以下，风速≥3m/s 的全年小时数在 1500h 以下。这一区尤以四川盆地和西双版纳的风能最小，其风能密度每平方米只有十几瓦，风速≥3m/s 的全年小时数仅为 300h。所以这一地区除高山顶和峡谷外，风能潜力很低，无利用价值。

三、风能随高度变化

在近地面层内，空气运动受到地面的摩擦而使速度减小。离地面越高，摩擦越小，风速增大，故风速一般随高度而增大。风速与高度关系为

$$\frac{v_n}{v_1} = \left(\frac{z_n}{z_1}\right)^\alpha$$

式中，v_1、v_n 分别为 z_1、z_n 高度上的风速，α 为参数。α 的数值随地面粗糙程度之不同而各异，一般海面为 0.107(1/9.3)，空旷原野为 0.146(1/6.9)，城镇为 0.25(1/4)。根据我们在武汉 146m 铁塔实测三年的资料，$\alpha = 0.19(1/5.3)$，大风时 $\alpha = 0.16(1/6.3)$。若风力机高于 10m，还需要进行高度订正。

适当提高风机高度，不但可以提高风能的捕获能力，同时也可减少空气乱流对风机的破坏作用，因此是值得重视的问题之一。但除小山顶上外，高度越高，造价也随着提高，因此需从经济效益上来综合考虑。

风力机位置选择中的一些气象问题 *

朱瑞兆

（中央气象局气象科学研究院）

风力机是要靠风力转动的。因此，为已定的地点设计风力机时，要选择额定风速，使风力机在当地风速下能够出力最大。就已定型号的风力机来说，则要选择适宜的地点，使该种风力机在当地的风速下能够出力最大。由此可见，风力机位置的选择是一个重要的气象研究课题。

风力的大小与地形、地理位置、风力机安装高度等都有关系，而在安装中大型风力机组时还要考虑到各个风车间的距离。本文简单介绍一下这方面的研究结果。

一、地形的影响

风力机可以从自然界获得多少风能，是一座风力发电机或提水机的主要设计参数。如将一架功率较大的风力机安装在风速较小的地区，其负荷系将是很低的。例如，1972年曾将一台额定功率18kW的FD13型风力发电机安装在绍兴的雄鹅峰（海拔676m）上，结果很少能获得8m/s的额定风速，后来迁到嵊泗岛上才发挥了其能力。

通常，就全国或一个大区来区划风能，虽然分析出了风能丰富区、较丰富区、可利用区和贫乏区，但总是比较粗略的，往往在风能丰富区和较丰富区中会有风能贫乏的盆地或河谷，在风能可利用区和贫乏区也会有风能丰富或较丰富的山口或迎风坡。例如，吉林天池所处的地区本属于风能可利用区，但天池当地（海拔2670m）的年平均风速却为11.7m/s，居全国之冠，其风能也应属丰富区。这种情况在全国是很多的。这种风速的差异主要是由于地形的起伏而使风速发生再分布造成的，所以在选择风力机场址时首先要考虑地形的影响。表1所示是根据我们野外考察中对比观测找出的一些风速分布规律，可以用来推算相似地形下的风速。

表1 不同地形与平坦地面风速比值

不 同 地 形	平地平均风速（m/s）	
	3~5	6~8
山间盆地	0.95~0.85	0.85~0.75
弯曲河谷底	0.80~0.70	0.70~0.60
山背风坡	0.90~0.80	0.80~0.70
山迎风坡	1.10~1.20	1.10
峡谷口或山口	1.30~1.40	1.20

---

* 本文发表在《气象》，1981年第11期，收录在《风能、太阳能资源研究论文集》，气象出版社2008年版。

表 1 列出的仅是一些典型的情况,实际情况要复杂得多。例如,山口风速比平地加大多少,需视风向与谷口轴线的夹角以及谷口前的阻挡距离而定。而河谷风速的大小则与谷底的闭塞程度有关。

山顶和山麓的风速也不相同,一般是随着相对高度的增加而增大,如表 2 所示。应当说明,这里说的是相对高度,而不是海拔高度差。后者并无这种关系。例如,兰州海拔1517.2m,年平均风速 2.8m/s;西安海拔 396.9m,年平均风速 2.1m/s;北京海拔 31.2m,年平均风速 2.6m/s;其间并无表 2 所示的关系。表 2 仅适用于凸起的山峰。

表 2 山顶与山麓风速比值

相对高度 (m)	50	100	200	300	500	700	1000
比值	1.38	1.50	1.60	1.70	1.80	1.84	1.90

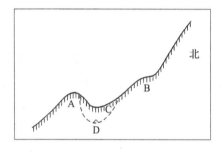

图 1 观测点示意图

在同一山谷或盆地中,不同位置的风速也各异。在这种情况下,地形和高度交错地影响着风速,有时以前者为主,有时以后者为主。由于它们的综合作用,就使得各点风速分布出现一些很复杂的情况。例如北京郊区一条东西向的河谷中,北面为海拔超过 800m 的山脊,南面是 50~100m 的丘陵。设 4 个观测点(见图 1),根据两年的观测资料来看,B 点虽比 A 点高45m,风速反而要小 17%(见表 3),这主要是因为 B 点靠近背风坡之故。

表 3 不同海拔高度的风速比

测　　点	海拔高度 (m)	高度差 (m)	风 速 比
A	275	0	1.00
B	320	+45	0.83
C	200	−75	0.71
D	150	−125	0.76

有时,地形和高度同时对风速施加影响。例如,根据北京和八达岭风力发电试验站 6 个月的同步观测对比,北京平均风速为 2.77m/s,八达岭为 5.75m/s,相差 2.98m/s。原因是八达岭风力发电试验站位于喇叭口地形处,有狭管效应,同时其地势也比北京高 500 多米,二者共同使其风速偏大。

由此可见,在选择风力机的位置时,一定要考虑地形和高度的综合影响。

二、海陆的影响

海面比起伏不平的陆面的摩擦阻力要小,所以在气压梯度力相同的条件下,海上风速比陆上大。现在各国选择风力机位置有两个倾向，一是选在山脊上；一是选在海滩上。一方面是为了不占用肥沃的土地；另一方面也是因为这些地方的风力较大。

表4是我们统计的台风登陆后风速减弱的情况。而据日本高桥浩一郎统计的结果，风速减弱还要更快些。他给出了在10km处的风速只及海上64%的结果。

表4　台风登陆后与登陆时风速比值

距海岸距离（km）	0	10	25	50	100
比值（%）	100	97	86	72	55

风速从陆地到海上则是增大的。从表5可见，在平均风速为4~6m/s时，海岸线以外70km处风速要比海岸大60%~70%。

表5　海岸线以外和海岸风速比值

在海岸线外距离（km）	平均风速（m/s）	
	4~6	7~9
25~30	1.4~1.5	1.2
50	1.5~1.6	1.4
>70	1.6~1.7	1.5

风速随下垫面不同而发生的变化，并非以海岸为截然的界限。从陆上到海面，从海上到陆地，都是经过一段距离后，风速才发生质的变化。这段距离叫"过渡引程"，也就是从这种风到那种风的过渡距离。风力机设置在这个范围内，可能是最理想的。

三、风力机安装高度的影响

一般给出的风能潜力图或表都是离地10m高处的风能，但实际上风力机高度远大于10m，所以除10m高处的风速外，还要掌握50m以下甚至100m以下各高度的风速。

风力机安装的高度和风速的关系，一般按幂律分布，即

$$\frac{v_n}{v_1} = \left(\frac{z_n}{z_1}\right)^{\alpha}$$

上式中，v_n、v_1分别为z_n和z_1高度上的风速，α为参数。关于α的取值，许多作者做了大量工作。根据我国资料进行分析的结果表明，平均风速时$\alpha = 0.19$，大风时$\alpha = 0.16$。表6为$\alpha = 0.19$时各高度风速与10m处风速的比值并给出了发电容量的比值。由表6可见，如果风力机塔架为30m，则风速可比10m高处增大23%，风能为其1.86倍。所以，要提高一地风力发电机的发电容量，升高塔架是一个可以考虑的途径。

表6　不同高度时的风速比值和发电容量比值

z（m）	风 速 比 值	发电容量比值
10	1.00	1.00
15	1.08	1.26
18	1.19	1.40
20	1.14	1.48
25	1.19	1.69
30	1.23	1.86
35	1.27	2.04
40	1.30	2.20
45	1.33	2.40
50	1.36	2.50

四、风机间距离的影响

要发展风力机群（网），就要考虑风车间的距离，使得经过某一风车后的风在到达下一风车时能恢复原来的风力。这方面，国外研究较多，我国观测和实验还较少。下面只介绍一下我们在风洞中实验的结果。

在风洞中设置两个模型，求出了在不同间距下后模型因被前模型挡风而出现的风速变化的情况，如表7所示。限于风洞实验段的条件，间距只取了高度（h）的1~6倍。由表7可见，前模型迎风面风速变化不大，都在0.81~0.84之间。可是后模型在不同间距下因被挡风的程度不同，其风速系数变化较大。用表7中后模型迎风面系数点成图2。由图2可以看出，当间距为12~13倍时，前模型就不起挡风作用了。不过，这种实验模型是实体的。如果是桁架结构，可能不需要12~13倍。

表7　风洞中前后模型距离对风速的影响

前后模型间距	1h	2h	3h	4h	5h	6h
前模型迎风系数	0.83	0.84	0.84	0.82	0.81	0.83
后模型系数	−0.89	−0.81	−0.69	−0.49	−0.39	−0.1

风力机位置的选择，应根据以上四方面综合考虑。对于小型风力机来说，一般位置在动力消费点附近，这种选择使风力机可能得不到局地风速受地形和海陆增强的好处。但在可能的范围内升高塔架和选择在地面粗糙度、障碍物小以及当地盛行风上风侧的地方安装风力机，则是最理想的。

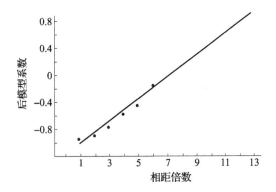

图2　风洞实验后模型风速削减图

此外，风的无规律的阵性和摆动（大气湍流）也应考虑，因为它使水平轴风车容易受到损坏。

中国风能区划*

朱瑞兆　　薛　桁

（中央气象局气象科学研究院）

划分我国风能区划的目的，是为了了解各地风能的差异，以便充分利用风能资源。

世界气象组织曾对全世界风能资源进行了估算[1]，按风能密度和相应的平均风速将全世界风能分为 10 个等级。但是，世界气象组织所作的风能区划，对我国的分区有较大的偏差。如内蒙古偏小，黄河和长江中下游偏大，对青藏高原标明"不了解"，等等。美国 Frank R. Eldridge 将全世界风能区划为 5 个等级[2]。W. Baker 等利用风能密度、相应的风力出现时间两个指标，对西北太平洋进行了区划[3]。美国的风能区划指标是风速。

总之，进行风能区划时，主要应考虑三个因素。①风能密度和利用小时数。风能密度愈大、利用小时数愈多，风机利用效率就愈高。②风能的季节变化。这也是设计蓄电装置和备用电源的重要参数。③风力机最大设计风速（即极限风速）。极限风速取得过大，会造成浪费；取得偏小，风机又有被损坏的危险。要使风力机安全可靠地运行，必须推算出一定重现期下的最大风速。

本文根据上述三个因素（可称为指标），对全国风能进行了区划。

一、风能区划标准的确定

风能分布具有地域的规律性，这种规律反映了大型天气系统的活动和下垫面作用的影响。

第一级区划指标是：有效风能密度和 3~20m/s 风速的年累积小时数。

风能密度可表示风能利用的潜力；3~20m/s 风速的年累积小时数则表示一年中可利用风力的时间。风能密度计算式为[3]

$$\bar{w} = \frac{1}{T}\int_0^T \frac{1}{2}\rho V^3 \mathrm{d}t \tag{1}$$

式中：$\bar{w}$——平均风能密度；

$\quad\quad$ V——对应 t 时刻的风速；

$\quad\quad$ T——总时间；

$\quad\quad$ ρ——空气密度。

由于 ρ 和 V 都可分别看作具有一定概率分布的随机变量，w 是它们的函数，故 w 也是一

＊　本文发表在《太阳能学报》，1983 年第 2 期，收录在《风能、太阳能资源研究论文集》，气象出版社 2008 年版。

个随机变量。

通常可以假定 ρ 和 V 无关，因此 w 的数学期望（均值）便可表示为

$$E(w) = \frac{1}{2}E(\rho V^3) = \frac{1}{2}E(\rho)E(V^3) \tag{2}$$

设风速的概率分布密度函数为 $p(V)$，则 w 的均值 $E(w)$ 为

$$\overline{w} = \int_0^\infty \frac{1}{2}\rho V^3 p(V)\,\mathrm{d}V = \frac{1}{2}\rho \int_0^\infty V^3 p(V)\,\mathrm{d}V \tag{3}$$

Weibull 分布可以较好地描述风速的分布[4]。风速 V 的 Weibull 分布概率密度函数可表达为

$$p(V) = \frac{k}{c}\left(\frac{V}{c}\right)^{k-1}\exp\left[-\left(\frac{V}{c}\right)^k\right] \tag{4}$$

式中，c 为尺度参数，k 为形状参数。

关于 Weibull 分布 c、k 参数的估计，我们采用累积分布函数拟合 Weibull 曲线的方法（即最小二乘法）。把式（4）代入式（3）得

$$\begin{aligned}\overline{w} &= \frac{1}{2}\rho\int_0^\infty \frac{k}{c}\left(\frac{V}{c}\right)^{k-1}\exp\left[-\left(\frac{V}{c}\right)^k\right]V^3\,\mathrm{d}V \\ &= \frac{1}{2}\rho c^3\Gamma\left(\frac{3}{k}+1\right)\end{aligned} \tag{5}$$

式中，Γ 为伽马函数。

在有效风力范围内（V_1-V_2）（本文取 $3\sim20\mathrm{m/s}$），根据有效风能密度定义[5]，它的计算式为

$$\overline{w}_e = \int_{V_1}^{V_2}\frac{1}{2}PV^3 p'(V)\,\mathrm{d}V = \frac{1}{2}\rho\int_{V_1}^{V_2}V^3 p'(V)\,\mathrm{d}V \tag{6}$$

式中，$p'(V)$ 是有效风速范围内的条件概率分布密度函数：

$$\begin{aligned}p'(V) &= \frac{p(V)}{p(V_1 \leqslant V \leqslant V_2)} = \frac{p(V)}{p(V \leqslant V_2) - p(V \leqslant V_1)} \\ &= \frac{\left(\dfrac{k}{c}\right)\left(\dfrac{V}{c}\right)^{k-1}\exp\left[-\left(\dfrac{V}{c}\right)^k\right]}{\exp\left[-\left(\dfrac{V_1}{c}\right)^k\right] - \exp\left[-\left(\dfrac{V_2}{c}\right)^k\right]}\end{aligned} \tag{7}$$

所以，
$$\begin{aligned}\overline{w}_e &= \frac{1}{2}\int_{V_1}^{V_2}V^3\frac{\left(\dfrac{k}{c}\right)\left(\dfrac{V}{c}\right)^{k-1}\exp\left[-\left(\dfrac{V}{c}\right)^k\right]}{\exp\left[-\left(\dfrac{V_1}{c}\right)^k\right] - \exp\left[-\left(\dfrac{V_2}{c}\right)^k\right]}\,\mathrm{d}V \\ &= \frac{1}{2}\rho\frac{c^3}{\exp\left[-\left(\dfrac{V_1}{c}\right)^k\right] - \exp\left[-\left(\dfrac{V_2}{c}\right)^k\right]}\int_{V_1}^{V_2}\left(\frac{V^3}{c}\right)\exp\left[-\left(\frac{V}{c}\right)^k\right]\,\mathrm{d}\left(\frac{V}{c}\right)^k\end{aligned} \tag{8}$$

积分号下为不完全分布函数，可通过数值积分求得。

风能可利用时间 t 由下式求得

$$t = N \int_{V_1}^{V_2} p(V) \, \mathrm{d}V$$

$$= N \left\{ \exp\left[-\left(\frac{V_1}{c} \right)^k \right] - \exp\left[-\left(\frac{V_2}{c} \right)^k \right] \right\} \tag{9}$$

式中，N 为统计时段的总时间。本文计算的是年风能可利用小时数，N 即为全年的总时数。

在给定了参数 c 和 k 的值后，由式（5）、式（8）和式（9）都可方便地求得 $\overline{w}$、$\overline{w}_e$ 和 t。

我们将年平均有效风能密度 $\overline{w}_e$ 大于 200W/m² 、3 ~ 20m/s 风速的年累积小时 t 大于 5000h 的划为风能丰富区，用"Ⅰ"代表；将 $\overline{w}_e$ 为 200 ~ 150W/m² 、t 为 5000 ~ 4000h 的划为风能较丰富区，用"Ⅱ"表示；将 $\overline{w}_e$ 为 150 ~ 100W/m² 、t 为 4000 ~ 2000h 的划为风能可利用区，用"Ⅲ"表示；将 $\overline{w}_e$ 在 50W/m² 以下、t 为 2000h 以下的划为风能贫乏区，用"Ⅳ"表示。在代表这四个区的罗马数字后面的英文字母，表示各个地理区域。

第二级区划指标是：一年四季中各季风能大小和有效风速出现的小时数。

利用 1961—1970 年每日四次定时观测的风速资料，先将 483 站风速 ≥3m/s 的小时数（有效风速）点成年变化曲线。然后将变化趋势一致的归在一起，作为一个区。再将各季有效风速累积小时数相加，按大小次序排列。这里春季指 3—5 月，夏季 6—8 月、秋季 9—11 月，冬季 12 月、1 月、2 月。分别以 1、2、3、4 表示春、夏、秋、冬四季。如果春季有效风速（包括有效风能）出现小时数最多，冬季次多，则用"14"表示；如秋季最多，夏季次多，则用"32"表示，依此类推。

第三级区划指标是风力机最大设计风速。一般取作当地最大风速。在此风速下要求风力机能抵抗垂直于风向的平面上所受到的压强，使风机保持稳定、安全，不致产生倾斜或被破坏。但是，关于最大设计风速的取值问题，目前我国尚不统一。有的取几十年观测中的一个最大风速值，显然这种取值存在观测的抽样误差，是不合理的。只有把在一定概率下的最大风速，即一定重现期的年最大风速取作风力机的最大设计风速才是合理。由于风力机寿命一般为 20 ~ 30 年，为了安全我们取 30 年一遇的最大风速值作为最大设计风速。根据文献 [6] 规定，"以一般空旷平坦地面、离地 10m 高、30 年一遇、自记 10min 平均最大风速"作为计算标准。30 年一遇的最大风速的概率计算，可采用极值分布密度函数[7]：

$$F(x) = \exp\left[-\mathrm{e}^{-\alpha(x-\mu)} \right] \tag{10}$$

式中，α、μ 为待定常数，可用耿贝尔矩阵法、利布莱因的有序统计量法和最小二乘法等来估算。

本文沿用文献 [7] 的方法计算了全国 700 多个气象台站的年最大风速，按式（10）计算得到了 30 年一遇最大风速。由于各种风机寿命不完全相同，表 1 给出了各种不同重现期下风速间的比值关系。

表 1　各种不同重现期最大风速比[7]

重现期（年）	10	20	30	60	100
比值范围	0.88~0.93	0.93~0.99	1.00	1.01~1.07	1.07~1.12
平均比值	0.91	0.96	1.00	1.05	1.09

假若在设计时需要考虑瞬时风速，只要将最大风速乘以系数 1.5 即可求得近似值[7]。

以风力机寿命 30 年为基准，按风速将全国划分为四级：风速在 35~40m/s 以上（瞬时风速为 50~60m/s），为特强最大设计风速，称特强压型；风速 30~35m/s（瞬时风速为 40~50m/s）为强最大设计风速，称强压型；风速 25~30m/s（瞬时风速为 30~40m/s）为中等最大设计风速，称中压型；风速 25m/s 以下为弱最大设计风速，称弱压型。分别以字母 a、b、c、d 表示。

二、风能区的划分

根据上述原则，将全国风能划分为 4 个大区和 30 个小区，如图 1 所示。

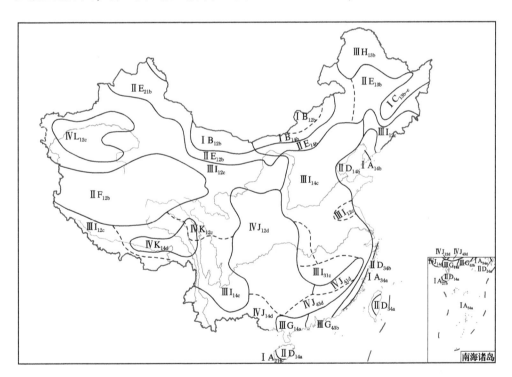

图 1　全国风能区划

Ⅰ区：风能丰富区

ⅠA_{34a}——东南沿海及台湾等岛屿和南海群岛秋冬特强压型；

ⅠA_{21b}——海南岛西部夏春强压型；

ⅠA_{14b}——山东、辽东沿海春冬强压型；

IB_{12b}——内蒙古北部西端和锡林郭勒盟春夏强压型；

IB_{14b}——内蒙古阴山到大兴安岭以北春冬强压型；

IC_{13b-c}——松花江下游春秋强中压型。

Ⅱ区：风能较丰富区

$ⅡD_{34b}$——东南沿海（离海岸20~50km）秋冬强压型；

$ⅡD_{14a}$——海南岛东部春冬特强压型；

$ⅡD_{14b}$——渤海沿海春冬强压型；

$ⅡD_{34a}$——台湾东部秋冬特强压型；

$ⅡE_{13b}$——东北平原春秋强压型；

$ⅡE_{14b}$——内蒙古南部春冬强压型；

$ⅡE_{12b}$——河西走廊及其邻近春夏强压型；

$ⅡE_{21b}$——新疆北部夏春强压型；

$ⅡF_{12b}$——青藏高原春夏强压型。

Ⅲ区：风能可利用区

$ⅢG_{43b}$——福建沿岸（离海岸50~100km）和广东沿海冬秋强压型；

$ⅢG_{14a}$——广西沿海及雷州半岛春冬特强压型；

$ⅢH_{13b}$——大小兴安岭山地春秋强压型；

$ⅢI_{12c}$——辽河流域和苏北春夏中压型；

$ⅢI_{14c}$——黄河、长江中下游春冬中压型；

$ⅢI_{31c}$——两湖和江西秋春中压型；

$ⅢI_{12c}$——西北五省区的一部分及青藏的东部和南部春夏中压型；

$ⅢI_{14c}$——川西南和云贵的北部春冬中压型。

Ⅳ区：风能欠缺区

$ⅣJ_{12d}$——四川、甘南、陕西、鄂西、湘西和贵北春夏弱压型；

$ⅣJ_{41d}$——南岭山地以北冬春弱压型；

$ⅣJ_{43d}$——南岭山地以南冬秋弱压型；

$ⅣJ_{14d}$——云贵南部春冬弱压型；

$ⅣK_{14d}$——雅鲁藏布江河谷春冬弱压型；

$ⅣK_{12c}$——昌都地区春夏中压型；

$ⅣL_{12c}$——塔里木盆地西部春夏中压型。

三、各区及其副型的主要特征

（一）风能丰富区（Ⅰ）

本区集中分布在三个地区，即图1中的ⅠA、ⅠB和ⅠC区。

1. 东南沿海、山东、辽东沿海及其海上岛屿（ⅠA）区。

这一区由于面临海洋，风力较大。愈向内陆，风速愈小，风力等值线与海岸线平行。这一区的风速是全国最大的。从表2可见，全国年平均风速≥7m/s的，除了高山站——天池、五台山和贺兰山外，所有风速≥7m/s的地方，都集中在这一区。平潭年平均风速为8.7m/s，是全国平地上最大的。该区有效风能密度在200W/m²以上，海岛上可达300W/m²以上，其中平潭最大（749.1W/m²）。风速≥3m/s的小时数全年有6000h以上，风速≥6m/s的小时数在4000h以上，而平潭分别可达7939h和6395h。也就是说，3~20m/s的风速每天平均有21h 45min。这里的风能潜力是十分可观的。台山、小陈岛、南麂岛、成山头、东山、马祖、马公、东沙岛、嵊泗等风能也都很大。

表2　全国年平均风速≥6m/s的地点

省名	地点	海拔高度（m）	年平均风速（m/s）	省名	地点	海拔高度（m）	年平均风速（m/s）
吉林	天池	2670.0	11.7	福建	九仙山	1650.0	6.9
山西	五台山	2895.8	9.0	福建	平潭	24.7	6.8
福建	平潭海洋站	36.1	8.7	福建	崇武	21.7	6.8
福建	台山	106.6	8.3	山东	朝连岛	44.5	6.4
浙江	大陈岛	204.9	8.1	山东	青山岛	39.7	6.2
浙江	南麂岛	220.9	7.8	湖南	南岳	1265.9	6.2
山东	成山头	46.1	7.8	云南	太华山	2358.3	6.2
宁夏	贺兰山	2901.0	7.8	江苏	西连岛	26.9	6.1
福建	东山	51.2	7.3	新疆	阿拉山口	282.0	6.1
福建	马祖	91.0	7.3	辽宁	海洋岛	66.1	6.1
台湾	马公	22.0	7.3	山东	泰山	1533.7	6.1
浙江	嵊泗	79.6	7.2	浙江	括苍山	1373.9	6.0
广东	东沙岛	6.0	7.1	内蒙古	宝音图	1509.4	6.0
浙江	岱山岛	66.8	7.0	内蒙古	前达门	1510.9	6.0
山东	砣矶岛	66.4	6.9	辽宁	长海	17.6	6.0

这一区风能大的原因，主要是由于海面比起伏不平的陆地表面摩擦阻力小，在气压梯度力相同的条件下，海面上风速比陆地要大。

风能季节分配，山东、辽宁半岛与东南沿海有差异。东南沿海、中国台湾及南海诸岛秋季风能最大，冬季次之，这与秋季台风活动频率有关。

由表3可见，8—11月台风出现频率占全年的54%。西北太平洋台风影响我国大致有三条路线，无论哪一条路线都可使东南沿海风力加大。这一地区由台风引起的极端瞬时最大风速在60m/s以上，例如花莲达65m/s，厦门为60m/s，汕头为52.1m/s，台北可达70~75m/s，是全国之冠。30年一遇的自记10min平均风速可达40~45m/s，这也是风能利用的一个不利条件。山东和辽东半岛沿海春季风能大，冬季次之（风力较内陆大）。但30年一遇最大风速远小于东南沿海，约为30m/s。

表3　全年各月台风出现频率

月　　份	1	2	3	4	5	6	7	8	9	10	11	12
频率（%）	1.5	1.2	1.6	2.8	3.7	6.3	14.0	21.4	8.9	13.6	9.6	5.1

2. 内蒙古北部（ⅠB）区。

本区是内陆风能资源最好的区域，年平均风能密度在200W/m² 以上，个别地区可达300W/m²。风速≥3m/s的时间一年有5000~6000h，虎勒盖尔可达7659h。风速≥6m/s的时间一年在3000h以上，个别地点在4000h以上（如朱日和为4181h）。

本区地面受蒙古高压控制，每次冷空气南下都可造成较强风力，而且地面平坦，风速梯度较小，春季风能较大。30年一遇最大风速可达30~35m/s，也为全国次大区。

3. 松花江下游（ⅠC）区。

本区风能密度在200W/m² 以上，风速≥3m/s的时间全年有5000h，每年风速≥6~20m/s的时间在3000h以上。

本区的大风多数是由东北低压造成的。东北低压春季最易发展，秋季次之，所以春季风力最大，秋季次之。30年一遇的最大风速为25~30m/s，较上述两区小。

（二）风能较丰富区（Ⅱ）

本区集中在图1中的ⅡD、ⅡE和ⅡF三个区。除青藏高原外，它是Ⅰ区由沿海向内陆的扩展，形成大风的天气系统也与Ⅰ区相同，Ⅱ区与Ⅰ区相比，风能密度较小。

1. 沿岸（ⅡD）区。

从汕头沿海岸向北，沿东南沿海ⅠA区经江苏、山东、辽宁沿海到东北丹东。这一区的风能密度为150~200W/m²，风速≥3m/s的时间全年有4000~5000h。长江口以南，大致秋季风能大，冬季次之；长江口以北，大致春季风能大，冬季次之。但是这一区的风速远较Ⅰ区的最大设计风速小，约为25~30m/s。

2. 三北的北部（ⅡE）区。

从东北图们江口区向西沿燕山北麓经河套穿河西走廊过天山到新疆阿拉山口南，横穿我国三北北部，这一区的风能密度为150~200W/m²，风速≥3m/s的时间全年有4000~4500h。它又分成四个副区：东北平原春秋区，内蒙古春冬区，内蒙古河西春夏区和北疆夏春。前三个区春季风能最大，最后一个区夏季风能最大。最大设计风速约为30~32m/s。

3. 青藏高原（ⅡF）区。

本区的风能密度在150W/m² 以上，个别地区（如五道梁）可达180W/m²，但3~20m/s

的风速出现时间却比较多,一般在5000h以上(如茫崖为6500h)。所以,若不考虑风能密度,仅以风速≥3m/s出现时间来进行区划,那么该地区应为风能丰富区。但是,由于这里海拔高度在3000~5000m以上,空气密度较小(见表4)[8],同样大的风速,这里风能却较小,如表5所示,可以看出,风速同样是8m/s,上海的风能密度为313.3W/m²,而呼和浩特为286.0W/m²,两地高度相差1000m,风能密度则相差10%。林芝与上海高度相差约3000m,风能密度相差30%;那曲与上海高度相差4500m,风能密度则相差40%。由此可见,计算青藏高原(包括高山)的风能时,必须考虑空气密度的影响,否则计算值将偏高。

表4 不同海拔高度上的空气密度值

海拔高度(m)	100以下	500	1000	1500	2000	2500	3000	3500	4000
空气密度(g/cm³)	1.23	1.17	1.11	1.05	1.00	0.95	0.90	0.86	0.82
比值	1.00	0.95	0.90	0.85	0.81	0.77	0.73	0.70	0.66

表5 不同地点各风速下的风能密度(W/m²)

风速(m/s)	上海(海拔4.5m)	呼和浩特(海拔1063.0m)	阿合奇(海拔11984.9m)	林芝(海拔3000m)	那曲(海拔4507.0m)
3	16.5	15.1	13.5	11.8	10.0
5	76.5	69.8	62.4	54.4	46.4
8	313.3	286.0	255.5	223.0	190.0
10	612.0	558.6	499.1	435.5	371.1

青藏高原海拔较高,离高空西风带较近。春季随着地面增热,对流加强,上下冷热空气交换,西风急流动量下传,使风力变大,故这一区的春季风能最大。夏季转为东风急流控制,西南季风爆发,雨季来临,但由于热力作用强大,对流活动频繁且旺盛,风力也较大。这一地区30年一遇的最大风速约为30m/s。虽然这里极端最大风速可达12级,但由于空气密度小,风压却只相当于平地的10级[8]。

(三)风能可利用区(Ⅲ)

本区大致集中在图1中的ⅢG、ⅢH和ⅢI三个区。

1. 两广沿海(ⅢG)区。

这一区在南岭之南,包括福建海岸向内陆50~100km的地带。风能密度为50~100W/m²,每年风速≥3m/s的时间为2000~4000h,基本上从东向西逐渐减少。本区虽是我国大陆的最南端,但冬季仍有强大冷空气南下,其前面冷锋可越过本区到达南海,使本区风力增大。所以,本区的冬季风力最大;秋季受台风的影响,风力次大。

由广东沿海的阳江以西沿海,包括雷州半岛,春季风能最大。这可能是由于冷空气在春季被南岭山地阻挡，一股股冷空气沿漓江河谷南下，使这一地区的春季风力变大。秋季，台风对这里虽有影响，但台风西行路径仅占所有台风的19%[9]，台风影响不如冬季冷空气影响的次数多，故本区的冬季风能次大。然而，本区的极端最大风速和东南沿海差不多（如1954年9月30日，湛江台风瞬时风速达60m/s）。30年一遇的自记10min平均风速可达37m/s，甚至还要大，本区也为全国最大风速区之一。

2. 大小兴安岭山地（ⅢH）区。

大小兴安岭山地的风能密度在100W/m² 左右，每年风速≥3m/s 时间为3000~4000h。冷空气只有偏北时才能影响到这里，本区的风力主要受东北低压影响较大，故春、秋季风能大。最大设计风速为30~32m/s。

3. 东从长白山开始，向西过华北平原，经西北到我国最西端，贯穿我国东西的广大地区（ⅢI）。由于本区有风能贫乏区（Ⅳ）在中间隔开，这一区的形状与希腊字母"π"很相像，它约占全国面积50%。

在"π"字形的前一半"J"，包括西北各省的一部分、川西和青藏高原的东部与南部。事实上，这区三面被ⅡF区包围，风能密度约为100~150W/m²，一年风速≥3m/s 的时间有4000h 左右。这一区春季风能最大，夏季次之。但雅鲁藏布江两侧（包括横断山脉河谷）的风能春季最大，冬季次大。这一区30年一遇最大设计风速为25~30m/s。

"π"字形的后一半分布在黄河和长江中下游。这一地区风力主要是冷空气南下造成的，每当冷空气过境，风速明显加大，所以这一地区的春、冬季风能大。由于在冷空气南移的过程中，地面气温较高，冷空气逐渐变性，所以风力也随着减弱。因此，华北风力较长江中下游为大。这一区南部的江西和湖南南部，夏半年的冷空气很弱，范围也小，加之地面气温较高，冷空气很快变性分裂，很少有明显的冷空气到达长江以南。但这时台风活跃，所以这里秋季风能相对较大，春季次之。这一区30年一遇的最大设计风速为25m/s 左右。

（四）风能贫乏区（Ⅳ）

图1中ⅣJ、ⅣK和ⅣL为风能贫乏区。这三个区四面都有高山环绕。

1. 川云贵和南岭山地（ⅣJ）区。

本区以四川为中心，西为青藏高原，北为秦岭，南为大娄山，东面为巫山和武陵山等。这一地区冬半年处于高空西风带"死水区"内，四周的高山使冷空气很难侵入。夏半年台风也很难影响到这里。所以，这一地区为全国最小风压区，风能密度在50W/m² 以下，成都仅为35W/m² 左右。风速≥3m/s 的时间为2000h，成都仅有400h，恩施、景洪两地更小。春、秋季冷空气南下，受到南岭阻挡，往往停留在这里，冬季弱冷空气到此也形成静止锋，故风力较小。南岭北侧受冷空气影响相对比较明显，所以冬、春季风力最大。南岭南侧多受台风影响，故风力在冬、秋季最大。

这一区最大设计风速是全国最小的，30年一遇的最大风速比较小，约为20~25m/s。

2. 雅鲁藏布江（ⅣK）区。

河谷两侧为高山环绕，冷、暖空气都很难侵入，所以风力很小。本区最大设计风速约为

25m/s。

3. 塔里木盆地西部（ⅣL）区。

本区四面亦为高山环抱，冷空气偶尔越过天山，但为数不多，所以风力较小。塔里木盆地东部由于是一马蹄形"C"的开口，冷空气可以从东灌入，风力较大，所以盆地东部属Ⅲ区，西部属Ⅳ区。本区最大设计风速为 25~28m/s。

参 考 文 献

［1］ World-Wide Wind Energy Resource Distribution Estimates. WMO Technical Note，1981（75）．

［2］ Eldridge F R. Wind Machines［M］. US. Government Printing Office，1975．

［3］ Baker R W，Hewson E W，Butler N G，et al. Wind Power Potential in the Pacific Northwest［J］. Journal of Applied Meteorology，1978，17（12）：1814-1826．

［4］ Justus C G. Methods for Estimating Wind Speed Frequency Distributions［J］. Journal of Applied Meteorology，1978，17（3）：350-353．

［5］ 朱瑞兆，薛桁. 我国风能资源［J］. 太阳能学报，1981（2）：117-124．

［6］ 国家基本建设委员会建筑科学研究院. 工业与民用建筑结构荷载规范 TJ 9—74［S］. 北京：中国建筑工业出版社，1974．

［7］ 朱瑞兆. 风压计算的研究［M］. 北京：科学出版社，1976．

［8］ 朱瑞兆. 高山上风的压力［J］. 地理知识，1980（7）：27．

［9］ 中央气象局. 西北太平洋台风路径图（1949—1969）［Z］. 1972．

我国太阳能风能资源评价 *

朱瑞兆

（国家气象局气象科学研究院）

　　能源是社会发展的物质基础，它直接关系到经济的发展和人民生活的提高。1973 年以后，西方发生了能源危机，影响到全世界。能源结构开始改变，由以石油和天然气为中心，逐步向储量比较丰富的煤炭、核能以及新能源方向改变，以便更好地解决人类下一世纪能源的需要，为了解决能源问题，世界上已发展起一门新的学科，叫"能源系统分析学"。

　　现在所说的新能源，包括太阳能、风能、生物能、地热能、海洋能和原子能等。新能源的概念是相对的。几十年前石油作为新能源问世，现在已作为常规能源。原子能发电在工业发达的国家已开始作为常规能源，而我国仍作为新能源。

　　气象学家将从气象要素中的太阳辐射和风速获得的能源称为"气象能源"[1]。将为能源开采、运输、利用、储藏和保管等提供有利和不利的气象条件，称为"能源气象"[2]。

　　太阳能和风能具有三大优点，由于它"取之不尽，用之不竭"，被誉为永久性能源；它不污染环境，被称为清洁能源；它周而复始，被叫作再生能源（在自然界可以不断生成，不断补充的能源）。但是，气象能源在利用上存在两大弱点，首先，能量巨大而不集中，即能量密度很低。风能在标准状况下，干空气密度仅是水密度的 1/773，在相同流速下，要获得与水能同样大的功率，风轮直径要相当于水轮的 27.8 倍。太阳能在最理想的时候也不过 $1kW/m^2$ 左右，昼夜平均为 $0.16kW/m^2$，所以太阳能的利用装置也必须具有相当大的受光面积，才能获得足够的功率。若风轮和集热器过大，会使造价增高，所生产的电力的成本无法与常规能源竞争。但随着现代空气动力学、结构力学、电子技术、材料、光学、热学、工艺和计算技术的发展，可以使气象能源利用技术达到一个新的水平。其次，气象能源受气象条件的影响，输出能量不稳定。太阳能除了有日变化及年变化外，还受云雨的影响；风能也是一个随机变量，受气压、地形、海陆等因素的影响，时有时无，时大时小。此外，风速特别大时，风力机还有遭受损坏的危险。

　　由于气象能源在利用上存在困难，国外提出了在高空建立太阳能和风能电站的设想，使其不受地球上自然条件的影响，能连续发电，效率高。如美国提出发射至 35880km 的高空轨道上一颗大型同步卫星，建造两个巨大的太阳能电池，电池在太阳光的照射下，把太阳能变成电能，通过天线将所得到的能量用微波发射回地面，接收后把微波转换成电能，发电能

---

　　* 本文发表在《气象》，1984 年第 10 期，收录在《风能、太阳能资源研究论文集》，气象出版社 2008 年版。

力为 300~500kW。但建造和发射重 5 万 t 太阳能卫星，费用浩大，技术困难。又有科学家提出建造高空风力电站，这个设想是电站装备大的发电机，风叶用滑翔机置于云层外的高空，据估计，一个电站的功率可达 1.7MW。

一、太阳能资源利用的经济性

在太阳能利用中，气象工作者主要任务是研究计算出各地太阳能资源，它通常用一定时间内水平面上的总辐射来表示。但是，由于太阳辐射观测点的数量很少，现在仍然用间接计算方法推求。常用的年、月总辐射（R_T）经验公式为

$$R_T = S(a + bS_1)$$

式中，S 为太阳辐射未受到大气削弱之前的辐射强度，S_1 为日照百分率，a、b 为待定系数。

a、b 系数用各地区日射观测站资料拟合确定，随气候条件而变化，一般在气候条件比较一致的区域内，a、b 系数很稳定[3]。

太阳总辐射的分布主要取决于地形和大气环流。在我国，大致从黑龙江的爱辉到云南的腾冲划一连线，在该线以西地势高，云雨稀少，大气透明度高，日照百分率大，太阳辐射强，年辐射总量为 150kcal/cm²，这一地区是我国太阳能丰富区[4]。从全球太阳能年总量来看[5]，这一区与同纬度相当，仍比北美西海岸低 10% 左右；在该线以东，大致以汉水、淮河为界，以北为太阳能较丰富区，以南为太阳能贫乏区（四川盆地年总辐射为 90kcal/cm² 左右）。这与世界同纬度相比几乎是最低的，比美国低 10% ~ 20%，比北非低 70% ~ 80%。四川盆地不但是我国太阳辐射最少的地区，也是同纬度最低者。此外，在我国西部地区，虽年总辐射量大，但海拔高，冬半年气温低，也是一个不利的因素。如太阳能热水器在气温 ≥ 10℃ 时才能正常发挥效益，而这些地方平均气温 ≥ 10℃ 的日数在 120 天左右，青藏高原仅 60 天左右，大大影响太阳能的利用。

太阳能利用装置的采光面的法线方向和太阳光线的方向一致时，也就是太阳光线垂直于利用装置表面时，其热效率才能达到最大。气象部门的日射观测提供的是水平面上总辐射，这中间有一个夹角，它与当地纬度、太阳的时角、太阳赤纬度以及装置的主要使用季节有关。所以为使太阳能利用装置获得较高的热效率，必须使采光面尽量垂直太阳，故而必须计算不同地方逐月、逐季和全年的最佳倾角，并以此设计一套定时自动跟踪太阳的系统，它构造较复杂，造价也高，有的还要消耗一定的能源，也有用人工调整其倾角的，但效率稍差。

太阳能利用在我国基本上仍然处于试验研究和示范阶段。我国太阳能利用，除在太阳能热水器、太阳能干燥器、太阳房、太阳灶，制冰机等方面做了较多的工作外，对太阳能电池在 20 世纪 50 年代中期就开始研究，首先研制成功的是用于航天的硅太阳能电池。同时，还对太阳能电池和太阳能发电也作了小规模的示范研究。目前利用太阳能的经济性还很差。如太阳能热水器，每平方米需投资 150 元左右。在北方地区利用一年约可节约标准煤 200kg，

因此要节约一吨标准煤共得投资 750 元建 5m² 的热水器，比目前利用余热的投资贵一倍。又如上海、天津各搞了一个太阳热能发电设备，功率 1000W，投资 20 万元，成本太高。国外在太阳热能发电上试验装置投资也是一样。如法国 1983 年建成一座 1.2MW 的太阳能电站，耗资 3 亿法郎；美国已建成 1 万 kW 试验电站，每千瓦投资 12600 美元，是常规能源的 10 多倍。但从长远看，太阳能是无偿的资源，再随着技术的发展，生产量的增加，经济性会逐渐改善。这是任何新生事物所经历的过程。

二、风能资源潜力

风能的计算较太阳能复杂得多，它取决于场地特征和地形，如山的迎风坡与背风坡，谷口与盆地、山顶与山麓，甚至大型建筑物都可影响到风能值。但是为了表征风场的气候学估算，大尺度观测资料仍可作为风能估算的基础。一般将风能资源调查分为三步：首先是风能资源分析。这是大气候分析，所用资料基本上是气象（候）站的观测。给出的是地域的风能资源潜力和宏观的风能资源区划。这是提供决策和规划开发风能的依据。如我国风能开发的优先地域是沿海和三北（华北、西北、东北）地区，就是根据风能资源区划来确定的。第二是风能资源详查。这是在风能资源分析的基础上，确定了风能丰富而要优先开发的地域，再进行详查。其尺度相当中气候，须增设专门的测风站，包括固定站和临时对比站。它可以确定在风能丰富区中，哪些地方风能密度最大，最有利用条件和价值。在这些地方就可以设置大小规模与数目不等的各型风力机或风能田（风力田、风力机群、风力机网等）。同时计算出设计风力机的有关风的四大参数，即合理的启动风速、最佳的设计风速（额定风速）、正确的切断风速和可能的极端最大风速，并计算风速的时间分布、垂直变化、风速湍流度和风向变化等情况。由于工作量大，耗资较多，这类详查世界上也只有少数国家局部进行过。如美国对加利福尼亚和夏威夷两州进行了这一工作[6]。英国对北海地区风力资源进行了详查。我国已开始对沿海地区进行详查。第三是风力机或风能田的最佳位置的选址。在风能资源详查的基础上，对复杂地形情况下的风速变化作更详尽的分析，其尺度属于小气候范围，给出的是风力机具体位置，风能机的装机容量，并要给出风能田中风力机间相互影响情况。

风能是在单位时间内穿过风轮垂直横截面的气流产生的动能[7]。

国内计算风能大都是两种方法并用。直接统计法是根据原始资料按风能定义计算的，无疑是严格的和准确的，但是工作量大，且一些台站特别是海洋气象站、水文站等没有风速自记就无法计算。数理统计方法比较简便，可以平滑掉实际风速记录中的随机波动，并通过两参数研究风速在地区上的分布，可以对无资料地区的风能进行估算，且这种方法便于理论研究。

我国风能丰富的地区集中在两大带[8,9]，一为沿海及岛屿，风能密度在 200W/m² 左右，东南沿海最大可达 500W/m²，风速≥3m/s 的小时数全年累积 6000h 左右，东南沿海及岛屿上可达 8000h。这一带是我国风能利用最理想的地带；另一地带在三北北部及青藏高原，风

能密度在 $150\sim 200W/m^2$。内蒙古北部可达 $400W/m^2$，风速 $\geqslant 3m/s$ 的全年累积时数为 5000h 左右。目前我国风力机主要集中在这两带。

我国新型风力机的研制工作约从 20 世纪 50 年代才开始，吉林白城 1957 年试制成功了 66W 的风力机。接着江苏、浙江、安徽、内蒙古、青海、新疆、北京、山东、福建、台湾等省、市、自治区，先后研制出不同类型的风力发电机，共有 30 多种，有水平轴、主轴 ϕ 型和立轴可变几何型等。小型风力发电机即 10kW 以下的，多安装在三北北部地带，主要用于照明等生活用电。甘肃酒泉将风力发电用于提水改造草原。中型风力发电机 10kW 以上的多安装在沿海及岛屿，如嵊泗的 18kW 和 40kW。澎湖白沙乡的 50kW[10]，平潭的 55kW，是目前我国最大的风力发电机，用于照明、提水、制冷、海水淡化等，在这一地带还计划装置 200kW 和 1000kW 的大型风力发电机。

世界气象组织按风能密度将全球风能资源分为小于 $100W/m^2$、$150W/m^2$、$200W/m^2$、$250W/m^2$、$300W/m^2$、$400W/m^2$、$800W/m^2$、$1200W/m^2$、$1600W/m^2$ 和大于 $1600W/m^2$ 等 10 个等级[11]。$800W/m^2$ 以上（即 7 级以上）大致分布在海洋上。按此标准我国的风能资源仅在 $2\sim 3$ 级，沿海及岛屿可达 $5\sim 6$ 级。从大范围来看，我国沿海及岛屿与其他国家相比，大致相当或稍低一些，但大陆上低得较多。如与美国相比，大致低 $1\sim 2$ 级，比苏联低 2 级以上，比荷兰、丹麦、西德、澳大利亚、日本也低 $1\sim 3$ 级。所以从世界总的风能资源上看，我国属一般风能区，这主要是受青藏高原屏障影响的结果，所以发展我国风能不能完全照搬国外的经验，我国目前主要是解决农村能源，应以中小型为主。

由于局地地貌对风的影响很大，在风力机选址安装前还需要作详细地勘察，如果有可能利用地形对风的增速，也是很有益的。

在摩擦层内，风速随高度是增加的，在大多数情况下，增加风机动力输出最廉价的方法是加高一点风力机的塔架[12]。

风能是无偿的，风能利用的主要经济指标是单位输出功率的成本费用。我国沿海风力提水成本已低于电力和柴油提水。如江苏兴化风力机提水费 0.8 元/亩[①]，柴油机提水费 6 元/亩，电力提水费 4.7 元/亩。但风力发电设备的造价每千瓦约 6000 元，其成本比常规电源贵得多。每度电 0.5 元左右，比大电网电费高 $2\sim 3$ 倍。所以风力机要择优造型，降低成本，才有大的生命力。

三、几点设想

1. 太阳能和风能在转换成自然能源时都受到季节、地形和天气气候等多种因素的影响。我国属季风气候区，一般冬半年干燥风大，太阳辐射强度小；夏半年湿润风小，太阳辐射强度大，两者变化趋势基本相反（见图 1）。最佳利用方案是扬其两能之长，相互补充其短而综合利用。丹麦 Busch N. E. 和 Møllenbach K. 提出太阳能风能联合利用系统[13]，美国

---

① 1 亩 $= 0.0667hm^2$。

Aspliden C. L. 提出太阳能风能混合利用的计算方法[14]。美国能源部也在研究太阳能风能混合系统。我国也召开了太阳能风能综合发电装置的研究会议，气象部门计算各地太阳能和风能资源潜力和年、月变程，综合分析给出两种能源是同位相还是反位相，进而可以确定相互补充的数量。

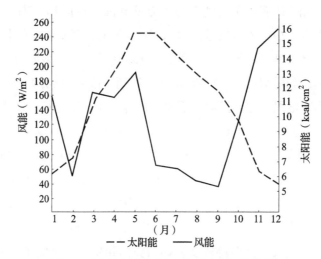

图1　我国风能和太阳能的年度化曲线

此外，太阳能和风能还可以与其他能源综合利用，如风能提水，水力发电。太阳能与生物能结合等，在此不一一叙述。

2. 太阳能、风能可以弥补常规能源的不足，从长远看，又可成为常规能源的替代能源。近期内着眼于解决农村牧区、海岛、盐场、林区以及偏僻边远地区的能源。一些小规模的实用太阳能、风能技术已证明具有推广价值，但需进一步提高其效率、降低成本。对一些大规模的复杂的太阳能、风能技术还处于研究试验阶段，要加强科研和示范工作。

3. 太阳辐射仪器陈旧，尚无自记记录，每隔3h观测一次，误差较大，要建立新的太阳辐射观测站系统，提供精确和更完整的数据。现在观测只有水平面上的太阳辐射量，还需要有倾斜面上的太阳辐射量。同时，还缺乏各个光谱的观测数据，而这些数据对预测高聚光度太阳能系统的性能是必不可少的。因此，从利用太阳能经济角度出发，气象部门应改进辐射测量。这也是世界气候计划的研究项目之一。

4. 风能资源资料也是很缺乏的，特别是不同地形及近地层不同高度的风速变化资料尤为不足。若要足够精确地预测风力机的特性，必须对每个可能作为选点的地方在离地面适当的高度上进行梯度观测和风洞模拟试验。

阵风造成短期的脉冲，风机有平滑的作用，即使在实际的风速并不平稳的情况下，功率输出还是显得比较平稳。但很强的阵风可能毁坏风机，这方面的资料很少，应开展观测研究。

风能装置运转期间风的预报也是需要的。国外现在已开始研究风能预报模式，提供各高度上几小时到几天的预报。同时还开始"重合概率"方面的研究，即指位于不同风系中的几个风能田至少有一个风能田可以发电的概率。

　　太阳能和风能是无穷无尽无代价的供应，又无污染，尽管目前经济性较差，在现代科学技术突飞猛进的形势下，经济性会大幅度地改善。如太阳能利用价值很昂贵，但未来在需要低压直流电的现代化电子设备中采用太阳光电电池，可望获得在经济上可行的高功率输出，使风力机的实用化获得成功。

参 考 文 献

[1] Ramage C S. Prospecting for Meteorological Energy in Hawaii [J]. Bulletin Amer. Me. Soc., 1979, 60 (5).

[2] 张家诚. 气象能源与能源气象学 [J]. 气象, 1982 (2)：5-6.

[3] 祝昌汉. 再论总辐射的气候学计算方法（二） [J]. 南京气象学院学报, 1982 (2)：196-206.

[4] 王炳忠. 太阳能资源利用区划 [J]. 太阳能学报 1983 (3)：221-228.

[5] Lapedes D N. Encyclopedia of energy [M]. MCGRAW-Hill Book company, 1976.

[6] Chien H C, Meroney R N, Sandborn V A. Sites for wind-power installation Physical modelling of the wind field over Kahuku Point, Oahu, Hawaii [C]. International symposium on wind energy systems, 1980.

[7] 朱瑞兆，薛桁. 风能的计算和我国风能的分布 [J]. 气象, 1981 (8)：26-28.

[8] 朱瑞兆，薛桁. 我国风能资源 [J]. 太阳能学报, 1981 (2)：117-124.

[9] 朱瑞兆，薛桁. 中国风能区划 [J]. 太阳能学报, 1983 (2)：123-132.

[10] 郑子政. 气候与文化 [M]. 台北：台湾商务印书馆, 1969.

[11] Mondiale O M. Meteorological Aspects of the Utilization of Wind as an Energy Source [J]. WMO Technical Note, 1981 (175).

[12] 朱瑞兆. 风力机位置选择中的一些气象问题 [J]. 气象, 1981 (11)：13-14.

[13] Busch N E, Kallenbach. Technotogical Aspects of the Mixed Use of Solar and Wind Energy [R]. WMO Energy and special application programme, 1981.

[14] Aspliden C I. Hybrid Solar-Wind Conversion Systems Meteorological aspects [R]. WMO Energy and special application programme, 1981 (83).

中国太阳能风能综合利用区划[*]

朱瑞兆

（国家气象局气象科学研究所）

太阳能和风能在利用时都受到气候、季节和地理等多种因素的影响。我国属季风气候区，一般冬半年干燥、风大，太阳辐射强度小；夏半年湿润、风小，太阳辐射强度大。两者变化趋势基本相反，可相互补充利用。为了适应太阳能、风能的变化规律，有人研究了太阳能-风能联合装置。如丹麦 Busch N. E. 和 Møllenbach K. 提出了太阳能和风能综合利用系统[1]，美国能源部正在研究太阳能-风能混合系统，西德尤尔格·施来提出了太阳能-风能发电机的设想[2]，澳大利亚已研制成太阳能与风能联合发电装置，余华扬等也提出一种太阳能-风能发电机的设想[3]。1982 年 8 月中国空气动力研究会和中国太阳能学会风能专业委员会在北京召开了新概念型发电装置（即太阳能-风能综合发电装置）讨论会。美国麻省理工学院设计了一种预制结构的风能-太阳能住宅[4]。巴西正在建造一座以阳光和风力为能源的新城市，它坐落在伯尔南布科州。廖少葆等还进行了太阳能（太阳能、风能、生物能、水力能）综合体的系统分析[5,6]。

本工作的目的是针对各地太阳能和风能资源的特点，在综合分析基础上，讨论相应的互补利用方式，以尽可能有效地利用这两种能源。

一、区划的指标

太阳能—风能综合利用，首先应了解当地的实际潜力和一年中的时间分配，再对这两种能源相互补充情况进行分析。

有效的太阳能和风能是互补的两个变量，可以计算出两者变化的时间尺度差，如小时、日或季得到的能量。互补因子可用下式表示[7]：

$$F_C = \frac{\sum\limits_{i=1}^{n} (S_i - \bar{S})(\omega_i - \bar{\omega})}{\left[\sum\limits_{i=1}^{n} (S_i - \bar{S})^2 \sum\limits_{i=1}^{n} (\omega_i - \bar{\omega})_i^2 \right]^{1/2}}$$

式中：F_C——两种能量资源互补的数量，称互补因子；

* 本文发表在《太阳能学报》，1986 年第 1 期，收录在《风能、太阳能资源研究论文集》，气象出版社 2008 年版。

S_i——时间间隔 i 的有效太阳能；

$\bar{S}$——平均有效太阳能；

ω_i——时间间隔 i 的有效风能；

$\bar{\omega}$——平均有效风能；

n——间隔的总次数（小时、日、月或季）。

当 $F_C = -1$，上式描述的关系为全互补，也就是两个变量间有位相差；当 F_C 值趋近 +1 时，互补因子逐渐减少，如当 $F_C = +1$ 时，两个变量没有互补，即是同位相的。

目前，我国的太阳能和风能作为辅助能源在分区时还不能按上式进行定量计算，仍只能根据太阳能、风能的自然变化规律，分析其在月、季、年中相互变化的关系。

我们将太阳能作为一级区划标准，共分为四个区。太阳辐射总量大于 150kcal/（cm²·a）为太阳能丰富区，以"Ⅰ"表示；150～130kcal/（cm²·a）为较丰富区，以"Ⅱ"表示；130～110kcal/（cm²·a）为可利用区，以"Ⅲ"表示；小于 110kcal/（cm²·a）为欠缺区，以"Ⅳ"表示。风能作为二级区划标准，也分为四个区。有效风能密度大于 200W/m² 和风速 3～20m/s 的累积小时数在 5000h 以上者为风能丰富区，以"A"表示；200～150W/m² 和 5000～3000h 为风能较丰富区，以"B"表示；150～50W/m² 和 3000～2000h 为可利用区，以"C"表示；50W/m² 和 2000h 以下为欠缺区[8]，以"D"表示。

利用太阳能年总辐射分布图[9]和风能密度及风速 3～20m/s 年累积小时数分布图[10]，按上述的一二级区划标准各自划出各个区域，再将这两种能源分布投影到一张图上，区分两者重合与不重合的区域，便可得出各种不同的组合区。如"ⅠA"区，为太阳能、风能均丰富区，"ⅣC"区为太阳能欠缺、风能可利用区等，以此类推。

各个区域能量的季节变化作为三级区划标准，以太阳能和风能的各自月变化曲线，按其两者是同位相还是反位相进行分类。根据我国 400 余个台站的资料，大致可以分为 5 个不同类型，即：

1. 太阳能和风能冬夏的位相相反，也就是夏季太阳能大，风能小；冬季太阳能小而风能大，以"a"表示，如图 1 所示。

2. 太阳能和风能冬春季的变化是同位相的，即二者最大值都在春末；夏季变化是反位相的，太阳能较大而风能最小，以"b"表示，如图 2 所示。

3. 太阳能和风能的最大值都出现在 7—9 月，位相相同。春季太阳能较大而风能较小，是反相位的，以"c"表示，如图 3 所示。

4. 太阳能只有一个最大值，在夏季；风能有两个较大值，在春末和夏末。太阳能和风能在春季是反位相的，以"d"表示，如图 4 所示。

5. 太阳能和风能同位相，即太阳能和风能的季节变化趋势基本一致，春季太阳能、风能最大，冬季最小，以"e"表示，如图 5 所示。

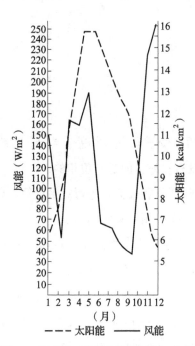

图 1 北京太阳能和风能的年变化

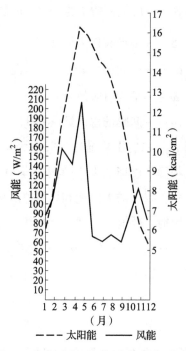

图 2 阜新太阳能和风能的年变化

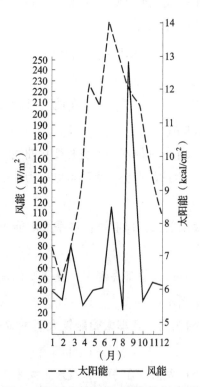

图 3 阳江太阳能和风能的年变化

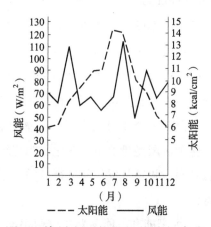

图 4 杭州太阳能和风能的年变化

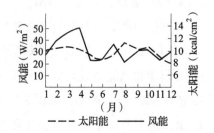

图 5 澜沧太阳能和风能的年变化

　　根据上述的一级、二级、三级区划的原则，考虑到我国大气环流、天气气候和地形的特征，将全国划分为 13 个大区，31 个类型区，图中数字为地区，如图 6 所示。

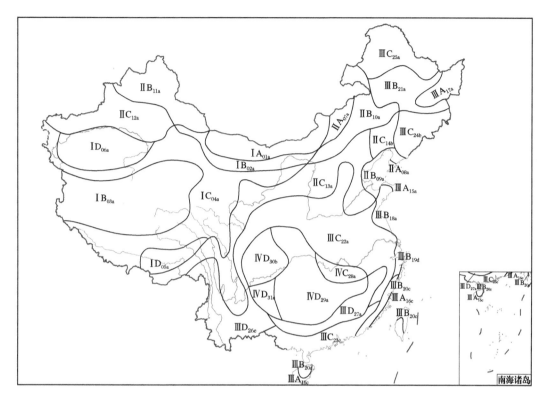

图 6　中国太阳能和风能综合利用区划

二、各区特征及其评价

　　1. 太阳能风能均丰富区，分布在内蒙古中西部（IA_{01a}），是我国唯一连成一片的太阳能和风能都丰富的地区。这里年降水量少，太阳辐射值取决于太阳高度，月总辐射量最小值出现在太阳高度最低的 12 月，最大值出现在 6—7 月。10 月以后，每当冷空气过境，有 5~6 级以上的大风，所以冬半年风大。夏半年，地面为热低压占据，水平气压梯度小，风力不大，两种能源出现的最大和最小值的时间是相反的，正好补充了两者各自不足，是综合利用太阳能—风能最优越的地区，大有潜力。

　　2. 太阳能丰富区、风能较丰富区，分布在紧靠 IA 区的内蒙古和甘肃的河西走廊（IB_{02a}）。这一区的太阳能和风能的天气和气候的成因与（IA_{01a}）区相同，唯风速小些。有风库之称的安西，新疆著名的三个泉到后沟的"三十里风区"和鄯善东北部红旗坎到哈密西的"百里风区"也都在这一地区。另一个区在青藏高原北部（IB_{03a}），全国最大的年总辐射量在这一区，如定日为 244.1kcal/cm^2，噶尔为 262.9kcal/cm^2。这一区太阳能丰富，大气透明度高，降水少，纬度又低，海拔高，空气稀薄，所以辐射强度大。从现有的气象资料来看，青海的冷湖日照时数可达 3602.9h，一年中平均每天有 9h52min 的日照时间，年日照百分率为81%，为全国之冠。这一区的风能较丰富，主要是由于海拔高，空气密度小，使风能密度较小。若按≥3m/s的小时数来看，这里可达5000h，相当于风能丰富区。

3. 太阳能丰富、风能可利用区，分布在塔里木盆地南部、青藏高原的东部和南部、甘肃、宁夏的一部分（IC_{04a}）。这一区基本上是青藏高原边缘的祁连山、六盘山等地区，冷空气一般绕过这些地形东南而下，所以风力较小。由于云量少，这一区太阳总辐射量大。该区太阳能的月际变化仍是有相位差的地区。这一区应以开发利用太阳能为主，风能为辅。

4. 太阳能丰富、风能欠缺区，分布在雅鲁藏布江河谷（ID_{05a}）和塔里木盆地（ID_{06a}）。雅鲁藏布江的拉萨有"日光城"之称，太阳辐射年总量在200kcal/cm^{2}以上，是全国最大的。塔里木盆地、哈密年日照数为3413.9h，日照百分率达77%。这两个地区太阳能是很丰富的，但由于四面环山，风能很小，基本上无利用价值。

5. 太阳能较丰富、风能丰富区，分布在两个地区。一个在内蒙古锡林郭勒盟（IIA_{07a}），它与IA_{01a}相似，只是太阳能较小些。另一个在辽东半岛沿海（IIA_{08a}），由于该半岛突出在海上，三面受海洋的影响，风力较内陆大。这一区是我国太阳能—风能联合利用的良好地区，特别是辽东半岛沿海，是我国沿海唯一的太阳能较好、风能最佳区。

6. 太阳能风能均较丰富区，分布在三个相互隔离的地区。这与具体地形有关。一个在渤海沿岸（IIB_{09a}），因受海面的影响，风力较大；一个在内蒙古的哲盟和昭盟（IIB_{10a}），因受大兴安岭余脉的影响，风力较东部大；一个在准噶尔盆地（IIB_{11a}），因南面为天山，阻碍冷空气南下，特别在冬春季，盆地成为冷空气南下的通道，风力较大。而在这一区的阿拉山口，风能密度可达685W/m^2，6~8级以上风速一年有180天。该区虽属风能较丰富区，但在一些山口可以达到风能丰富区。北疆年降水量为200~400mm，而南疆年降水量仅50mm左右，有的地方还不到10mm，云是影响辐射的主要因子，因而北疆比南疆的太阳辐射小。这三个区的太阳能和风能的年变化曲线都属于有相位差的，可以匹配利用。

7. 太阳能较丰富、风能可利用区，这一区分布在三个地区：天山山脉和塔里木盆地北侧（IIC_{12a}），华北大部、陕北、甘南和青藏高原的东侧（IIC_{13a}）及辽宁和河北交界地区（IIC_{14b}），这区是一个过渡带，太阳能由丰富区过渡到较丰富区，风能由较丰富区过渡到可利用区。在（IIC_{14b}）区，两种能源都在春季最大，夏季才有明显的相位差，在利用上与全年有位相差的地区不同，在4月、5月正当农业需要用能的时候，风能和太阳能可同时利用是其优点。

8. 太阳能可利用、风能丰富区，分布在三个地区。山东半岛沿海区（$IIIA_{15a}$），它和辽东半岛相似，但太阳能低了一个等级。东南沿海、东海、南海群岛、台湾及海南的西部区（$IIIA_{16c}$），这一区的风能为全国最大的，风能密度可达500W/m^{2}以上，我国目前较大的风力机都安装在该地区。这一区秋季的风能密度大，这是由于秋季台风活动频繁所致。还有一个是松花江下游区（$IIIA_{17a}$）。这三个地区的太阳能虽属可利用区，但在7—9月还是很好的。特别应指出的是东南沿海，海域面积较大，且有台湾海峡的狭管作用，是发展海滩风力发电机群比较合适的地区之一。

9. 太阳能可利用、风能较丰富区，分布在四个地区。黄海沿岸区（$IIIB_{18a}$），这一区由于台风影响不大，且无狭管作用，所以风能较东南沿海小，成为风能较丰富区。浙江东北部（ⅢB$_{19d}$），这一区太阳能和风能位相不一，太阳能在长江以南最大值出现在7—8月。东南沿海50~100km地带、台湾、海南的东部区（ⅢB$_{20c}$），本区和ⅢA$_{16c}$相同，就是风速小些。松花江上游区（ⅢB$_{21a}$），东北风能分布特点是中间大，南北端小，这是由于大小兴安岭构成的喇叭口使风速加大之故。这四个区，实际上前三个区是连成一片的，只是风能、太阳能位相不同而已。其中ⅢB$_{18a}$是传统利用风能的地区。

10. 太阳能、风能均可利用区，散布在四个地区。华北南部、江淮下游、福建西部、关中、甘南和四川西部（ⅢC$_{22a}$），该区面积很广，和ⅡC$_{13a}$相似，只是太阳辐射年总量较小。两广沿海区（ⅢC$_{23c}$），太阳能风能秋季最大，春季风能较小。辽宁大部和吉林一部分（ⅢC$_{24b}$），太阳能与风能春季大，夏秋有位相差。大小兴安岭地区（ⅢC$_{25a}$）风速较小。这四个区实际上是季节可利用区。由于太阳能、风能在某一季节都很丰富，但全年平均能量小些，故成为可利用区。

11. 太阳能可利用、风能欠缺区，分布在云南西部及南部（ⅢD$_{26e}$）和东南丘陵及南岭山地（ⅡD$_{27a}$）。这两个区的风能密度都很小，仅30~40W/m^2，云南景洪年平均风速仅0.4m/s，孟定为0.6m/s，是全国风速最小的地区。广东韶关的年平均风速为1.8m/s，梅县仅0.9m/s，这里的风能基本上不能利用。太阳能可季节性利用，如景洪在旱季的4月、5月，韶关在夏季的7月、8月，太阳能还是较丰富的。

12. 太阳能欠缺、风能可利用区，分布在洞庭湖和鄱阳湖区（ⅣC$_{28a}$）周围。这里受水面的影响，风速较大，太阳能虽属欠缺区，但处于分区标准的上限，夏季仍可利用。

13. 太阳能风能都欠缺区，这一区很集中，它以四川为中心，向四周扩展。但由于太阳能和风能出现峰值不同，又可分为四川东部和南部、贵州北部、湖南大部、鄂西、陕南（ⅣD$_{29a}$），成都平原（ⅣD$_{30b}$）及贵州西部和云南东北部（ⅣD$_{31e}$）。三个类型区。这一区太阳能和风能从大范围来看是全国最小的，如四川的灌县、峨眉、雅安太阳年总辐射量为80kcal/cm^2，有效风能密度仅30W/m^{2}左右，年平均风速仅1.0m/s左右，这一区无论是太阳能还是风能都很难利用。

区划系列中各区的主要特征见表1。

表1 区划系列中各区的主要特征表

序号	第一级	第二级	第三级	代号	分布地区
1	太阳能丰富	风能丰富	太阳能夏季大，冬季小；风能冬春大，夏季小	ⅠA$_{01a}$	内蒙古中西部
2	太阳能丰富	风能较丰富	太阳能夏季大，冬季小；风能冬春大，夏季小	ⅠB$_{02a}$	内蒙古西部的南端，河西走廊和新疆一小部分
				ⅠB$_{03a}$	青藏高原北部

续表 1

序号	第一级	第二级	第三级	代号	分布地区
3	太阳能丰富	风能可利用	太阳能夏季大，冬季小；风能冬春大，夏季小	ⅠC$_{04a}$	塔里木南部、青藏高原的东和南部、甘肃和宁夏一部分
4	太阳能丰富	风能欠缺	太阳能夏季大，冬季小；风能冬春大，夏季小	ⅠD$_{05a}$	雅鲁藏布江河谷
				ⅠD$_{06a}$	塔里木盆地
5	太阳能较丰富	风能丰富	太阳能夏季大，冬季小；风能冬春大，夏季小	ⅡA$_{07a}$	内蒙古的锡林郭勒盟
				ⅡA$_{08a}$	辽东半岛沿海
6	太阳能较丰富	风能较丰富	太阳能夏季大，冬季小；风能冬春大，夏季小	ⅡB$_{09a}$	渤海沿岸
				ⅡB$_{10a}$	内蒙古的哲盟和昭盟
				ⅡB$_{11a}$	准噶尔盆地
7	太阳能较丰富	风能可利用	太阳能夏季大，冬季小；风能冬春大，夏季小	ⅡC$_{12a}$	天山和塔里木盆地北缘
				ⅡC$_{13a}$	华北大部、陕北、甘南和青藏高原东侧
			太阳能风能春季最大；夏季风能最小，太阳能较大	ⅡC$_{14b}$	辽宁和河北交界地区
8	太阳能可利用	风能丰富	太阳能夏季大，冬季小；风能冬春大，夏季小	ⅢA$_{15a}$	山东半岛沿海
			太阳能、风能夏末秋初最大	ⅢA$_{16c}$	东南沿海、东海、南海群岛和台湾及海南西部
			太阳能夏季大，冬季小；风能冬春大，夏季小	ⅢA$_{17a}$	松花江下游
9	太阳能可利用	风能较丰富	太阳能夏季大，冬季小；风能冬春大，夏季小	ⅢB$_{18a}$	黄河沿岸
			太阳能夏季大，风能春和夏末大	ⅢB$_{19d}$	浙江东北部
			太阳能、风能夏末秋初最大	ⅢB$_{20c}$	东南沿海 50～100km 地带
			太阳能夏季大，冬季小；风能冬春大，夏季小	ⅢB$_{21a}$	松花江上游

序号	第一级	第二级	第三级	代号	分布地区
10	太阳能可利用	风能可利用	太阳能夏季大，冬季小；风能冬春大，夏季小	$IIIC_{22a}$	福建西部、江淮下游、华北南部、关中和川西
			太阳能风能夏末秋初最大	$IIIC_{23c}$	两广沿海
			太阳能、风能春季最大；夏季风能最小，太阳能较大	$IIIC_{24b}$	辽宁大部和吉林南部
			太阳能夏季大，冬季小；风能冬春大，夏季小	$IIIC_{25a}$	大小兴安岭
11	太阳能可利用	风能欠缺	太阳能、风能变化一致，春大秋小	$IIID_{26e}$	云南西部及南部
			太阳能夏季大，冬季小；风能冬春大，夏季小	$IIID_{27a}$	东南丘陵及南岭山地
12	太阳能欠缺	风能可利用	太阳能夏季大，冬季小；风能冬春大，夏季小	IVC_{28a}	洞庭湖和鄱阳湖周围
13	太阳能欠缺	风能欠缺	太阳能夏季大，冬季小；风能冬春大，夏季小	IVD_{29a}	川东、川南、贵北、湖南大部、湖北、陕南
			太阳能、风能春季最大；夏季风能最小，太阳能较大	IVD_{30b}	成都平原
			太阳能风能变化一致，春大秋小	IVD_{31e}	贵州西部、云南东北部

参 考 文 献

[1] Busch N E, Kallenbach. Technotogical Aspects of the Mixed Use of Solar and Wind Energy [R]. WMO Energy and special application programme, 1981.

[2] 王重生. 太阳能-风力试验 [J]. 新能源, 1982 (8).

[3] 余华扬, 刘敬华. 太阳能-风能发电机 [J]. 新能源, 1982 (8).

[4] 吴生, 编译. 风能-太阳能住宅 [J]. 新能源, 1982 (10).

[5] 廖少葆. 太阳能综合体的概念设计 [J]. 太阳能学报, 1981 (3)：10-20.

[6] 廖少葆, 徐任学, 王德录. 太阳能综合体的系统分析 [J]. 太阳能学报, 1982

（2）：34-41.

［7］ Aspliden C I. Hybrid Solar – Wind Conversion Systems Meteorological aspects ［R］. WMO Energy and special application programme, 1981（83）.

［8］ 朱瑞兆, 薛桁. 中国风能区划 ［J］. 太阳能学报, 1983（2）：123-132.

［9］ 王炳忠, 张富国, 李立贤. 我国太阳能资源及其计算 ［J］. 太阳能学报, 1980（1）：1-9.

［10］ 朱瑞兆, 薛桁. 我国风能资源 ［J］. 太阳能学报, 1981（2）：117-124.

我国风力机潜力的估计 *

朱瑞兆

（国家气象局气象科学研究院）

20 世纪 70 年代，由于石油危机和煤、油、天然气等燃料引起了环境污染，故人们注意了利用新能源，其中包括有竞争能力的风能。风能是一种经济的能源，同时也是能够大规模地切实满足当今社会能源需求的最有前途的能源。

风能资源潜力是巨大的，它是一种"清洁"的能源，也是易于获得的能源和再生的能源。人类成功地利用风能已有上千年历史。许多世纪以来，传统的风车曾是一种主要的利用风能的工具。19 世纪以来，风车被现代化电力所取代。随着能源消耗的增加和常规能源的有限，风能利用再次被重视。风能同现代化空气动力学、结构动力学、电子技术、材料、工艺和计算技术的发展都有密切关系。毫无疑问，风能利用技术会达到一个新的水平。

一、风能估算

风车的叶片依靠风力而转动，因此，风车就可以提取风所具有的能量。能量密度表示单位面积通过的能流量的比率，是表征一地风能资源的尺度。对于风来说，假定气流是不可压缩的，那么，在单位时间内通过风轮的空气的动能，即是风能的功率（W）为

$$W = \frac{1}{2}\rho v^3 \tag{1}$$

式中：ρ——空气密度；

v——风速。

欲求出单位时间经过风轮面积的空气动能，则要乘以空气的体积，即

$$V = Fvt \tag{2}$$

式中，t 为时间，因此，在时间 t 内以速度 v 流过面积为 F 的截面，该气流具有的能量为

$$W = \frac{1}{2}\rho v^3 Ft \tag{3}$$

风能和风速三次方成正比，风速受地形、海陆，甚至大型建筑物的影响很大，故对风能资源的研究，分资源普查、详查和风机安装场地精查三个步骤。

---

* 本文发表在《气象科学研究院院刊》，1986 年第 2 期，收录在《风能、太阳能资源研究论文集》，气象出版社 2008 年版。

一地的平均风能密度量（$\overline{W}$）由该地常年平均风能来计算：

$$\overline{W} = \frac{1}{T}\int_0^T \frac{1}{2}\rho v^3 \mathrm{d}t \tag{4}$$

式中：v——对应任何时刻的风速；

　　　T——总时数。

在计算平均风能密度时，有两种途径，一种是直接利用风速自记记录计算，将每 1m/s 风速出现的频率，按式（1）计算各级风速下的能量，再将各等级风能之和除以全年总时数（N），其式为

$$\overline{W} = \frac{\sum \frac{1}{2}N_i \rho v^3}{N} \tag{5}$$

式中，N_i 为各等级风速全年累计小时数。另一种途径是利用概率分布对风速的频率分布拟合，有韦布尔分布、瑞利分布、二元正态分布、皮尔逊 I 型曲线等。国内外最常用的是韦布尔分布，其概率密度函数为

$$f(x) = \frac{k}{c}\left(\frac{x}{c}\right)^{k-1}\exp\left[-\left(\frac{x}{c}\right)^k\right] \qquad (x \geq 0) \tag{6}$$

其中，k 为形状因子，是无因次量；c 为尺度因子，具有速度的量纲。

与式（6）相应的 x 的概率分布函数为

$$F(x) = \int_0^x f(x)\mathrm{d}x = 1 - \exp\left[-\left(\frac{x}{c}\right)^k\right] \tag{7}$$

韦布尔分布的数学期望和方差为

$$M(x) = c\Gamma\left(1 + \frac{1}{k}\right) \tag{8}$$

$$D(x) = c^2\left\{\Gamma\left(1 + \frac{2}{k}\right) - \left[\Gamma\left(1 + \frac{1}{k}\right)\right]^2\right\} \tag{9}$$

其三阶原点矩是：

$$M(x^3) = c^3\Gamma\left(1 + \frac{3}{k}\right) \tag{10}$$

用韦布尔分布求风能：

$$M(\overline{W}) = \int_0^\infty \frac{1}{2}\rho v^3 f(v)\mathrm{d}v$$

假设空气密度与风速无关，则

$$M(\overline{W}) = \frac{\rho}{2}c^3\Gamma\left(1 + \frac{3}{k}\right) \tag{11}$$

平均有效风能密度是风力机的启动风速 v_0 到切断风速 v_2 范围内的风能密度，即

$$\overline{W}_e = \frac{\rho}{2}\int_{v_0}^{v_2} v^3 p'(v)\mathrm{d}v \tag{12}$$

其中，$p'(v)$ 是风速在 $v_0 \sim v_2$ 范围内（本文取 3.5~20m/s），v 的条件概率密度，则可以推导出：

$$\overline{W}_e = \frac{1}{2}\rho \frac{c^3}{\exp\left[1 - \left(\frac{v_0}{c}\right)^k\right] - \exp\left[-\left(\frac{v_2}{c}\right)^k\right]} \cdot \int_{v_0}^{v_2}\left(\frac{v^3}{c}\right)\exp\left[-\left(\frac{v}{c}\right)^k\right]\mathrm{d}\left(\frac{v}{c}\right)^k \quad (13)$$

积分号下是不完全 Γ 函数，可通过数值积分求得。

风能可利用时间 t 由下式求得

$$t = N\int_{v_0}^{v_2}p(v)\,\mathrm{d}v = N\left\{\exp\left[-\left(\frac{v_0}{c}\right)^k\right] - \exp\left[-\left(\frac{v_2}{c}\right)^k\right]\right\} \quad (14)$$

式中，N 为全年总时数。

因此，只要求出 c、k 参数，$\overline{W}$、W_e 和 t 均能计算出来。关于 c、k 参数，可由风速频率分布方法（最小二乘法）、平均风速和标准差方法、平均风速和极大风速方法等估算得出。

我们根据全国 400 多站点风速资料，利用最小二乘法计算了各站全年风速韦布尔分布 c、k 参数（见图 1、图 2）。由图可见，沿海及其岛屿、内蒙古、松花江下游和青藏高原为高值区，c 值为 3~7，k 值为 1.0~1.8。四川盆地、浙闽、南岭山地、塔里木盆地为低值区，c 值为 1.0~3.0，k 值为 0.6~1.0。

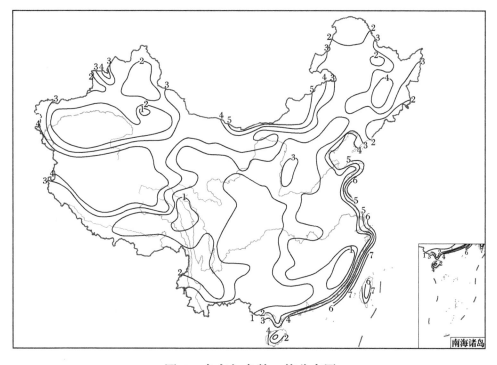

图 1　韦布尔参数 c 值分布图

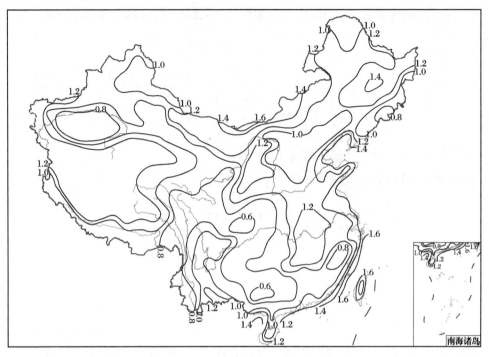

图2 韦布尔参数 k 值分布图

二、风能的气候规律

(一) 风能的年变程

了解风能在一年中的变化,对综合利用、多能互补有极其重要的作用。从风能年变程来看,我国主要分为四种类型:①冬春大,夏秋小 (见图3),分布在我国东部、云贵和雅鲁藏布江谷地等。②春夏大,秋冬小 (见图4),分布在西北、内蒙古北部、青藏高原以及四

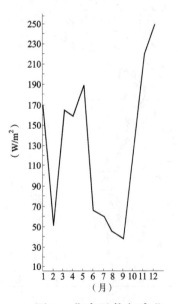

图3 北京风能年变化

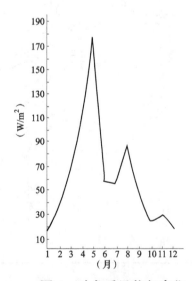

图4 吐鲁番风能年变化

川盆地等。③秋冬大，春夏小（见图5），分布在东南沿海及其岛屿、南海沿岸及其岛屿。④春秋大，夏冬小（见图6），东北大平原属这一类型。

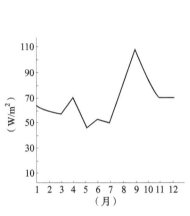

图5　海口风能年变化

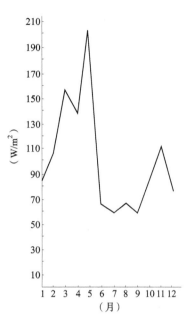

图6　阜新风能年变化

（二）风能日变化

一天中风能变化与负载是否为同位相，这对风能储能和互补也是很重要的。我国主要有三种型式。①单峰型，最大风能在白天，最小在夜间（见图7）。从图7上看出，三个峰值出现时间不一致，这是由于时差造成的。②平缓双峰型，两个峰值在08时和23时，谷值在18时（见图8实线），这种类型分布在岛屿及近海。③极大、次大双峰型，极大峰值在19时，次大应在11时（见图8虚线），分布在青藏高原。

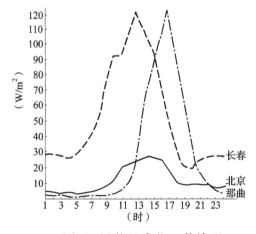

图7　风能日变化：单峰型

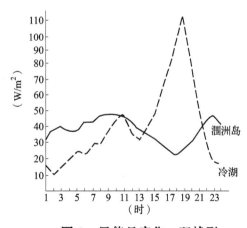

图8　风能日变化：双峰型

上述是地面风能日变化。随着高度的增加，风速日变化规律呈相反的趋势，如武汉阳逻146m 高铁塔的风速日变化（见图9）。由图9可见，低层白天风力稍大，高层则相反。这是由于白天对流强盛，高层动量下传，高层白天风速减小，贴地层风速增大。

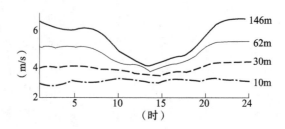

图9 阳逻各高度风速日变化

（三）风能潜力的地理分布

平均有效风能密度是根据式（13）和式（14）计算得到的，我国风能密度和可利用的小时数有以下几个特点。

1. 风能丰富和较丰富区：风能密度在 150W/m^2 以上，可利用小时数在 4000h 以上[4]。在我国有两大带，一为沿海及其岛屿，特别是东南沿海及其岛屿，是风能最丰富的地区。在东南沿海向内陆 100km 之外地区，风速锐减，风能转为贫乏区。造成这种分布的原因，主要是大气环流、海陆和地形的综合影响。二为三北地区，该区地处蒙古高原前缘，冬半年冷空气一次次南下可造成较大风速。随着冷空气向南推进变性，风速减小。风能密度和可利用小时数分别由 200W/m^2 减到 100W/m^2，由 6000h 减到 3000h。

2. 风能贫乏区：风能密度在 50W/m^2 以下，可利用小时数在 2000h 以下，分布在三个主要集中地区。一是以四川为中心向四周扩大的地区，即包括甘、陕南部、豫、鄂、湘西部、云贵、南岭及武夷山地。另两个分别在雅鲁藏布江河谷和塔里木盆地。这些地区总的特点是，四周为高山环抱，冷暖气流不易入侵，风速较小。

3. 风能可利用区：这是介于上述两个区之间的广大地区，风能密度为 150~50W/m^2，可利用小时为 4000~2000h。该区主要是春、冬风能大，故亦称季节性利用区。

（四）风能资源的垂直分布

一般给出的风能资源都是以 10m 高度处为标准的。空旷平坦地面提高风力机功率输出的唯一最廉价的方法是增高塔架。近地层风速随着高度而增加，其增加的数值，服从对数或幂数公式，最常用的是幂公式。

$$\frac{\overline{u}_n}{\overline{u}_1} = \left(\frac{Z_n}{Z_1}\right)^{\alpha} \quad 或 \quad \frac{\overline{W}_n}{\overline{W}_1} = \left(\frac{Z_n}{Z_1}\right)^{3\alpha} \tag{15}$$

式中，$\overline{u}_n$、$\overline{u}_1$ 和 $\overline{W}_n$、$\overline{W}_1$，分别为 Z_n 和 Z_1 高度处的平均风速和平均风能密度，α 为幂指数，在平坦地面 α 取 0.143~0.19。根据武汉 1976—1978 年梯度观测资料分析平均风速，$\alpha=0.19$；风速$\geq$10m/s 时，$\alpha=0.16$。

国内外研究认为，韦布尔分布较好地拟合了风速分布，杰斯图斯（Justus）等给出韦布尔分布参数 c 在近地层中随高度指数律为

$$\frac{c}{c_a} = \left(\frac{Z}{Z_a}\right)^n \tag{16}$$

式中：Z_a——风速仪高度；

　　　c_a——Z_a 高度的风速分布的尺度参数；

　　　n——指数。

c 的数值主要取决于平均风速，而平均风速服从指数律，无疑 c 随高度也依指数律变化。杰斯图斯给出美国通用 n 的经验公式：

$$n = \frac{0.37 - 0.088\ln c_a}{1 - 0.088\ln(Z_a/10)} \tag{17}$$

根据式（16）计算 n 的平均值为 0.23。我国根据武汉梯度资料分析，c 值也符合指数律。指数 $n = 0.18$（见图 10），较美国 n 值小些。n 的变化和地表粗糙度及地形等有关。

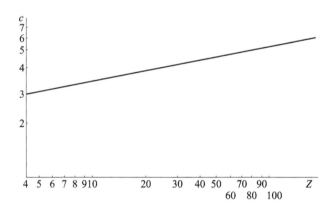

图 10　武汉阳逻 1979 年 c 值随高度 Z（m）的指数变化

参数 k 值随高度变化也有一定规律，杰斯图斯给出 k 随高度变化的经验公式：

$$k(Z) = k_0 \frac{1 - 0.88\ln(Z_a/10)}{1 - 0.088\ln(Z/10)} \tag{18}$$

式中：k_0——Z_a 高度上的形状参数。

利用武汉梯度资料得出 k 值随着高度变化与杰斯图斯的也很相似。利用上式可以计算出近地层中任意高度风速的韦布尔分布参数。

（五）风力机容量系数

风力机输出功率与额定功率之比值为该风力机的容量系数（capacity factor）：

$$F_c = \overline{P}/P_r \tag{19}$$

如已知风速概率分布 $p(v)$，风力机的实际输出平均功率 $\overline{P}$ 可表示为

$$\overline{P} = \int_0^\infty P(v)p(v)\,\mathrm{d}v \tag{20}$$

式中，$P(v)$ 是风力机输出功率，为风速的函数，也称功率函数。功率函数的解析式为

$$P(v) = \begin{cases} 0 & (v \leqslant v_0) \\ A + Bv + Cv^2 & (v_0 < v \leqslant v_1) \\ P_r & (v_1 < v \leqslant v_2) \\ 0 & (v > v_2) \end{cases} \tag{21}$$

式中：v——风力机中心高度的风速；

$\quad v_0$——启动风速；

$\quad v_1$——额定风速；

$\quad v_2$——切断风速。

A、B、C 为待定系数，由下列条件确定。

$$\left. \begin{array}{l} A + Bv_0 + Cv_0^2 = 0 \\ A + Bv_1 + Cv_1^2 = P_r \\ A + Bv_e + Cv_e^2 = P_r(v_e/v_1)^3 \end{array} \right\} \tag{22}$$

式中，$v_e = (v_0 + v_1)/2$。在确定了韦布尔参数 c 和 k 后，各站的平均输出功率可通过积分来估算。将式（21）代入式（20），可得

$$\overline{P} = \int_0^\infty P(v)p(v)\mathrm{d}v = \int_0^{v_0} + \int_{v_0}^{v_1} + \int_{v_1}^{v_2} + \int_{v_2}^\infty \left[P(v)p(v) \right] \mathrm{d}v$$

$$= \int_{v_0}^{v_1} (A + Bv + Cv^2)p(v)\mathrm{d}v + P_r[p(\leqslant v_2) - p(v \leqslant v_1)] \tag{23}$$

上式积分中的风速分布 $p(v)$ 是由式（6）给出的。我们将实际计算的平均功率表示成对额定功率的相对量，即容量系数 $F_c = \overline{P}/P_r$ 的形式。

我国风力机一般分小、中、大型，v_0 取 3.5m/s，v_2 取 20m/s。v_1 分别取 6m/s、8m/s、10m/s，根据这三种标准计算出的容量系数如表 1 所示。由表 1 可见，随着额定风速的增大，容量系数减小。

表 1　不同额定风速下的容量系数（%）

额定风速	嵊泗	东山	惠安	平潭	成山头	青岛	大连	阿拉山口	五道梁	哈尔滨	长春	多伦	海拉尔	昆明	郑州	北京	太原	日喀则
$v_1 = 6\text{m/s}$	54	48	48	43	46	41	35	32	31	32	31	22	14	14	13	11	7	5
$v_1 = 8\text{m/s}$	41	36	35	30	33	28	23	24	22	21	21	15	8	9	8	6	4	3
$v_1 = 10\text{m/s}$	30	26	25	20	23	19	16	18	15	13	14	10	5	6	5	4	3	2

我们绘制了上述三种标准的全国风力机容量系数分布图。本文仅给出了 $v_0 = 3.5\text{m/s}$、$v_1 = 8\text{m/s}$、$v_2 = 20\text{m/s}$ 的分布（见图 11）。从图 11 可知，容量系数分布和风能资源分布很一

致，容量系数 0.2 以上的地区，分布在沿海和内蒙古及松花江下游等地。对于额定功率为 1kW 的风力机，若容量系数为 20%，则表示有 $1.8×10^3 kW \cdot h$ 的能量输出。

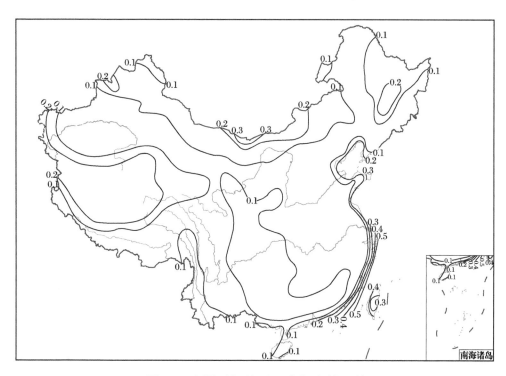

图 11　全国平坦地形风力机容量系数

图 12 给出了容量系数随年平均风速的变化，三种风力机分别划出三条曲线。由图 12 可见，随着平均风速的增大，容量系数或输出功率有增大的趋势，但并非按速度三次方而增加。风速小时增大更为明显。

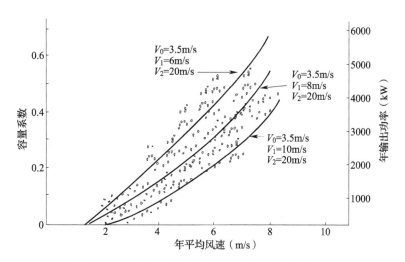

图 12　容量系数和输出功率与平均风速关系

山区风能资源的模拟研究 *

刘永强　朱瑞兆

（国家气象局气象科学研究院）

风能指大气运动所具有的动能，通常用风能密度 w 表示。在山区，由于不均匀下垫面的增幅作用，常常形成局地强风能区。

然而，由于山区测站稀疏及测值代表性差等原因，不能像全国及区域范围风能的研究那样，直接由实测资料计算风能密度[1]。作为气象学研究的一个基本问题，山区气流分布的理论及场地试验方面的研究较多，不过尚未有较成熟的定量计算方法。近年来，山地气流的中尺度数值模拟研究发展较快，有些模拟结果可直接用于风能的估价[2]，但通常使用的模式包含的物理过程复杂，要求的网格较细，因而计算量较大，故目前多用于理论研究。

为了提供一种既能定量计算，又较为实用的估价山区风能资源的方法，本文根据 Sherman 研究大气扩散背景流场的基本思想[3]和地表气流基本平行于地表面的事实，采用地形坐标系中的水平无辐散关系作为约束条件，在变分的意义下对地表面风场进行调整。这样，可避免文献［3］中由于地表作为固定下边界而致使地表流场模拟的精度不高之不足（这对风能估价的精度有很大的影响）。此外，为了增加模式的实用性，模拟计算中还采用了自然正交展开的方法，可大大减少无辐散调整的次数。

一、模拟计算区的地形特征和资料

本文选择内蒙古自治区乌兰察布盟南部山丘地带作为模拟计算的区域（以下简称"计算区"）。该区域位于大青山的东部，由几个相对高度为数百米的小山组成，可近似地看作孤立的山地（见图1）。

用于模拟计算的资料主要是地面网格点高度和地面风。前者从内蒙古自治区分区地图（比例尺 1∶20 万，等高距 40m）读数获得。地面风资料包括计算区内部及周围六个地面气象台站［见图1（a）］1980 年 5 月的实测风速。观测间隔为 1h，故每站资料容量为 744。

＊ 本文发表在《气象学报》，1988 年第 1 期，收录在《风能、太阳能资源研究论文集》，气象出版社 2008 年版。

 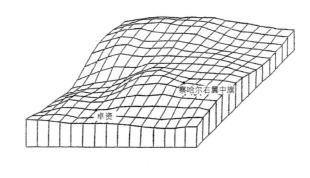

（a）地形和测站分布　　　　　　　　　　（b）计算区网格

图 1　计算区地形特征

注：（a）内框为计算区，图中等高线数值仅具有相对意义。

二、模式及计算方案

（一）无辐散调整过程

在测站稀疏的山区，客观分析得到的流场往往是不太可靠的。通常所采用的补救方法之一是对客观分析的结果［以下称"初始场"，记为 $V_0 = (u_0, v_0)$］在某种物理约束下调整到一个新的流场［记为 $V = (u, v)$］，这样似乎能更客观地反映实际情况。

观测表明[4]，气流过山时，可分为绕流和越山气流两支；在风速不是太强时，除在背风面及迎风面山脚处有垂直涡旋产生外，越山气流通常沿地面呈水平运动。这种特征对于孤立山地更为明显。在这种情况下，可近似认为气流满足地形坐标系中水平两维无辐散关系（这相当于连续方程取零级近似）。这一关系常用于山地气流理论的研究[5]。本文将以此作为风场调整的约束关系。

引入地形坐标

$$\xi = \frac{H(x, y) - z}{H(x, y) - h(x, y)} \tag{1}$$

这里，$H(x, y)$ 和 $h(x, y)$ 分别为行星边界层高度和地面高度；z 为局地直角坐标系中垂直方向的坐标。在地形起伏不是很大的情况下，可近似地取地面的空气密度为常数。于是，水平无辐散关系可写为

$$\frac{\partial u^*}{\partial x} + \frac{\partial v^*}{\partial y} = 0 \tag{2}$$

设 $V^* = (u^*, v^*) = H_d V$［相应地记 $V_0^* = (u_0^*, v_0^*) = H_d V_0$］，这里 $H_d = H - h$。

式（2）即为风场调整的约束条件。除此以外，还要求调整幅度在变分的意义下达到最小。相应的数学问题为：寻找一个新的流场 V^*，使

$$E(u^*, v^*, \lambda) = \int_{\sigma} \left[(u^* - u_0^*)^2 + (v^* - v_0^*)^2 + \lambda \left(\frac{\partial u^*}{\partial x} + \frac{\partial v^*}{\partial y} \right) \right] d\sigma$$

达到最小。式中 σ 为调整的区域, $\lambda = \lambda(x, y)$ 为拉格朗日乘数。

根据变分原理, 有

$$\begin{cases} \left(\frac{\partial^2}{\partial x^2} + \frac{\partial^2}{\partial y^2} \right) u^* = - \frac{\partial}{\partial y} \left(\frac{\partial v_0^*}{\partial x} - \frac{\partial u_0^*}{\partial y} \right) \\ \left(\frac{\partial^2}{\partial x^2} + \frac{\partial^2}{\partial y^2} \right) v^* = \frac{\partial}{\partial x} \left(\frac{\partial v_0^*}{\partial x} - \frac{\partial u_0^*}{\partial y} \right) \end{cases} \tag{3a}$$

在边界上, 取

$$V^* = V_0^* \tag{3b}$$

式 (3a) 和 (3b) 即为无辐散调整的基本方程。

(二) 自然正交函数的应用

以上调整过程是对某一时刻的风场而言的。在风能评价中, 确定某地风能潜力所需的资料序列长度通常至少为一年。设序列容量为 M, 则对于 3h 间隔的观测, M 至少为 10^3 的量级。这样, 上述调整方程就须重复求解数千次; 显然, 从计算时间的角度来说, 是相当花费的。然而, 根据调整方程 (3a) 的性质, 将风场进行自然正交展开, 则可大大减少调整的次数[6]。

方程 (3a) 可写为

$$\nabla^2 \phi = F \tag{4}$$

这里 $\nabla^2 = \frac{\partial^2}{\partial x^2} + \frac{\partial^2}{\partial y^2}$, $\phi = (u^*, v^*)$, F 为相应方程的右端项。这是一个线性偏微分方程, 其解具有线性可加性。即若

$$\nabla^2 \phi_i = F_i, \quad i = 1, 2, \cdots, I \tag{5a}$$

则对任意常数 C_i, 有

$$\nabla^2 \left(\sum_{i=1}^{I} C_i \phi_i \right) = \sum_{i=1}^{I} C_i F_i \tag{5b}$$

下面讨论自然正交函数在减少调整次数方面的作用。设第 k 个测站 l 时刻的风速为 U_{kl}, V_{kl} ($k = 1, 2, \cdots, n$; $l = 1, 2, \cdots, m$。n, m 分别为测站数和测值序列容量), 该站平均风速为 $\overline{U}_k$, $\overline{V}_k$。U_{kl}, V_{kl} 可表示为自然正交函数 u_{kj}, v_{kj} ($j = 1, 2, \cdots, N$; $N = 2n$) 的线性组合:

$$\begin{cases} V_{kl} = \sum_{j=1}^{N} a_{lj}(t) v_{kj}(x, y) + \overline{V}_k \\ a_{lj}(t) = \sum_{k=1}^{n} \left[(U_{kl} - \overline{U}_k) u_{kj} + (V_{kl} - \overline{V}_k) v_{kj} \right] \end{cases} \tag{6}$$

这里，当 k 为奇数时，第一式中 $(V_{kl}, \bar{V}_k, v_{kj})$ 以 $(U_{kl}, \bar{U}_k, u_{kj})$ 取代。

图 2 描述了自然正交函数应用于无辐散调整的过程。其中，"模式输入 i → 模式输出 i" $(i=\mathrm{I}, \mathrm{II}, \cdots, N+1)$ 表示对第 i 个特征向量（即自然正交函数）或平均风向量进行无辐散调整，而下标 s 表示计算区格点标号。整个过程包括分解、调整和合成三部分。由此获得的调整风场应与直接对实测风进行调整获得的结果一致。

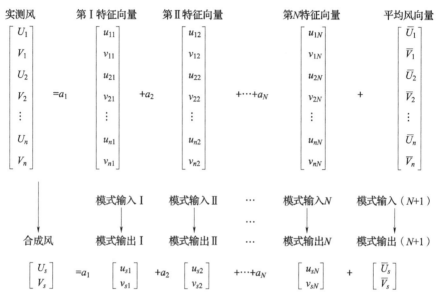

图 2　正交分解调整过程

自然正交展开实现了风场的时、空分离，而无辐散调整只需对仅随空间变化的 N 个自然正交函数和平均风向量进行就行了。这样，大大减少了调整次数，因而减少了计算量，使得计算模式更为实用。此外，自然正交函数由整个资料序列的协方差矩阵决定，因而包含了历史资料的信息。从某种意义上来说，这部分地弥补了山区测站稀疏之不足。

在对各正交函数和平均风进行了无辐散调整以后，某一时刻调整风场的获得就可简单地归结为：用该时刻的实测风由式（6）第二式计算展开系数 a_j，再由式（6）第一式便可得到所需结果。

（三）计算方案

1. 计算区网格和初始场。

计算区分为 16×16 的正方形网格，网格距为 16km。

初始风场由各站的实测风加权平均获得

$$V_{os} = \sum_{k=1}^{n} V_k W_k(r) \Big/ \sum_{k=1}^{n} W_k(r) \tag{7a}$$

式中：r——格点 S 与第 k 个测站之间的距离；

$W_k(r)$——该站在 S 处的权重系数，取为[7]

$$W_k(r) = 1/(1 + ar^2) \tag{7b}$$

其中，a 为大于 0 的参数。这里忽略了文献 [7] 中考虑的另一个因子——风向的影响。

2. 边界层高度。

由于探空站很少且探测间隔较大，加上计算区的地形复杂，因而很难得到边界层顶的时空结构。本文采用经验公式[8]：

$$H = H_a + Kh + (1 - K)h_s \tag{8}$$

式中：h_s——计算区地形最高处的高度；

    H_a——边界层平均厚度；

    K——边界层顶斜率。

H_a 和 K 的取值见表1。这种取法只能反映边界层变化的一般特征，即夜晚低平，而白天与之相反。

表1　边界层厚度和边界层顶斜率随时间的变化

时间（时）	21—24	1—8	9—12	13—20
H_a（m）	800	500	800	1200
K	0.5	0.2	0.5	0.8

3. 调整方程的求解。

采用差分近似将调整方程（3）变为一组线性代数方程，并以超张弛迭代法求解。张弛系数取为 1.8。

三、计算结果

（一）自然正交展开的一些特征

表2给出了自然正交展开的一些计算结果。若以前 $N_0(<N)$ 个正交函数（以相应的特征值 λ_j 的数值从大至小依次排列）逼近原风场，则相对误差 R^2 可由下式估计。

$$\begin{cases} R^2 = 1 - \sigma^2 \\ \sigma^2 = \sum_{i=1}^{N_0} \sigma_j^2 \\ \sigma_j^2 = \lambda_j \bigg/ \sum_{j=1}^{N} \lambda_j \end{cases} \tag{9}$$

其中，σ_j^2 表示 λ_j 对应的特征向量（即正交函数）在风场中所占的比重。$N_0 = 3$ 时，$\sigma^2 = 78.3\%$ 或 $R^2 = 21.7\%$，可见收敛速度是较快的。表中还给出这三个特征值对应的特征向量（正交函数），由于空间测站太少，故不易反映具有明显意义的流场分布特征。

表 2　自然正交分解计算结果（10^{-2}）

序号	λ（10^2）	σ_j^2	σ^2	v_1	v_2	v_3	$\overline{V}$（10^2）
1	51.0	41.8	41.8	19.2	49.4	−33.6	1.99
2	34.6	28.3	70.1	55.3	−24.5	4.8	−2.86
3	9.9	8.2	78.3	17.6	39.1	1.1	1.01
4	5.9	4.8	83.1	32.4	−12.0	21.3	−1.82
5	4.6	3.8	86.9	7.0	23.7	56.0	0.59
6	4.4	3.6	90.5	23.9	0.8	40.1	−0.62
7	3.9	3.2	93.7	15.5	51.7	−28.2	2.19
8	3.1	2.6	96.3	56.7	−8.7	−27.8	−0.91
9	2.5	2.0	98.3	3.4	41.6	45.3	−0.94
10	2.1	1.7	100.0	33.7	−15.6	4.7	−1.97

图 3 为展开系数序列 $a_1 \sim a_4$ 在 19—22 日的变化。一个明显的特征是每一序列（尤其是 a_1 和 a_2 正负相间）呈准周期变化，周期近似为 24h，这与实测风的变化特征（图略）是一致的。图 3 的另一个特征是每个序列的变化依一定的秩序进行。a_1 达到极大时（第 19 日 02 时），a_2 开始增加；a_2 达到极大时（约 19 日 10 时），a_3 又开始增加；……正负中心依次传递。前三个序列之间的关系似更明显一点。这一特征表明了不同序列之间的某种联系，它对序列的预报有一定的意义[9]。

（二）无辐散调整风场

我们以平均风（表 2 最右端一列向量）为例，讨论客观分析和无辐散调整的计算结果，并用中旗

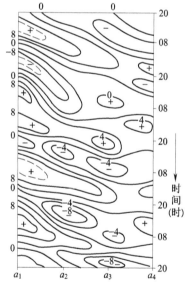

图 3　展开系数序列随时间的变化

站的实测资料进行验证。计算中取 $H_a = 800\text{m}$，$K = 0.5$，$h_s = 2000\text{m}$，$a = 0.1\text{km}^{-2}$。由式（7）求初始场时，先后用 5 站（不包括中旗站）和 4 站（再去掉卓资站）的风测值进行内插和调整，其结果见图 4。

由图可见，无辐散调整后，中部出现风速负变区，其两侧为正变区。中旗站位于正变区内。与图 1 比较，可以发现正（负）变值区基本上对应于地形较高（低）处。调整结果与参数的取值有一定的关系，H_a 或 K 增大时，调整幅度减小。

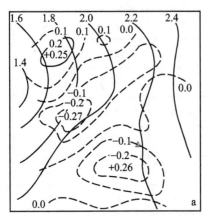 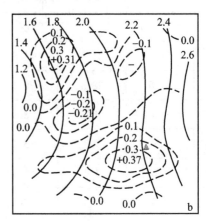

——初始场 ----调整幅度 ▲——中旗站址

图4　平均风客观分析和无辐散调整结果

注：左图为5站数值，右图为4站数值。

对平均风和各正交函数进行调整后，以展开系数为权重作线性组合，便可得调整风场。设 V' 为调整风 V 与实测风 V_0 的差值，它们的均值分别为 $\overline{V'}$、$\overline{V}$ 和 $\overline{V}_0$，并定义：

$$\begin{cases} R_a = |\overline{V'}|/\overline{V'}_0 \\ \sigma_a^2 = \sum_{i=1}^{m} V'^2_i / \sum_{i=1}^{m} V_{i0}^2 \end{cases} \tag{10}$$

分别表示相对误差和相对方差。表3给出了中旗站的计算结果。表中 σ_{a0}^2 与 σ_a^2 同义，只是仅对 $V_{i0} \geqslant 8m/s$ 的风速（共158个）进行计算。表中给出三次计算结果，其中Ⅰ、Ⅲ分别为使用4站和5站实测风进行内插和调整所得的结果，Ⅱ除未进行调整外，其余与Ⅰ类似。对于Ⅰ，还计算了月平均风速日变化（见图5）。

由表3和图5可见：①与Ⅱ相比，Ⅰ中 R_a 较小，这表明无辐散调整对风速估计的精度有一定改进。②Ⅰ的结果较Ⅲ好。Ⅲ中多使用了地处计算区谷地的卓资站的资料。由此可见，由于局地地形的影响，该站风资料的代表性较差，似不能较好地表示计算区其他区域流场的特征。③计算风速相对于实测风有一负的系统性误差，其值介于-1.0~-2.0。此外，比较而言，白天（风速较大）误差较小。

表3　中旗站风速调整结果

序号	$\overline{V}_0$ (m/s)	$\overline{V}$ (m/s)	$\overline{V'}$ (m/s)	R_a	σ_a^2	σ_{a0}^2
Ⅰ	5.75	4.41	-1.34	0.233	0.139	0.114
Ⅱ	5.75	3.85	-1.90	0.330	0.174	0.150
Ⅲ	5.75	3.81	-1.94	0.337	0.230	0.163

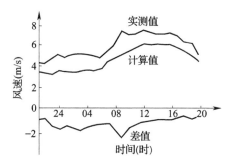

图 5　中旗站月平均风速日变化

四、讨论

以上叙述了应用无辐散调整进行山区风能资源模拟计算的过程和实例。尽管计算模式包含的物理过程简单，计算网格较粗，且计算结果依赖于一些经验参数，但由于具有计算量小、易于修改、且根据通常可以获得的地面资料就可计算等优点，因而对于实际计算有一定的意义。尤其是引入自然正交展开后，调整次数大大减少，从而增加了模式的应用性。计算结果表明，应用这种方法可以得到一定精度的山区风能估计值。

最后，我们对下面有关问题作一些说明和讨论。

1. 由于资料缺乏，本文只对位于中旗站的网格点处的计算结果进行了验证，因而不能完全说明整个计算区（尤其是调整幅度最大区）模拟结果的可靠程度。

2. 当过山气流很强时，越山气流易在背风面出现波动及涡旋，同时绕流也由于较强的侧向切变而导致涡旋的产生。这时若用本文采用的水平无辐散关系作为风场调整的约束关系，显然会引起较大误差。

3. 在自然正交展开中，正交函数只是空间的函数这一性质仅仅是对确定的资料序列而言的；随着序列的改变，正交函数也会改变。为使正交函数具有一般性（或相对稳定性），可适当增加资料序列的容量。

4. 在调整方程的右端顶中，$V_0^* = V_0 H_d$；由于本文规定 H_d 只取几种状态，因而可认为只有 V_0 随时间变化，对其展开，便可减少调整次数。在实际大气中，H_d 也随时间而变，这时若仅对 V_0 展开就不再能够达到减少调整次数的目的。在这种情况下，可对 H_d（或直接对 V_0^*）进行自然正交展开。

参 考 文 献

［1］朱瑞兆，薛桁. 风能的计算和我国风能的分布［J］. 气象，1981（8）：26-28.

［2］Segal M，Mahrer Y，Pielke R A. Numerical model study of wind energy characteristics over heterogeneous terrain－Central Israel case study［J］. Boundary－Layer Meteor.，1982，22（3）：373-392.

［3］Sherman C A. A mass-consistent model for wind fields over complex terrain ［J］. J. Appl. Meteor, 1978, 17 (3): 312-319.

［4］傅抱璞. 山地气候 ［M］. 北京：科学出版社, 1983.

［5］杨大升. 动力气象学 (修订本) ［M］. 北京：气象出版社, 1983.

［6］Ludwig F L, Byrd G. An efficient method for deriving mass-consistent flow fields from wind observations in rough terrain ［J］. Atmos. Enviro., 1980, 14 (5): 585-587.

［7］Endlich R M, Mancuso R L. Objective analysis of environmental conditions associated with severe thunderstorms and tornado ［J］. Mon. Wea. Rev, 1968, 96 (6): 342-350.

［8］Endlich R M. Wind energy estimates by use of a diagnostic model ［J］. Boundary-Layer Meteor., 1984, 30 (1-4): 375-386.

［9］Paegle J N, Haslam R B. Empirical orthogonal function estimates of local predictability ［J］. J. Appl. Meteor., 1984, 21 (2): 117-126.

我国风能资源开发利用的前景 *

朱瑞兆

（国家气象局气象科学研究院）

　　风能"取之不尽，用之不竭"，被誉为永久性能源。它不污染环境，被称为清洁能源，又被称为再生能源。在常规能源日趋减少和环境污染日益严重的社会背景下，它的价值更被世界各国所重视。一些发达的国家如西德、英国、丹麦、荷兰、美国、加拿大、日本以及澳大利亚等都先后制订了风能开发利用计划。美国计划到 2000 年风力发电可提供 4%～6% 的需电量。美国农业部计划在最有发展前景的大平原地区依靠风能提水灌溉，到 20 世纪末取代地面灌溉用电的 60%～70%，人工降雨用电的 30%～45%，相当于节省了燃料的一半，相当于每年 180 亿 kW·h 电能。瑞典规划到 2000 年利用风能资源发电可达 100 亿 kW·h，占发电量的 12%。荷兰到 20 世纪末至少安装 200 万 kW 风力发电站和装备 15000 台风力机组，总容量达 45 万 kW 的分散小规模电站，占总发电量的 10%。

　　风能是地球上自然资源的一部分。整个地球上可利用的风能总量，近地面有 1.3×10^{12} kW，大约是当前世界消耗总能量的 3000 倍。我国地面风能潜力估算为 1.6×10^{9} kW，其中可利用者若按十分之一计，也有 1.6×10^{8} kW。

　　风能一般用风能密度，即单位时间里气流垂直通过单位面积的风能来度量。风力机在一定风速下才能启动，到一定风速时又需要切断。我国取启动风速为 3m/s，切断风速为 20m/s；3～20m/s 为有效风速，由此计算的风能为有效风能。

一、我国的风能资源

　　我国风能资源大致可划分为风能丰富区、较丰富区、可利用区和风能贫乏区（见表1）。

表 1　我国风能资源划区标准

区　　名	丰富区	较丰富区	可利用区	贫乏区
年有效风能密度（W/m²）	≥200	200～150	150～50	≤50
年≥3m/s 累积小时数	≥5000	5000～4000	4000～2000	≤2000
年≥6m/s 累积小时数	≥2200	2200～1500	1500～350	≤350

---

　　*　本文发表在《中国气象》，1988 年第 2 期，收录在《风能、太阳能资源研究论文集》，气象出版社2008 年版。

1. 风能丰富区。集中分布在三个地区：①东南沿海和山东、辽东沿海及岛屿；②内蒙古北部；③松花江下游。约占全国总面积的 8%。全国年平均风速 ≥6m/s 的地区除了几个高山外，所有风速 ≥6m/s 的地方，都集中在上述地区。平潭年平均风速为 8.7m/s，是全国平地上最大的，该区有效风能密度均在 200W/m² 以上，最大可达 749.1W/m²。内蒙古呼勒盖尔也在 300W/m² 以上。这些地区风速为 3~20m/s 的时间，平均每天有 21h 以上，是我国风能开发利用的最好地区。

2. 风能较丰富区。集中在沿海地带、三北北部和青藏高原地区，约占全国总面积的 18%。

沿海地带是从汕头沿海岸向北，经江苏、山东、辽宁沿海到丹东。三北北部区是从吉林图们江口向西沿燕山北麓经河套穿河西走廊过天山到新疆阿拉山口。这两区的风能密度为 150~200W/m²，风速 ≥3m/s 的时间有 4000~5000h。风能最佳的季节，在内蒙古西部及西北北部为春夏季，华北北部为冬春季。沿海以长江口为界，以北为冬春季，以南为秋冬季。青藏高原是一个特殊地区，风能密度在 150W/m² 以上，个别地区如五道梁可达到 180W/m²。由于这里海拔在 3000~5000m 以上，空气密度较小，同样大的风速，这里风能却较小。如风速同样是 8m/s，上海与林芝两地高度相差约 3000m，风能密度相差 30%；上海与那曲高度相差 4500m，风能密度相差 40%。所以，对于风机来说，启动风速和切断风速都要相应提高。青藏高原风能最佳季节为春夏季。

3. 风能可利用区。约占全国总面积的 50%，分布在广西、广东的沿海、大小兴安岭、黄河中下游及青藏高原东侧和北侧。该区有的季节风能较好，有的季节风能贫乏。

4. 风能贫乏区。占全国面积的 24%，分布在较大的盆地或河谷中，如四川盆地、雅鲁藏布江河谷、塔里木盆地等。这些地区风能密度在 50W/m² 以下，如成都仅为 35W/m²，风速 ≥3m/s 的累积小时数仅 400h。西双版纳的景洪更小，年平均风速仅 0.5m/s 左右，除了高山峡谷外风能很难利用。

二、我国风能的开发利用

开发利用区是指风能丰富区和较丰富区。按上述大致是分布在两个大地带，即沿海及其岛屿地带和三北北部地带。这些地区中的山区、海岛、草原等远离电网，交通不便，应是我国首先推广风力发电的地区。

我国三北北部广大牧区至今尚未摆脱掉"照明点油灯，提水用水斗，取暖烧牛粪，剪毛靠人工"的状态。按内蒙古自治区牧民需求，可初步按两个水平估算：低水平（包括照明、电热毯、电视等）约 90kW·h；按高水平（炊事、冷藏、缝纫、电牧栏等）约 490kW·h。在牧业生产的电力消耗方面，估计近期每 2000 头（只）牲畜，只要装备一台 2~3kW 的风力发电机即可基本满足需要。

我国著名的"风库"——河西走廊地区是典型的宜农宜牧区，风能资源丰富，地下水储量大。因地制宜地开发风能，推广应用风力机，不但可为该地区 35 万人口中的 50% 以上无电的农牧民提供生活用电，而且利用风能提水，以解决植树种草，改良草场，保护植被，固定流沙等问题。

河西走廊的酒泉地区风能开发利用发展较快，1975 年开始风力发电机的研制，至 1982 年底先后研制出 200W、500W、1kW 和 10kW 四种机型，其中 500W 机型 1983 年共生产 2317 台。

新疆风能利用起步较晚，但发展速度却很快。在达坂城已安装 100kW、50kW 中大型风力机。此外还有几百台小型风力机安装在牧区。

西藏目前已购进国内不同类型的风力发电机 200 台左右，主要分布在那曲、阿里、山南、日喀则等地区。

东部沿海和海岛风带是我国主要风带之一。我国有海岸线 11000km，面积 500m² 以上的岛屿有 6536 个。这些地方电力不足，而恰是我国风能最佳地区，以风能代替或补充电能等能源不足是有广阔前景的。目前我国 10~200kW 的风力发电机组基本上集中安装在沿海地带。平潭 4 台 200kW、荣成 4 台 55kW 的风力田在运转试验。嵊泗 22kW、55kW 风力田已并网运行。

部队边防哨所地处偏僻，自然条件恶劣，缺乏电力，但风力资源丰富或较丰富。若以 70~120 人独立驻防设计，为解决生活用电则要配备 5~12kW 的柴油发电机，每年耗费极大。近年来，部队为推广运用风力发电机进行多点应用试验研究，共安装 19 台在边防岛屿、哨所使用，取得了很好的效果。

目前，我国风能的开发利用基本上还处于研究试验和示范阶段，但其发展速度还是较快的。估计到 2000 年可提供 1% 的需电量，在农村生活用能中风能可达 5%~10%。

近年来，"风力田"是世界风能开发利用的新趋向。其特点是以少集多。美国到 1983 年已在加利福尼亚州等地区建立了 43 个风力田。英国在北海建立了 20 个风力田，每个风力田装风机由几十台到几百台不等。此外西德、加拿大、丹麦等也积极开展这方面的工作。我国也在平潭、荣成、达坂城等地进行风力田的试点研究工作。

世界气象组织曾对全世界风能资源进行分级，按风能密度和相应的年平均风速将全世界风能分为 10 个等级。

我国的风能资源仅在 2~4 级，沿海及岛屿可达 5~6 级。从大范围来看，我国沿海及岛屿与其他国家相比，大致相当或稍低一些；但大陆上低得较多，如与美国相比大致低 1~2 级，比苏联低 2 级以上，比荷兰、丹麦、西德、澳大利亚、日本也低 1~3 级。所以从世界总的风能资源上看，我国属一般风能区，这主要是受青藏高原屏障影响的结果。因此发展我国风能不能完全照搬国外的经验，我国目前主要是解决农村能源，应以中小型为主。但在生活用能得到缓解的同时，就要向生产用能转化。我国风能资源成片虽较差一些，但在局地地势条件下，仍可以找到风力较好的一些地点，发展风力田和大型风力机为生产提供一定的能量，也是有条件的。

　　此外，在有条件的地区还可与太阳能、沼气、地热、海洋能综合利用，实现多能互补。

　　随着能源消耗的增加和常规能源的日趋减少，风能利用会被重视的。风能利用同现代化空气动力学、结构力学、电子技术、材料、工艺和计算技术的发展有密切关系。毫无疑问，风能利用会达到一个新的水平。

风能的气候评价 *

朱瑞兆

（国家气象局气象科学研究院）

一、风能功率密度的评价

单位体积的空气所具有的风能（P），只能取决于空气密度（ρ）和风速（V）。运动着的物体的动能为

$$P = \frac{1}{2}mV^2 \tag{1}$$

式中，m 为空气质量。空气密度 ρ 由质量和它所占的体积来决定，即

$$\rho = m/\text{体积}$$

欲求出特定体积的空气动能，只需再乘以空气的体积，即在一定时间内，气流以速度 V 通过截面积（A）和时间（t）的乘积，

$$\text{体积} = AVt$$

则

$$\rho = m/AVt \text{ 或 } m = \rho AVt \tag{2}$$

因此，

$$P = \frac{1}{2}(\rho AVt)V^2 = \frac{1}{2}\rho AV^3 t \tag{3}$$

风的功率就是单位时间里经过 A 面积的风能数量。由式（3）风所具有的能量除以相应的时间 t 来计算，因此，风所具有的功率为

$$W = \frac{1}{2}\rho V^3 A \tag{4}$$

由式（4）可以看出有两种意义。

（一）风能与空气密度成正比

这就意味着在相同的风速时，高原或高山上所得到的风能比平地要少，这是因为高原上空气密度比平地小所致。我们根据全国三百余站资料计算，得出海拔高度与空气密度的指数公式：

$$\rho = 1.225 e^{-0.0001h} \tag{5}$$

---

* 本文发表在《山东气象》，1989 年第 5 期，收录在《风能、太阳能资源研究论文集》，气象出版社 2008 年版。

式中，h 为海拔高度，其相关系数为 0.98。为了明显地表示海拔高度的影响，我们把不同高度代入式（5），并以风速为 8m/s 时计算，可以得到表 1。由表 1 可以清楚地看出，空气密度对风能的影响还是很大的，在 3000m 处的风能功率密度是 500m 处的 74%，若到 4000m 处时，仅为 67%。但是空气密度对一个地点一定高度上来说，变化很小，通常可认为是一个常数，所以就一地的风能气候评价来说，也不是很重要的。

表 1　空气密度与风能关系

海拔高度（m）	≤500	1000	2000	3000	4000	5000
空气密度	1.23	1.11	1.00	0.91	0.82	0.74
风能功率密度（W/m²）	313.6	284.2	256.6	233.0	209.9	189.4
比值	1.00	0.90	0.82	0.74	0.67	0.60

（二）风能与风速立方成正比

风能气候评价要认真处理风速资料，多 10% 的风速，则可多得 30% 的能量。风速差 1 倍，风能则相差 8 倍。因此风能评价时，最重要的是风的特征。

对于风能来说，风速评价包括两个内容：有效风能功率密度和可利用小时数。

有效风能功率密度与年平均风速的关系，是评价最易获得的信息。我们统计了全国 500 站年平均风速与有效风能功率密度的关系，如图 1 所示，图上的数据是按表 2 绘制的。由图 1 和表 2 可以看出，随着年平均风速的增大，年有效风能功率密度在增加，如年平均风速 3m/s 时，风速相差 0.5m/s，有效风能功率密度相差为 35W/m²。若年风速为 6m/s，则可相差 65.5W/m²。在评价某年风能是丰还是歉，只要知道了年平均风速就可以计算出风能增大或减少多少。

按表 2 中对应的有效风能功率密度乘以各种风速所占的面积（A）便可得出一省或全国风能总量，即

$$E = \left(\frac{1}{10}\right)^2 \sum_{i=1}^{n} W_i A_i \tag{6}$$

式中，乘以 $\left(\frac{1}{10}\right)^2$ 是因为风力机间距要有 10 倍风轮直径的面积。

可利用风速累积小时数，也可称为有效风能小时数。它也与年平均风速有密切关系，风速大，可利用的小时数就多。我国风力发电机系列型谱如表 3 所示。根据风力机的额定功率的增大，额定风速、起动风速、切断风速都在增大。

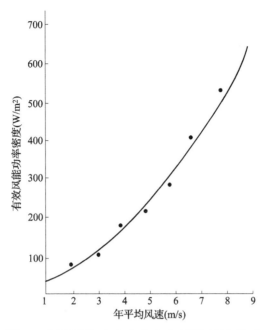

图 1　有效风能功率密度与年平均风速关系

表 2　年平均风速与有效风能功率密度关系

年平均风速（m/s）	1.13	1.93	2.94	3.90	4.81	5.81	6.68	7.80	9.00
有效风能功率密度（W/m²）	43.1	70.3	108.6	176.8	225.1	288.8	403.0	525.5	633.0

表 3　我国风力发电机系列型谱

额定功率（kW）	0.1, 0.2, 0.3, 0.5	1.0, 2.0, 3.0, 5.0	10, 20, 30, 50	100, 200
额定风速（m/s）	7.8	7, 8	8, 10	12
起动风速（m/s）	3.0, 3.5	3.5	3.5, 4.0, 4.5	5.0
切断风速（m/s）	20	20	20	25

　　风力机一般在风速 3.0m/s 以上时才能起动，但到了风速 20m/s 以上时，风力机就要停机，所以一般地将 3～20m/s 的风速称为有效风速，由它计算出的风能密度称为有效风能功率密度，由它计算出的小时数称为有效风能利用（或可利用）小时数，风速在 3m/s 以下、20m/s 以上的为无效风能。所以评价风能也只能以 3～20m/s 的风速小时数作为依据，我们根据全国 600 个站的风速自记资料，统计出年平均风速与可利用小时数的关系，由于资料太多，这里仅给出系列列线图，如图 2 所示。由图 2 可以看出，随着年平均风速的增大，可利用小时数在增加。如年平均风速为 2m/s 时，3～20m/s 的风速小时数为 2558，但年平均风速增大到 8m/s 时，可利用小时数达 7900。同时还可以看出，随着可利用起动风速增大，可利用风速小时数在减少。如年平均风速 5m/s 时，风速 3～20m/s 的小时数为 6500，但风速 4～20m/s 的小时数为 5500，当风速为 8～20m/s 时，小时数仅为 1450。

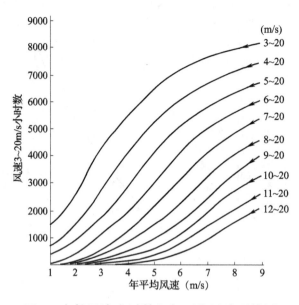

图2　有效风速小时数与年平均风速列线图

在风能的气候评价中只要知道当年的平均风速是增加还是减少，就可从图2中找出当年风能多利用还是少利用多少小时。

二、风力机发电量的评价

上述是理论的评估，但实际上当年少发电还是多发电，这才体现真正的经济效益。

我国目前有风力机8万多台，绝大多数集中在内蒙古。内蒙古风力发电机主要是微型机，大都在100W左右。就以内蒙古有7万台微型风力发电机计算，共计装机容量7000kW。若风力发电机的额定风速为7m/s，那么当年内蒙古各地风速大于7m/s的小时数，比往年多2h，则全内蒙古多发电14000kW·h；少5h，就比往年少发电35000kW·h。甘肃、青海等微小型风力发电机均有千台以上，都可作一年实际利用多少小时的评价。

除了微型风力发电机外，我国还有几个中大型风力田（风电场），如山东荣成安装丹麦的3台55kW风力发电机，平均每台年发电量为11万kW·h；山东崆峒岛上安装了一台60kW风力发电机；福建平潭安装了大型风力发电机5台，每台200kW；浙江大陈岛上安装了6台风力发电机，即2台20kW、3台55kW和1台3kW；嵊泗岛安装了5台22kW风力发电机；新疆达坂城安装了100kW和50kW各一台，1989年又安装了13台150kW风力发电机；广东南澳安装了3台55kW风力发电机等。在同样的管理水平下，这些风力发电机，每年发电的多少，取决于风能可利用小时的多少。将本省的风力机当年的发电量与风速可利用小时进行比较，就可以评价出风能的丰歉情况。根据各地的情况汇总就可得出当年全国的风能实际利用情况。

此外，风能的预报也是很重要的，若有长期预报，可以作为能源利用一年中战略安排。因为风能利用中最大困难是风的不稳定性，时有时无，我国江苏对风机有句"救穷不救急"

之谚。也就是说，急需的时候没有风。所以能提供几小时到几天预报，也是很有用的，充分利用预报就很可能一次多获得几个小时的利用，也是可观的，所以风能评价也可以作典型的一次二次的评价。国外还开始"重合概率"方面的研究，所谓重合概率是指位于不同风系中的数个风力田（风电站）至少有一个产生风能的概率。这种研究采用了概率统计的方法，并充分利用了现有的气候资料。

我国风能开发利用及布局潜力评估 *

薛　桁　朱瑞兆

（国家气象局气象科学研究院）

近十几年来，我国在风能资源勘测、分析计算和区划，以及在大、中、小型风力机组的研制方面，都做了大量的工作，尤其在 1000W 以下的微型机组的生产、推广使用方面已有了一定的基础。百瓦级的风力机起动风速和额定风速较低，在我国安装范围较广。大、中型风力机组的安装使用，特别是风力田的建设，主要取决于风力资源。

1988 年国家计委为了更好地制定我国风能利用发展规划，积极稳步地开发利用我国风能资源，委托中国气象局气象科学研究院进行了我国风能开发利用和布局的可能性研究，在 1983 年宏观上作出的《中国风能区划》[1] 的基础上进行补充修正，给出全国大、中、小型风力机可能布局的地区分布。

本文所采用的资料包括：①全国近 900 个气象台站三年逐时测风资料；②全国 2425 个气象台站的 37 年平均风速资料；③全国各省市气象部门富有经验的气象人员提供的除正规气象观测记录以外的风能潜力分布状况资料。

一、风力机容量系数

早先人们一直根据各地的平均风速来估计当地的风能潜力。尽管风力机的输出功率依赖于平均风速，但它还跟风速变化的方差等有关。在风速概率满足一定的概率分布的情况下，可以计算实际能够得到的风力机平均输出功率与风力机的额定功率之比，称此为风力机的容量系数。它是衡量各地风力机安装潜在输出能力的一种科学评估指标。

如已知风速的概率分布，那么风力机的实际平均输出功率可写成：

$$\bar{P} = \int_0^\infty P(V) p(V) \, dV \tag{1}$$

式中，$\bar{P}$ 为实际平均输出功率，$P(V)$ 为风力机的输出功率，$p(V)$ 为风速的概率分布密度函数。

假定一个风力发电机系统有以下特性：切入风速为 V_0，额定风速为 V_1，切出风速为 V_2。风力机输出功率假定在 $V_1 \sim V_2$ 的额定功率 P_r 是恒定的，并用从 V_0 时的零到 V_1 时的 P_r 呈抛物线状改变。那么功率函数的解析式可以写成[2]：

　　* 本文发表在《太阳能学报》，1990 年第 1 期，收录在《风能、太阳能资源研究论文集》，气象出版社 2008 年版。

$$P(V) = \begin{cases} 0 & (V \leqslant V_0) \\ A + BV + CV^2 & (V_0 < V \leqslant V_1) \\ P_r & (V_1 < V \leqslant V_2) \\ 0 & (V > V_2) \end{cases} \tag{2}$$

式中，V 为风力机中心高度的风速，A、B、C 为待定系数，按下面条件确定：

$$\left. \begin{array}{l} A + BV_0 + CV_0^2 = 0 \\ A + BV_1 + CV_1^2 = P_r \\ A + BV_c + CV_c^2 = P_r (V_c/V_1)^3 \end{array} \right\} \tag{3}$$

式中，$V_c = (V_0+V_1)/2$。

风速的概率分布采用两参数的 Weibull 分布，其概率密度函数为

$$p(V) = \frac{k}{c} \left(\frac{V}{c} \right)^{K-1} \exp \left[- \left(\frac{V}{c} \right)^K \right] \tag{4}$$

我们计算了全国 728 点的韦布尔参数 c 和 k，因此，每个站点的风机平均输出功率就可通过下式积分来估计：

$$\begin{aligned} \bar{P} &= \int_0^\infty P(V)p(V)\,\mathrm{d}V = \int_0^{V_0} + \int_{V_0}^{V_1} + \int_{V_1}^{V_2} + \int_{V_2}^\infty \left[P(V)p(V)\,\mathrm{d}V \right] \\ &= \int_{V_0}^{V_1} (A + BV + CV^2)p(V)\,\mathrm{d}V + P_r \left[p(V \leqslant V_2) - p(V \leqslant V_1) \right] \\ &= A \int_{V_0}^{V_1} p(V)\,\mathrm{d}V + B \int_{V_0}^{V_1} Vp(V)\,\mathrm{d}V + C \int_{V_0}^{V_1} V^2 p(V)\,\mathrm{d}V + P_r \\ &\quad \left\{ \exp \left[- \left(\frac{V_1}{c} \right)^K \right] - \exp \left[- \left(\frac{V_2}{c} \right)^K \right] \right\} \end{aligned} \tag{5}$$

文献［3］也曾计算过我国风机潜力，但只计算了 V_0 为 3.5m/s，V_2 为 20m/s，V_1 为 6、8、10m/s 的三种情况。这次根据我国风力机组系列型谱（见表 1），计算了 10 种机型的容量系数。

表 1　风力发电机组系列型谱

高度 Z（m）	额定功率 P_r（kW）	切入风速 V_0（m/s）	额定风速 V_1（m/s）	切出风速 V_2（m/s）
10	0.1	3.5	6	20
			8	
10	1.0	4.0	7	20
			8	

续表 1

高度 Z (m)	额定功率 P_r (kW)	切入风速 V_0 (m/s)	额定风速 V_1 (m/s)	切出风速 V_2 (m/s)
15	10	4.0	8	20
		4.5	10	
20	50	4.5	10	20
		5.0	12	
30	100	5.0	12	25
30	200	5.0	12	25

其中对于不同高度 Z 上的韦布尔参数 c、k 的计算，采用了杰斯图斯（C.G.Justus）的经验公式[4]：

$$c(Z) = c_a \left(\frac{Z}{Z_a} \right)^n \tag{6}$$

$$n = [0.37 - 0.088\ln c_a] / [1 - 0.088\ln(Z_a/10)] \tag{7}$$

$$k(Z) = k_a [1 - 0.088\ln(Z_a/10)] / [1 - 0.088\ln(Z/10)] \tag{8}$$

式中，c_a、k_a 分别为参考高度 Z_a 的 c、k 参数。

图 1~图 3 给出了 1kW、10kW、100kW 三种类型风力机容量系数的全国分布图。

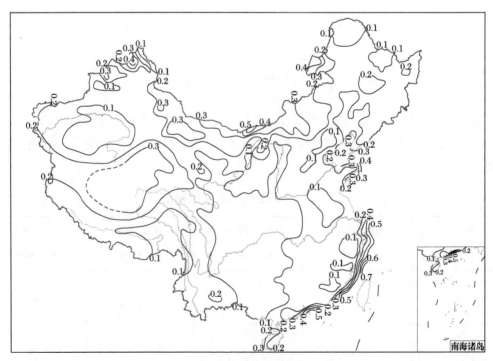

图 1　1kW 风力机容量系数分布图

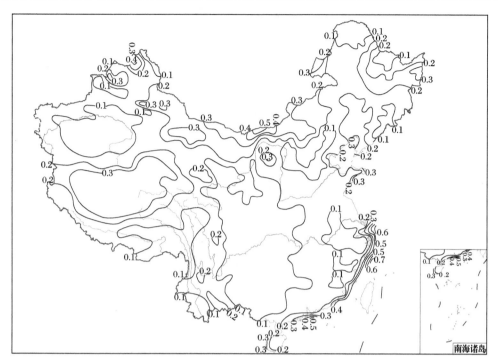

图2　10kW 风力机容量系数分布图

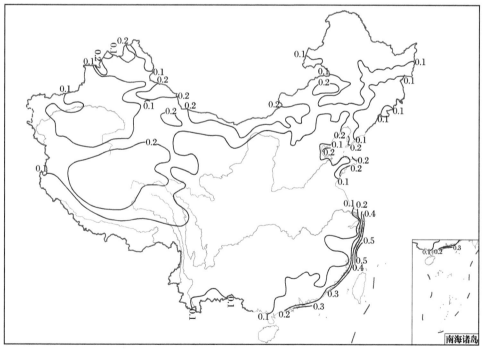

图3　100kW 风力机容量系数分布图

从图1~图3可看出如下几个特点：①随着额定风速的增大，容量系数在减小，如在 1kW（见图1）的容量系数等值线上，内蒙古北部可达70%，东南沿海岛屿也在70% ~ 80%；而在10kW（见图2）图上，内蒙古北部降为50% ~ 60%，东南沿海岛屿降为70%；

到了 100kW 图上（见图 3），以上两个地区分别降到 20%～25% 和 50%～55%。②容量系数较大地区分布在沿海及三北北部地区。沿海从广东南澳到东北大连容量系数愈近海愈大。如平潭向陆地深入几十公里容量系数可降 50%～60%；山东半岛和辽东半岛由于没有高山阻挡，容量系数降低比较平缓，仅降低 10%～20%；江苏沿海由于海岸走向呈西北—东南向，恰好与冬季的西北风，夏季的东南风平行，风力较小，就我国沿海而论是风力最小的，所以容量系数也较小。三北北部容量系数较大的大致有七个地区：东北松花江下游，内蒙古科右中旗，朱日和，海力素，甘肃河西走廊，新疆达坂城到七角井，阿拉山口。在这七大风区中因局地影响还可再分为几个小地区，如内蒙古在朱日和风区又分为 5 个小区。

此外，在青藏高原北部、云南丽江到大理、红河河谷及四川的康定，容量系数也较大，但必须指出，这些地区随着额定风速的增大，容量系数锐减，也就是说，10kW 以下的风力机尚有应用前景，而 100kW 风力机的容量系数仅有 10%。对 100kW 的风力机，容量系数 50%、20% 分别表示可有 50kW、20kW 的平均输出功率，也就是说全年分别有 $4.4×10^5$ kW·h、$1.8×10^5$ kW·h 的能量输出。这种方法是美国杰斯图斯（C.G.Justus）首先计算了美国各地的 100kW 和 1kW 的风力机容量系数后被各国采用的，它清楚地表明，各种风力机在某地的输出功率的百分数，对于风力机选址或经济效益的计算都有很重要的实用价值。

二、全国年平均风速分布

根据 2434 个气象台站的累年年平均风速资料，绘制了全国年平均风速分布详图（见图 4）。由于该图集中了我国几乎所有气象台站的资料，因此风速分布状况的精度超过以往任何一个分析的结果。参加统计的 2434 个气象台站所代表的县、市数，占全国总县、市数的 93%。年平均风速小于 2m/s 的台站 800 个，占参加统计的总台站数的 32.87%；年平均风速 2～3m/s 的台站共 876 个，占总数的 36%；年平均风速 3～4m/s 的台站共 554 个，占总数的 22.76%；年平均风速 4～5m/s 的台站共 126 个，占总数的 5.17%；年平均风速 5～6m/s 的台站共 39 个，占总数的 1.6%；年平均风速大于 6m/s 的气象台站共 39 个，占总数的 1.6%。年平均风速达 6m/s 及其以上的气象台站如表 2 所示。

将图 4 年平均风速分布与我国风能资源区划结果相对照，除青藏高原外，基本上有着较好的一一对应关系。这样的区划，精细程度有很大提高。年平均风速小于 2m/s 的地区，基本上对应于风能资源区划的欠缺区，该区内风能资源除了一些特殊地形外，总体说潜能很低，至少目前没有什么利用价值。年平均风速在 2～4m/s 的地区，基本与风能可利用区相对应。对于这大片地区，可以进一步将它分成两个部分，其中年平均风速在 2～3m/s 的地区，风能有可能加以利用，但价值较小；对于年平均风速在 3～4m/s 的地区，利用价值较高，有一定的利用前景。但从总体考虑，本区的风力潜能仍是不高的。年平均风速在 4～4.5m/s 的地区基本相当于风能较丰富区，显然本区的风能利用价值比前者高。年平均风速大于 4.5m/s 的区域则相当于区划中的风能丰富区，在该区内可以进一步划分出年平均风速大于 6m/s 的地区，它是我国风能最佳区。青藏高原，由于这里海拔高，空气稀薄，密度小，直接影响风能大小，若将年平均风速的分区标准提高一个等级，则基本与前述对应关系相一致，并可依此来估价这一地区的风力潜能大小。

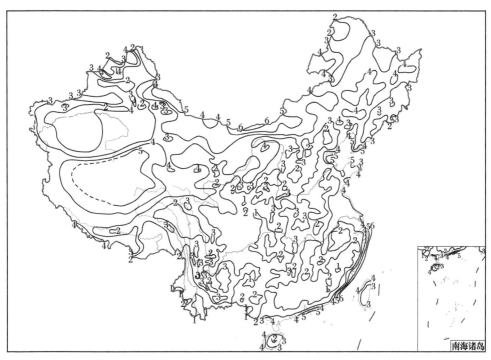

图 4　全国年平均风速分布详图（m/s）

表 2　年平均风速 6m/s 以上的气象台站（m/s）

省名	站名	风速	省名	站名	风速	省名	站名	风速
吉林	天池	11.7	福建	东山	7.1	新疆	达坂城	6.2
山西	五台山	9.5	福建	九仙山	7.1	云南	太华山	6.2
福建	平潭海洋站	8.7	浙江	岱山岛	7.1	浙江	括苍山	6.2
上海	佘山	8.2	福建	平潭	6.9	浙江	天目山	6.2
福建	台山	8.2	浙江	巨山	6.9	山东	青山岛	6.2
浙江	下大陈	8.1	浙江	洞头	6.9	山东	泰山	6.1
浙江	南麂	7.9	山东	矶砣岛	6.9	内蒙古	乌兰	6.1
宁夏	贺兰山	7.7	福建	崇武	6.7	江苏	西连岛	6.1
浙江	北麂	7.4	山东	成山头	6.6	福建	前芯	6.1
台湾	马公	7.3	宁夏	六盘山	6.5	辽宁	海洋岛	6.0
福建	马祖	7.3	福建	北茭	6.4	辽宁	旅顺海军站	6.0
浙江	嵊山	7.3	山东	朝连岛	6.4	内蒙古	宝音阁	6.0
山东	千里岩	7.2	湖南	南岳山	6.3	辽宁	长海	6.0
广东	东沙	7.1	内蒙古	前达门	6.3			
浙江	嵊泗	7.1	香港	横栏岛	6.3			

三、修正

由于在许多情况下，仅靠现有的气象台站记录不能满足实际需要，因此本文还根据各省、区有多年工作经验和充分了解本省情况的气象人员所提供的调研资料，对台站观测记录不能覆盖的地区或气象记录因各种因素产生的偏差进行了补充和修正，在此基础上按照前述的风力机发展等级与年平均风速的关系，综合各种因素分别按照小型（1kW级）、中型（10kW级）和大型（100kW级）风力机的可能布点地区进行了划定（见图5）。对于按气象站记录作出的风能密度和平均风速分布图修正较大的主要是地形复杂的山区。如黑龙江的大小兴安岭等山区，这里台站较稀疏，且代表性较差，在经过调研和对高空风记录得到的风廓线特征进行估算后，作了修正和补充。又如云南省气象站多数位于县城附近较平坦地区，风速普遍偏小，通过一些测站资料的对比和对考察资料的分析，也进行了若干修正和补充。当然，对于全国广大地区还有许多不清楚的地方，在缺乏根据的情况下，仍无法进行正确的估计，在目前情况下，为保证结论的严谨性，没有轻易地加以订正或补充，其结果可能是偏于保守的。

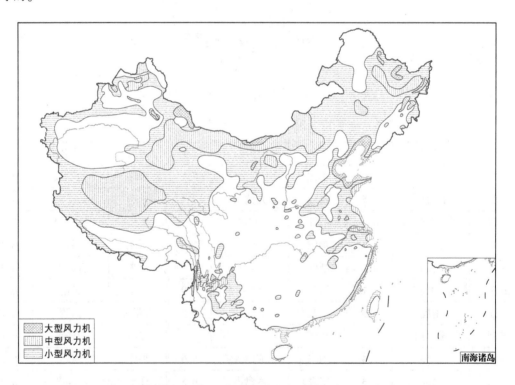

图5　我国大、中、小型风力机可能安装地区分布图

四、结论

1. 大型风力机（100kW级以上）的可能发展地区，大约相当于年平均风速为6m/s以上的地区。在全国范围内，仅局限于较少几个地带，就陆地面积而言，大约仅占全国总面积的

1/100，主要分布在从长江口到南澳之间的东南沿海及包括山东、辽东半岛沿海的岛屿，内蒙古的北部海力素戈壁滩、乌兰察布高平原及锡林郭勒平原的部分地区，新疆的东部哈密北戈壁及西部阿拉山口风区与达坂城风区。此外，还有零星分布于各地的高山顶部，如黑龙江的小兴安岭、老爷岭、张广才岭、完达山等山的顶部；宁夏的贺兰山、六盘山，吉林的长白山天池，山西的五台山，浙江的天目山、括苍山，福建的九仙山，湖南的南岳山，云南的高黎贡山、太华山等顶部。

在 100kW 风力机的容量系数图上，该区约相当于容量系数值为 0.25~0.30 以上的区域。

在上述地区中，除高山山顶外，以东南沿海的风力潜在能量最大，海岛的沿海地带年平均风速一般均可达 7m/s 以上，不少可达到 8~9m/s，这里风向也较稳定，多以东北向大风为主。缺点是这一地区易受台风袭击，空气中盐雾较重，是发展风力机建设不可忽视的方面。北部风能丰富区面积大，且较平坦开阔，人口稀少，无大电网，但从长远看，这里是风力田建设的良好基地。

2. 中型风力机（10kW 级）的可能发展地区，约相当于年平均风速在 4.5m/s 以上的地区。就全国而言，可以发展中型风力机的地区约占全国陆地总面积的 1/10。除了我国沿海的狭长海岸带外，其他主要分布于我国北部的内蒙古中西部及新疆东部高原地区，还有内蒙古的鄂尔多斯高平原及呼伦贝尔高平原风区，新疆的额尔齐斯河谷西部风区和准噶尔盆地西部风区，吉林西部的通榆风区，黑龙江三江平原及松嫩平原风区，西藏高原的中部地区以及较零星分布于苏北平原、太湖湖区和云南有利山区地形造成的风区等。

在 10kW 风力机的容量系数图上，该区约相当于容量系数值为 0.3 以上的区域。这些地区风的季节性较强，某些月份风力十分强盛，除去个别小风月份，风力机可以大大提高它的运转效率。

3. 小型风力机（1kW 级）的可能开发地区，结合近年来我国各地推广应用风力机试验结果，相当于年平均风速 3m/s 以上的地区。相对而言，在这一较广大的范围内，有些地区的风力机运转效率可能是不够高的。在相应的 1kW 风力机容量系数图上，该区约相当于风力机容量系数 0.25 以上的地区。取 10m 高度处风力机容量系数为 0.25 作为小型风力机的安装界限。这还与我国是一个季风气候的国家有关，本区地域分布均处于较强的季风活动带范围之内，所以在若干月份，风力仍足够大，小型风力机的运转效率较高。在综合考虑当地能源供应与需求情况下，上述地区开发风能仍具有较大的社会经济效益。

本区的范围较大，约占全国总面积的 40% 以上，东北除大兴安岭、长白山脉的背风低谷等不利地形外，内蒙古的大部及京、冀、晋、陕、宁、甘的北部，青海的中西部，西藏的雅鲁藏布江河谷以外的大部，新疆除两大盆地及阿尔泰山等的外围地区均属本区范围。此外，还有津、冀、鲁、豫的东部及江苏、皖北至江西、湖北的两湖地区，向南包括浙、闽、两广的沿海以及云南东北部等。

4. 百瓦级的微型风力机，可以在年平均风速 3m/s 或以下的地区安装，在全国年平均风速图上最小边界应在 2m/s 等值线以上地区。这一范围比小型风力机的可安装范围稍有扩大。上述指标从风力机全年运转效率来看是偏低的，但考虑到不少地区能源极度紧缺，为缓和生态系统的破坏，同时作为新能源综合利用中的一环，上述指标具有很实际的意义。从资源角度上说，虽然年平均风速仅 2~3m/s，但针对我国许多地区风速季节变化大的特点（特别是北部和西部地区），在冬半年几个月份当中风能仍然存在比较大的潜力，充分利用这一资源，仍具有不可忽视的价值。

参 考 文 献

［1］朱瑞兆，薛桁. 中国风能区划［J］. 太阳能学报，1983（2）：123-132.

［2］Justus C G, Hargraves W R, Yalcin A. Nationwide Assessment of Potential Output from Wind-Powered Generators［J］. Journal of Applied Meteorology. 1976, 15（7）：673-678.

［3］朱瑞兆. 我国风力机潜力的估计［J］. 气象科学研究院院刊，1986（2）：185-195.

［4］Justus C G. Methods for Estimating Wind Speed Frequency Distributions［J］. Journal of Applied Meteorology, 1978, 17（3）：350-353.

近地层风特性与风能利用 *

朱瑞兆

（国家气象局气象科学研究院）

近地面层风的研究既是提供各不同高度上风能的潜力，又是风力机本身和塔架结构设计的重要依据。

世界上很多国家为了解决这问题，建立了风能利用铁塔。如美国在 Sandia 试验场竖立了一个 270 英尺[①]高塔，装有五层风速仪。加拿大在麦哲伦岛上竖立了 160 英尺的高塔，分别在 60 英尺、90 英尺、120 英尺、160 英尺高度上安装了风仪，同时在 90 英尺和 160 英尺上还有气温，气压的观测。[1]瑞典有两座风力发电站，各风力机旁建 120m 高的测风塔，通过电话线路输送到瑞典气象研究所，瑞典除了这两高塔外还选了十几个风力强的地点，对海上的风资源是用声雷达进行探测。丹麦为了研究两台 630kW 试验机组间在发电时相互影响，这两台机组相距 200m（约 5 倍风轮直径），在中间竖了一个 58m 高的测风桅杆。[2]

我国为了了解大气边界层中风的结构，内蒙古锡林郭勒盟是我国风力发电的试点地区。由锡林郭勒盟风能所建立了 120m 测风专用铁塔，安装 11 层风仪（5m、10m、15m、20m、30m、50m、70m、80m、90m、100m、118m）于 1983 年 1 月 1 日正式进行观测。在北京八达岭风力发电试验站将建 104m 测风铁塔，安装八层风仪（5m、10m、15m、20m、30m、50m、70m、104m）。此外，在平潭岛上也将要建 80m 测风铁塔，这三个铁塔对我国草原、海岸和内陆三个不同下垫面的风的结构研究，提供了方便的条件。

一、近地面层风速变化规律

一般风能资源都是指的 10m 高度，近年来，风力机功率增大，而风轮直径相应的加大，所以风力机的安装高度也随之增高，如美国 MOD-5B 型机组输出功率 3200kW，是世界上最大的风力机，叶轮直径 128m，塔架高 76m，加拿大在麦哲伦（Magdalen）岛上安装一台 230kW 的 Φ 型风力机，风轮直径 26m，塔架 23m，瑞典在其南部 Maglarp 的风力发电站，安装 T_3 型下风向式风力机，装机容量 300kW，风轮直径 80m，塔架是屈从式（Compliant）结构，由钢板焊接成 77m 高的整体。另一个在瑞典东部 Nasudden，装机容量 2200kW，为上风式 WTS75 型，叶

---

* 本文收录在《第三届（1990）全国风工程及工业空气动力学学术会议论文集》，万国学术出版社 1990 年版，还收录在《风能、太阳能资源研究论文集》，气象出版社 2008 年版。

① 1 英尺 = 0.3048m，下同。

轮直径 70m，塔架高 70m。西德的 GIOWLAN 发电站，风轮直径 100.4m，装机容量 3000kW，塔架高 100m。丹麦在 NibeB 的发电站风轮直径 40m，装机容量 630kW，塔架 41m。荷兰安装直径 25m HAWT 风力发电机，装机容量 300kW，塔架 20m。英国正在研制直径为 500 英尺，容量为 1 万 kW 的达里厄（Darrieus）型风力机，塔架至少在 150m 以上。

我国嵊泗岛于 1977 年安装 FD-B 型风力机组，风轮直径 5.6m，功率 22kW，塔架高 12.9m。于 1980 年 6 月又在该岛上安装 FD-21 型、40kW 的风力发电机组，风轮直径 21m，塔架高 16.3m。1987 年在平潭岛安装比利时 200kW 风力机，塔架高 23m，1988 年在该岛安装我国制造的 200kW 风力机，风轮 32m，塔架高 32m，1989 年新疆安装丹麦 13 台 150kW 风力机，塔架高 30 多米等。

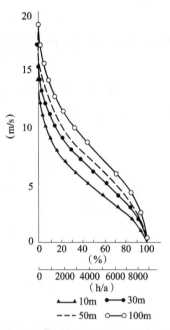

图 1　风速分布曲线（日本御前崎地区）

由上所述，功率稍大一些的风力发电机，必须考虑离地较高高度上的风速。如美国贾斯特斯（C. G. Justus）等，作了美国 100kW 的风力发电机功率随高度增加的容量系数，他们给出了 61m 高度处 100kW 和 1MW 年容量系数全国等直线分布图。日本折田丰树，为了计算风力机的年发电量，给出了不同高度 10m、30m、50m 和 100m 安装处的风速分布曲线，如图 1 所示。[3] 由图可以看出，随着高度的增加，平均风速和累积小时数增大。

（一）对数律风廓线

近地面层风结构，概括 Monin-Obukhov 的相似理论，[4] 在中性层结下，近地层的风服从下述规律：

$$\frac{\partial \overline{u}}{\partial z} = \frac{u_*}{\kappa z_*} \tag{1}$$

式中，$u_* = \overline{u'\omega'}/\rho$，称表面摩擦速度，$\kappa$ 是 Karman 常数，由式（1）可得到著名的 Prandtl 对数分布：

$$\overline{u}(z) = \frac{u_*}{\kappa} \ln z/z_0 \tag{2}$$

式中，z_0 为地面粗糙度，$\overline{u}(z_0) = 0$

在非中性层结下，Monin-Obukhov 的一系列观测事实，除 u_* 外，还必须增加一热力因子（以 $g/\overline{\theta}$ 表示，g 为重力加速度，$\overline{\theta}$ 为位温），因此，近地层平均速度和位温垂直梯度以及其他与湍流有关的特性和高度的关系由四个参数决定：$\overline{\rho}$、$g/\overline{\theta}$、u_*、H_T（即 $\overline{\omega'\theta'}$），可

将它们综合地表示为

$$L = \overline{\theta} u_*^3 / \kappa g \overline{\omega' \theta'}$$

式中，L 称为 Monin-Obukhov 长度，并令 $\zeta = z/L$，故近地层平均湍流特性可用无因次参数 ζ 表示，此即 Monin-Obukhov 的相似性。

叶卓佳[5]利用北京 325m 气象专用塔在稳定条件下分析近地层平均风速和温度廓线，符合 Monin-Obukhov 的相似理论所预期的对数加线性分布规律。

$$\left. \begin{aligned} u &= \frac{u_*}{\kappa} \left[\ln \frac{z}{z_0} + 0.31 R_i^{-1.3} (\zeta - \zeta_0) \right] \qquad (R_i < 0.25) \\ u &= \frac{u_*}{\kappa} \left[\ln \frac{z}{z_0} + 0.48 R_i^{-0.58} (\zeta - \zeta_0) \right] \qquad (R_i > 0.25) \end{aligned} \right\} \qquad (3)$$

赵德山等[6]根据 Monin-Obukhov 相似理论利用北京 80m 铁塔资料分析了在非均匀近地层风速廓线。地面粗糙度的突变对各种层结下的平均风速廓线的影响都是十分显著的，这种影响通常以廓线上出现"拐点"（转换高度）反映出来，如图 2 所示。

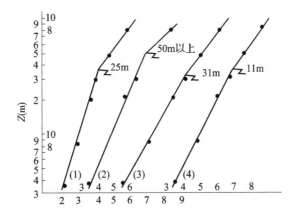

（1）第Ⅱ组的资料；（2）第Ⅳ组的资料；（3）第Ⅲ组的资料；（4）第Ⅴ组的资料

图 2　中性条件下的平均风速廓线

这证明两种不同粗糙度的地面对其上空气流作用结果，在下风方向形成一个区分两种不同特征气流的交界面。拐点以上反映远离铁塔的气流特征，拐点以下为铁塔地面条件下的气流特征。其拐点高度 h 的经验公式为

$$\frac{h}{z_0} = \left[0.6 + 0.01 \ln \frac{z_n}{z_0} + \ln (1 - a R_i)^{0.2} \right] \left(\frac{x}{z_0} \right)^{0.8} \qquad (4)$$

式中，h 为拐点高度，x 为两种地面粗糙度突变线到观测点的水平距离，z_0 为远离观测点的地面粗糙度。

盐谷正雄[7]在东京电视塔也观测到拐点，如图 3 所示，其拐点高度约在 67m，拐点高低与地面粗糙度有关，Elliott 给出了一个简单的近似解：

$$h_n = a x_n' \qquad (5)$$

$$a = 0.75 - 0.03\ln m，\quad m = z_0/z_0' \tag{6}$$

式中，$h_n = h/z_0$，$x_n' = x/z_0$，z_0 为新下垫面的粗糙度，z_0' 为起始下垫面的粗糙度。

关于地面粗糙度变化与风的关系，从图 4 可以看出，上风向是对数风廓线，通过粗糙度的变化以后，风速廓线逐渐地在改变。一个新的平衡层随着廓线调整到新粗糙度廓线形状。

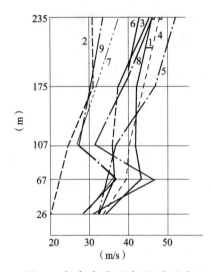

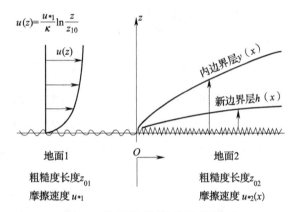

图 3　东京在达瓦台风时最大　　　　　　图 4　地面粗糙度对风的影响
　　　瞬间风速垂直分布

不改变的气流和平衡层顶部之间是过渡层，在不改变和改变的气流对数廓线的过渡层有差异，如斯梅德门－赫格斯栋·阿（Smedman–Hogstrom·A）和赫格斯栋·乌（Hogstom·U）所指出的，风在过渡层中从平衡层廓线向上到内边界层可以线性外推，其误差仅 5% 左右。

在实际应用时过渡交换是很重要的，在下风方向内边界层高度的增加按比率随着距离而变化。斯梅德门－赫格斯栋·阿和赫格斯栋·乌用帕斯奎尔（Pasquill）的资料作出一个简单的幂指数 $z = ax^b$，a、b 为常数，依赖粗糙度和稳定度（也就是湍流强度），z 为内边界层高度，x 为下风向粗糙度变化（$z < 200\text{m}$）的距离。以后威格利（Wegrey）等指出，随着粗糙度变更也可以改变风速廓线。

变化的粗糙度对风力机的安装影响很大，世界气象组织（WMO）在"风作为能源利用中气象问题专集"中，给出了图 5[8] 表明从平滑地面变为粗糙地面（a）和由粗糙地面变为平滑的地面（b），地面转换点下游的风速剖面变化。它说明风吹过一段新地面后，风速廓线的下部形状对应于下游新地面对应的风廓线形状。向上经过一层很薄的"转换区"后，上部廓线就对应于上游地面的风廓线形状。也就是说下垫面粗糙度的变化，要产生两种风速廓线衔接的急剧变化，风轮若刚好位于切变区，将影响风轮寿命。另外，从图 5（a）看出，如果风轮位于高度"1"以下，显然没有充分利用风能，必须高出"1"的高度风力才会急剧增大。相反的，图 5（b），若超过"1"，甚至"2"的高度，风能提高不明显。

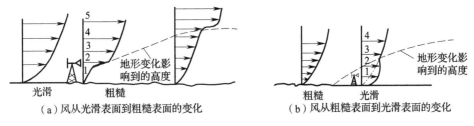

（a）风从光滑表面到粗糙表面的变化　　　　（b）风从粗糙表面到光滑表面的变化

图5　不同地面转换点下游的风速剖面变化

（二）指数律风廓线

1885年Achibalcd提出以指数律来表示风廓线：

$$\frac{v_n}{v_1} = \left(\frac{z_n}{z_1}\right)^{\alpha} \tag{7}$$

式中，α为指数。上式只有一个待定参数α，在数学上比较容易处理，而且对大气层结状况没有理论限制。我国进行大量梯度观测表明，它比对数适应的范围广泛，适用高度也较高。

α值大小反映了风速随高度增加的快慢，α值大表示风速随高度增加得快，或者梯度大，反之，则表示风速随高度增加得慢或梯度小。

根据武汉郊区阳逻梯度观测资料分析，对于平均风速，$\alpha = 0.19$；对于10m/s以上的大风，$\alpha = 0.16$。广州电视塔梯度资料求得$\alpha = 0.22$，上海电视塔$\alpha = 0.33$，南京跨江铁塔$\alpha = 0.21$[10]。北京八达岭气象梯度观测$\alpha = 0.19$，锡林浩特梯度观测$\alpha = 0.23$。

苏联波里科等证明[9]，α对地面粗糙度z_0的依赖关系如表1所示。

表1　参数α对z_0的依赖关系

z_0（cm）	0.2	1	2	10	20	50	100	200
高度50m	0.107	0.132	0.143	0.186	0.214	0.267	0.329	0.431
高度100m	0.104	0.126	0.137	0.176	0.201	0.247	0.301	0.386

D. F. Warne和P. C. Calnan也建立粗糙度z_0和α之间的关系式：

$$\alpha = 0.04\ln z_0 + 0.003(\ln z_0)^2 + 0.24 \tag{8}$$

Davenport给出了强风条件下z_0和α的关系，他对19种不同场所，从空旷水面到市区测定了大风风速剖面图，还给出了α和z_0的关系，曲线如图6所示[11]。

根据国内外大量观测事实，指数律优于对数律，我们在武汉阳逻146m铁塔观测资料分析，指数公式适用各个高度。事实上，假设混合长度随高度变化为$L = L_1 \cdot z^p$，$p \neq 0$，则由式（2）得到风速随高度变化的乘幂律公式：

$$\frac{u}{u_*} = q\left(\frac{u_* z}{v}\right)^{1-p} \tag{9}$$

式中，$q = \left(\dfrac{v}{u_*} \right)^{1-p} \cdot \dfrac{1}{L_1\ (1-p)}$，$v$ 为黏滞率。若换成两个高度的风速关系，用同样方法可导出公式（7）。

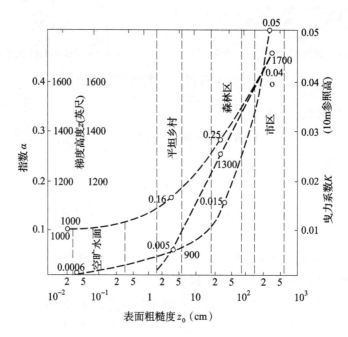

图 6　α 与 z_0 之间的关系

在近地面层，韦布尔（Weibull）分布能够很好地拟合不同高度上的实际风速分布。这样风速 v 落在区域 $v < x \leqslant v + \mathrm{d}v$ 内的概率为 $f(v)\ \mathrm{d}v$。累积分布函数为

$$p(x \leqslant v) = \int_0^n f(x)\,\mathrm{d}x = 1 - \exp\left[-\left(\frac{v}{c} \right)^k \right] \tag{10}$$

式中，c 为尺度参数，k 为形状参数。

为了计算韦布尔参数，采用韦布尔分布适合样本累积分布函数的方法，令

$$\begin{cases} x_i = \ln x \\ y_i = \ln[\,-\ln(1-p_i)\,] \end{cases} \tag{11}$$

式（11）方程化为线性形式 $y_1 = a + bx_1$，a、b 用最小二乘法确定。故 c 和 k 可由下式给出：

$$\begin{cases} c = \exp(-a/b) \\ k = b \end{cases} \tag{12}$$

由式（12）可以分别得出各个高度的韦布尔参数 c 和 k。Justus 等给出韦布尔分布参数与高度的依赖关系，即

$$c(z) = c_a \left(\frac{z}{z_a} \right)^n \tag{13}$$

式中，z_a 风仪高度（m），c_a 为 z_a 高度的风速分布参数，n 为指数。Justus 得到的指数 n 的经验公式：

$$n = \frac{0.37 - 0.088\ln c_a}{1 - 0.088\ln(z/10)}$$

根据美国资料计算 $n=0.23$，利用我国武汉、南京梯度观测资料计算，平均指数 n 为 0.21 左右。

参数 k 随高度变化的经验公式[12]：

$$k(z) = k_a \frac{1 - 0.088\ln(z_n/10)}{1 - 0.088\ln(z/10)}$$

式中，k_a 为 z_a 高度上的形状参数，利用南京资料求得 k (z) 为

$$k(z) = k_a \frac{1 - 0.0758[\ln(z/53)]^2}{1 - 0.0758[\ln(z_a/50)]^2}$$

具有两参数的韦布尔分布能够很好地拟合不同高度的风速分布，并可从已知的资料分析中推求所需要高度上的风速，这便是使用韦布尔分布的优点。

在国际上计算风能也有直接应用风速随高度变化的指数律，以 10m 高度为基础，计算各个不同高度的风速，再计算风能。[8]

$$\frac{\overline{v}_r}{v_a} = \left(\frac{z_r}{z_a}\right)^a \quad \text{或} \quad \frac{\overline{\omega}_r}{\omega_a} = \left(\frac{z_r}{z_a}\right)^{3a} \tag{14}$$

式中，v_a、$\overline{v}_r$ 和 ω_a、$\overline{\omega}_r$ 分别为风速仪参考高度的平均风速和平均风能密度。a 为幂指数，取为 1/7（即 0.143）。

二、风力机尾流诊断分析

一个机组内或风电场中各发电机之间的最佳间隔，是避免风力机与风力机之间的尾流遮蔽效应及干扰作用。它直接关系到风力机的输出功率的问题。

这是一个空气动力学问题，影响因素很复杂，这方面国内外研究不多，主要是由于实际观测问题很难解决。

（一）风力机尾流区

由图 7 可以看出，在风力机风轮之前具有一般自由风剖面，由于气流受到了干扰而发生变形并形成了几个性质不同的气流区域，图中 I 为稳定气流区，II 为正压区，III 为空气动力阴影区，IV 为尾流区。另外，图中 1 为扰动气流区边界，2 为正压区边界，3 为尾流区边界，4 为空气动力阴影区边界，5 为空气动力阴影区内的零速线。

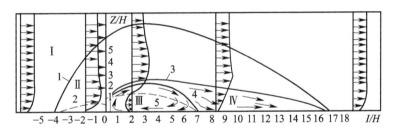

图 7　风遇障碍物时在其附近形成的气流区

英国中央电力局中心试验所研究风力发电机群中，各风力发电机相互位置关系证明，风力发电机间距在其叶轮直径 10 倍时，风力效率为原来的 70%，当间距 20 倍时，风力效率与原来相等[1]，瑞典风洞试验认为，间距在 8~12 个叶轮直径之长度的间隔最为理想。我国风洞试验结果认为，11.5 倍基本上不受前后叶轮的影响，图 8 是 10 台风力机在风洞试验的结果，由图可以看出，迎风（$\theta=0°$）影响最小，θ 愈大，对后面风力机影响愈大。

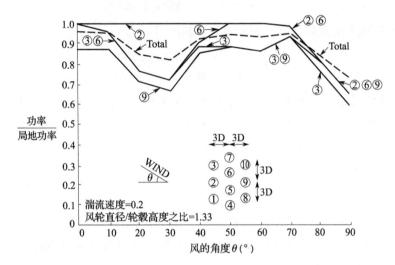

图 8　10 台风力机间距 5 倍风轮直径在风洞试验显示曲线

注：图中序号是风机编号。

（二）风电场数值模型

近年来数值模拟发展较快，有些模型结果可以直接用于风能的估价，[13]但通常使用的模式包含的物理过程复杂，要求的网格较细，因而计算量较大。Sherman[14]也提出了一个既能定量，又较为实用的估价风能资源的模式。我们根据 Sherman 研究大气扩散背景流场的基本思路和地表气流基本平行于地表面的事实，采用地形坐标系中的水平无辐散关系作为约束条件，在变分的意义下对地表风场进行调整。[15]

引入地形坐标：

$$\xi = \frac{H(x, y) - z}{H(x, y) - h(x, y)} \tag{15}$$

式中，$H(x, y)$ 和 $h(x, y)$ 分别为行星边界层高度和地面高度；z 为局地直角坐标系中垂直方向的坐标。在地形起伏不是很大的情况下，可近似地取地面的空气密度为常数。于是，水平无辐散关系可写为

$$\frac{\partial u^*}{\partial x} + \frac{\partial v^*}{\partial y} = 0 \tag{16}$$

其中，$v^* = (u^*, v^*) = H_d V$［相应地记 $V_0^* = (u_0^*, v_0^*) = H_d V_0$］。这里 $H_d = H - h$。

式（16）即为风场调整的约束条件。除此之外，还要求调整幅度在变分的意义下达到最小。相应的数学问题为：寻找一个新的流场 V^*，使

$$E(u^*,\ v^*,\ \lambda) = \int_\sigma \left[(u^* - u_0^*)^2 + (v^* - v_0^*)^2 + \lambda \left(\frac{\partial u^*}{\partial x} + \frac{\partial u^*}{\partial y} \right) \right] \mathrm{d}\sigma$$

达到最小。式中 σ 为调整的区域，$\lambda = \lambda(x,\ y)$ 为拉格朗日乘数。

根据变分原理，有

$$\begin{cases} \left(\dfrac{\partial^2}{\partial x^2} + \dfrac{\partial^2}{\partial y^2} \right) u^* = - \dfrac{\partial}{\partial y} \left(\dfrac{\partial u_0^*}{\partial x} - \dfrac{\partial u_0^*}{\partial y} \right) \\[3mm] \left(\dfrac{\partial^2}{\partial x^2} + \dfrac{\partial^2}{\partial y^2} \right) v^* = \dfrac{\partial}{\partial x} \left(\dfrac{\partial u_0^*}{\partial x} + \dfrac{\partial u_0^*}{\partial y} \right) \end{cases} \tag{17a}$$

在边界上，取

$$V^* = V_0^* \tag{17b}$$

式（17）即为无辐散调整的基本方程。

为了增加模式的实用性，模拟计算中还采用了自然正交展开的方法，可以大大减少无辐散调整的次数。

Jonson[17] 提出一个更简单的模式，其结果与实测也相当吻合。图 9 为这个模式的单机基本原理：由图可见，尾流区内的风速 V 与周围的自由风速 u、下风向距离 x，风轮直径 R 和扩散角 θ 有关，V 按下式进行计算：

$$V = u \left[1 - \frac{2}{3} \left(\frac{R}{R + a_\theta \cdot x} \right)^2 \right] \tag{18}$$

式中，a_θ 为扩散常数，取值 $0.07 \sim 1.0$，相当扩散角 $\theta = 45°$ 左右。

图 10 表示这个模式有一列风力机时的风速表达式：

$$\frac{V_n}{u} = L - \left(1 - \frac{1}{3} \cdot \frac{V_n - 1}{u} \right) \left(\frac{R}{R + a_\theta \cdot x_0} \right)^2 \tag{19}$$

式中，V_n 为第 $n+1$ 号风力机前方的风速。参照图 10 应用 $u = 10\text{m/s}$，$R = 10\text{m}$，$a_\theta = 0.1$，$x_0 = 100\text{m}$（$5D$），通过计算表明，第二号风力机前的风速为 $0.83u$，而第三、第四及第五号风力机的风速为一固定值 $0.82u$。

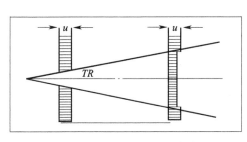

图 9　单机尾流区内风速分布

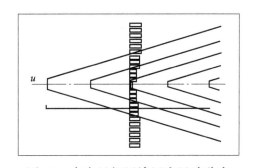

图 10　多台风机尾流区内风速分布

除去一些常数，风力机的功率原则上只与风速的三次方成正比，故可以算出一列风力机的效率为

$$\frac{P}{P_0} = \frac{u^3 + (0.83u)^3 + (0.82u)}{5u^3} = 0.64$$

三、几点意见

根据我国风能资源在沿海、三北及青藏高原较丰富的情况，[16]而且这些地区远离电网，交通不便，又急需电能，所以首先重点勘察这些地区的风能潜力，开发利用。

1. 建立梯度观测网，全国应有 10 个左右高 50~100m 的铁塔（现已有 7 个铁塔），观测近地层风能潜力，风机设计的最大风速及脉动风速（进行脉动风速相关函数、功率谱空间相干函数及 TVL 研究）等。

2. 不同典型地形的临时对比观测，并结合风洞试验作出气流流过不同地形下的数值和物理模式。

3. 风力机群的模拟风洞试验。

4. 不同粗糙地面交移研究，由海到陆平行盛行风向，建一条 100km 左右的梯度观测线。每 20km 左右设一个桅杆，高 30m，进行观测。

5. 风的测向结构观测，了解不同间距的测向相关性。对风力机群提供相互影响的依据。建造与盛行风向垂直排列 6 个 20m 高的桅杆。彼此距离为 15m，其排列 15m、45m、90m、75m、30m，可得到相距 15m 的 1~17 倍的两点间的相关性数据。

参 考 文 献

[1] 陆裕萍. 英国、美国、加拿大的风力发电现状 [J]. 新能源，1982 (5).

[2] 施鹏飞. 西北欧四国风能利用 [J]. 新能源，1983 (4).

[3] 折田丰树. 风力机叶片材料选择 [J]. 元凯，译. 新能源，1983 (6).

[4] Monin A S, Obukhov A M. Basic laws of turbulent mixing in the ground layer of the atmosphere [J]. Trudy Geofizicheskogo Instituta, Akademiya Nauk SSSR, 1954, 151: 163-187.

[5] 叶卓佳. 稳定大气近地面层的风和温度廓线 [J]. 气象学报，1982 (2): 166-174.

[6] 赵德山，彭贤安，洪钟祥. 非均匀地面近地层风速廓线的实验研究 [J]. 大气科学，1980 (2): 76-85.

[7] 盐谷正雄. 都市强风的性质 [J]. 气象研究，1974 (119).

[8] Mondiale O M. Meteorological Aspects of the Utilization of Wind as an Energy Source [J]. WMO technical Note, 1981 (175).

[9] Orlenko L R. Wind and its technical aspects [J]. WMO technical Note, No. 109.

[10] 朱瑞兆，祝昌汉，薛桁. 中国太阳能·风能资源及其利用 [M]. 北京：气象出版社，1988.

[11] Davenport A G. The relationship of wind structure to wind loading [C]. // Proc. of the Symp. on wind effects on building and structures. London: Her Majersty's stationary office, 1965.

[12] Justus C G. Methods for Estimating Wind Speed Frequency Distributions [J]. Journal of Applied Meteorology, 1978, 17 (3): 350-353.

[13] Segal M. Numerical Model Study of Wind Energy Characteristics over Heterogeneous Terrain-Central Israel Case Study [J]. Boundary-layer meteor, 1982, 22 (3): 237-329.

[14] Sherman C A. A Mass-Consistent Model for Wind Fields over Complex Terrain [J]. Journal of Applied Meteorology, 1978, 17 (3): 312-319.

[15] 刘永强, 朱瑞兆. 山区风能资源的模拟研究 [J]. 气象学报, 1988 (1): 69-76.

[16] 朱瑞兆, 薛桁. 中国风能区划 [J]. 太阳能学报, 1983 (2): 123-132.

[17] Claus Nybree. 风电场设计 [J]. 杨校生, 译. 风力发电, 1989 (4).

中国太阳能、风能资源*

朱瑞兆

（中国气象科学研究院）

　　能源是能够产生能量的物质。目前世界上能源消耗存在两大问题，一是矿物燃料储量越来越少，二是矿物能源开发利用造成环境污染，所以需要寻求长久而清洁的代用能源。而太阳能、风能则是其中之一，从而得到了世界的重视。

　　我国电力事业有了迅速的发展，但仍不能满足生产和生活水平提高的需要。特别是我国农村能源更为短缺。我国目前还有 29 个无电县，全国 25% 的农户约 2.5 亿农村人口没有用上电，60% 的有电县年人均供电量不足 50kW·h，每年能保证供电 100 天的地区不多，能供电 200 天的地区更是少数，全国乡村用电量缺电达 30% 以上。这些无电缺电的地区，大部分是在交通不便经济后进的山区、草原、海岛等。目前农村生活用能依靠生物质燃料，生产用能依靠畜力、柴油和电力，这些能源的供应都非常紧张，因此，充分利用太阳能，风能对农村能源建设有重要的意义。

一、太阳能资源及其利用

　　到达地面的辐射总量包括太阳直接辐射和散射辐射的总和，通常称为总辐射。太阳能一般以太阳总辐射来表示。总辐射值可以根据仪器观测来确定，在观测资料缺乏时，也可以用计算方法求得。影响总辐射的因素概括为三个，即天文辐射 Q_i、大气透明度状况和云量，故总辐射 Q 的计算关系式：

$$Q = Q_i f(a, b) \, \phi(s, n)$$

式中，$f(a, b)$ 为大气透明状况对总辐射的减弱函数，$\phi(s, n)$ 表示天空遮蔽程度的减弱函数，s 为相对日照，n 为云量。

（一）太阳能的分布

　　我国总辐射的分布主要决定于云量及所处纬度和高度。根据计算我国总辐射的地理分布特点是：我国总辐射量大致为 930～2840kW·h/（m²·a），由东向西递增。最小值在四川盆地，最大值在青藏高原。1600kW·h/（m²·a）这条等值线自大兴安岭西麓向西南至青藏高原东麓，将我国分为两大部分。

　　西部地区，总辐射由西南向北递减，最大值在青藏高原上，可达 2600kW·h/（m²·a）

＊　本文收录在《气候》，科学技术文献出版社 1990 年版。

以上。新疆和内蒙古西端远离海洋，受潮湿气候影响很弱，全年气候干旱，云量也少，总辐射较大，但由于海拔高度、纬度对总辐射影响更大，所以新疆的塔里木盆地和准噶尔盆地总辐射从全国来看是较大值，和青藏高原相比为相对较小区。

我国东部地区总辐射分布为：长江中下游小，向南北方向增加，最小在四川盆地，年总辐射在 1000kW·h/m² 以下。这一地区 35~40°N 总辐射分布情况与全球同纬度的总辐射分布规律相反，即总辐射随纬度的增高而增加。这种南低北高的现象正说明了我国季风气候的特点，太阳高度和海拔高度的差异，在这些地区不起主导作用。

根据以上特点结合实际应用可以将全国划分为四个太阳能利用区。即将 1700kW·h/ (m²·a) 以上的地区，称为太阳能丰富区，大致包括青藏高原、西北大部和内蒙古西部和中部。1500~1700kW·h/ (m²·a) 称为太阳能较丰富区，包括华北、西北和青藏高原以及东北的西部、苏北豫北、广东南部和台湾海南的西部等。1200~1500kW·h/ (m²·a) 称为季节可利用区，分布在长江中下游地区；1200kW·h/ (m²·a) 以下为贫乏区，分布在川贵以及鄂西、湘西等。如图 1 所示。

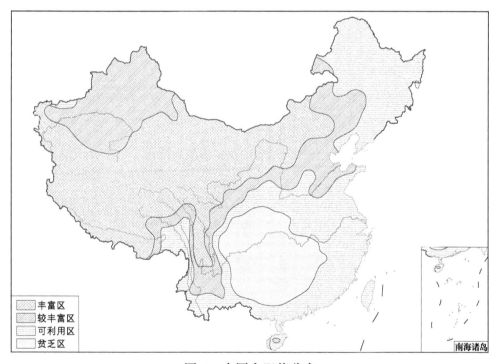

图1　中国太阳能分布

（二）太阳能开发利用

我国目前太阳能利用最多最好的地区基本上集中在太阳能丰富区和较丰富区。太阳灶我国有 10 万台以上，而甘南和青藏高原占总数的 70% 以上，而且经济效益也很明显，太阳灶所节省的燃料价值，4 年左右就相当于太阳灶的全部投资。太阳房在我国有 2500 幢以上，但各地经济效益不同。如在拉萨建筑太阳房比建筑普通房投资增加 25%，这 25% 的投资靠在采暖时期内所节省的煤炭价值，在 4~5 年间就可全部回收。在准噶尔 2~3 年就可全部回收其投资。但到了北京、兰州需 10~15 年才能全部回收其投资。太阳能热水器我国有 60 万 m² 以上，需 4~8 年才能回收其投资。在北京大约需 5 年才可回收其全部投资。太阳能电池，不论在国内还是国外，都把它视为太阳能利用中最有前景的领域。目前硅材料的成本太贵，所以利用尚不普遍。新疆在阜康县的现代化畜牧业种羊场，建立了国内最大的一座 5kW 太阳能电池站。运行实践证明，发电可靠。对解决边远农牧区长期无电的问题具有战略意义。

二、风能资源及其开发利用

风能是每秒气流的动能即运动的功率（W），计算公式为

$$W = \frac{1}{2}\rho A V^3$$

式中：ρ——空气密度；

$\quad$ A——风轮扫掠面积；

$\quad$ V——风速。

由于风轮在 3m/s 以上时才能启动，称为启动风速。但到 20m/s 以上时，风轮有破坏的危险，必须停止运行，称为停机风速或切出风速，所以将 3~20m/s 的风速称为有效风速，所计算的风能密度，称有效风能密度。3~20m/s 出现小时数称为有效风能利用小时数。

根据计算结果，我国风能可分为风能丰富区、较丰富区、可利用区和贫乏区四个区（见表 1）。按此将全国划分为 4 个风能区（见图 2）。

表 1 我国风能分区及占面积百分比

区 名	丰富区	较丰富区	可利用区	贫乏区
年有效风能密度（W/m²）	≥200	200~150	150~50	≤50
年≥3m/s 累积小时数	≥5000	5000~4000	4000~2000	≤2000
年≥6m/s 累积小时数	≥2200	2200~1500	1500~350	≤350
占全国面积百分比	8	18	50	24

由图 2 可以看出：风能丰富区的面积较小，约占全国面积的 8%，风能较丰富区占全国面积的 18%，二者之和为 26%。基本上分布在我国沿海、三北的北部和青藏高原北部三个地带内。这三个地带风速大和我国气候有密切关系，沿海由于海陆差以及台风的影响风速大，三北北部受冷空气直接入侵的影响，尤其是冬半年冷空气每每南下，每当冷锋过境总有较大的风速出现，青藏高原北部由于地势高，风速也较大，事实上我国目前的风力机的开发利用基本上都在这三个地带。

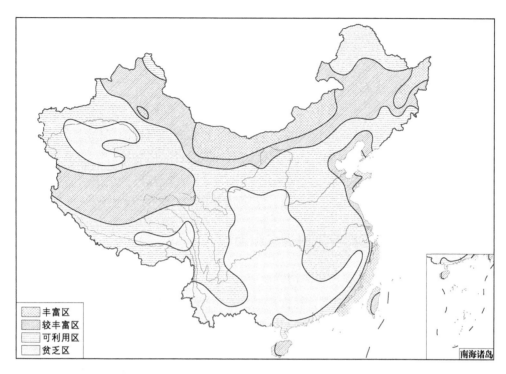

图 2　中国风能分布

三北北部和青藏高原这两个风能带，地广人稀，经济文化落后，城市少，交通不便，农牧民居住分散，电网覆盖率极低，全国无电农牧户大部分在这一地带。青海原生产队有 60% 没有通电，甘肃农村有 214 万农户无电，占全省农户总数的 66.5%。三北边远地区 35 万牧户中 5% 能用上电。青藏高原北部基本上无电网，但是这一地区正好风能资源丰富，加之风力机又适合分散的农牧区在这些地区开发利用，不但具有优越的自然条件，而且也有较好的社会和经济效益。按国家 2000 年计划 90% 农户用上电的设想，要完成这一任务，靠电网供电经济上不合算也不现实，只有发展新能源，而把风能作为解决农村能源问题的重要手段是恰当的，有益的。到 1988 年为止，这一地区有风机 7 万多台，基本上为 1kW 以下的小型风机，但也有大型的风机，如我国内蒙古与美国合作在东苏尼特左旗安装 100kW 5 台，又如新疆达坂城的三葛庄安装丹麦 150kW 13 台，100kW 和 50kW 各一台，都已并网运行。

沿海风能带，城镇密集，人口稠密，经济发达，电网覆盖率高，与上述的三北地区正好相反，但这一地带仍存在能源问题。如山东每年供电缺 100 亿 kW·h，成为这个地区影响经济发展和人民生活的严重制约因素。地处电网末梢的农村、渔村区用电就不能保证，所以大都有自备柴油发电机。全国柴油发电机组容量高达 1300 万 kW，如烟台电网装机容量为 20.6 万 kW，而柴油发电机组容量却有 39 万 kW。东部沿海有 90 万渔户也是缺电。我国沿海在 500m² 以上的岛屿有 6536 个，有人居住的有 450 个。海岛是沿海地区电力供应薄弱环节，不是无电就是靠柴油发电，就是柴油发电每天晚上也只能在 7—10 时左右有电。所以这里的鱼虾无冷冻，腐烂严重，仅嵊泗每年就损失 1000 多万公斤。所以沿海及海岛风能丰富，发展中大型风力机或风力田（风电场）一方面解决生活用能，另一方面缓和生产用能。目前这一地带装有大中型风机并网运行，解决生产、生活用能，如山东荣成 3 台 55kW，平潭 4 台 200kW，嵊泗 5 台 22kW，大陈岛 2 台 22kW 和 3 台 55kW，海南东方 2 台 55kW，南澳 2 台 150kW、1 台 90kW，澎湖一台 50kW 等均已发电并网运行。

风能可利用区占全国面积约 50%，分布在黄河和长江中下游、广东南部、新疆南部和青藏高原东部以及大小兴安岭长白山等地，这些地区为了解决农村能源还是可以利用的，只有在隘口、高山地形下仍有可能安装大型风机，但必须进行实地考察。

风能贫乏区以四川为中心，包括南岭山地、云南、广西南部以及塔里木盆地和雅鲁藏布江河谷，面积约占全国面积的 24%，这些地区风能基本上不宜开发利用。

三、太阳能、风能开发利用的优点和困难

（一）太阳能、风能在开发利用上的优点

1. 取之不尽，用之不竭。根据计算太阳至少还可像现在这样有 60 亿年，可以长期被利用，故以"取之不尽，用之不竭"来形容，所以人们称它为永久性能源。太阳射出的能量，地球上仅获得 20 万万分之一，即使这一点能量也是很可观的，地球表面一年可获得 7.034×10^{24} J 的能量，它相当于燃烧 200 万亿 t 烟煤所发生的巨大热量。风能是太阳能的一种转化形式，有太阳就会有风。

2. 不污染环境。人类利用矿物能源，必然释放出大量有害的物质，使人类赖以生存的环境受到破坏和污染。而太阳能、风能在利用中不会给环境带来污染，所以人们称它为清洁能源。

3. 周而复始、可以再生。太阳能和风能在自然界可以不断生成并有规律地得到补充，故可称为再生能源。

4. 就地可取，不需运输。太阳能、风能不论在高山、孤岛、草原等电网不易到达的地方都可以就地利用，这对解决偏僻地区的能源有很大的优越性。

（二）太阳能、风能利用中的困难

1. 能量密度低，空气密度是水密度的 1/773。在同样的流速下，要获得同样大的功率，风轮直径要相当水轮的 27.8 倍。太阳能密度也很低，在晴天平均能量密度为 $1kW/m^2$。故必须装置相当大的受光面积，才能采集到足够的功率，所以太阳能和风能是一种稀疏的能源，它给利用带来了困难。

2. 能量不稳定。太阳能、风能对天气和气候非常敏感，所以它是一种随机性能源。虽有一定规律可循，但是其强度无时无刻不在变化。太阳能还有昼夜规律的变化。这种时有时无的不稳定性也给使用带来很大困难。

四、太阳能、风能利用的战略分析

1. 克服太阳能、风能的两大困难。随着科学技术的进步，太阳能可以在地球同步轨道

上建造两个巨大的太阳能电池，和地球同样的角度转动，不受地面天气的影响，能够连续发电，并以微波送电。风能利用可以建造高空风力电站，装备大的发电机，风叶用滑翔机置于高空，也不受地理条件和天气气候变化的影响。

2. 沙漠建立太阳能发电站。我国有 110 万 km^2 的沙漠，由于太阳能需要有充分的日照和大范围的聚光面积，这在沙漠地区是完全具备的。所以我国有这一优势。

3. 海涂是建风力田的良好地带。海涂是大陆和海洋间的交缓地带。我国有 18000 多千米的海岸带，这些地区风能资源丰富，安装大型风机或风力田，不占农田。

4. 太阳能和风能可以综合利用。因为我国夏季太阳能好、风能差，相反的冬季风能好、太阳能差，两者位相正好相反，取长补短。目前正在研制两者综合发电系统，这是大有前景的。

此外，风力提水、水力发电；太阳能电池或风力发电与柴油机结合发电系统等都是综合利用的好形式。

中国气候数值区划的研究*

陈志鹏[1]　朱瑞兆[2]　尹晓荣[2]

（1. 南京气象学院　2. 国家气象局气象科学研究院）

中外学者曾对气候区划做过许多研究。根据 1952 年 Knoch 和 Schulze[1] 统计的方法就有近百种之多。我国的气候区划自 1929 年竺可桢开创至今已取得了不少成果。

纵观前人的气候区划工作，无论是要素选取还是要素分级都是凭借植被等自然景观分布结合经验进行的，因而使区划结果难以一致。为了直接通过分析气候资料来实现气候的区划，Litynski[2] 在研究了大量的气候资料后，找出了各气候区之间的制约关系——等概率原则，并利用这一原则对全球气候作了区划，区划结果合理，并能较好地体现自然景观分布。由于区划运用统计方法，而结果又以数字形式体现，并且各气候型之间可以进行定量比较，故称之为数值区划。本文利用该方法并作某些改进，对我国的气候区划进行尝试。

一、气候要素的选取

（一）要素选取的方法

在筛选影响区划的诸要素时，应把那些既能反映气候本质特点又能最大限度包含气候信息的要素找出来。对此我们可以通过对各要素的独立性分析来实现以上选择，使所选要素能包含最多的气候信息量[2]。但考虑到反映我国气候特点的要素很多，而且许多要素缺乏相应的资料，因而对所有要素进行独立性分析选出最佳要素比较困难。对此本文先依据一定的经验选出若干要素作为区划的备选要素，然后对其进行独立性分析，若彼此间相互独立，则选作区划要素，否则再选其他要素进行独立性分析。

（二）要素的确定

根据我国的气候特点，我们拟选取 $\geq 10℃$ 积温（T）、干燥度（D）和降水集中度（C）作为区划的备选要素并作独立性分析。

$\geq 10℃$ 积温比较能反映农业气候热量资源。同时，以此为要素作出的区划也较易和植被分布相一致。所以本文以 $\geq 10℃$ 积温为一级要素指标。干湿情况是对气候与农业有重大影响的因子，故以干燥度作为二级区划要素指标。其计算方法按彭门公式[3]。三级区划要素指标采用了降水集中度[4]，它反映降水在时间上的分配情况，其表达式为

$$C=（最多四个月降水量-最少四个月降水量）/年降水量$$

＊　本文发表在《应用气象学报》，1991 年第 3 期。

在对以上三个要素进行独立性分析时，笔者通过检验相关不成立反过来证明要素间的独立性[5]。

从全国 432 个气象台站中选出 62 个具有气候代表性的站点资料进行统计计算，在置信度 $\alpha = 0.01$ 的条件下，经检验，T、D、C 三要素相互独立。因此≥10℃积温、干燥度、降水集中度被确定为本文气候区划要素。

二、气候要素的等概率划分

（一）等概率方法

利用等概率原则对上述要素进行分级时，可分为两个基本步骤。

1. 气候要素概率分布的拟合。

为了定量地表现要素分布特性，以便于进行等概率划分，首先要拟合出一条能正确反映某个要素分布规律的曲线。鉴于我国气象台站分布很不均匀，东部站点密集，资料充足，而西部则站点稀少，资料缺乏。因此如果直接利用这种资料来拟合要素概率分布曲线，必然导致变形误差。对此笔者在全国范围进行了网格化处理。根据我国的面积大小和站点数目，采用经纬度 2°×2° 网格，全国共有 220 个网格。在上述工作之后利用网格资料作直方图并进行拟合，即可得到要素概率密度函数。

2. 气候要素的等概率划分及气候型的表示。

（1）利用等概率原则确定要素级别的边界。

设要素概率分布函数为

$$F(x) = \int_{-\infty}^{z} \rho(x)\,\mathrm{d}x \tag{1}$$

若考虑将要素分成 N 个级别，则根据等概率原则，每个级别所占的概率应相等，为 $1/N$。所以通过解方程：

$$F(x) = \int_{-\infty}^{z} \rho(x)\,\mathrm{d}x = i/N \qquad (i = 1, 2, \cdots, N - 1) \tag{2}$$

即可求出：x_1，x_2，$\cdots$，x_{n-1}，它们就是要素 x 的每个级别的边界值。

对于下列两种情况，分别作如下处理[2]：

（a）若 $x_i - x_{i-1}$ 过分地大，则可对其再进行一次等概划分，分为两个级别；

（b）若 $x_i - x_{i-1}$ 过分地小，则可并入邻近较窄的一个级别中。

（2）气候型的表示。

若要素 x 分为 N_x 个级别，则其第 1 到第 N_x 个级别可分别表示为 1，2，3，$\cdots$，i，$\cdots$，N_x。同样，要素 y 第 1 到第 N_y 个级别可分别表示为 1，2，3，$\cdots$，j，$\cdots$，N_y。要素 z 的第 1 到第 N_z 个级别可分别表示为 1，2，3，$\cdots$，k，$\cdots$，N_z。那么任何一种气候型都可用一个三位数 (i, j, k) 来表示，它具体地表现了一个地区的气候特点。

（二）三个要素的特点和分级

1. ≥10℃积温。

从图 1≥10℃积温的频率直方图中可以看出，积温频率分布很不对称，因而选用 Gibrat 截尾分布进行拟合。为了处理需要，把曲线左端作虚线延长。

对序列作 $T+H$ 变换，使积温网格值序列由 $\{T_i\}$ 变为 $\{T_i+H\}$。截尾点为 $T_0=H$。由于目前还没有直接的截尾偏态分布的拟合方法，将其转换成正态截尾分布来处理。即对序列取对数，则序列变为 $\ln(T_i+H)$，截尾点为 $\ln H$。

最终求得的 $\geq 10℃$ 积温 T 的分布函数可写为

$$R(T) = \frac{\Phi\left[\dfrac{\ln(T+H)-\ln U_g}{\ln E_g}\right] - \Phi\left[\dfrac{\ln H-\ln U_g}{\ln E_g}\right]}{1-\Phi\left(\dfrac{\ln H-\ln U_g}{\ln E_g}\right)} \tag{3}$$

式中，$T\geq 0$，Φ 为正态分布函数。$\ln E_g = \dfrac{\sum_{i=1}^{n}[\ln(T_i+H)-\ln H]}{n} \cdot g(z) = 0.5054$ 及 $\ln U_g = -\sigma\rho+\ln H = 8.3218$。可采用文献 [6]、[7] 的方法求得，$n$ 为样本数，$g(z)$、z、σ、ρ 均为中间变量，$H=866.7$ 为估计值[2]。对其进行统计检验求得

$$D_m = \max|R^*(x_n{}^*)-R(x_n{}^*)| = 6.568\times 10^{-2}$$

取信度 $\alpha=0.05$，则临界值 $\lambda_a=1.35$。因为 $\sqrt{n}D_m=0.974<\lambda_a$，故拟合分布满足 Kolmogorov 检验。图 1 给出 $\geq 10℃$ 积温频率直方图和拟合的概率分布密度曲线。将 $\geq 10℃$ 积温划为七个等级。利用已求得的积温分布函数 $R(T)$，解方程：

$$R(T) = i/7 \qquad (i=1, 2, \cdots, 6) \tag{4}$$

即可得出七个等级的级别（见图 2）。

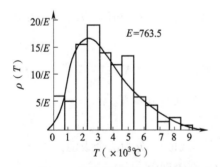

图 1　积温概率分布直方图及
其拟合分布曲线

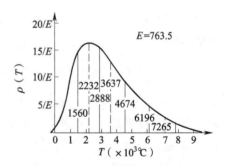

图 2　积温分级图

从图 2 可以看出，级别 2、3、4、5 表示的范围较窄，而级别 7 的范围又显得过宽。如果以此划分气候，必然造成温带划分过细，热带划分过粗。因此将级别 2，3 和级别 4，5 分别合并。与此同时运用等概率原则将级别 7 一分为二，得（6196～7265）和（7265～　）两个级别。由于级别（7265～　）还显得过宽，所以再次进行等概划分，这样级别 7 就被分成三个级别（6196～7265），（7265～7898）和（7898～　），但是（7265～7898）相对过窄，故将其并入左端级别中。最终的划分结果如下（即图 2 实线部分）：

级别1：0~1560　　　寒温带；　　　　级别2：1560~2888　中温带；

级别3：2888~4674　暖温带；　　　　级别4：4674~6196　北亚热带；

级别5：6196~7898　南亚热带；　　　级别6：7898~　　　热带。

2. 干燥度。

利用全部干燥度网格资料作直方图时，在 $0<D<16$ 的很小范围内，干燥度概率几乎占了 90% 以上，而在 $D>16$ 的广阔范围内的概率却只有 10%。从我国的干湿分布状况来看，三分之二以上的面积在 $D<16$ 覆盖之下，而 $D>16$ 的区域不到全国面积的三分之一，并且我国的经济和农业发达区几乎全部集中在 $D<16$ 的区域内。因而如不加处理地直接区划，就会大大降低区划精度，使东部划分过于粗浅，而西部则又过于精细。对此，本文以 $D=16$ 作为界线分为两部分。对 $0<D<16$ 区间进行放大处理，而 $D>16$ 则专门划为一类。由于 $D=16$ 和传统区划上的极干旱边界一致，故 $D>16$ 这一类恰好就属于极干旱。

图3是利用 $D<16$ 的网格化资料所作的直方图，其分布与 ≥10℃ 积温相比更具不对称性。干燥度越大概率就越小，而干燥度越小概率就越大，很明显属于双曲线分布，其密度函数可表示为

$$f(D) = \frac{K}{(D+L)^{\alpha}} \tag{5}$$

式中，K、L、α 为待求参数。对此首先求得 L 的估计值 $L=2.0$，为了确定 L 的近似值，在 $L=2.0$ 的周围，从 $L=1.0$ 起每增加 0.1 取一个值，一直到 $L=4.0$。对应于每一个 L 值就利用式（5）作一次拟合，求出拟合分布函数 $f(D)$，然后得出拟合效果：

$$S = \sum_{i=1}^{n} \left[f^*(D_i) - f(D_i) \right]^2$$

计算结果表明，在 $L=1.4$ 处，$S=5.23×10^{-3}$ 取得最小值。这时可以认为拟合曲线最接近于实际分布。同时求出 $K=1.803948$，$\alpha=2.039312$。

从图3可以看出拟合结果很好地反映了实际分布规律，并且满足 Kolmogorov 检验。

我国的干湿划分一般分为极湿、湿润、亚湿润、亚干旱、干旱和极干旱[8],[9]。由于极湿已被划出，所以考虑把干燥度划分为五个等级。利用等概率原则，最终区划结果如下（见图4）：

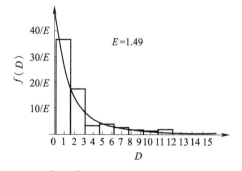

图3　干燥度概率分布直方图及其拟合分布曲线

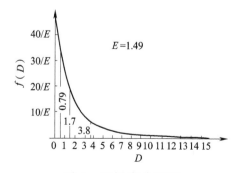

图4　干燥度分级图

级别1：　　~0.79　　湿润；　　级别2：0.79~1.7　　亚湿润；

级别3：1.7~3.8　亚干旱；　级别4：3.8~16.0　　干旱；

级别5：16.0~　　极干旱。

3. 降水集中度。

图5是降水集中度的频率直方图，是一种不对称分布，令 $U = 0.99 - C$，则原序列便转换成一个标准的 Gibrat 分布。其表达式为

$$f(U) = \frac{1}{U\sqrt{2\pi}\ln E_g} e^{-\frac{(\ln U - \ln U_g)^2}{2(\ln E_g)^2}} \tag{6}$$

其中：
$$\ln U_g = \sum_{i=1}^{N} \ln U_i / N = -1.1129$$

$$\ln E_g = \sqrt{\sum_{i=1}^{N} (\ln U_i - \ln U_g)^2 / N} = 0.43797$$

曲线满足 Kolmogorov 检验。

根据降水集中度的取值范围，将其划分为五个等级，运用等概率原则，最终结果如图6所示。

级别1：　　~0.40　　年降水均匀；　　级别2：0.40~0.52　年降水较均匀；

级别3：0.52~0.62　年降水较集中；　级别4：0.62~0.76　年降水集中；

级别5：0.76~　　年降水最集中。

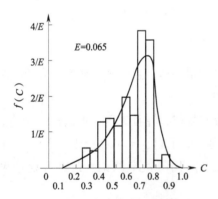

图5　降水集中度的概率分布
直方图以及拟合分布曲线

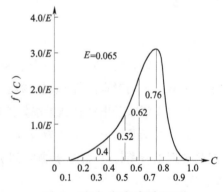

图6　降水集中度分级图

三、区划结果及分析

（一）气候型

在上一节中，本文运用等概率原则已得出各区划要素的分级标准。用此标准对全国气候进行区划，其结果见图7。图7将我国划为6个气候带、17种气候区、47种气候型。每个气候型由3个数字表示。第一个数字是≥10℃积温级别，表示该气候型所处的温度带；第二个数字是干燥度级别，表示该气候型所处的干湿区；第三个数字是降水集中度级别，表示气

候型的年降水分配情况。三个数字综合起来，具体地反映了某区域的气候特征，例如 412 表示北亚热带、湿润、年降水较均匀。

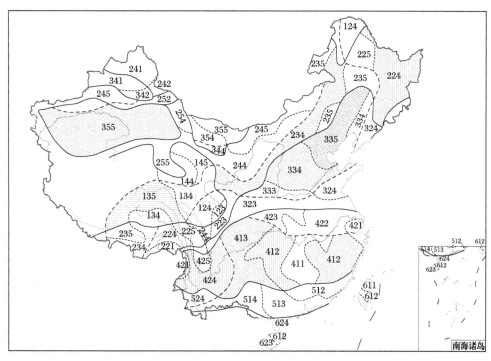

图 7　全国气候数值区划

注：图中阴影部分为我国的常见气候型。

对于上述区划结果，根据各类气候型的面积大小，选出了我国常见的 9 种气候型：

412——北亚热带湿润年降水较均匀型气候；

413——北亚热带湿润年降水较集中型气候；

424——北亚热带亚湿润年降水集中型气候；

334——暖温带亚干旱年降水集中型气候；

335——暖温带亚干旱年降水最集中型气候；

355——暖温带极干旱年降水最集中型气候；

224——中温带亚湿润年降水集中型气候；

234——中温带亚干旱年降水集中型气候；

135——寒温带亚干旱年降水最集中型气候。

（二）气候型的相似性

以数字形式表示的气候型为任意两个气候型之间的定量比较提供了基础。

设两种气候型分别为：(i, j, k) 和 (i', j', k')，气候型的相似度 C_r 的数学表达式为[2]

$$C_r = 1 - \sqrt{\frac{\sum_n (\Delta n)^2}{f}} \qquad (n = i, j, k) \tag{7}$$

式中，Δn 为两种气候型在某要素 n 上的差异。$\sum\limits_n (\Delta n)^2$ 则反映了两种气候型之间的综合差异程度。f 则为 $\sum\limits_n (\Delta n)^2$ 的最大值，反映了区划中最大的气候差异。当 $C_r = 0$，则表示两气候型不相关；当 $C_r = 1$，则完全相关。

本区划中，$f = (6-1)^2 + (5-1)^2 + (5-1)^2 = 57$，故具体的 C_r 表达式应为

$$C_r = 1 - \sqrt{\frac{(i-i')^2 + (j-j')^2 + (k-k')^2}{57}} \qquad (8)$$

利用式（8），本文计算了全国 47 种气候型之间的相似度。其最小值为 6.341422×10^{-2}，对应的气候型为 611 和 145；最大值为 0.8675468，对应的气候型为 624 和 623。它定量地反映了气候型之间的相似和差异程度。611 和 145 一个位于热带，一个位于寒温带；一个处于湿润情况，一个处于干旱情况；至于降水集中度，一个年降水均匀，而另一个则降水最集中，故气候差异最大，相似度为最小。而 624 和 623 仅在降水分配上略有差异，故气候很相似，相似度也最大。

（三）结果的对比分析

为了有效看出数值气候区划的实际效果，特分别对三个要素的区划结果和以往的结果作了对比。图 8、图 9、图 10 分别显示了 ≥10℃ 积温、干燥度、降水集中度的对比差异，可以看出基本上是一致的，几个气候带气候区所处的位置，纬度及范围大小也是相吻合的，只是在个别的区存在小的差异。所以可以认为数值气候区划作为一种新的区划方法是可行的。至于差异可能有两方面的原因。

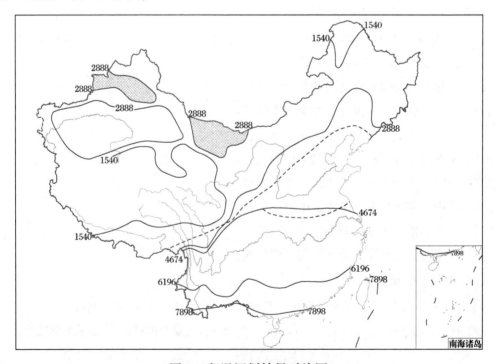

图 8　积温区划结果对比图

注：图中阴影部分为新增的两个暖温带区域，虚线表示以前区划中和本区划的差异部分。

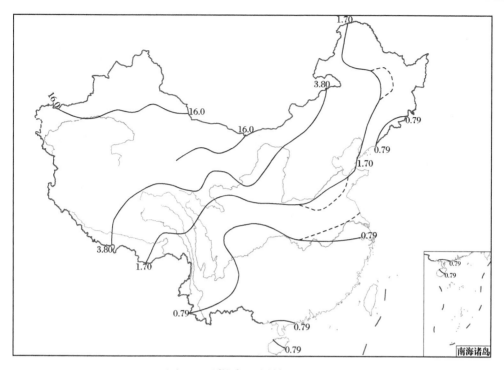

图 9　干燥度区划结果对比图

注：图中虚线表示以前区划中和本区划的差异部分。

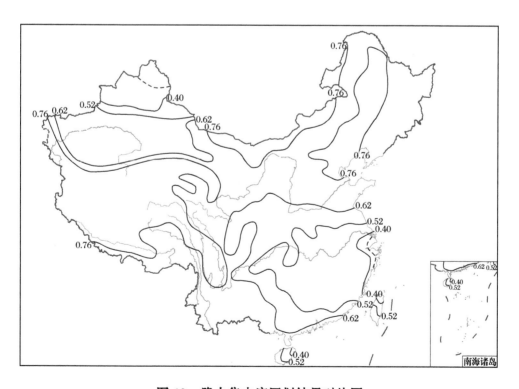

图 10　降水集中度区划结果对比图

注：图中虚线表示以前区划中和本区划的差异部分。

1. 观测资料原因：在 1959 年中国气候的区划图上，准噶尔盆地和内蒙古西北部地区均划为中温带[8]，当时的划分标准是积温≤3400℃为中温带。然而根据目前的资料[10]，此两地的积温均大于 3400℃。即使根据当时的划分标准此两地也应属于暖温带。因为就植被而言，两地均属沙漠景观，夏季干燥炎热，相似于暖温带的塔里木盆地。本区划暖温带的边界为 2888℃，所以本文将这两地划入暖温带中。

2. 地形原因：从图 8 中的北亚热带北界位置可以看出，1959 年区划的北界定在本区划北界之南，正好顺应淮河。然而若按其划分标准北界指标为 4500℃，这样其北亚热带北界实际上应在兖州、济宁、长垣、洛阳一线。这就比本区划的北亚热带北界还要偏北。由此可以看出，在 1959 年的区划中，经验上的地形的考虑占了很大的比重。而在本区划中，使用三要素实际台站所在海拔高度的地面气候观测资料进行区划，真实地反映了数值区划的实际效果。

综上所述，数值区划方法作为一种新的方法和过去的传统方法相比具有客观定量化之优点。它为区划的深入研究提供了新的途径。加之整个资料处理过程的计算机化，因而特别适合于现代科学发展的需要。

参 考 文 献

[1] Knoch K, Schulze A. Methoden der Klimaklassifikation : mit zehn farbigen Karten [M]. VEB Geographisch-Kartographische Anstalt , 1954.

[2] Litynski, Joseph K. The numerical classification of the world's climates [J]. WCP/PMC, 1984 (63).

[3] Penman H L. Woburn irrigation 1951 – 1959 [J]. Journal of Agricultural Science, 1962, 58 (3).

[4] 张家诚，朱瑞兆. 中国自然环境保护图集 [M]. 北京：地图出版社，1990.

[5] 屠其璞，王俊德，丁裕国，等. 气象应用概率统计学 [M]. 北京：气象出版社，1984.

[6] Hald A, Friedman B. Statistical Theory with Engineering Applications [J]. John Wiley & Sons, 1952, 6 (12)：212.

[7] Hald A. Statistical tables and formulas [J]. John Wiley & Sons, 1952, 30 (40)：975.

[8] 中国科学院自然区划工作委员会. 中国气候区划（初稿）[M]. 北京：科学出版社，1959.

[9] 中央气象局. 中华人民共和国气候图集 [Z]. 北京：地图出版社，1979.

[10] 北京气象中心资料室. 1951—1980 中国地面气候资料 [Z]. 北京：气象出版社，1984.

复杂地形下地面风场的数值模拟及试验*

刘宣飞[1]　朱瑞兆[2]

（1. 江苏省连云港市气象局　2. 国家气象局气象科学研究院）

在复杂地形条件下，风力机（或风电场）选址要进行实地勘测来确定，工作量很大，但也可以通过诊断模拟进行初步判断。关于地表特征产生的环流问题，近些年已有许多研究。如 Pielke R. A.[1] 的三维海陆风模式，Anthes 和 Warner[2] 的适合于讨论空气污染等中尺度天气问题的数值模式。此外还有 Machrer 和 Pielke[3,4]、Mcpherson R. D.[5]、Nickerson 和 Magaziner[6] 等模式。这类三维中尺度模式包含的物理过程多，能较精确地模拟地面流场，但对初始资料及计算机条件要求高，目前主要用于理论研究。

Danard[7,8] 提出了一种实用的简单模式。它采用 σ 坐标，仅考虑地面一层，由地面风速、位温和气压的倾向方程组成基本方程组，对地面热力强迫、地面摩擦等进行了参数化，假定静力平衡和初始风场为地面气压梯度力、科氏力和摩擦力三者的平衡风，积分方程组可得计算风场。

Mass[9]、Mass 和 Dempsey[10] 对该模式中的地面气压梯度力项进行了改写，对模式的数值积分方法、边界条件、非绝热强迫均作了改进。

本文在此基础上，把模式中的自由大气递减率考虑为空间的函数，在非绝热强迫项中考虑了地形坡向的影响，重新推导了方程组。利用该模式，我们进行了几个天气个例的数值模拟和试验。

一、模式介绍

（一）模式方程

σ 坐标下的地表水平运动方程和温度倾向方程分别为

$$\frac{\partial \vec{V}_S}{\partial t} = -\vec{V}_S \cdot \nabla_\sigma \vec{V}_S - f\vec{K} \times \vec{V}_S - [(g \nabla_\sigma Z_S) + RT_S \nabla_\sigma \ln P_S] + \vec{F} + K_m \nabla_\sigma^2 \vec{V}_S \qquad (1)$$

$$\frac{\partial T_S}{\partial t} = -\vec{V}_S \cdot \nabla_\sigma T_S + \frac{RT_S}{c_p}\left(\frac{\partial \ln P_S}{\partial t} + \vec{V}_S \nabla_\sigma \ln P_S\right) + \frac{Q}{c_p} + K_T \nabla_H^2 T \qquad (2)$$

---

* 本文发表在《太阳能学报》，1992 年第 1 期，收录在《风能、太阳能资源研究论文集》，气象出版社 2008 年版。

式中：$\vec{V}_S$——地面风矢量；

T_S——地表温度；

P_S——地面气压；

Z_S——地表面高度；

f——科氏参数；

g——重力加速度；

R——理想气体常数；

c_p——定压比热；

K_m、K_T——动量、热量水平扩散系数；

$\vec{F}$——地表摩擦；

Q——下垫面的非绝热强迫；

$K_m\nabla_\sigma^2\vec{V}_S$——次网格尺度的涡旋扩散，在模式大气中起耗散能量作用，有利于计算稳定。

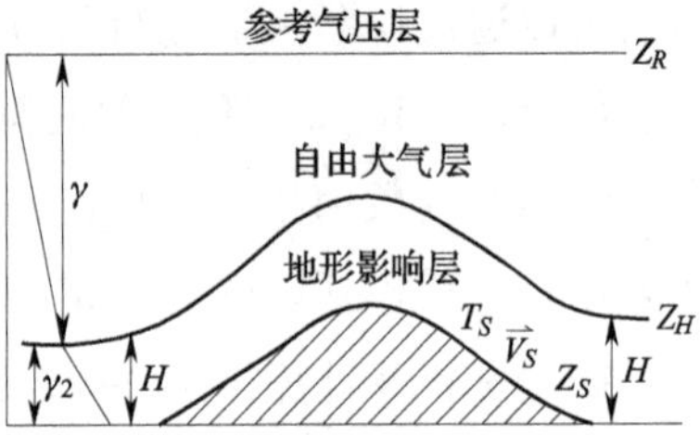

图 1　模式垂直结构示意图

模式垂直结构分为地形影响层和自由大气层（见图1）[10]。

假定气温在这两层内均为线性变化（递减率分别为 γ_2、γ），则由静力关系可有

$$\ln P_S = \ln P_R + \left(\frac{g}{R}\right)\left[\left(\frac{1}{\gamma_2}\right)\ln\left(\frac{T_S}{T_H}\right) + \left(\frac{1}{\gamma}\right)\ln\left(\frac{T_H}{T_R}\right)\right] \tag{3}$$

其中：

$$T_H = T_R + \gamma(Z_R - Z_H) = T_R + \gamma(Z_R - Z_S - H)$$

$$\gamma_2 = (T_S - T_H)/H$$

式中，Z_R 为参考高度层（本文取 850hPa），Z_H 为地形影响层顶，其上的温度分别为 T_R、T_H。γ 在计算区域内考虑为空间的函数，由 850hPa 和 700hPa 两层上的高度、温度按下式求得

$$\gamma = (T_{850} - T_{700})/(Z_{700} - Z_{850}) \tag{4}$$

对式（3）分别求时间导数和进行水平梯度运算，有

$$\frac{\partial\ln P_S}{\partial t} = \left(\frac{g}{R\gamma_2}\right)\frac{\partial T_S}{\partial t}\left[T_S^{-1} - (H\gamma_2)^{-1}\ln(T_S/T_H)\right] \tag{5}$$

$$\nabla_\sigma\ln P_S = \left(\frac{g}{R\gamma_2}\right)\left\{\left[T_S^{-1} - (H\gamma_2)^{-1}\ln\left(\frac{T_S}{T_H}\right)\right]\nabla_\sigma T_S - \left[T_H^{-1} - (H\gamma_2)^{-1}\ln\left(\frac{T_S}{T_H}\right) - \frac{\gamma_2}{\gamma T_H}\right]\nabla_\sigma T_H\right\}$$

$$- \frac{g}{R\gamma T_R}\nabla_\sigma T_R - \frac{g}{R\gamma^2}\ln\left(\frac{T_H}{T_R}\right)\nabla_\sigma\gamma \tag{6}$$

将式（5）、式（6）代入式（2），消去 P_S，整理得

$$\frac{\partial T_S}{\partial t} = -\vec{V}_S\cdot\nabla_\sigma T_S - (A_2/A_1)\vec{V}_S\cdot\nabla_\sigma T_H - (A_3/A_1)\vec{V}_S\cdot\nabla_\sigma T_R -$$

$$(A_4/A_1)\vec{V}_S \cdot \nabla_\sigma \gamma + Q(A_1 c_p) + K_T A^{-1} \nabla_H^2 T \tag{7}$$

式中：

$$A_1 = 1 - (\Gamma/\gamma_2)(1 - c_2)$$

$$A_2 = \Gamma[c_1(\gamma_2^{-1} - \gamma^{-1}) - c_2\gamma_2^{-1}]$$

$$A_3 = \Gamma\gamma^{-1}(T_S/T_R)$$

$$A_4 = \Gamma\gamma^{-2}T_S\ln(T_H/T_R)$$

$$c_1 = T_S/T_H$$

$$c_2 = [T_S/(\gamma_2 H)] \cdot \ln c_1$$

$$\Gamma = g/c_p(\text{干绝热递减率})$$

根据莱布尼兹法则和温度垂直廓线的线性假定，运动方程中的气压梯度力可改写为

$$g\nabla_\sigma Z_S + RT_S\nabla_\sigma\ln P_S = g\left\{[e_1 - T/T_H]\nabla\sigma T_S - [e_1 + (e_2/\gamma T_R)(T_H - T_R)]\nabla_\sigma T_R\right.$$

$$+ [\gamma e_1 - e_2 + 1]\nabla_\sigma Z_S + (e_2 - \gamma e_1)\nabla_\sigma Z_R$$

$$+ \left.\left[(e_2\gamma^{-1} - e_1)(Z_R - Z_S - H) + T_S\gamma^{-2}\ln\left(\frac{T_R}{T_H}\right)\right]\nabla_\sigma\gamma\right\} \tag{8}$$

$$e_1 = T_S\gamma_2^{-1}[T_H^{-1} - (H\gamma_2)^{-1}\ln e_2]$$

$$e_2 = T_S/T_H$$

将式（8）代入式（1），再和式（7）联合构成了模式的闭合方程组。$\vec{V}_S$ 和 T_S 为未知量。

（二）物理过程及处理方法

1. 下垫面非绝热强迫的参数化。

在式（7）中加入 $Q/(A_1 c_p)$ 项，以考虑下垫面的非绝热强迫。其参数化方案基本采用 Orlanski 等方案。[11] 日出、日落时刻的非绝热强迫假定为零，由于白天加热影响的高度较晚上冷却影响的高度要高，而且两者都比模式的地形影响层（2km）低，因此文献 [11] 中的加热率要乘以 0.56，冷却率乘以 0.24。进一步考虑到地形坡向引起的热力差异，[12] 非绝热日变化曲线的位相可表示为

$$A_H = \begin{cases} \sin\left(\omega t + \dfrac{\beta - \pi}{6}\right) & \left(\dfrac{\pi}{2} \leqslant \beta \leqslant \dfrac{3\pi}{2}\right) \\[2mm] \sin\left(\omega t - \dfrac{\beta}{6}\right) & \left(\beta < \dfrac{\pi}{2}\right) \\[2mm] \sin\left(\omega t + \dfrac{2\pi - \beta}{6}\right) & \left(\beta > \dfrac{3\pi}{2}\right) \end{cases} \tag{9}$$

式中：A_H——白天加热振幅；

　　　β——坡向；

　　　ωt——积分时间位相。

2. 地表摩擦。

地表摩擦力可表示为[10]

$$\vec{F} = -\frac{a \cdot c \cdot c_D \cdot |\vec{V}_S| \cdot \vec{V}_S}{H} \tag{10}$$

式中：$\vec{F}$——地表摩擦力；

a、c——常数；

c_D——拖曳系数；

H——地形影响层高度。

本文中陆面上 $c_D = 1.8 \times 10^{-2}$，海面上 $c_D = 1.4 \times 10^{-3}$，$c = 2.8$，白天 a 为 2，晚上 a 为 4。

3. 资料初始化。

由于计算区域为中尺度范围，为充分反映出天气背景场，可采取先在预备区域（北纬 35°~45°，东经 115°~130°），后在计算区域（北纬 38°~42°，东经 120°~125°），用两次内插的方法来求得 850hPa 上的 H、T、γ 的初值。采用的内插方案参见文献[13]。

地面温度的初值根据 850hPa 的温度和位势高度，按自由大气递减率计算；初始风取为地面气压梯度、柯氏力、摩擦力三者平衡的风速，其中气压梯度力可由下式求得

$$P = g\,\nabla_\sigma Z_R - \frac{g(Z_R - Z_S)}{T_R}\nabla_\sigma T_R + \frac{g}{\gamma}\nabla_\sigma\gamma\left[(Z_R - Z_S) - T_S\ln\left(\frac{T_S}{T_R}\right)\frac{1}{\gamma}\right] \tag{11}$$

二、数值模拟试验结果

（一）模拟个例分析

选取辽东半岛为计算区域，采用 8.5km 的网格距将该区域划分为 54×50 的网格点。该区域东西为山区，中部为平原。西北角为东北—西南走向的山脉，海拔 300~500m；东部为东北—西南走向的千山，海拔在 500m 上下（个别山峰达 1000m 以上）；中部的辽河平原，海拔在 50m 以下。

以 1984 年 6 月 15 日 20 时为例，这是一次强对流天气过程，区域内普降中到大雨，部分台站降了暴雨。雨量最大轴线在大连—岫岩连线附近。先不考虑非绝热项，积分方程组至稳定状态$\left(\dfrac{\partial u_s}{\partial t}\text{和}\dfrac{\partial v_s}{\partial t}\text{的区域平均值小于}3\times10^{-4}\text{m/s}^2\right)$，然后加入非绝热项，积分 6h（时间积分步长 3min）后再计算风场（见图 2a）。我们注意到暴雨附近地区的流场：区域东部的黄海上为东南气流，到皮口以南附近变成了东北气流；另一支气流在辽东湾、营口附近，由东北气流向南逐渐偏转为北东北气流。两支气流在大连—岫岩连线附近相汇合，形成一条东北—西南向的辐合带。该辐合带的位置、走向都与雨量最大轴线十分相近。再跟当时的实测风（见图 2b）比较，可见两者流型吻合较好。

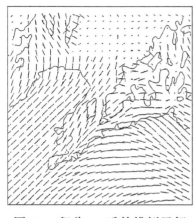

图 2a　积分 6h 后的模拟风场　　　　**图 2b　地面实测风（1984 年 6 月 16 日 02 时）**

　　再以 1985 年 6 月 5 日 20 时为例，实测风（见图 3a）在皮口以西海岸为偏南风，东海岸为静风；千山东部为静风或风速很小，其西北坡有下坡风。

　　模拟风场（见图 3b）一个明显的特征就是在辽东湾海面上有一南北向的风向辐合带。由于缺乏当时海上风实况，因此无法断定该辐合带是否真实存在。从辽东湾东西两侧台站的实测风向来看：东侧的复县、熊岳站为东南或南风，西侧的绥中、兴城为西南风，似乎有在辽东湾海面汇合的趋势。另外，在辽河口附近，气流转为一致的西南风向，和千山西北坡的东南下坡气流汇合；黄海上的偏南风到海岸附近时，风速大为减小，到千山的东南坡时就接近静风了。这些与实况都基本相符。

图 3a　地面实测风（1985 年 6 月 6 日 02 时）　　　**图 3b　积分 6h 后的模拟风场**

　　本文还以 1985 年 10 月 21 日 08 时为例进行了分析，计算风场基本反映了实际风场形势。

（二）数值试验

为探讨局地下垫面地形及海陆热力、摩擦差异对地面风场的影响，我们进行了以下数值试验。

1. 海陆风和山谷风。

　　模式区域内的 T、H 的初值分别取为均匀场（平均场），这样既无气压梯度，亦无温度平流，风场仅由地形和海陆差异所致。

（1）陆风和山风。

以 1985 年 7 月 8 日 20 时为初始场，当时陆面冷却率为-8.8℃/6h，海上取为-0.5℃/6h，属正常情况。积分 3h 后在海陆交界处出现微风，6h 后风增至极大（见图 4），约为 2m/s，陆风伸入海中 30~40km。在山地附近有下坡风（山风），但风速很小。

（2）海风和谷风。

以 1984 年 2 月 27 日 08 时为例，陆面加热率为 5.4℃/6h，海上仍取 0.5℃/6h。积分 6h 后的模拟风场如图 5 所示。海风风速比陆风大，约为 4m/s。

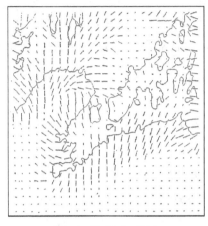 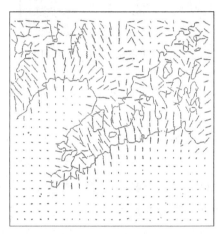

图 4　陆风和山风　　　　　　　　　　图 5　海风和谷风

2. 对 1984 年 6 月 15 日的暴雨个例的数值试验。

若把海陆差异和局地地形的作用分别去掉，则风场与图 2a 相比有很大改变：不考虑海陆差异时，风向辐合带位置发生了偏离（见图 6）；陆地考虑为平坦地形时，流场辐合形势变得不明显了（见图 7）。可见，该次暴雨过程除与天气环流形势有关外，还与局地地形、海陆差异等相关。

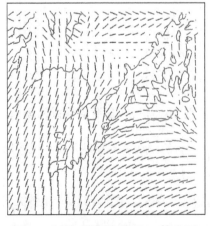 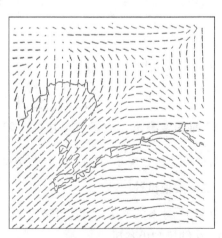

图 6　不考虑海陆差异，其余同　　　　图 7　不考虑地形作用，其余同
　　图 2a 的地面风场　　　　　　　　　图 2a 的地面风场

三、结语

1. 地面风场一层中尺度模式充分考虑了天气背景场的温度垂直结构的空间差异以及地形坡向引起的热力差异，在给定复杂地形条件下，能够诊断模拟出一地的风速差异，对风力机（或风电场）场址预选有很大方便。

2. 局地地形的动力、热力作用及海陆差异能导致一些局地环流，且能极大地改变局地的气流分布，这对合理开发利用风能有重要作用。

3. 本模式对地形影响层高度取为常数，应进一步改进，以使其实用性更大些。

参 考 文 献

［1］Pielke R A. A Three-Dimensional Numerical Model of the Sea Breezes Over South Florida [J]. Monthly Weather Review, 1974, 102 (2): 115-139.

［2］Anthes R A, Warner T T. Development of Hydrodynamic Models Suitable for Air Pollution and Other Mesometeorological Studies [J]. Monthly Weather Review, 1978, 106 (8): 1045-1078.

［3］Mahrer Y. A numerical study of the air flow over mountains using the two-dimensional version of the university of Virginia mesoscale model [J]. Journal of the Atmospheric Sciences, 1975, 32 (11): 2144-2155.

［4］Mahrer Y, Pielke R A. Numerical Simulation of the Airflow Over Barbados [J]. Monthly Weather Review, 1976, 104 (11): 1392-1402.

［5］Mcpherson R D. A Three-Dimension Numerical Study of the Texas Coast Sea Breeze [R]. University of Texas at Austin, Atmospheric Science Group, 1968 (15).

［6］Nickerson E C, Magaziner E L. A three-dimensional simulation of winds and non-precipitating orographic cloud cover Hawaii [R]. NOAA Tech.Rep.ERL 377-APCL, 1976, 39: 35.

［7］Danard M. Numerical Study of the Effects of Longwave Radiation and Surface Friction on Cyclone Development [J]. Monthly Weather Review, 1971, 99: 831-839.

［8］Danard M. A Simple Model for Mesoscale Effects of Topography on Surface Winds [J]. Monthly Weather Review, 1977, 105 (5): 572-581.

［9］Mass. A simple-level numerical model suitable for complex terrain, Proc.Fifth Conf.on Numerical Weather Prediction [J]. Monthly Weather Review, 1981, 109: 1335-1347.

［10］Dempsey D P. A One-Level Mesoscale Model for Diagnosing Surface Winds in Mountainous and Coastal Regions [J]. Monthly Weather Review, 1985, 113 (7): 1211-1227.

［11］Orlanski I, Ross B B, Polinsky L J. Diurnal Variation of the Planetary Boundary Layer in a Mesoscale Model [J]. Journal of the Atmospheric Sciences, 1974, 31 (4): 965-989.

[12] 翁笃鸣, 陈万隆, 沈觉成, 等. 小气候和农田小气候 [M]. 北京: 农业出版社, 1981.

[13] Cressman G P. An operative objective analysis scheme [J]. Monthly Weather Review, 1959, 87: 367−374.

我国北部草原地区近地层平均风特性分析 *

薛　桁[1]　朱瑞兆[1]　冯守忠[2]　王玉彬[3]

(1. 中国气象科学研究院　2. 内蒙古自治区锡盟风能研究所　3. 内蒙古自治区气象局)

我国风能丰富的地区，主要分布于沿海岛屿及我国"三北"北部，而对这些地区近地层的风特性，以往了解十分不够，研究分析薄弱，往往只能借助于城市、平原地区某些观测研究结果加以引用，这就不可避免地造成结论的不准确性和盲目性。随着风能开发规模扩大和水平提高，越来越需要了解和掌握近地层的风特性。近年来，针对我国风能开发重点地区，专门设置了若干个用于了解这类地区近地层风特性的测风铁塔。本文分析的锡盟地区118m测风铁塔就是为了这一目的而设置的，到目前为止，它是连续观测时间最长、质量最好的测风铁塔。根据这里的气候地理特点，其测量结果可以代表典型的草原风况特征及近地层风特性。

一、仪器设置和资料

本文资料以锡盟118m气象观测塔实测结果为依据。该塔位于锡盟风能研究所风场内，地形开阔，周围无障碍物，为典型的北方草原地形。观测共设十层：分别距地面10m、15m、20m、30m、50m、70m、80m、90m、100m、118m。测风铁塔为边长1m的三角形拉线桅杆结构，观测仪器支架长度2m，从而基本排除了塔身对观测结果的影响。本文对该塔1984—1987年的逐时10层测风资料进行了分析计算，结果具有较好的代表性。

二、塔层平均风特性

(一) 近地层风速日变化

锡盟铁塔各高度测风资料清楚地表明，该地区在塔高118m范围内，无论冬季或夏季，风速都有明显一致的日变化。

根据边界层内空气的运动方程：

$$\frac{\partial u}{\partial t} = \frac{\partial}{\partial z} K(z, \ t) \frac{\partial u}{\partial z} + fv \tag{1}$$

＊　本文发表在《太阳能学报》，1992年第3期，收录在《风能、太阳能资源研究论文集》，气象出版社2008年版。

$$\frac{\partial u}{\partial t} = \frac{\partial}{\partial z} K(z, t) \frac{\partial v}{\partial z} + f(u_g - u) \qquad (2)$$

式中，u、v 为风速的 x、y 分量，K 为湍流交换系数，z 和 t 为高度和时间，u_g 为地转风 u 分量，f 为地转参数。只要给出 K 的变化式，便可对上列方程求解。结果表明，引起风的日变化的机制恰恰是由于湍流交换系数 K 的日变化，即由于湍流应力的日变化。而 K 的日变化的根本原因在于温度场的日变化，由于各高度温度场的日变化造成一昼夜中大气层结的改变，从而产生昼夜动量传输快慢的不同。白天由于湍流交换强，上层动量向下传输更快，使低层风速增大；夜间动量传输慢，于是低层风速变小，上层风速变大。因此在边界层内，较低高度处风速白天变大，夜晚变小，而较高处则反之，中间有一个转换高度，K 愈大，则白天反转高度愈高。

根据锡盟铁塔 4 年的实测资料点绘出的 10m、30m、80m、118m 四层高度上年平均逐时风速日变化曲线（见图 1），可见在低层（10m 和 30m）夜间风速稳定少变，日出后风速单调上升，直至午后 14 时左右达到最大；随着午后太阳辐射强度的减弱，上下层交换又随之减弱，相应风速又开始下降，直至午夜前后平稳下来。在整个塔层（118m）范围内所观测到的结果表明，这种白天风速加大的规律，从下到上都一致地存在，只是白天上下层之间的差异较小而已。

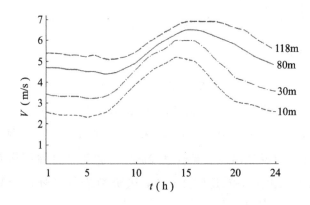

图 1 各高度年平均逐时风速日变化曲线

这一结果与我国南方长江岸边武汉阳逻 146m 铁塔观测的结果有着明显的差异[1]。后者转换高度仅在 30m 左右，其上层表现为白天风速减小，日风速曲线最小值出现在午后，而最大值则出现在夜间，这说明后者的上下动量交换远比前者交换高度要低得多。该结果同时也表明，我国北方地区昼夜温度场变化大，白天湍流交换比长江沿岸的阳逻要大得多这一特点。锡盟铁塔观测的结果还表明，随着上午日出以后湍流交换的加强，各层风速加大及达到最大值的时间由下而上往后推迟，下层（10m）在日出后约 06—07 时即开始加大，14 时达到最大，而高层（118m），则要到 08—09 时以后才开始加大，达到最大值约在 16 时。

风速日变化，随着季节也有所不同。冬季，低层风速的加大要到 08—09 时以后，至 15 时达最大，然后逐步减小，至 20 时以后即达平稳阶段。而夏季，06 时以后，低层风速即开始加大，直至 16 时方才达到最大值。而上层（80m 和 118m），可延续到 21 时达到最大，以后才逐步减小，达到平稳状态要到 24 时左右。（见图 2a、图 2b）。然而无论冬季或夏季，该地区至少在 118m 塔层高度范围内，各高度风速均一致地具有白天风速加大的日变化规律。因此在风能利用中，必须掌握这些规律，对于不同安装高度的风力机加以分别对待，才有可能充分利用这些自然资源。

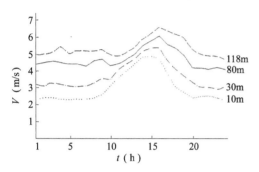
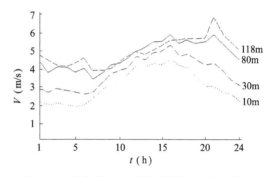

图 2a　各高度 1 月逐时风速日变化曲线　　**图 2b　各高度 7 月逐时风速日变化曲线**

（二）近地层风随高度的变化

从湍流能量方程可知，风速梯度 $\dfrac{\partial u}{\partial z}$ 是高度 z、摩擦速度 u_*、热通量 $H/c_p\rho$ 和浮力系数 g/T 的函数。即

$$\frac{\partial u}{\partial z} = f\left(z,\ u_*,\ \frac{H}{c_p\rho},\ \frac{g}{T}\right) \tag{3}$$

进行无量纲化，便可得到近地层中风速廓线的一般关系式[2,3]：

$$u = \frac{u_*}{\kappa}\left[\ln\frac{z}{z_0} - \psi_m\left(\frac{z}{L}\right)\right] \tag{4}$$

$$\psi_m\left(\frac{z}{L}\right) = \int_0^{z/L}\left[1 - \varphi_m(\zeta)\right]\frac{\mathrm{d}\zeta}{\zeta} \tag{5}$$

式中，$\kappa = 0.35\sim0.4$，为卡门常数，z_0 为粗糙度，L 为表征稳定度的莫宁-奥布霍夫长度，$L = -\dfrac{Tu_*^3 c_p\rho}{\kappa g H}$。近中性层结时：

$$\varphi_m\left(\frac{z}{L}\right) \approx 1 + \beta\frac{z}{L}$$

因此风廓线表达式为

$$u(z) = \frac{u_*}{\kappa}\left[\ln\frac{z}{z_0} + \beta\frac{z}{L}\right] \tag{6}$$

其中，$\beta = \varphi'_m(0)$。

在完全中性层结时，$|L|\to\infty$，式（6）简化为最普遍使用的对数廓线公式：

$$u(z) = \frac{u_*}{\kappa} \ln \frac{z}{z_0} \tag{7}$$

在稳定 $\left(\dfrac{z}{L}>0\right)$ 和不稳定 $\left(\dfrac{z}{L}<0\right)$ 层结时，有

$$\varphi_m\left(\frac{z}{L}\right) = \begin{cases} 1 + \beta_m \dfrac{z}{L} & \left(\dfrac{z}{L} > 0\right) \\ \left(1 - \gamma_m \dfrac{z}{L}\right)^{-\frac{1}{4}} & \left(\dfrac{z}{L} < 0\right) \end{cases} \tag{8}$$

式中，β_m 和 γ_m 为常数，$\beta_m \approx 4.7$，$\gamma_m \approx 15$。

在工程应用上，由于多数情况往往不能具体划分大气层结状况，因此更多的是采用幂次律的简单风廓线公式：

$$u = u_1 \left(\frac{z}{z_1}\right)^{\alpha} \tag{9}$$

式中，u、u_1 分别为高度 z、z_1 处的风速，α 为幂指数，它除与层结有关外，还与下垫面粗糙度有关。观测证明，幂次律不但适用于中性层结，也适用于非中性层结。图3是根据锡盟铁塔4年观测资料作出的平均风速—高度拟合曲线。塔层高度范围内风速较好地遵循随高度呈指数增加的规律。

按式（9）拟合结果，该地区平均风速廓线的高度变化指数 α 值为0.23，这个值较一般平原地区要大，如武汉阳逻塔的观测结果为 $\alpha = 0.19$。该地区 α 较大反映了我国北方地区总的大气层结要比南方稳定这一气候特点，其结果是风速随高度的增加速率较大。这一推论，可以从 α 值的日变化明显地反映出来（见图4）。从图4可见，这一地区夜间 α 值相当稳定，

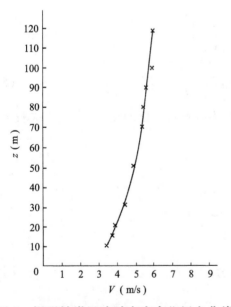
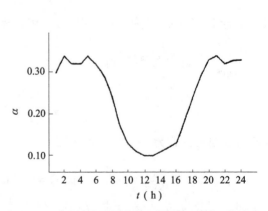

图3　锡盟铁塔风速随高度变化拟合曲线　　图4　锡盟铁塔风速 α 值的日变化曲线

保持在 0.33 左右，达 11~12h，日出后随上下层交换的加强，α 值迅速减小，至 12—13 时最小，最低值可达 0.10，以后再逐渐加大。夜间 α 值远大于我国南方的观测结果（如阳逻夜间 α 值仅为 0.24~0.27），昼夜平均的结果造成了这一地区总的指数 α 值比一般平原地区大的事实。这一特点以往常常被忽视[4]。

幂指数 α 除跟下垫面粗糙程度及大气层结有关外，还随着风速增大而减小。表 1 列出了锡盟铁塔按 10m 高度的风速值为基准，分别计算得到的 4 个风速等级下的 α 值。

表 1　不同风速等级下的 α 值

风速（m/s）	0~2.0	2.1~5.0	5.1~10.0	>10.0
α 值	0.40	0.23	0.16	0.12

从表 1 可见：2m/s 以下的小风 α 值最大，达 0.40；2~5m/s 风速下 α 值为 0.23，与平均值相近；5~10m/s 时 α 值下降到 0.16；大于 10m/s 的大风 α 值仅为 0.12。

（三）塔层内风能资源特点及随高度变化

根据锡盟铁塔实测结果，10m 高度处年平均风能为 $625kW \cdot h/m^2$，相当于我国风能较丰富地区的标准。实测结果还表明，随着高度的增大，风能（总量）呈指数关系向上递增（见图 5），4 年结果的拟合式为

$$W_z = W_{z_a} \left(\frac{z}{z_a} \right)^{0.55} \tag{10}$$

式中，W_z 和 W_{z_a} 分别为 z 和 z_a 高度上的风能年总量。这一关系反映了在较低高度上（几十米范围内），风能随高度增加很快，如 30m 处的年风能总量已是 10m 高度处的 2 倍，而随高度的进一步增大，风能增加量则逐渐变缓（如 100m 只是 80m 高度风能的 1.2 倍）。因此如何合理地选择风机安装高度，对提高风机的风能捕获量的投入比具有十分重要的潜在意义。

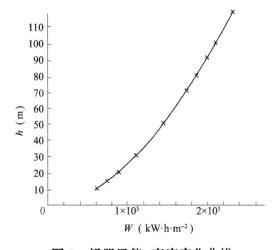

图 5　锡盟风能-高度变化曲线

表 2 还列出了锡盟铁塔各高度上风速的 Weibull 参数 C、K 值。结果表明，在整个塔层高度内，参数 K 的变化幅度较小，而参数 C 随高度呈指数关系变化，即

$$C(z) = C_a \left(\frac{z}{z_a} \right)^n \tag{11}$$

式中，$C(z)$ 和 C_a 分别为 z 和 z_a 高度处的 C 参数。对锡盟铁塔 4 年资料拟合结果，指数 n 值为 0.24，该值与 Justus 根据美国 4 个塔的资料作出的 n 平均值 0.23 十分接近[5]。由于各地气候特点不同，按锡盟铁塔观测资料计算出的 $n = 0.24$ 正是反映了这一地区近地层风特征的一个代表值。

表 2　各高度 Weibull 参数 C、K 值

H（m）	C	K	H（m）	C	K
10	3.6994	1.3268	70	5.8178	1.5186
15	4.0548	1.4005	80	5.8692	1.4974
20	4.1602	1.3596	90	6.1837	1.5753
30	4.7881	1.4479	100	6.5431	1.5706
50	4.8441	1.3619	118	6.6528	1.5783

三、小结

锡盟铁塔的实测资料填补了我国北部草原地区近地层风特征的资料空白，对了解和掌握我国北方地区风特征有重要的参考意义。通过对 4 年逐时 10 层风资料的计算分析，总结出该地区近地层平均风具有以下特点：

1. 118m 塔层高度范围内，全年整层上下有一致的风速日变化，意味着本地区白天存在较大垂直范围的上下动量交换。

2. 本地区风速随高度变化的平均指数 α 较我国其他平原地区大，平均 $\alpha = 0.23$。全年中春夏季 α 值较小，约 0.19~0.22，秋冬季 α 值较大，约 0.23~0.26。

3. α 值的日变化明显，夜间 α 稳定在 0.33 左右，日出后迅速减小，于中午达最低值 0.10 左右，然后重新继续加大至夜间稳定值。α 值还随风速加大而减小，大风时（10m/s 以上），α 值仅为 0.12。

4. 塔层高度内，风能随高度呈指数关系递增，在几十米范围的低层，风能随高度增加尤为迅速。合理选择风力机安装高度对提高风机风能的产出投入比具有很大意义。

参 考 文 献

[1] 丁国安，薛桁，朱瑞兆. 武汉地区低空风的特性 [G] //大气湍流扩散及污染气象论文集. 北京：气象出版社，1982.

［2］ Businger J A. Flux profile relationships in the atmospheric surface layer ［J］. Journal of Atmospheric Sciences, 1971, 28 (28): 181-189.

［3］ Dyer A J. A review of flux-profile relationships ［J］. Boundary-Layer Meteorology, 1974, 7 (3): 363-372.

［4］ 中华人民共和国城乡建设环境保护部. 建筑结构荷载规范 GBJ 9—87 ［S］. 1988.

［5］ Justus C G, Mikhail A. Height variation of wind speed and wind distribution statistics ［J］. Geophysical Research Letters, 1976, 3 (5): 261-264.

北京八达岭地区近地层风谱特性*

骆箭原[1]　朱瑞兆[2]

（1. 湖南省气象台　2. 中国气象科学研究院）

近几十年来，很多学者在相似理论的基础上对湍流脉动谱进行了研究。Van der Hoven[1]利用美国 Brookhoven 国家实验室 125m 气象塔上的观测资料，测出了大约 100m 高度上频率范围从 0.0007~900 周/h 的十分宽广的水平风功率谱，发现其显著周期的长度分别为 4d、12h 及约 1min。Kaimal 利用 BAO 300m 气象塔上 8 个不同高度的资料对风谱特性进行了分析。Davenport A.G.[2]根据在世界上不同地区、不同高度所得的 90 多次强风个例，总结出了具有广泛适用性的水平风速谱并提出了风谱经验公式。

国内，陈家宜和温景嵩[3~5]等在相似理论的基础上研究了不同高度上的湍流结构和风速湍谱的特征。吕乃平等[6]利用声雷达探测资料，得出在大气中中尺度范围内，无论是在稳定或不稳定层结下，经常存在几分钟到十几分钟的周期活动，并对能量产生较大的贡献。近年来，我国风能开发利用也要求对近地层不同高度上的风谱特性有一个全面系统的了解，但国内这方面研究较少。

过去，虽然在风速湍流结构及湍谱特征方面作了许多分析，由于资料的缺乏以及探测手段的限制，对于不同地区近地层中各个不同高度上风谱的特性仍缺乏较系统的研究。国内在几个大中城市内或其近郊也曾有过观测，但这些资料受城市效应的影响。Bowne 等[7]比较了城市和乡村近地层湍流特性和风谱特性，发现两者有显著的差别。

本文利用北京八达岭风力发电试验站 104m 气象铁塔上在 8 个不同高度处的梯度观测资料，进行了水平风谱特性的分析，着重分析了在强风情况下各个高度上频率范围较为宽广的水平风功率谱及各层之间的交叉谱，并且与一些有代表性的结论进行了比较。

一、资料采集

（一）采样地点和仪器

104m 铁塔位于北京八达岭北约 5km 处，地势开阔，四周是平整的农田和低矮的小屋，远处有一些高度不等的山峰。气象测风铁塔为桅杆拉线结构，塔身上下同为等边三

---

* 本文发表在《太阳能学报》，1993 年第 4 期，收录在《风能、太阳能资源研究论文集》，气象出版社 2008 年版。

角形，通风良好，在 8 个不同高度的 2m 活动伸臂上，安装有风向、风速计，大大减小了塔身对测风感应器的影响。采用多层自动采样梯度仪采样。该仪器由微机控制，主机采用 TP805 型单板机，机器内存为 16k 字节，当内存空间存满时将自动把内存中资料存入盒式磁带。该仪器对 8 个层次同时采样，采样密度有两种：每秒 1 次和每 6 秒 1 次。风向、风速传感器由 EL 型电接风向风速计传感器改制而成。采用铝制三杯式感应器和光电脉冲传感器。

仪器的测量精度为：风速 $\leq \pm$（$0.5+0.05\times$风速）m/s；风向 $\pm11°15'$；切入风速 < 1.5m/s；测量上限 40m/s。

（二）资料初始处理

从 1989 年 10 月至 1990 年 7 月进行了连续观测，在常规情况下，每小时只取整点前 10min 的资料，采样频率为每秒 1 次；当遇到大风时则随时采集资料，采样频率根据具体情况可选两种采样频率中的任意一种。

由于受到微机内存的限制，资料采样有不连续的现象，本文在使用时采用自回归方法将其插补成一个连续的序列。在实际资料插补时，首先将断裂部分前的一段资料进行自回归处理，算出空缺部分各点的值，然后再次对空缺部分以后的那段资料进行自回归处理，反推出前面空缺部分的值。最后，将计算出的两组值进行平均，得到空缺部分的实际插补值。

二、功率谱特性

（一）功率谱求取

本文采用自相关函数经傅立叶变换求功率谱。设某一平稳随机序列 X_t（$t=1$，…，n），其落后自相关函数为 $\gamma(\tau)$，对其进行傅氏变换并采用汉宁平滑后，其功率谱值为

$$S_l = \frac{B_l}{m} = \left[\gamma(0) + \sum_{\tau=1}^{m-1} \gamma(\tau) \cdot \left(1 + \cos\frac{\pi\tau}{m} \right) \cdot \cos\frac{l\pi\tau}{m} \right] \quad (l=0,\ 1,\ 2,\ \cdots,\ m)$$

其中，m 为最大落后时间步长，且 $B_l = \begin{cases} 1 & (l \neq 0,\ m) \\ 1/2 & (l=0,\ m) \end{cases}$

为了求取较宽频率范围内的功率谱，并使其在高频及低频部分都有较细致的分辨能力，采用了 Griffith 等[8]提出的用分段求谱估计，然后再接在一起的方法。通过这种处理，可得到一张较宽频率范围的谱图，图上各个谱段上的取样点分布较均匀，克服了直接对较长的原序列求谱估计时出现的在高频部分取值过密而在低频部分取值过稀的缺点。该方法相当于在原序列上加了一个过滤器，滤掉了其高频部分。

（二）各高度的功率谱特性

我们计算了 21 个大风个例的水平风功率谱，包括有冷空气影响的大风和夏季强对流情

况下形成的雷雨大风的个例。

　　根据所选的个例情况，计算出的功率谱的频率范围为 $2.25×10^{-4}～0.5$ 周/s，所对应的周期范围为 4447～2s。按照传统的频域划分，[9]这个范围跨越了微尺度和中尺度气象谱领域。本文为了表述方便，将周期长度超过一分钟的谱段称为低频谱，而在 1min 左右及小于 1min 的谱段称高频谱。计算了不同高度处水平风的自相关函数，发现随落后时间步长的加大呈指数递减，在短时间内的滞后性较好。所以，本文对功率谱均采用红色噪音过程进行检验。

　　图1所示为三个高度处的功率谱曲线图（其他高度图略）。图中横坐标取频率的自然对数，纵坐标为频率与功率谱值的乘积。在这种坐标系中，任意一个频率段 $n～(n+\Delta n)$ 上所对应的曲线下包围的面积即为该频域上振动的能量。

　　由图1可见，低频部分，各个高度处在周期为 9～12min 及 4～6min 的范围内均有一个峰值，10min 左右周期在中层表现得较明显，可以通过 95% 的信度检验。随着高度降低逐渐减弱，周期长度也逐渐缩短。在低层，随着 10min 左右的周期有所减弱，而 6min 左右的周期却逐渐增强。此外，在周期长度为 30 几分钟的范围内存在着谱的一个低谷中心区，与 VanderHoVen 谱中天气尺度的谱峰和微气象尺度的谱峰中间的低值过渡带相对应，但其中心位置向高频区偏移。高频部分在 60～100s 即 1～2min 处也有一显著周期，这个范

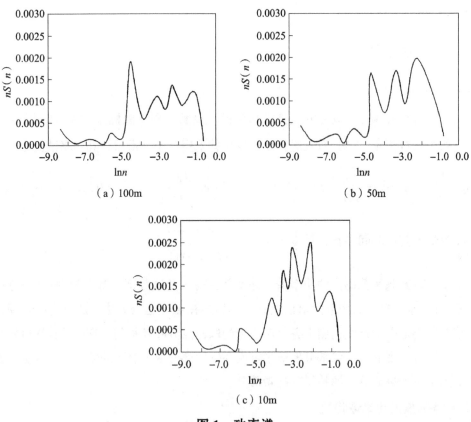

（a）100m　　　　　　　　　　　（b）50m

（c）10m

图1　功率谱

围的周期其强度在高层 100m 处最强，随着高度的降低而逐渐减弱。这种减弱在高层表现得较明显，到中层、低层则逐步趋于稳定，其对应的周期长度从高层到中层逐渐加强，在 30m 高度处达 100s 左右，然后由中层向低层又逐渐缩短，到 10m 以下约为 60s，这个周期对应 Hoven 谱中高频部分的周期。另外，在 16~25s、8~10s 范围内各层都有一显著周期，峰值强度从高层到低层逐渐增强。在高频末端，周期长度 3~6s 范围内，各层基本上还有一峰值区，50m 高度处这个峰值较弱。在低层 10m 和 5m 两个高度处，在 33s 左右还有一个显著周期。

总体来说，水平风的功率谱特性，几分钟以上的低频部分的振动能量在高层相对较强，而在低层较弱；而就同一个高度层次来看，低频部分的能量远小于高频部分的振动能量。大部分情况下，在高层各个频率范围的振动中，一分钟左右的周期最强，随着高度的降低，一分钟以下的能量逐渐增强且渐渐超过一分钟左右的峰值，尤其是 16~25s 及 10s 左右的振动最强。由图 2 可明显看出这些特征。图 2 中实线表示的是较高的 4 层，虚线表示的是较低的 4 层。

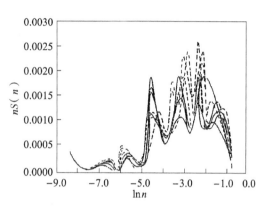

图 2　8 层水平风功率谱

从不同类型的大风过程的水平风谱之间的对比情况来看，各个频率范围内峰值的出现位置变化不大，在局地热力作用较强的情况下，高频部分的小波动比较多，并且振动幅度也强得多。

（三）折减功率谱特性

为了与建筑工程中经常引用的 Davenport 经验谱进行比较，计算了各个高度处的折减功率谱。图 3 所示为 8 个层次上的折减功率谱叠加在一起的图。根据文献 [2]，在图中取横坐标为 $\ln\dfrac{1200n}{V_z}$，纵坐标为 $nS(n)/(\kappa \overline{V}_{10}^2)$，其中 n 为频率，$S(n)$ 为功率谱值，V_z、$\overline{V}_{10}$ 分别为 z 高度处和 10m 高度处的水平风速，κ 为不同下垫面、不同高度所对应的系数。通过这种坐标转换，将描述振动的时间尺度转换为空间尺度。由该图可见，各层的折减功率谱为明显的双峰结构。平均而言，两个峰值所处的位置分别为 $n/V=0.0012$ 和 0.0095，相对应的波长分别为 833m 和 105m，转换成时间周期分别为 80s 和 15s 左右。由该图还可看出，折减谱曲线随高度的变化情况，它基本上是从高层向低层谱峰、向波长较短的方向偏低移，越到低层振动越明显，且振幅越大。但总的来说，各高度之间的这种变化还不是很大。这些特性与 Davenport 经验谱有较大的差别，Davenport 经验谱为一单峰型曲线，峰值在 n/V 约为 0.0018 处，对应的空间波长约为 555m。

从图3的8层折减谱曲线可求出一条最佳拟合曲线，使其基本适用于各个层次。设第 i 层的折减谱曲线方程为：$y_i = f(x_i)$，其中 $y_i = S_i = S_i(n)/(\kappa \bar{V}_{10}^2)$，$x_i = 1200n/V_z$，由变分学原理可得到最佳拟合线方程为

$$y = \sum_{i=1}^{0} y_i \Big/ 8$$

由上式可知，最佳拟合线上每一点的值即为相同的横坐标 x 所对应的 8 层曲线上的值的平均值。由此绘出了折减谱的拟合曲线，见图 4。采用多项式回归可求出该曲线的拟合方程：

$$y = a_0 + a_1 x + a_2 x^2 + a_3 x^3 + \cdots + a_{10} x^{10}$$

其中，$a_0 = 1.996 \times 10^{-3}$，$a_1 = -6.888 \times 10^{-5}$，$a_2 = -1.061 \times 10^{-3}$，$a_3 = 1.957 \times 10^{-4}$，$a_4 = 3.580 \times 10^{-4}$，$a_5 = -1.804 \times 10^{-5}$，$a_6 = -4.436 \times 10^{-5}$，$a_7 = 1.267 \times 10^{-7}$，$a_8 = 2.276 \times 10^{-6}$，$a_9 = 1.618 \times 10^{-8}$，$a_{10} = -4.157 \times 10^{-8}$。线差平方和为 1.764×10^{-6}，拟合率为 92%。

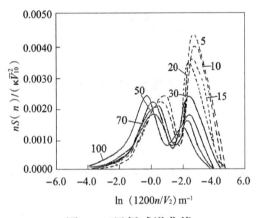 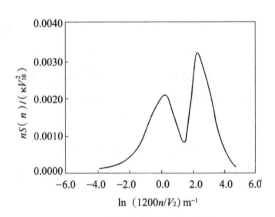

图 3　8 层折减谱曲线　　　　　　图 4　8 层折减谱拟合曲线

三、交叉谱特性

设有两时间序列 x_{1t}、x_{2t}（$t = 1, 2, \cdots, n$），其平均值分别为 $\bar{x}_1$、$\bar{x}_2$，方差分别为 S_1、S_2，交叉落后相关函数分别为 $\gamma_{12}(\tau)$ 和 $\gamma_{21}(\tau)$，经二项系数平滑后得到的协谱 $P_{12}(l)$、正交谱 $P_{12}(l)$、凝聚谱 $R_{12}(l)$、位相谱 $Q(l)$ 和落后时间长度谱 $L(l)$ 分别为

$$P_{12}(l) = \frac{B_1}{m}\gamma_{12}(0) + \frac{1}{2}\sum_{\tau=1}^{m-1}\left[\gamma_{12}(\tau) + \gamma_{21}(\tau)\right]\left(1 + \cos\frac{\pi\tau}{m}\right)\cos\frac{l\pi\tau}{m}$$

$$Q_{12}(l) = \frac{B_1}{m}\sum_{\tau=1}^{m-1}\left[\frac{1}{2}\left(1 + \cos\frac{\pi\tau}{m}\right) \cdot \sin\frac{\pi l\tau}{m}\right]\left[\gamma_{12}(\tau) - y_{21}(\tau)\right] \qquad (l = 0, 1, 2, \cdots, m)$$

$$R_{12}^2(l) = \left[P_{12}^2(l) + Q_{12}^2(l)\right]/\left[P_{11}(l) \cdot P_{22}(l)\right] \qquad (l = 1, 2, \cdots, m-1)$$

$$Q(l) = \tan^{-1}\left[\,Q_{12}(l)/P_{12}(l)\,\right]$$

$$L(l) = mQ(l) \cdot \Delta t/\pi l \qquad (l = 1, 2, \cdots, m-1)$$

式中，Δt 为采样时间间隔。

图 5 分别为几个代表层次之间两两相互的凝聚谱和落后时间长度谱，图中横坐标为波数 k，但为了资料处理的方便，实际取波数加 1，对于信度 95% 的检验，凝聚谱临界值的量级为 10^{-2}。由该图可见，各层之间凝聚谱在很大的频域范围内都大大超过了临界值，在低频部分比高频部分更为明显。两层之间相距越近，其凝聚程度越显著。从落后时间谱中可见，在低频部分，高层普遍落后于低层 10～40s，且层次相距越远落后幅度越大，随着频率从低频向高频变化，这种两者之间的位相落后关系逐渐减小到不太显著，且在高频部分多是低层稍稍落后于高层。此外，在波数 20～40 这个范围内，也有很多层次之间是高层稍稍超前于低层的情况，这个范围大致对应着周期 40～80s。

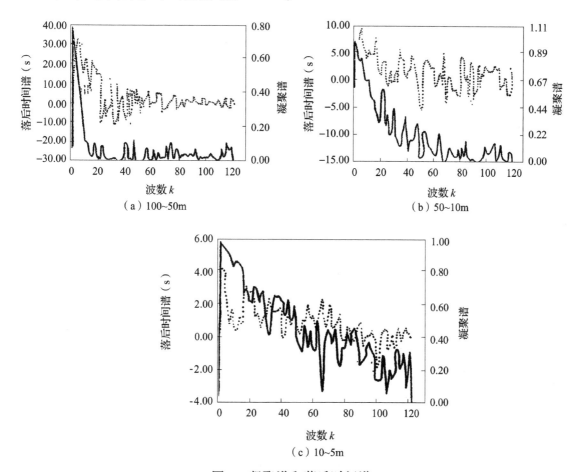

图 5　凝聚谱和落后时间谱

图 6a 和图 6b 所示为 100m 和 10m 与其他各个层次的协谱曲线叠加图，图中横坐标的取法与图 5 相同。由该图可见，各个层次在低频部分有明显的同位相正相关。

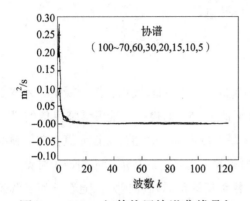
图 6a   100m 与其他层协谱曲线叠加

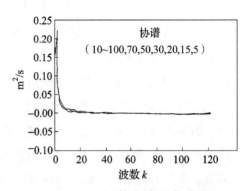
图 6b   10m 与其他协谱曲线叠加

四、结果与讨论

1. 本文给出了北京八达岭地区 100m 以下 8 个不同高度处的水平风功率谱，各层功率谱的主要周期详见表 1。

表 1   各层功率谱的主要周期（s）

100（m）	70	50	30	20	15	10	5
735	665	544	544	544	735	735	601
306	270	244	284	330	330	365	365
90	90	90	100	81	81	60	60
22	22	22	25	20	16	33	33
10	10	8	10	10	8	20	20
4	5	—	6	6	5	8	10
—	—	—	—	—	—	3	5

水平风的功率谱特性：几分钟以上的低频部分的振动能量，在高层相对较强，在低层较弱；就相同的高度而言，低频部分的能量远小于高频部分的能量；在高层各个频率范围的振动中，1min 左右的周期最强。随着高度的降低，1min 以下的能量逐渐增强且渐渐超过 1min 左右的峰值，尤其是 16~25s 及 10s 左右的振动最强。

2. 在 $\left[\ln \dfrac{1200n}{V}, nS(n)/(\kappa \overline{V}_{10}^2)\right]$ 坐标系下给出了平均情况下的折减功率谱，该谱为双峰型结构，两个峰值分别对应于波长 833m 和 105m，它与经典的 Davenport 经验谱有较大的差异。我们通过多项式拟合，得到该谱曲线的方程为

$$y = 1.996 \times 10^{-3} - 6.888 \times 10^{-5}x - 1.061 \times 10^{-3}x^2$$
$$+ 1.957 \times 10^{-4}x^3 + 3.580 \times 10^{-4}x^4 - 1.804 \times 10^{-5}x^5$$
$$- 4.436 \times 10^{-5}x^6 + 1.267 \times 10^{-7}x^7 + 2.276 \times 10^{-6}x^8$$
$$+ 1.618 \times 10^{-8}x^9 - 4.157 \times 10^{-8}x^{10}$$

3. 各高度之间谱特性存在明显的关系。在低频部分存在明显的同位相正相关；在时间位相关系上，高层落后于低层约10~40s，且高度相差越大落后幅度越大。从各高度之间的凝聚关系看，高度相距越远凝聚程度越小，相距越近则越大。总体来说，各高度之间低频部分的关系较其他部分明显。

4. 我们分析的频段范围（0.5~2.25×10⁻⁴/s）处于湍流谱的中尺度和小尺度范围内，一般认为在谱的中尺度范围内，湍流能量是很低的。但是，从我们的分析来看，在中尺度范围内，它也很活跃。在不同的典型天气条件下，在不同的高度上，在几分钟到十几分钟这个范围内都存在有显著的周期活动。文献［6］对其他一些要素的分析也得到过类似结果。由此看来，大气湍流谱除了由于天气尺度范围的水平不均匀和地面边界作用造成的垂直方向上的不均匀所构成的能量来源以外，10min左右周期的中尺度活动也是引起大气湍流运动的重要因子和能量来源。

由于水平风谱的范围很宽，因此，在气象观测中如何合理地确定获得较稳定水平风的采样平均时间是一个比较困难的问题。因为通常的观测往往只要求保存天气与气候意义上的信息，对阵风脉动的干扰应予排除。一般认为，只要平均时间显著地超过湍谱中小尺度峰值出现的周期，就能获得比较稳定的值。出现小尺度峰值的周期常为几十秒，所以，过去通常认为用10min作为取得平均值的平均时间就足够了。我国观测规范也规定：水平风的观测时间采用自计10min，目测为2min。但是，从本文的结果可知，近地层中水平风经常存在着几分钟到十几分钟周期的峰值，因而，在这种情况下，用10min或2min作为平均时间可能是不够的。所以有人[10]提出要获得稳定的气象要素的平均值，需要20~30min。

参 考 文 献

［1］van der Hoven I. Power spectrum of horizontal wind speed in the frequency range from 0. 0007 to 900 cycles per hour［J］. Journal of Atmospheric Sciences, 1957, 14 (2)：160-164.

［2］Davenport A G. The relationship of wind structure to wind loading［C］//Proc. of the Symp. on wind effects on building and structures. London：Her Majersty's stationary office, 1965：54-102.

［3］陈家宜, 谭辛, 董素贞. 对流层下部的湍流微结构［J］. 气象学报, 1963, 21 (2)：271-280.

［4］陈家宜. 低层大气湍流谱和能量的规律［J］. 科学通报, 1966, 11 (7)：334-336.

［5］温景嵩, 曾宗泳, 马成胜. 湍流的不连续性和柯尔莫果洛夫的湍流理论［J］. 大气科学, 1978, 2 (1)：64-70.

［6］吕乃平, 范锡安, 陈景南, 等. 边界层大气湍流特征的声雷达探测［J］. 气象学报, 1979 (3)：61-73.

［7］Bowne N E, Ball J T. Observational comparison of rural and urban boundary layer turbulence［J］. J Applied Meteorology, 1970, 9 (6)：862-873.

［8］Griffith H L, Panofsky H A, van der Hoven I. Power-Spectrum Analysis Over Large Ranges of Frequency ［J］. Journal of Atmospheric Sciences, 1956, 13 (3): 279-282.

［9］Panofsky H A, van der Hoven I. Spectra and cross-spectra of velocity components in the mesometeorological range ［J］. Quarterly Journal of the Royal Meteorological Society, 1955, 81 (350): 603-606.

［10］RORY Thompson. Coherence Significance Levels ［J］. Journal of the Atmospheric Sciences, 1979, 36 (10): 2020-2021.

太阳能和风能互补发电[*]

朱瑞兆

（中国气象科学研究院）

我国的发电总装机容量和年发电量均占世界第 4 位，但人均用电量却仅排世界第 80 位。我国是以煤炭为主的能源结构，使用这种能源，存在着两大问题，一是煤炭运输困难，当前铁路容量的 40% 用于运煤；二是空气污染严重，每年向大气排放的 SO_2 约 1500 万 t，在世界各国排行第 4 位，引起国内外关注。为了改善这种情况，我国正加速发展和开发利用其他能源如水能、核能等。再生能源如太阳能和风能，作为补充能源，也在大力发展。如风能计划到 2000 年将达到发电 1000MW，它对环境无污染。因此，这是一个带有战略性意义的发展。

目前我国有 28 个县，4000 多万农牧户，1.2 亿农村人口没有用上电。气象部门也有 71 个无电气象站。这些站目前靠柴油发电，每晚只供几个小时，娱乐活动很难开展，电视也只能看几小时。要丰富这些站的文化生活，提高现代生活水平，到 2000 年达到小康，首先要解决电的问题。

1991 年，中国气象局委托气科院研究利用太阳能风能互补发电，解决气象站工频交流 24h 不间断供电。经过两年多努力终于试验成功。

太阳能和风能均有不稳定、不连续的缺陷。但两者在时间分配上却有明显的相位差：冬季风大，太阳辐射弱；夏季风小，太阳辐射强，正好可以相互补充，以获得稳定可靠的电力。

一般气象站的负载，如单边带电台 1 台 300W，电接风速仪 1 台 7W，彩电 1 台 70W，值班照明两盏灯 120W，生活照明 18 盏，共计总功率为 1217W。按照太阳能风能资源情况，选出试验点，一个选在内蒙古巴彦淖尔盟乌拉特后旗的海力素气象站，该站周围环境为戈壁滩，年平均风速 5.6m/s，年平均有效风能 1523kW/m²，年太阳总辐射为 1802kW/m²，安装额定功率为 300W 的风力发电机 6 台，单晶硅光电池 324W。另一个选在青海省海西州格尔木的小灶火气象站，该站地处沙漠与沼泽交界地区，年平均风速 3.6m/s，年平均有效风能 221kW/m²，太阳总辐射 1899kW/m²，安装额定功率 300W 风力发电机 4 台，单晶硅光电池 1110W。

考虑到气象站需要 24h 不间断供电的特点，首先，在设计时风力发电机以多台代替 1 台，如以 6 台 300W 代替 1 台 2000W 风力发电机，这样若其中 1 台或 2 台出现故障，仍

* 本文发表在《气象知识》，1994 年第 4 期，收录在《风能、太阳能资源研究论文集》，气象出版社 2008 年版。

有4~5台在运转，使供电不至于中断。其次，要根据各站风力和日光能资源合理配置不使供电中断。最后，设计时，用了两套逆变器，一套向工作区供电，一套向生活区供电，当连续两昼夜以上既无风又无辐射时，生活区暂停供电，确保工作发报用电。虽然几年来从未遇到过这种情况，但设计上对其周密考虑是必要的。

太阳能、风能互补发电系统比柴油发电成本低30%~50%。边远无电气象站一般地形复杂、气候恶劣、交通不便，柴油运输很难得到保障，太阳能/风能互补发电，就地获取资源，不需运输，而且投资灵活，钱少少建，先保证工作用电，钱多多建，再解决生活用电，解决程度视投资的多少。

一般光电每千瓦的造价是风电的6.5倍，所以首先充分利用风能，才能做到最经济有效的匹配。

对于有常规能源供电不正常的地区，也可以作为备用电源，以补充常规能源之不足。

风能利用史话 *

朱瑞兆

（中国气象科学研究院）

风能是地球上的一种自然资源。人类成功地利用风能历史比较悠久。在我国利用风力驱动帆船，在《物原》上记载："燧人以匏济水，伏羲始乘桴，轩辕作舟楫，……夏禹作舵加以篷碇帆樯。"若夏禹是帆的发明人，那么帆至今已有 3000 多年的历史了。在甲骨文里的"凡"字，刻成"月"，据考证"帆"字的原始字样，就是来源于月，这一象形字也可说明帆在我国古代就已利用了。

在距今 1800 年以前的东汉刘熙所著的《释名》一书上，对帆字作了"随风张幔曰帆"的解释。明代宋应星的《天工开物》一书中载有："扬郡以风帆数扇，俟风转车，风息则止。"这是对水平风车的一个较完善的描述。以后方以智著的《物理小识》载有："用风帆六幅，车水灌田，淮扬海皆为之。"描述了利用风帆灌田的情况。

明代我国风车利用较普遍，童冀在他的《水车行》中有："零陵水车风作轮，缘江夜响盘空云，轮盘团团径三丈，水声却在风轮上，……"可见我国利用风力提水灌溉和风力加工粮食的风磨至少已有 350 多年的历史了。

风帆是一种最简单的风力机械，若将它用于驱动船前进的动力，这船就是风帆船。我国明代著名的航海家郑和，就是利用帆船从 1405 年开始下西洋，七下西洋，历时 28 年。这比意大利航海家哥伦布公元 1492 年第一次乘帆船横渡大西洋，约早了近 90 年。

我国沿海沿江地区，风帆船和风力提水灌溉制盐一直延续到 20 世纪 50 年代，仅在江苏沿海利用风力提水的设备就曾达 20 万台。

还要提及的是，我国创造的垂直轴风轮（也称立帆式），它是将八个帆各编在一个直立的杆上，各帆的正中上端各由一绳系之（见图 1），当地称此为"走马灯"式风车。我国出现这种风车距今已有 1300 多年的历史，先于世界上任何国家。我国沿海产盐地区用这种风车提海水的很多，如大沽

图 1　我国古老的立帆式风车

＊　本文发表在《气象知识》，1996 年第 1 期，收录在《风能、太阳能资源研究论文集》，气象出版社 2008 年版。

和塘沽一带在建国初期仍可看到。

立帆式风车不受风向改变的影响，风轮总是向同一个方向旋转，较之水平风车方便，不需要对风的装置，这是设计上最巧妙的地方。

清代中叶，周庆所著的《盐法通志》上有这种风车的记载："风车者，借风力回转以为用也，车凡高二丈余，直径二丈六尺许。上安布帆八叶，以受八风。中贯木轴，附设平行齿轮。帆动轴转，激动平齿轮，与水车之立齿轮相搏，则水车腹页周旋，引水而上。此制始于安凤官滩，用之以起水也。"但这种风车创于何人还找不出明确的记载。

根据国外记载，埃及被认为是最先利用风能的国家。约在几千年前，他们就开始用风帆来协助奴隶们划桨，后用风帆磨谷、提水等。

波斯人在几千年前也开始利用风能，约在公元 700 年时，他们也有了立轴式风车。

据认为，是班师的十字军将风车的概念和设计带到了欧洲，可能是荷兰人发展了水平转轴、螺旋桨式的风车，这种风车在荷兰和英国的乡村是很普遍的。风力和水力很快就在中世纪的英格兰成了机械能的主要来源。在这一时期，荷兰人依靠风力来抽水、磨谷等，直到 1750 年发明了扇形尾（当时电接风速仪上的尾翼）之后，才不必靠人去调准风车的方向了。荷兰人利用改进风车，广泛地用来排除沼泽地积水和灌溉莱茵河三角洲。18 世纪荷兰曾有 9000 座风车排除人造地的积水。

1850 年以后，美国在已有风车的基础上，制造出有名的"美国农场风车"用于提水，曾达到 600 万座。

总之，风力机械在蒸汽机出现之前是动力机械的一大支柱，随着煤、石油、天然气的大规模开采和廉价电力的获得，各种曾经被广泛使用的风力机械，由于成本过高，功率过低，无法与蒸汽机、发电机等相竞争，渐渐被淘汰。十几个世纪相传的辘辘而转的风车，被马力巨大的现代化电力所取代。例如荷兰现有几百座风车，大多是为招徕游客而开动的。美国仅在边远地区有十几万台风车作为古老景观。我国在沿海的盐场尚可见到几百台。

到 20 世纪初，风力发电开始出现了。德国、法国、丹麦、苏联先后制造了卧轴风力发电机，发电机功率由 10 多 kW 到 100kW，但都是试验性的。美国还制造了一个额定输出功率为 1250kW 的大型风力发电机。叶片直径 53m，于 1945 年 3 月，作为常规电站并入电网，后因一片风叶脱落而停止，仅运行了 33 天。

我国自 20 世纪 50 年代中期开始研制小型风力发电机和提水机，60 年代，一些风力机投入小批量生产。

随着环保的需要，从 1990 年世界气候大会和 1992 年里约热内卢国际环发大会以后，人们对环保问题越来越关注，风能是无污染的洁净的再生能源，受到国内外人们的青睐。

我国发展风力发电从 1965 年开始，正式列入国家攻关项目，当时是以解决农村能源为主，发展的是小型风机，100W、200W、300W 等，一家一户一个风机，用于照明、收听录音机和看电视等。到现在约有 15 万台，每年以 1.5 万台递增。80 年代末开始建立风电场。到目前已有 10 个风电场，总装机容量 3.1 万 kW，最大的在新疆达坂城，装机 33 台，其中

4 台为 500kW，其余为 300kW，一共 10700kW。我国计划到 2000 年装机 100 万 kW。

世界上最大的风电场在美国加州，其中一个风电场有 2400 台风力机，总装机容量 24 万 kW，美国风力机总容量为 171.7 万 kW。欧洲总装机容量为 172.5 万 kW。

单机容量国际上认为 300kW 以上较好，在国内目前装机大都为 300kW、600kW。在国外，1000kW 在发达国家也开始试运行。世界上安装最大的风力机是 7.2MW，叶轮直径 128m。

我国有悠久的风能利用史，但与世界各国相比还显得较落后，1994 年、1995 年连续召开几次国内国际会议，为发展风电采取的举措是前所未有的，表现出一种决心，一种必须迅速发展我国风电的心情。

太阳能利用古今谈 *

朱瑞兆

（中国气象科学研究院）

一、太阳能利用的历史

太阳不停地释放出巨大的能量，并将这种能量辐射到宇宙空间，这就是太阳能。

对太阳能的利用，中国是世界上最早的国家之一。远在 3000 多年前的西周时代（公元前 11 世纪），就已有了"阳燧取火"技术的记载，所谓"阳燧"，就是形似凹面镜的金属圆盘，对着太阳聚光，在聚光点点燃艾绒等易燃物，取得火种。这是一种最古老的太阳能聚光器。1990 年第十一届亚运会火炬的火种，就是于 8 月 7 日下午，在距拉萨市以北 100 多公里的念青唐古拉峰下，由 15 岁的藏族少女达娃央宗用木柴从抛物面聚光太阳灶上获得的。原理与古代阳燧差不多，唯聚光所用的材料有较大的差别。阳燧取火技术在世界太阳能利用科学史上占有重要的地位。

北京中国历史博物馆收藏有春秋、汉、唐、宋等朝代利用太阳能取火的阳燧。天津艺术博物馆也珍藏有汉代的阳燧，上面镌刻清晰的铭文："五月五，丙午，火燧可取天火，除不祥兮"，"宜子先君，子宜之，长乐未央"。在公元前 5 世纪《墨经》的作者墨翟和他的学生，对凹面镜的光学原理作了进一步的试验。把焦点称为"中燧"，当物体置中燧之内，得正立象，距中燧近则象大，反之则小；当物体置于中燧之外，得倒立象；在中燧处，象与物重合。到西汉淮南王刘安（公元前 179—前 122 年），曾招致宾客方术之士数千人，集体编写《淮南子》。其中有"故阳燧见日，则燃而为火"。北宋沈括（1031—1095 年）撰《梦溪笔谈》中有"阳燧面洼，向日照之，光皆聚向内，离镜一二寸，光聚为一点，大如麻菽，着物则火发"。

在 1000 多年前的西晋（公元 265—317 年）又发现凸透镜的聚焦特性，当时没有玻璃透镜，而是以冰块作成凸透镜，在晋代张华（公元 232—300 年）著的《博物志》中记载："削冰命圆，举以向日，以艾承其影，则得火。"过了几百年，到 1774 年，法国人拉伏齐尔才在巴黎用两个透镜聚焦阳光来熔化金属。

国外认为阿基米德是利用太阳能最早的人之一。约在公元前 215—210 年，古罗马帝国的舰队侵占了西西里岛，派了一支舰队攻打希腊库扎港，著名的学者阿基米德为了保卫家乡，让每个士兵用擦亮的铜盾排列在城堡上，把太阳光聚集反射到入侵的罗马舰船上，结果使舰船起火，敌人仓皇逃跑。可惜无法考证，人们认为是一种传说。然而在 1973 年，希腊

＊　本文发表在《气象知识》，1996 年第 3 期。

的一位科学家萨克斯博士雇了 50 多名水手，各持一块长方形铜镜，聚焦一只木船，结果木船起火，由此可证明阿基米德用铜盾烧敌舰是可能的。

以上说明太阳能利用技术古已存在。但人类自觉地把太阳能作为一种能源利用，还是始于 1615 年。法国考克斯是世界上第一个把太阳能转化为机械能的人。从此，太阳能利用进入了一个新的历史时期。

二、太阳能利用的几种主要形式

目前，太阳能利用主要有两种形式：一种是太阳能热利用，即利用太阳辐射能加热集热器，把吸收的热能直接加以利用。如果集热器匹配不同用途也就有不同名称，如太阳热水器、太阳灶、太阳能干燥器、太阳房、太阳能温室、太阳能空调等。另一种是将太阳辐射能转化为电能加以利用。这种光电转换是通过半导体物质直接将太阳辐射能转换为电能，通常称这种过程为光生伏打效应，如太阳能电池等。

太阳向宇宙放射出的能量，其总量平均每秒钟即达 3.865×10^{26} J，相当于每秒钟烧掉约 1.32×10^{16} t 标准煤所释放出来的能量。而地球所接受到的能量仅是太阳发出总量的 22 亿分之一。尽管如此，每秒钟也有 1.765×10^{17} J 之多，相当于 600 万 t 标准煤的能量。我国 1995 年全国能源消费总量为 12.4 亿 t 标准煤（相当于每秒钟消耗 39t）。这样一比，显示出太阳能量是极大的。目前太阳能的利用还是极微小的一部分，这正说明太阳能的利用潜力还是很大的。

我国太阳能资源是丰富的，辐射年总量在 $3300 \sim 8400$ MJ/m^2。5850MJ/（m$^2 \cdot$ a）这条等值线，自大兴安岭西麓向西南，经河套沿青藏高原东缘到云南和西藏交界处，将我国分为两大部分，西北部太阳能丰富，东南部和川贵太阳能较贫乏。目前我国太阳能开发利用最好的大都分布在太阳能丰富的地区。据不完全统计，太阳灶有 16 万台，太阳能热水器 250 万 m^2，被动太阳房 180 万 m^2，太阳能农作温室 34.2 万 hm^2。

我国 1990 年统计，全国有 32 个无电县，西藏占 21 个，其中 9 个县既无水力又无地热资源可用于发电，可是太阳能资源很丰富，所以制订了"西藏阳光计划"，建光伏电站就是其中主要内容，到 1995 年已建成 5 个光伏电站。这些光伏电站解决了无电县的问题。1996 年还要在尼玛和班戈建 30kWp（峰值千瓦）光伏电站，再解决两个无电县问题。显然，太阳能的利用可解决广大无电地区的供电问题。

太阳能热发电、高温太阳能热发电，又称"塔式太阳能发电"。美国、日本、欧洲等地已建成几座这样的电站。世界上最大的太阳能电站是美国能源部在加利福尼亚州莫哈维沙漠的巴斯托"太阳能 1 号电站"，功率 10MW，塔高 100m，定日镜 39.9m$^2 \times$1818 面。现在又在 1 号电站的附近开始建 2 号热电站，也是 10MW，预计 1996 年完成，投资 4850 万美元。日本阳光计划总部也建了两座 1MW，法国建的 2.5MW、意大利建的 1MW、西班牙建的 1MW 等太阳能热电站，都在运行。由于太阳能热电站设备庞大，造价高，短期内尚难进入商业性发展，但它却显示出巨大的潜力。

值得一提的是太阳能与风能互补发电系统。我国迄今仍有 1.2 亿人口没有用上电，大都分布在远离城镇的边远或海岛地区，交通不便。但那里的太阳能和风能资源都很丰富，太阳能利用目前太贵，所以风光互补发电以解决一户或几十户用电也是拓宽太阳能用途的一种方法。我国风光互补发电已试验成功，在一些地方已投入使用。内蒙古海力素气象站、青海小灶火气象站在 1990 年已安装这样的系统，解决了气象站的用电问题。可我国仍有 71 个无电气象站，在太阳能、风能资源较好的地区，利用风光互补发电解决无电问题也是一种途径。

我国具有建太阳能热电站的有利条件，如青藏高原和 110 万 km² 的沙漠。阳光与沙漠在科学技术迅速发展的情况下，能成为取之不尽的财富。太阳能热电站需要大面积的聚光面积，沙漠可以任意占用，这是一个优越条件。

三、太阳能利用的优势和前景

1992 年联合国全球环境与发展大会后，我国对环境与发展采取的 10 条对策和措施中，明确提出要因地制宜开发和推广利用太阳能和可再生能源。

1996 年 3 月 17 日人代会批准的我国国民经济和社会发展"九五"计划和 2010 年远景目标纲要中指出："加快农村能源商品化进程……因地制宜，大力发展小型水电、风能、太阳能、地热能、生物质能。"

太阳能对环境不产生污染物，而且还可再生。一个能够持续发展的社会，应该是一个既能满足社会的需要，而又不危及后代人前途的社会，所以太阳能开发受到现代人的重视。

联合国为了推动全球太阳能和可再生能源的开发利用，计划在 1996 年召开各国领导人参加的"世界太阳能高峰会议"，会议将讨论《世界太阳能 10 年行动计划》（1997—2005 年）《国际太阳能公约》《国际太阳能基金》《世界太阳能战略规划》《世界太阳能宪章》，将作为这次会议制定文件的一部分。1995 年 4 月在北京召开的"中国太阳能高级研讨会"通过的《北京宣言》指出："用可再生能源替代一部分常规能源，它既是近期迫切需要的补充能源，又是未来能源结构的基础。"

诚然，从战略的高度来看，太阳能能源前景是广阔的，它的进一步开发，定将为人类造福。

中国风能资源贮量估算[*]

薛　桁　朱瑞兆　杨振斌　袁春红

（中国气象科学研究院）

为了决策风能开发的可能性、规模和潜在能力，对一个地区乃至全国的风能资源贮量的了解是必要的。风能资源的贮量取决于这一地区风速的大小和有效风速的持续时间。

风能利用究竟有多大的发展前景，需要对它的总贮量有一个宏观的估计。

对全球风能贮量的估计早在 1948 年曾有普特南姆（Putnam）进行过估算，他认为大气总能量约为 10^{14} MW。这个数量得到世界气象组织的认可，并在 1954 年世界气象组织出版的技术报告第 4 期"来自风的能量"专辑中（WMO，T. N，No. 32，1954）进一步假定上述数量的千万分之一是可为人们所利用的，即有 10^7 MW 为可利用的风能。它相当于当今全球发电能源的总需求，可见它是一个十分巨大的潜在能源库。然而阿尔克斯[1]认为上述的量过大，这个量只是一个贮藏量，对于可再生能源来说，必须跟太阳能的流入量对它的补充相平衡，其补充率较它小时，它将会衰竭，因此人们关心的是可利用的风能，他认为地球上可以利用的风能为 10^6 MW。即使如此，可利用风能的数量仍旧是地球上可利用水力发电量的 10 倍。因此在可再生能源中，风能是一种非常可观的、有前途的能源。古斯塔夫逊[2]从另一个角度推算了风能利用的极限。他认为，风能从根本上说是来源于太阳能，因此可以通过估算到达地球表面的太阳辐射有多少能够转变为风能，来得知有多少可利用的风能。据他推算，到达地球表面的太阳能辐射流是 $1.8×10^{17}$ W，即 350W/m^2，其中转变为风的转化率 $\eta=0.02$，可以获得的风能为 $3.6×10^{15}$ W，即 7W/m^2。在整个大气层中边界层占有 35%，也就是边界层中能获得的风能为 $1.3×10^{15}$ W，即 2.5W/m^2。较稳妥的估计，在近地层中的风能提取极限是它的 1/10，即 0.25W/m^2，全球的总量就是 $1.3×10^{14}$ W。他估算了美国在大气边界层范围内风能获得量为 $2×10^{13}$ W，而可以被提取利用的量是 $2×10^{12}$ W，相当于美国发电总装机容量的 3 倍。我国目前发电总装机容量约 $28×10^{10}$ W，因此即使利用风能可提取量的 1%，那也将是一个非常可观的能量来源。

一、风能的估算

（一）风能公式

风能的大小实际就是气流流过的动能，因此可以推导出气流在单位时间内垂直流过单位

---

[*]　本文发表在《太阳能学报》，2001 年第 2 期，收录在《风能、太阳能资源研究论文集》，气象出版社 2008 年版。

截面积的风能即风功率为

$$W = \frac{1}{2}\rho v^3 \tag{1}$$

式中：ρ——空气密度（kg/m³）；

　　　v——风速（m/s）；

　　　W——风功率。

（二）平均风能密度和有效风能密度

由于风速是一个随机性很大的量，必须通过一段时间的观测来了解它的平均状况。因此在一段时间内的平均风能密度，可以将风能密度公式对时间积分后平均，即

$$\overline{W} = \frac{1}{T} \int_0^T \frac{1}{2}\rho v^3 \mathrm{d}t \tag{2}$$

式中，$\overline{W}$ 为该时段的平均风功率密度，即习称的平均风能密度[3]。

对于风能转换装置而言，可利用的风能是在"切入风速"到"切出风速"之间的风速段，这个范围的风能即通称的"有效风能"，该风速范围内的平均风功率密度即"有效风功率密度"，即习称的"有效风能密度"，其计算公式为

$$\overline{W}_e = \int_{v_1}^{v_2} \frac{1}{2}\rho v^3 P'(v) \mathrm{d}v \tag{3}$$

式中：v_1——切入风速（m/s）；

　　　v_2——切出风速（m/s）；

　$P'(v)$——有效风速范围内风速的条件概率分布密度函数，其关系[4]式为

$$P'(v) = \frac{P(v)}{P(v_1 \leqslant v \leqslant v_2)} = \frac{P(v)}{P(v \leqslant v_2) - P(v \leqslant v_1)} \tag{4}$$

（三）利用气象观测资料计算风能潜力

根据风的气候特点，过短的观测资料不能准确反映该地的风况，必须有足够长时间的观测资料才有较好的代表性。一般来说，需要有 5~10 年的观测资料才能较客观地反映该地的真实状况。为此，必须进行数量庞大的资料收集和计算。根据我们实际大量计算结果检验表明，在计算风能时可以选取 10 年风速资料中年平均风速最大、最小和中间的 3 个年份为代表年份，分别计算该 3 个年份的风能，然后加以平均，其结果与长年平均值十分接近。

一地的平均风能密度计算式为

$$\overline{W} = \frac{\sum \frac{1}{2}N_i \rho v_i^3}{N} \quad (i = 1, 2, 3, \cdots) \tag{5}$$

式中：v_i——根据观测记录将风速分成的若干个等级值，如 0，1，2，3，…，nm/s；

　　　N_i——相应等级风速 v_i 的累积小时数；

N——总时数。

根据上述原则我们计算了全国 900 余个气象台站的年平均风能密度值，绘制成全国年平均风能密度分布图（见图1），从而可以宏观地看出全国各地区风能资源分布状况，即反映出各个地区风能资源开发潜力的大小。

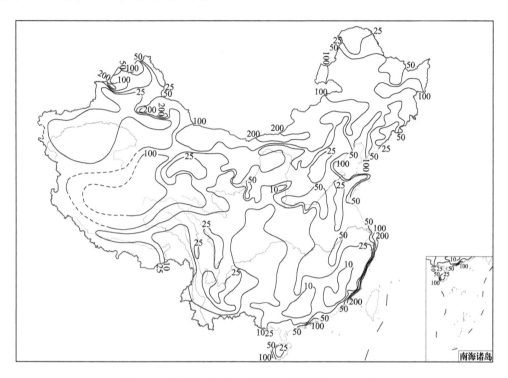

图 1　全国年平均风能密度分布图（W/m²）

二、全国风能资源贮量的估算

为了进一步具体估算我国风能资源的贮量，力求客观准确地反映各省（区）所具有的风资源潜力，我们根据上述绘制完成的全国年平均风能密度分布图，对我国各省及全国的风能贮量进行了细致的估算。

必须说明的是，该贮量估算值是指离地 10m 高度层上的风能资源量，而非整层大气或整个近地层内的风能量。另外，所有计算值均只计算了陆地上空的风能量，而不包括海面上的风能资源量。因此，本估计值与前述普特南姆、古斯塔夫逊等的估算值不属同一概念，不能直接与之比较。即使如此，本工作所计算的结果是根据实测资料作出的，从而较准确地反映了 10m 高度上的风能资源量，并可进一步用来推断其他高度上的风能资源量。

（一）估算的方法

首先在全国年平均风能密度分布图上画出 10W/m²、25W/m²、50W/m²、100W/m²、200W/m² 各条等值线。

考虑一个单位截面积（如 1m²）的风能转换装置，风吹过后必须经前后、左右各 10 倍直径距离后才能恢复到原来的速度。因此在 $1km^2$ 范围内对于 $1m^2$ 直径叶片风力转换装置，只能装置 $10^6 \div (10 \times 10) = 10^4$（台）。对于一个面积为 S（m^2），平均风能密度为 $\overline{W}$（W/m^2）的区域，其风能贮量 R 由下式估算：

$$R = \overline{W}S/100 \qquad (6)$$

为此，我们使用求积仪逐省（区）量取 $<10W/m^2$、$10 \sim 25W/m^2$、$25 \sim 50W/m^2$、$50 \sim 100W/m^2$、$100 \sim 200W/m^2$、$>200W/m^2$ 各等级风能密度的区域的面积 S_i，然后分别乘以各等级风能密度的代表值 $\overline{W}_i$，再按 $R = \sum \overline{W}_i S_i/100$ 计算出每一省的风能贮量。

（二）结果

按上述方法经过仔细量取和计算后，可分别作出各省（区）的风能贮量与全国风能总贮量（见表 1）。据测算，我国风能总贮量（10m 高度层）为 $322.6 \times 10^{10}W$，这个贮量为"理论可开发总量"。实际可供开发的量按上述总量的 1/10 估计，并考虑风力机叶片的实际扫掠面积（1m 直径风轮的面积为 $0.5^2\pi = 0.785m^2$），因此再乘以面积系数 $a = 0.785$，即为"实际可开发量"：

$$R' = 0.785R/10 \qquad (7)$$

由此，得到全国风能实际可开发量为 $2.53 \times 10^{11}W$。在计算中我们取值时考虑偏保守一点，因此实际蕴藏量可能比这一估计值还要大些，即使如此，这一数字仍相当于我国目前发电总装机容量。可见我国风力发电作为电力行业一个新的方面军，是具有很大潜力和很强的生命力的，必将成为未来能源结构中一个举足轻重的组成部分。

表 1　全国及各省（区）风能储量（$10^{10}W$）

省（区）	风能密度等级区间（W/m^2）						理论可开发量	实际可开发量	平均单位面积储量（kW/km^2）
	<10	10~25	25~50	50~100	100~200	>200			
内蒙古	—	0.3904	3.6480	24.8000	40.2560	9.6000	78.6940	6.1775	695.48
辽宁	—	0.1333	1.2833	2.2333	4.0667	—	7.7166	0.6058	514.44
黑龙江	—	0.4768	2.7220	11.5966	7.1513	—	21.9467	1.7228	477.10
吉林	—	0.1966	1.0444	4.9761	1.9044	—	8.1215	0.6375	451.19
青海	0.0066	1.7607	5.4818	8.7382	14.8582	—	30.8455	2.4214	428.41
西藏	0.7435	1.5848	8.5924	14.9673	26.1442	—	52.0322	4.0845	423.88
甘肃	0.1008	1.1818	2.6417	3.9626	6.6738	—	14.5607	1.1430	373.35
台湾	—	—	0.4950	0.6600	0.1800	—	1.3350	0.1048	370.83
河北（含北京、天津）	—	0.5512	2.2687	2.2183	2.7561	—	7.7943	0.6119	357.87

续表 1

省（区）	风能密度等级区间（W/m²）						理论可开发量	实际可开发量	平均单位面积储量（kW/km²）
	<10	10~25	25~50	50~100	100~200	>200			
山东	—	0.3064	1.9309	1.4362	1.3404	—	5.0139	0.3936	334.26
山西	—	0.0319	2.4734	2.3617	0.0638	—	4.9308	0.3871	328.72
河南	—	0.4590	1.4821	2.7410	—	—	4.6821	0.3675	292.63
宁夏	—	0.0045	1.3918	0.4939	—	—	1.8902	0.1484	286.39
江苏（含上海）	—	0.0431	2.1837	0.6151	0.1845	—	3.0264	0.2376	286.05
新疆	—	6.2439	16.0576	12.4750	7.8049	1.1515	43.7329	3.4330	273.33
安徽	—	0.2341	2.3720	0.5853	—	—	3.1914	0.2505	245.49
海南	—	0.1383	0.3889	0.1729	0.1153	—	0.8154	0.0640	239.82
江西	0.0531	0.3813	2.2656	1.0313	—	—	3.7313	0.2929	233.21
浙江	—	0.6036	0.7692	0.2367	0.3550	0.1183	2.0828	0.1635	208.28
陕西	0.2305	0.7289	1.5262	0.4984	—	—	2.9840	0.2342	157.05
湖南	0.0805	1.1917	1.8681	—	—	—	3.1403	0.2465	149.54
福建	0.2165	0.4330	0.2320	0.2474	0.3711	0.2474	1.7474	0.1372	145.62
广东	0.3932	0.4893	1.1068	0.3204	0.1748	—	2.4845	0.1950	138.23
湖北	0.1081	1.0749	1.2720	—	—	—	2.4550	0.1927	136.39
云南	0.5115	1.8555	2.3035	—	—	—	4.6705	0.3666	122.91
四川（含重庆）	1.1083	2.6769	1.7662	—	—	—	5.5514	0.4358	99.130
广西	0.4658	1.1684	0.2921	0.2152	—	—	2.1415	0.1681	93.110
贵州	0.5424	0.5328	0.2062	—	—	—	1.2814	0.1006	75.380
全国合计							322.6001	25.3000	—

参 考 文 献

［1］Von Arx W S. Energy：Natural limits and abundances［J］. Eos Transactions American Geophysical Union，1974，55（9）：828-832.

［2］Gustavson M R. Limits to Wind Power Utilization［J］. Science，1979，204：13-17.

［3］朱瑞兆，薛桁. 我国风能资源［J］. 太阳能学报，1981（2）：117-124.

［4］朱瑞兆，薛桁. 中国风能区划［J］. 太阳能学报，1983（2）：123-132.

沿海陆上风速衰减规律*

薛　桁　朱瑞兆　杨振斌

（中国气象科学研究院）

中国是世界上最早利用风能的国家之一，据考证，用帆式风车提水已有 1700 多年的历史。[1]我国风能资源丰富，风能总储量为 $32.26×10^{11}$ W，实际可开发量为 $2.53×10^{11}$ W，[2]陆上风能资源开发已经取得较大的发展，装机容量从 1990 年的累计装机 4000kW[3]发展到 2000 年底的 34.2 万 kW。随着风力发电事业的蓬勃发展，越来越多的国家将目光投向风能资源更为丰富的沿海及近海地带，据估计，相同容量的条件下海上风电场每年发电量可比陆上风电场高出50%[4]。要开发沿海及近海地带的风能资源，必须搞清楚近海区域近地面层风速的分布特征，因而研究沿海地带风场风速分布状况，将为沿海及近海地带风能资源的开发奠定基础。

为了研究沿海地带风的分布变化规律，本文选取了地形较平坦的天津渤海湾地区作为研究区域，进行了从海岸到内陆的补充设点实测。还搜集了国内外这方面为数不多的资料和结论来验证从实测结果得出的近海风的规律。

一、测点分布

测点的布置要考虑到观测结果的代表性，本文选取研究的地区为渤海湾天津附近沿海地区的两组测站。第 1 组为从海岸边到内陆约 9km 范围内，设水门、双桥、汉沽 3 个点，进行了冬夏各一个月的逐时实测。第二组是灯塔、塘沽、东郊和天津市台 4 个站，选取较有代表性的1984 年 1—12 月的逐时观测资料。站点分布如图 1 所示，站点具体情况如表 1 所示。

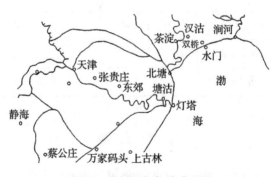

图 1　测风站点分布图

* 本文发表在《太阳能学报》，2002 年第 2 期，收录在《风能、太阳能资源研究论文集》，气象出版社 2008 年版。

表 1　测站情况

第 1 组测站			第 2 组测站		
站名	距海岸的距离 （km）	测风仪高度 （m）	站名	距海岸的距离 （km）	测风仪高度 （m）*
水门	0	10	灯塔	0	44.1
双桥	2.6	10	塘沽	5.7	21.6
汉沽	8.6	10	东郊	25.7	10.9
			天津	54.2	10.4

注：＊代表距离海面的高度。

二、资料处理

由于测风仪安装高度不一致，因而需要将实测风速按指数廓线规律订正到同一高度来进行比较，用于订正的风速指数廓线公式为

$$V_2 = V_1 \left(\frac{Z_2}{Z_1} \right)^{\alpha}$$

式中：V_1——标准高度 Z_1 上的风速（m/s）；

　　　V_2——Z_2 高度上的风速（m/s）；

　　　α——风速廓线指数。

选取离地 12m 作为统一的标准高度，即 $Z_1 = 12$m。考虑到下垫面粗糙度不同，各测站风廓线指数 α 取为：灯塔站位于海上，故选取海面风廓线平均指数值 $\alpha = 0.14$；其他各站均位于内陆的平原平坦地形，取风廓线指数值 $\alpha = 0.17$。[5]

考虑到海风和陆风的差异，将测风资料按风向进行分类，以海边测站的海岸线为基准，划分向岸风和离岸风，具体划分为：第 1 组测站，水门站附近的海岸线走向为 ENE—WSW，故测风资料中凡风向在 WSW—E（逆时针方向）范围内的为向岸风；凡风向在 ENE—W（逆时针方向）范围的为离岸风。类似地来划分第 2 组测站的测风资料，将所有测风资料也分为向岸风（SW—ENE）和离岸风（NE—WSW）。

三、陆地摩擦造成风的衰减探讨

（一）平均风速

第 1 组测站是选取距海岸边 10km 以内共 3 个测站进行实测。每个测站分别计算了其向岸风和离岸风 1 月、7 月的平均值，求出其与距海岸边距离的关系（见图 2）。

从图 2 可以看出，向岸风平均值和离岸风平均值随距海距离增大而减小，基本接近线性关系。

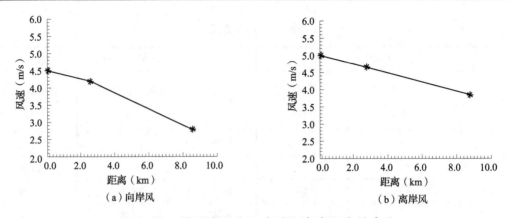

图 2　第 1 组测站平均风速随距海岸距离的变化

第 2 组测站是选取距海岸边 60km 范围以内共 4 个测站，分别计算了其向岸风和离岸风一年的平均值，求出其与距海距离的关系，如图 3 所示。

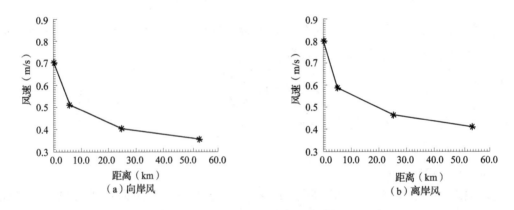

图 3　第 2 组测站平均风速随距海岸距离的变化

从图 3 可以看出，不管是向岸风的平均值，还是离岸风的平均值，在距海距离增大的起始阶段，约 10km 距离之内，风速减小得很快，随着测站向陆上的延伸，风速平均值减小，趋于缓慢，直至接近常值。

（二）风速比

选取海边测站的测风资料与其他测站测风资料进行比较，确定出风速变化的关系。

第 1 组以水门站为标准站，第 2 组以灯塔站为标准站，计算其他站与各自标准站对应时间的风速比值，然后再求出各站风速比的平均值。其与距海距离的关系如图 4 所示。

从图 4 可以看出，第 1 组测站向岸风、离岸风的风速比与距海岸的距离呈线牲关系，拟合出的方程为

向岸风　　$Y=-0.033X+1$

离岸风　　$Y=-0.020X+1$

式中：Y——风速比；

　　　X——距海距离（km）。

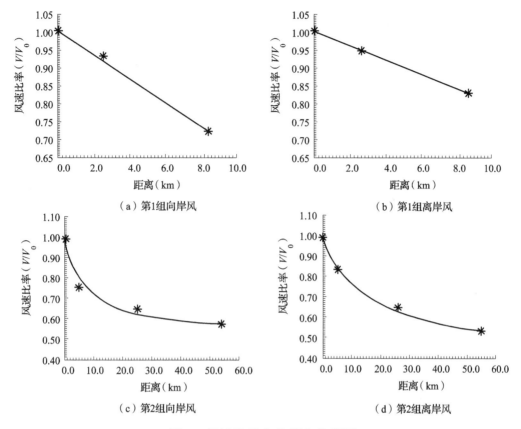

图 4 风速比的变化拟合曲线图

该组测站距海岸距离均比较近（最远的为 8.6km），海上摩擦系数小风速大，陆上由于摩擦系数增大，风速迅速减小。结果显示，在距海较近的范围内，风速随距海距离的衰减呈线性关系。向岸风衰减的速度比较快。

第 2 组测站向岸风、离岸风的风速比与距海距离则呈指数型曲线关系。其拟合方程为

向岸风 $Y=[1.930/(X+4.795)]^{0.656}+0.45$

离岸风 $Y=[8.018/(X+14.071)]^{0.766}+0.35$

仔细分析第 1 组测站和第 2 组测站各自的拟合方程发现，两者存在很好的内在联系。第 1 组测站距海岸近，呈近似线性关系，其斜率分别为：向岸风 $Y'=-0.033$，离岸风 $Y'=-0.020$。

第 2 组测站是在较大的距海范围内选取的，有的测站距海岸很近，而有的测站则离海岸较远（最远的距海岸 54.2km），风从海上登陆后，衰减很快，随后由于陆上摩擦系数变化不大，风的衰减速度也随之变缓慢，拟合曲线也证实了相同的结论。若将靠近海岸的灯塔与塘沽站两点风速比连成直线，其斜率分别为：向岸风 $Y'=-0.039$，离岸风 $Y'=-0.026$，可见与第 1 组的斜率有着很好的一致性。

以上对两组实测资料的分析表明，风速随距海距离的变化是：在距海较近的范围内，风速随距海距离增大的衰减呈负斜率线性衰减，随着距海距离的增大，其衰减呈缓慢的指数型曲线衰减，且有逐步接近常值的趋势。

四、与其他沿海地区风速变化研究的比较

如图 5 所示，为了验证本文的研究结论，收集相关资料进行分析比较。根据广东珠江口地区海边灯塔与内陆 20km 处番禺气象站的 67 组测风样本对照的结果，其相对风速值各点均落在本文作出的关系曲线附近，其中以 15m/s 风速最为接近（见图 5）。

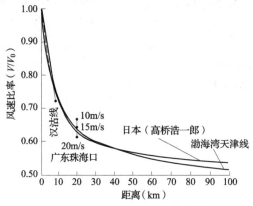

图 5　几种研究结果的比较

进一步对照日本高桥浩一郎研究结果[6]，发现相对风速变化曲线与本文结果一致。可以认为，在沿海平坦地形地区，陆上风速随距海边的距离呈一种稳定的趋势衰减，本文所分析得到的结果具有相当的代表性。

五、结论

1. 地形平坦的沿海地区，在距海岸较近的范围内（10km 以内），从海岸到内陆，风速以很快的比率衰减，风速与距离呈线性关系，斜率为负值。随着距海岸距离的增大，风速衰减趋于缓慢，有接近常值的趋势，风速与距离呈指数型曲线衰减。

2. 在近海范围内，从海岸到内陆风速的分布，向岸风的衰减速率比离岸风更快。10km范围内，风速与距离都呈负斜率线性关系，向岸风斜率为 -0.039~-0.033，离岸风的斜率为-0.026~-0.020。

3. 上述关系对于我国沿海平坦地形地区具有较好的代表性，相对风速变化关系拟合函数为

向岸风　　$Y=[1.930/(X+4.795)]^{0.656}+0.45$

离岸风　　$Y=[8.018/(X+14.071)]^{0.766}+0.35$

参 考 文 献

［1］贺德馨. 中国风能开发利用现状与展望［J］. 太阳能学报，1999，特刊：144-149.

［2］薛桁，朱瑞兆. 我国风能资源储量估计分析［J］. 1999 年中国"太阳能面向二十一世纪"学术会议论文集，1999.

［3］施鹏飞. 产业化发展最快的清洁能源技术——风力发电［J］. 太阳能学报，1999，特刊：150-157.

［4］吴运东. 世界并网型风电机技术发展趋势［J］. 风力发电，2001（1）：1-4.

［5］朱瑞兆. 应用气候手册［M］. 北京：气象出版社，1991.

［6］高桥浩一郎. 应用气象论［M］. 日本：岩波书店，1961.

复杂地形风速数值模拟*

袁春红　杨振斌　薛　桁　朱瑞兆

（中国气象科学研究院）

在许多场合，风电场可能选定在地形复杂的山地。很多建筑物需要设置在地形起伏的山顶或山坡上，这些地点的风速大小必须通过实地勘测来确定，风电场的范围一般比较大，能够进行实地测风点很有限、工作量很大。由于地形、地表粗糙度、障碍物等影响，各不同位置风速必然有一定的差异，利用少数测风资料为基础，采用数值模拟可以对不同地形条件上的不同地点风速大小进行客观定时的分析，为全面了解这一区域风速的分布状况和风电场的风能资源情况提供有效的工具。

近年来，关于地表特征产生的环流问题，已取得了不少研究成果。Anthes 和 Warner[1]建立了适合于讨论空气污染等中尺度天气问题的数值模式，Machrer 和 Pielke[2,3]的复杂地形上气象模拟模式，这类三维中尺度模式包含的物理过程多，对初始资料及计算机条件要求高，当时主要用于理论研究。本文利用加拿大 Walmsley 等[4]研制的 GUIDE 模式，考虑不同地形和地表粗糙度对山顶风速的影响，并针对在实际工作中资料的选取情况，对模式进行了改进。根据对几个风速模拟的结果分析，其误差在 5% 以内。

一、模式介绍

模式的理论模型如图 1 所示：参考点 R，某风向下风速为 u_r，其地表粗糙度 z_{0r}，测风高度 Δz_r；估算点 P，其地形相对高度 h，地形尺度长度 L，地表粗糙度 z_{0p}。另外选取 P 点上风向地形相对平坦的一点 U，其地表粗糙度为 z_{0u}。图 1 给出各点的分布情况及有关参考数据的定义。

在参考点 R 应用风随高度变化的对数公式[5]：

$$u\ (\Delta z) = (u^*/\kappa)\ \ln\ (\Delta z/z_0) \tag{1}$$

利用上式可求出参考点摩擦风速（u_r^*），式中，κ 为卡曼常数，通常取 $\kappa = 0.4$。

由行星边界层的阻尼定律，在中性层结条件下，有

$$u_g/u_0^* = \{\ [\ln\ (u^*/fz_0)\ -b]^2 + a\}^{1/2}\kappa^{-1}$$
$$f = 2\omega\sin\varphi \tag{2}$$

式中：f——科氏参数；

＊　本文发表在《太阳能学报》，2002 年第 3 期，收录在《风能、太阳能资源研究论文集》，气象出版社 2008 年版。

φ——参考点的纬度；

ω——地球自转角速度，$\omega = 7.292116 \times 10^{-5}$；

a、b——常数，$a = 4$，$b = 2$；

z_0——地面粗糙度。

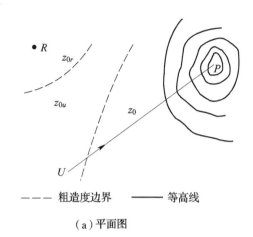

——— 粗造度边界　　——— 等高线

（a）平面图

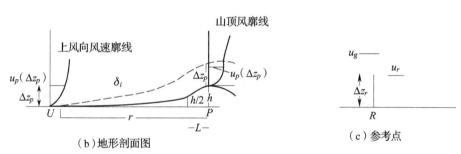

（b）地形剖面图　　　　　　　　　　（c）参考点

图1　气流状况示意图

由此可以求出 u_g，在不大的区域内，可设 R 点的 u_g 和 U 点的 u_g 相同，地表粗糙度不同时，可以应用式（2）求出 U 点 u_u^*。

由此，在已知 U 点 u_u^* 的情况下，可以求出 U 点在 Δz_u 高度上的风速 u_0。

设，$\Delta z_u = \Delta z_p$，讨论 u_0 与估算点风速 u_p 的关系。

（一）地形起伏对边界层的风速影响

当空气由上游方向流向山体时，山体附近的流线发生弯曲，产生速度扰动。设地形起伏引起的风速扰动为 Δu_T，Δu_T 与地形相对高度 h 及地形尺度 L 有关。由地形引起的风速变化关键方程为

$$\Delta u_T = \Delta s u_0 \ (\Delta z)$$

$$\Delta s = \Delta s_{max} \exp \ (-A \Delta z / L)$$

$$\Delta s_{max} = B h / L \tag{3}$$

式中，A、B 为地形参数，其选取如表1[4]所示。

表 1 地形参数分类表

地 形 特 征	A 值	B 值
二维山脊	3.0	2.0
三维山	4.0	1.6
二维陡坡	2.5	0.8
二维起伏地形	3.5	1.55
三维起伏地形	4.4	1.1
平坦地面	0.0	0.0

（二）粗糙度跃变对风速的影响

当气流由粗糙地面流向光滑地面时，地面切应力随之发生变化——减小，引起水平动量的垂直通量的辐合，因此紧贴地面的空气流动加速，加速的空气导致地面切应力沿流动方向增大，最终达到比上游切应力小的平衡值。同时垂直风切变几乎消失，从而造成湍流强度减弱，切应力减小，结果垂直动量辐合，又使其上空气流动加速，如此向上传播，使风速廓线形式改变。对由光滑向粗糙过渡的情况，近地面的风速将会减弱。

由上风向位置 U 和预报点 P 之间的粗糙度变化引起的风速变化 Δu_R，计算它的关键方程为

$$\begin{cases} \Delta u_R = \left\{ \left[\ln(\Delta z/z_0)/\ln(\delta_i/z_{0u}) \right] \left[\ln(\delta_i/z_0)/\ln(\Delta z/z_{0u}) \right] - 1 \right\} \times u_0(\Delta z) & (\Delta z < \delta_i) \\ \Delta u_R = 0 & (\Delta z > \delta_i) \end{cases} \tag{4}$$

式中：z_0——预报点粗糙度；

$\quad z_{0u}$——上风向位置的粗糙度；

$\quad \delta_i$——内边界层高度，满足下式：

$$r/z_0 = 2\{\delta_i \left[\ln (\delta_i/z_0) - 1 \right] + 1\} \tag{5}$$

式中，r 为风距（从地面特征变化处计算的下风方距离）。

（三）预报点 P 处的风速确定

从以上求出各因素影响的风速订正值，然后按线性叠加得出预报点处的风速：

$$u_p (\Delta z_p) = u_0 (\Delta z_p) + \Delta u_T + \Delta u_R \tag{6}$$

计算中，各点地面粗糙度选取参考值见表 2[6]。

表 2 地面粗糙度选取参考表

下垫面类型	粗糙度（m）
泥潭、冰面	$10^{-5} \sim 3 \times 10^{-5}$
平静的水面	$2 \times 10^{-5} \sim -3 \times 10^{-5}$

下垫面类型	粗糙度（m）
平原、雪盖	$10^{-3} \sim 4.9$
沙漠	$10^{-4} \sim 10^{-3}$
草原	0.017
割过的草原	$10^{-3} \sim 0.01$
短草、干草原	0.032
乡村平地	0.021
高草	0.039
麦田	0.045
棕榈树	$0.1 \sim 0.3$
矮树林	$0.05 \sim 0.1$
高树林	$0.2 \sim 0.9$
市郊	$1 \sim 2$
城市	$1 \sim 4$

二、数值模拟试验

本试验以 GUIDE 模式为基础，对距山顶 10m 处 10min 平均最大风速和平均风速进行了模拟试验，参考点均采用模拟地点临近气象站的资料。GUIDE 模式本身只推算顺风方向某地的风速大小，但在工程选点上往往离此处较近的气象站会在其下风向。因此，我们在模式中考虑了背风坡风速与平地风速的关系[6]，对背风侧的风速进行了订正。试验选取了山顶有观测资料的几组实验，如河南的嵩山（巩县）、鸡公山（信阳），山西的南岭（朔州）、五台山（繁峙），陕西的华山（洛南），山东的泰山（泰安），北京的佛爷顶（延庆），内蒙古辉腾锡勒（科布尔）、大山湾 1#测风点、大山湾 2#测风点（商都），浙江括苍山（临海），广东果老山（南澳）等地（注：括号内是模式所选取的参考点，下同），并将模拟结果与实测资料作对比，如表3、表4所示。山顶的迎风侧及背风侧选取气象站资料对同一山顶进行模拟。如河北的雾灵山［滦平（迎风侧）、兴隆（背风侧）］、盘山［平谷（迎风侧）、蓟县（背风侧）］、长脖子梁［御道口（迎风侧）、围场（背风侧）］，山西的五台山［繁峙（迎风侧）、豆村（北风侧）］，内蒙古的朝天壕山［武川（迎风侧）、呼市（背风侧）］等地，结果见表5。

表3　最大风速模拟结果和实测风速对比

地点	海拔高度（m）	地理位置		最大风速（m/s）		相对误差（%）
		北纬	东经	实测	模拟结果	
嵩山	1178.4	34°41′	113°01′	39.7	39.5	-0.5
鸡公山	710.0	31°52′	114°06′	28.6	29.5	3.0
南岭	1908.4	39°00′	113°00′	43.0	43.4	0.9
五台山	2895.8	39°02′	113°32′	40.3	41.6	3.2
华山	2063.0	34°29′	110°05′	32.9	33.3	1.2
泰山	1533.7	36°25′	117°00′	33.5	33.0	-1.5
佛爷顶	1224.7	40°36′	116°08′	41.6	39.7	-4.6

表4　平均风速模拟结果和实测风速对比

地点	海拔高度（m）	地理位置		最大风速（m/s）		相对误差（%）
		北纬	东经	实测	模拟结果	
辉腾锡勒	2020.0	41°09′	112°37′	7.2	7.4	2.8
大山湾1#	1588.0	41°34′	113°31′	7.7	7.4	-3.9
大山湾2#	1558.0	41°34′	113°31′	7.1	7.2	1.4
括苍山	1371.2	28°49′	120°55′	6.2	6.1	-1.6
果老山	501.0	23°26′	117°02′	8.4	8.3	-1.2

表5　模拟结果

模拟地点	雾灵山		盘山		长脖子梁		五台山		朝天壕山	
	滦平	兴隆	平谷	蓟县	御道口	围场	繁峙	豆村	武川	呼市
风速（m/s）	31.8	31.8	32.3	31.9	25.7	25.3	41.5	42.2	39.4	39.6

从模拟结果可以看出，相对误差均小于5%，最小相对误差为0.5%，最大相对误差为4.6%，平均绝对误差为2.12%，模拟结果具有较高的精度，接近实测。

从表5可以看出，在改进的模式中，利用背风侧的风速资料推算风速亦有较好的结果。因此若在山顶的气流方向上没有合适的站点资料时，可以选取下风向气象站资料进行计算。

三、结论

本文对山顶风速数值模拟试验得出如下结论：

1. GUIDE模式在给定参考点条件下，考虑地面粗糙度变化及地形起伏特征，能够模拟出一地的风速情况。

2. 本试验对GUIDE模式做了改进，对不同方向的风速作了修正，其模拟效果较好。

3. 本试验模拟结果与实测比较，其误差在 5% 以内。

4. 如模式再考虑地表热力状况的影响，将进一步改善模式模拟的精度。

参 考 文 献

［1］Anthes R A, Warner T T. Development of Hydrodynamic Models Suitable for Air Pollution and Other Mesometeorological Studies ［J］. Monthly Weather Review, 1978, 106（8）: 1045-1078.

［2］Mahrer Y. A numerical study of the air flow over mountains using the two-dimensional version of the university of Virginia mesoscale model ［J］. Journal of the Atmospheric Sciences, 1975, 32（11）: 2144-2155.

［3］Mahrer Y, Pielke R A. Numerical Simulation of the Airflow Over Barbados ［J］. Monthly Weather Review, 1976, 104（11）: 1392-1402.

［4］WalmsleyJ L, Taylor P A, Salmon J R. Simple guidelines for estimating wind speed variations due to small-scale topographic features- an update ［J］. Climatological Bulletin, 1989, 23（1）: 3-14.

［5］Stull R B. 边界层气象学导论 ［M］. 杨长新, 译. 北京: 气象出版社, 1991.

［6］朱瑞兆. 应用气候手册 ［M］. 北京: 气象出版社, 1991.

中国风能资源的形成及其分布*

朱瑞兆

（中国气象科学研究院）

我国风能资源的分布与天气气候背景有着非常密切的关系，我国风能资源丰富和较丰富的地区主要分布在两个大带里。

1. 三北（东北、华北、西北）地区丰富带。

风能功率密度在 $200\sim300W/m^2$ 以上，有的可达 $500W/m^2$ 以上，如阿拉山口、达坂城、辉腾锡勒、锡林浩特的灰腾梁等，可利用的小时数在 5000h 以上，有的可达 7000h 以上。这一风能丰富带的形成，主要是与三北地区处于中高纬度的地理位置有关。

2. 沿海及其岛屿地区丰富带。

年有效风能功率密度在 $200W/m^2$ 以上，风能功率密度线平行于海岸线，沿海岛屿风能功率密度在 $500W/m^2$ 以上，如台山、平潭、东山、南鹿、大陈、嵊泗、南澳、马祖、马公、东沙等。可利用小时数在 $7000\sim8000h$，这一地区特别是东南沿海，由海岸向内陆是丘陵连绵，所以风能丰富地区仅在海岸 50km 之内，再向内陆不但不是风能丰富区，反而成为全国最小风能区，风能功率密度仅 $50W/m^2$ 左右，基本上是风能不能利用的地区。

沿海风能丰富带，其形成的天气气候背景与三北地区基本相同，所不同的是海洋与大陆两种截然不同的物质所组成，二者的辐射与热力学过程都存在着明显的差异。大气与海洋间的能量交换大不相同。海洋温度变化慢，具有明显的热惰性，大陆温度变化快，具有明显的热敏感性，冬季海洋较大陆温暖，夏季较大陆凉爽，这种海陆温差的影响，在冬季每当冷空气到达海上时风速增大，再加上海洋表面平滑，摩擦力小，一般风速比大陆增大 $2\sim4m/s$。

东南沿海又受台湾海峡的影响，每当冷空气南下到达时，由于"狭管效应"的结果使风速增大，这里是我国风能资源最佳的地区。

我国每年登陆台风有 11 个，而广东每年登陆台风最多为 3.5 次，海南次之为 2.1 次，台湾 1.9 次，福建 1.6 次，广西、浙江、上海、江苏、山东、天津、辽宁合计仅 1.7 次，由此可见，台风影响的地区由南向北递减，对风能资源来说也是南大北小。由于台风登陆后中心气压升高极快，再加上东南沿海东北—西南走向的山脉重叠，所以形成的大风仅在距海岸几十公里范围内。风能功率密度由 $300W/m^2$ 锐减到 $100W/m^2$ 以下。

综观上述，冬春季的冷空气、夏秋的台风，都能影响到沿海及其岛屿。相对内陆来说这

* 本文发表在《科技中国》，2004 年第 11 期，收录在《风能、太阳能资源研究论文集》，气象出版社 2008 年版。

里形成了我国风能丰富带。由于台湾海峡的"狭管效应"的影响，东南沿海及其岛屿是我国风能最佳丰富区。我国有海岸线 18000 多公里，岛屿 6000 多个，这里是风能大有开发利用前景的地区。

内陆风能丰富地区，在两个风能丰富带之外，风能功率密度一般在 100W/m^2 以下，可以利用小时数在 3000h 以下。但是在一些地区由于湖泊和特殊地形的影响，风能也较丰富，如鄱阳湖附近较周围地区风能就大，湖南衡山、安徽黄山、云南太华山等也较平地风能为大。但是这些只限于很小范围之内，不像两大带那样大的面积，特别是三北地区面积更大。

青藏高原海拔 4000m 以上，这里的风速比较大，但空气密度小，如在 4000m 高空的空气密度大致为地面的 67%，也就是说，同样是 8m/s 的风速，在平原上风能功率密度为 313.6W/m^2，而在 4000m 高度上只为 209.91W/m^2，而这里年平均风速在 3~5m/s，所以风能仍属一般地区。

大规模风力发电的研究 *

朱瑞兆[1]   许洪华[2]   袁春红[1]   杨振斌[1]

（1. 中国气象科学研究院   2. 中国科学院电工研究所）

一、国内外风力发电近况

风能资源是取之不尽、用之不竭、不污染环境、不破坏生态、周而复始可以再生的资源。风电是现在可再生能源中发展最快、技术最为成熟、最具有大规模开发和商业化的产业，有能力成为主流电源之一。大力开发利用风电，是改善以煤为主的能源结构，改善能源供应安全，缓解能源利用造成的环境污染，促进我国能源与经济、能源与环境协调发展的重要选择；是建设资源节约型、环境友好型社会和实现可持续发展的重要战略措施。

（一）世界风电继续高速发展

全球风电累计装机容量到 2005 年底为 5898.16 万 kW，已占到全世界总电量的 0.5%。风电发展前 10 位国家为德国、西班牙、美国、印度、丹麦、意大利、英国、中国、荷兰和日本。其中欧洲有 6 个国家，其风电装机容量占世界风电装机容量的 60.8%。德国是世界风电装机容量最多的国家，为 1842.75 万 kW，占世界 31.2%，其风电装机容量占德国电力装机总容量的 6.2%，已超过水电比重。中国在世界排名第 8 位，装机容量为 126 万 kW，占世界 2.1%，如表 1 所示。

表 1   世界累计装机容量及前 10 位国家（2005 年底）

国　　家	累计装机容量（万 kW）	占世界风电装机容量（%）
德国（Germany）	1842.75	31.2
西班牙（Spain）	1002.7	17.0
美国（United States）	914.9	15.5
印度（India）	443.0	7.5
丹麦（Denmark）	312.8	5.3
意大利（Italy）	171.74	2.9
英国（United Kingdom）	135.3	2.3
中国（China）	126.0	2.1
荷兰（Netherlands）	121.9	2.1

---

* 本文收录在《中国能源可持续发展若干重大问题研究》，科学出版社 2007 年版。

国　　家	累计装机容量（万 kW）	占世界风电装机容量（%）
日本（Japan）	104.0	1.8
10 个国家总量（Top Ten-Total）	5175.09	87.7
其他国家和地区总量（Rest of the World-Total）	723.07	12.3
世界总量（WORLD TOTAL）	5898.16	100.0

1993—2005 年世界风电以每年 30% 以上的增长速度在发展，特别是 2005 年全球风电市场的年增长率为 43.4%，成为世界上增长最快的能源。

欧洲风电一直保持着高速发展，原预计到 2010 年风电装机容量将达到 4000 万 kW，2005 年底实际装机容量为 4090.4 万 kW，已提前 5 年实现了 2010 年装机目标[1]。

欧洲风能协会和绿色和平组织在 2002 年 5 月发表《风力 12》，它不是一个预测，而是一个可行性研究，到 2020 年风力发电将占世界电力总量的 12%。12% 风电发展方案的基本指导原则是到 2020 年要达到 12.31 亿 kW（1231GW）。根据欧洲风能协会预测，世界风电装机 2010 年为 2 亿 kW，2020 年为 12 亿 kW，2030 年为 27 亿 kW，届时风电将分别占世界总量的 2.26%、12% 和 21%，逐渐成为世界的替代能源。

（二）国内风电发展

近年来，中国的风力发电事业呈现良好的发展势头，1986 年 4 月，中国第一个风电场在山东荣成并网发电，到 2005 年底，共有 61 个风电场建成（不包括台湾的 9 个风电场），全国风电装机容量达到 126 万 kW，风电机组 1864 台。分布在 15 个省（市、自治区、特别行政区），与 2004 年累计总装机容量 76.4 万 kW 相比，2005 年累计装机增长 65.6%。风电装机容量约占全国电力总装机容量的 0.25%，风电电量约占全国总电量的 0.12%。累计装机容量前 3 位的省（自治区）是新疆 18.1 万 kW；内蒙古 16.6 万 kW；广东 14.1 万 kW。累计装机容量前三位的风电场是宁夏贺兰山风电场 11.22 万 kW、新疆达坂城风电场 8.28 万 kW、内蒙古辉腾锡勒 6.85 万 kW。全国各年装机容量增长情况如表 2 所示。

表 2　中国历年总装机容量（万 kW）

年份	1990 前	1993	1994	1995	1996	1997	1998	1999	2000	2001	2002	2003	2004	2005
当年新增	—	1.05	1.48	0.68	2.14	10.92	5.69	4.47	7.65	5.72	6.69	9.90	19.74	50.3
累计容量	0.4	1.45	2.93	3.61	5.75	16.07	22.36	26.83	34.43	39.98	46.80	56.70	76.44	126

注：不包括台湾的 9.1 万 kW。

中国风电发展规划风电装机容量到 2010 年达到 500 万 kW，2015 年达到 1500 万 kW，2020 年达到 3000 万 kW。

（三）风力发电机组向大单机容量发展

安装大容量机组能够降低风电场运行维护成本，使之降低风力发电成本，提高风电市场竞争能力。同时，随着现代风电技术的发展日趋成熟，风力发电机组的技术向着增大单机容量、减轻单位千瓦重量、提高转换效率的方向发展。

20 世纪 90 年代，基本上是 600kW 左右的风机，2000 年新装单机容量平均为 800kW，2001 年新装单机容量基本上是 MW 级以上，2002 年平均单机容量达到 1400kW，2004 年增大到 1715kW。而且 2005 年 MW 级以上单机装机容量占当年容量的 75%，其中包括 2MW 级和 3MW 级的机组。2004 年 9 月德国安装了世界上当前最大单机容量的风电机组，该机组是由德国 Repower 公司生产的 5MW 风电机组，叶轮直径 124m，塔架安装高度 120m，额定风速为 13m/s，预计 2010 年将开发出 10MW 的风电机组。

风电机组容量继续稳步增大，主要可以充分利用较高处的风能资源，如 600kW 风机轮毂高度为 40m，1.5MW 风机轮毂高度为 70m，70m 高度处比 40m 高度处风速增大 8%，风能功率密度增大 27%。同时，MW 级以上大型风机，占地面积较小，如风机布局取列距为 4D（D 为叶轮直径长），行距为 6D，以 10 万 kW 为例，600kW 为 167 台，占地 541.4 万 m^2，1.5MW 为 67 台，占地 521.6 万 m^2，2.5MW 为 40 台，占地 481.0 万 m^2，其占地面积与 600kW 相比，分别少 3.6% 和 11.2%。此外，由于台数少，还降低变电设备的数量、输电线路的长度和风场内道路的长度。同时还可降低维护成本。

诚然，风机容量的大小要根据当地的地理环境、施工难易，经过工程投资概算、财务评价，有了总成本费用计算、发电量效益计算、清偿能力和盈利能力分析后，选择适合本风电场的机型。

二、中国风能资源储量及其分布

（一）风能储量

我国幅员辽阔、海岸线长、风能资源比较丰富，根据气象站陆地上离地 10m 高度资料，考虑一个单位截面积的风能转换装置，风吹过后必须前后、左右各 10 倍障碍物（风轮直径）距离才能恢复到原来未受影响的风速进行估算，在 10m 高度，我国风能理论资源储量为 322.6×10^{10}W，即 32.26 亿 kW。实际可供开发的量按 322.6×10^{10}W 的 1/10 估计，则可开发量为 32.26×10^{10}W，即 3.23 亿 kW。

因为风力机叶片实际扫风面积为圆形，对于 1m 直径风轮的面积为 $0.5^2\pi = 0.785m^2$，因此，32.26×10^{10}W 再乘以面积系数 0.785，即为经济可开发量。故可得到全国风能经济可开发量为 2.53×10^{11}W，即 2.53 亿 kW。如果年满发小时数按 2000~2500 计算，风电的发电量可达 5060 亿~6325 亿 kW·h。

必须说明，上述的资源储量仅是 10m 高度处的，若距离地面 50m，资源还可再增加 1 倍。

上述资源储量还不包括近海（离岸）风资源储量。我国有 18000 多公里的海岸带（自海岸线向内陆延伸 2~3km，向海上到达 25km 等深线以浅的范围），这个近海范围内风能资源，由于海面粗糙度小，风速湍流度小，风向稳定，一般海上风速比陆地大，初步估算，近海 10m

高风能技术可开发量约为 7.5 亿 kW，50m 为 15 亿 kW，所以风能可以作为重要的替代能源。

（二）中国风能资源的分区

一个地区能否大规模的开发利用风能资源，取决于风能资源的丰歉。

地球上风的形成主要由于太阳辐射造成地球各部分受热的不均匀，因此，形成了大气环流，又由于下垫面的不同造成各地局地环流。除了这些有规则的运动形式之外，自然界的大气运动还有复杂而无规则的乱流运动。虽然风能资源形成受多种因素的复杂影响，特别是天气气候及地形和海陆的重要影响，使风能在空间分布上是分散的，在时间分布上是不稳定和不连续的，但是风能资源在空间和时间分布上，存在着特别强的地域性和时间性，这样才有可能区分出我国风能资源的丰歉地带。

根据我国风能功率密度和可利用小时数，将全国分为四个区，即风能丰富区、较丰富区、可利用区和贫乏区。其具体划分的指标如表 3 所示。

表 3　风能区划标准

区　　名	丰富区	较丰富区	可利用区	贫乏区
年有效风能功率密度（W/m²）	≥200	200~150	150~50	≤50
年 3~25m/s 小时数	≥5000	5000~4000	4000~2000	≤2000

按表 3 的指标，四个区的地理位置如图 1 所示。

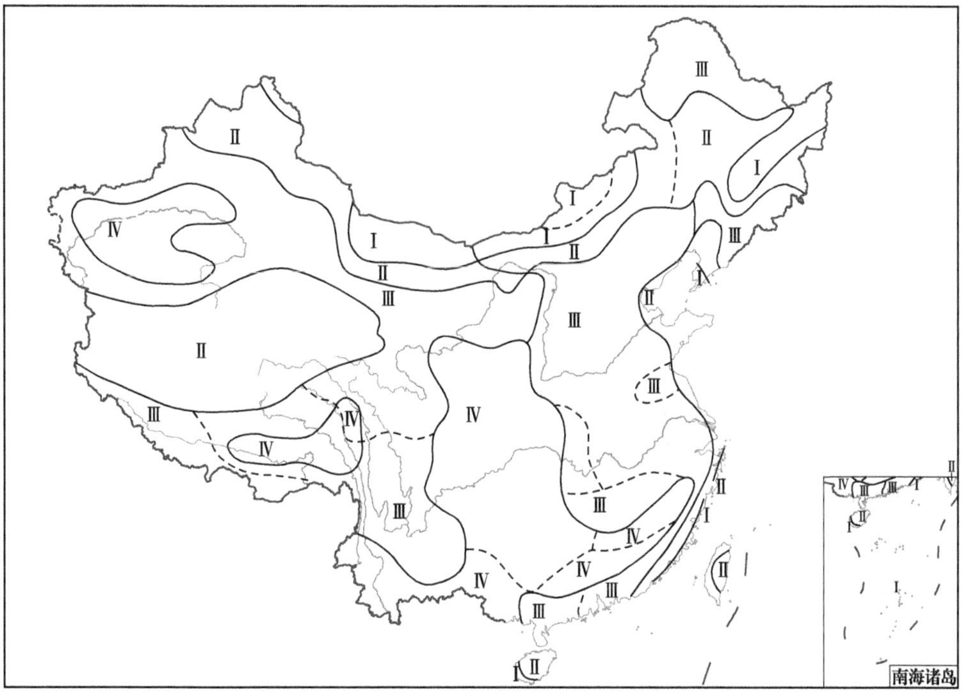

Ⅰ 丰富区　　Ⅱ 较丰富区　　Ⅲ 可利用区　　Ⅳ 贫乏区

图 1　中国风能分区图

1. 风能丰富区。

我国风能开发利用主要在丰富区。丰富区主要集中分布在三北和沿海两大带。

（1）三北（华北、东北、西北）北部地区，终年在高空西风带控制之下，且又是冷空气侵入我国必经之地，由于地势较平坦，整个三北北部风能资源都很丰富，年有效风能功率密度在 200~300W/m² 以上，风速 ≥3m/s 的小时数有 5000~6000，其分布的范围较广，是我国连成一片的最大风能资源带。这一带目前有 28 个风电场，占全国风电场的 65%，更重要的是，我国将要建设百万 kW 级容量的大型风电场都在这一区域内，它将成为我国风电开发利用的基地。

三北北部风能开发利用有七大优势：

①风能资源丰富，风向稳定，冬季偏北风，夏季偏南风。

②风速随高度增加加快，即风切变（风随高度的变化）指数大，一般切变指数为0.143，该区在 0.15~0.18。

③湍流度小，IEC 标准将湍流度分为 A、B、C 三类，A 类为 0.16，B 类为 0.14，C 类为 0.12。该区属 B 类。

④破坏性风速（超过安全风速或生存风速）小。风机设计分四类，即 50 年一遇大风速，1 类为 50m/s（极大风速 70m/s），2 类为 42.5m/s（极大风速 59.5m/s），3 类为37.5m/s（极大风速 52.5m/s），4 类为 30m/s（极大风速 42m/s），该区属 2~3 类。

⑤地势平坦，交通方便，工程地质条件好。

⑥地表为荒漠、草原或退化草场。

⑦无保护的动植物。

不足之处是风电场距电网较远，距负荷中心也较远，极端最低气温较低，在-30℃ 以下的时间较长，这不但影响发电量，还对风机寿命有影响，施工期短，一般为 5—10 月。

（2）沿海地带及其岛屿，面临海洋，由于海洋热容大，又能使太阳辐射到比较深的水层中，所以温度变化慢，具有明显的热惰性，大陆热容小，温度变化快，这种海陆温差的影响，在冬季每当冷空气到达海上时风速增大，再加上海洋表面平滑，摩擦力小，一般风速比大陆增大 2~4m/s。

东南沿海又受台湾海峡的影响，每当冷空气南下，由于狭管效应的结果，使风速增大，这里是我国风能资源最佳的地区。

沿海夏秋还受热带气旋的影响，一般台风影响 800~1000km 的直径范围，每当台风登陆可产生一次大风过程，是风机满发电的一次机会。

这一带相对内陆来说，形成了我国风能丰富带，有效风能功率密度 ≥200W/m² 等值线，平行于海岸线。东南沿海及其岛屿是我国风能最丰富区，有效风能功率密度在 500W/m² 以上，是建立风电场良好基地。但是，这一风能丰富带仅限于海岸线内 2km 范围，面积较小，要建大规模风电场较困难。

这一带开发利用的优势有：

①风能资源丰富，风向稳定，冬季为东北风，夏季为西南风。

②没有低温的影响，极端最低气温在-10℃以上。

③施工期长，一年均可施工。

④距电网与负荷中心近。

不足之处是地形复杂，湍流度大，台风易造成破坏性的极端风速。工程地质条件较复杂，对生态环境影响较大。

2. 风能较丰富区。

这一区是风能丰富区的三北和沿海两大带向内陆的扩展，其风速的形成与丰富区完全相同。

沿海由于陆地下垫面粗糙度大，动能很快消耗，一般风速由海面向内陆急剧下降，大致在10km内风速减小33%，20km内风速减小67%。所以，东南沿海的风能功率度为300W/m²，到向内陆10km为100W/m²，即从可建设较好的风电场到不宜建设风电场。所以，沿海仅在狭窄的范围内为风能丰富和较丰富带。

三北向南扩展，不像沿海那样急剧递减，而是由北向南缓慢递减，宽度可达200~250km或以上，是我国风能资源连成一片、可以大规模开发的基地。这些地区可开发10万kW、几十万kW、100万kW的风电场有很多。

这一区建设风电场的优劣条件与风能丰富区相同。

3. 风能可利用区。

这一区是在风能资源丰富区向内陆延伸，基本不具备建设风电场的条件，只有在特殊的地理环境下风能资源才较丰富，如大湖泊、大河谷、山口等，其开发利用的面积较小。

从风能资源的形成来看，冷空气从源地经过三北地区长途跋涉到华中、华南、西南，由于地面气温有所升高，使原来寒冷干燥的气流变性为较冷湿润的气流，也就是冷空气逐渐变暖，这时气压差变小，所以风速也是由北向南逐渐变小。

我国每年平均有11次台风登陆，台风风速也是由沿海向内陆逐渐减小，因此到达这一地区的台风也已变为热带低压，风速变小。

4. 风能贫乏区。

这一区主要是分布在盆地中，如以四川盆地为中心的周边地区、塔里木盆地、雅鲁藏布江河谷等，其特点是四周为高山环抱，冷空气、暖空气都很难入侵，即便是冷空气越过高山，势力也大为减弱，所以，风能功率密度在50W/m²以下，这一区不但年平均风速小，有些地方一年不吹风的时间也很长，如绵阳、恩施、阿坝、恩南、孟定、景洪等地一年中不吹风（静风）频率在65%以上，所以这一区风能开发利用的价值不大。

这里还需要说明的是青藏高原，由于海拔高、气压低、空气密度小，同样是8m/s风速，其风能密度仅相当平原地区的65%左右。所以，青藏高原虽风速较大，但由于空气密度小，成为不宜建设风电场的制约因素。

三、中国风电发展面临的几个重大问题

（一）风机国产化

在风电场建设的投资中，风电机组设备约占 70%，实现设备本土化，降低工程造价是风电大规模发展的需要，但风机研制及形成产品要有很大的高科技和资金的投入。

我国风电机组在 1998 年以前基本上为进口机组，1998 年以后国产化机组逐年增加，1998 年国产化机组占总装机容量的 1.2%，2005 年增加到 26.4%，如表 4 所示。但是，我国国产风电机组能够批量生产的是定桨距 600kW 的机组，该风电机组是国外 10 年前的主流技术产品，技术差距还在拉大，自主开发新产品的能力更是薄弱。只有培育出生产高质量的风电机组制造业，才能保障风电产业的健康持续发展。

表 4　中国历年国产机组占总装机容量比值

年份	1998	1999	2000	2001	2002	2003	2004	2005
百分比（%）	1.2	3.7	5.2	6.4	12.6	15.3	25.0	26.4

国际上风电机组单机容量的更新速度很快，几乎每两年就有一种新机型问世。在短短几年中出现了 1.2MW、1.5MW、2.0MW、2.5MW、3.0MW、4.0MW、5.0MW 等，大都为变速恒频风电机组和直接驱动永磁式风电机组。目前，我国各业主在拟建风电场和新建扩建风电场时都计划安装 MW 以上机组。

国家发展改革委和科技部都拟组织实施可再生能源和新能源高技术产业化专项。在风力发电方面开展 1.0MW 和 1.5MW 变速恒频和 1.2MW 直驱永磁两种风电机组的产业化。风电产业在我国开始形成，一批以风电设备及其部件设计、制造为主业的专业队伍开始出现。

我国目前引进国外 1.0MW、1.2MW 和 1.5MW 机组有 30 多家公司，但其发展尚存在技术受制于人的问题，自主开发的 1.0MW 机组有的生产了样机，有的尚无样机，要成为商品机型还需一段时间，还必须充分估计风电技术的困难。

风电机组设备实际上技术很复杂，属高科技范畴，风电机组主要难度是机组在野外应可靠运行 20 年，经受住各种极端恶劣的天气和非常复杂的风力交变载荷，没有实践的积累是很难成功的。国家的科研和产业要在经济上给予大力支持。

要实现风电机组本土化的道路，最根本的还是在于我国风机制造企业应加快技术革新，通过吸收外国先进的、成功的技术，不断完善提高国产化风机的自主开发新产品能力，降低制造成本，实现国产化，才能使我国风电事业形成规模，实现风电的规模效益。

风机本土化的主要优点如下：

（1）国产化设备没有进口关税（5%）和进口环节增值税（17%）。

（2）包装费、运输费等之间差价较大。

（3）与同样风电机组设备相比，由于中国劳动力便宜，一般会降低 17%~20%。

（4）售后服务、零备件供应及时，不会对风电场年发电量造成太大的影响，这主要是受国外进口设备厂家地理位置、国际运输条件等客观因素的影响。

国家发展改革委文件《关于风电建设管理有关要求的通知》（发改能源〔2005〕1204号）中明确指出，为了促进风电产业的健康发展，要加快风电设备制造国产化步伐，不断提高我国风电规划、设计、管理和设备制造能力，逐步建立我国风电技术体系，更好地适应我国风电大规模发展的需要。

该文件第三条要求："风电场建设的核准要以风电发展规划为基础，核准的内容主要是风电场规模、场址条件和风电设备国产化率。风电场建设规模要与电力系统、风能资源状况等有关条件相协调；风电场址距电网相对较近，易于送出；风电设备国产化率要达到70%以上，不满足设备国产化率要求的风电场不允许建设，进口设备海关要照章纳税。"

该文件明确规定：风电场设备国产化率要达到70%以上，要使风电产业链的源头风电机组的制造业成长起来，必须有稳定健康的市场，才能吸引人才，激励投资商，瞄准国外先进技术走自主开发的道路，才能真正使我国风电事业规模化发展。

（二）并网风电的电价

风电电价主要取决于风电场发电量的多少及风电机组的价格，而影响风电场发电量的主要因素是风资源条件。

资源条件主要体现在正常运行的风电机组上网电量，一般衡量发电量的多少以年满发小时数（年等效满负荷小时数）和容量系数，即

$$风电场年满发小时数 = \frac{风电场年上网电量}{风电场装机容量}$$

$$风电场年容量系数 = \frac{风电场年满发电小时数}{8760(全年小时数)}$$

一般说来，风电场年满发小时数3000h的容量系数为0.34，2500h的容量系数为0.29，2000h的容量系数为0.23等，这两个指标能综合反映风电场风资源的好坏。

当风电机组价格、塔架、安装、电气、土建工程、施工组织设计等相同的情况下，风资源就成为决定电价的关键因素。我国南北风资源差异很大，由风资源引起的发电量变化对上网电价的影响也很大，表5列出了不同满发小时数与单位容量投资下的上网电价值[2]。

表5　不同风能资源条件下的上网电价　[元/（kW·h）]

满发小时数	1400	1600	1800	2000	2200	2400	2600	2800	3000
投资 8000 元/kW	0.810	0.708	0.630	0.566	0.515	0.472	0.436	0.405	0.378
投资 9000 元/kW	0.907	0.794	0.705	0.635	0.577	0.529	0.488	0.454	0.423
投资 10000 元/kW	1.005	0.879	0.781	0.703	0.639	0.586	0.541	0.502	0.469

资料来源：施鹏飞，谢宏文. 关于风力发电上网电价机制的建议 [J]. 电力设备，2005 (10).

我国风电场的上网电价千差万别，最早的有 1 元/（kW·h）左右，后期为 0.6~0.7 元/（kW·h），如表 6 所示。

表 6 风电上网电价一览表

序号	风电场名称	上网电价 [元/(kW·h)]	序号	风电场名称	上网电价 [元/(kW·h)]
1	浙江苍南风电场	1.2	11	海南东方风电场	0.65
2	河北张北风电场	0.984	12	广东惠来海湾石风电场	0.65
3	辽宁东岗风电场	0.9154	13	内蒙古锡林浩特风电场	0.64786
4	辽宁大连横山风电场	0.9	14	广东南澳振能风电场	0.62
5	吉林通榆风电场	0.9	15	内蒙古朱日和风电场	0.6094
6	黑龙江木兰风电场	0.85	16	内蒙古辉腾锡勒风电场	0.609
7	上海崇明南汇风电场	0.773	17	内蒙古商都风电场	0.609
8	广东汕尾红海湾风电场	0.743	18	新疆达坂城风电场一厂	0.533
9	广东南澳风电场	0.74	19	新疆达坂城风电场二厂	0.533
10	甘肃玉门风电场	0.73	20	福建东山澳仔山风电场	0.46

我国风电场建设采取了特许权招标，特许权的招标电价是政府承诺按固定电价收购规定电量的风电，突破原国家电力公司不许承诺固定电价和每年核定电价的规定。中标的业主与省发展改革委签订特许权协议，与省电网公司签订购售电合同，减小了电力系统以外的风电投资者因电价不确定引起的顾虑。同时，特许权还规定了电网公司投资建设从风电场到电网变电站的输电线路和相关输变电设备。这两个特点曾经鼓励了民营和国内外风电投资者，因为当时按正常程序不可能获得这样的特殊条件。特许权项目还规定了中标电价，可以满足 3 万 h 的等效满负荷电量。3 万 h 以后执行当时电力市场中的平均上网电价，并承诺上网电价最低的投标人为中标人，结果导致实际中标电价远低于合理电价范围，进而影响整个风电产业的健康发展，如表 7 所示。

表 7 特许权招标项目中标电价 [元/（kW·h）]

年 份	中标公司	电 价
2003	1. 广东石碑山（粤电公司）	0.5013
	2. 江苏如东一期（华睿公司）	0.4365
2004	1. 江苏如东二期（龙源）	0.5190
	2. 吉林通榆（龙源、华能）	0.5090~0.5096
	3. 内蒙古辉腾锡勒（北京国际电力）	0.3820
2005	1. 江苏东台（国华能源投资）	0.4877
	2. 甘肃安西（黄河上游水电）	0.4616

同时，在同一个风电场，各业主所计算的电价也相差很大，如 2003 年如东特许权报价最高的为 0.715 元/（kW·h），最低为 0.4365 元/（kW·h），相差 0.2785 元/（kW·h）。2004 年同是如东风电场中标电价为 0.519 元/（kW·h）。同一个风电场 2003 年与 2004 年两年就相差 0.083 元/（kW·h），可见其不合理性。

上网电价除了风资源和风机造价外，还与融资条件、贷款利率和偿还期、政策（如进口税和增值税、售电所得税和增值税等）以及电价的确定方法（如恒价法还是变价法）等有关。

在正常的条件下风电上网电价比常规火电厂电价高，目前难以在电力市场上竞争，但风电环境效益好，不用燃料、可再生、不需移民等，需要政府的支持并制定有效的经济激励政策促进发展。

我国电价体系完全建立在火电的基础上，没有考虑污染物排放对环境的影响，也就是说没有包括环境污染的成本，对再生能源来说是不公平的。同时，化石燃料资源很难长期满足人类的需要，再生能源特别是风能资源，不用任何燃料，可以满足可持续需求的要求，在计算电价时，应该提供优惠条件使风电电价处于合理的价位上。

我国幅员广大，风能资源也有差异，应根据不同地区制订出一个合理的电价，有利于吸引投资者，有利于当地经济发展，所以，制定有激励作用的合理的风电上网电价至关重要。

我国可再生能源法规定"可再生能源发电项目的上网电价，由国务院价格主管部门根据不同类型可再生能源发电的特点和不同地区的情况，按照有利于促进可再生能源开发利用和经济合理的原则确定，并根据可再生能源开发利用技术的发展适时调整。上网电价应当公布"。

2005 年 7 月 4 日，国家发展改革委《关于风电建设管理有关要求》中第四条要求："风电场上网电价由国务院价格部门根据各地的实际情况，按照成本加收益的原则分地区测算确定，并向社会公布。"

国家发展改革委《可再生能源发电价格和费用分摊管理试行办法》（发改价格〔2006〕7 号）第六条规定"风力发电项目的上网电价实行政府指导价，电价标准由国务院主管部门按招标形成的价格确定"。从 2003—2005 年三次招标的电价来看，无论是最低的 0.382 元/（kW·h），还是最高的 0.519 元/（kW·h）都是极不合理的价格。事实上，当前风电的成本无法达到这样的电价，将使投资者亏损。不合理的低价不仅影响项目工程质量，也影响地方经济和整个风电产业的健康发展。

（三）风电与电网协调

风电对电网的影响主要是由于风速、风向变化的不稳定性而导致输出功率变化。当风电占电网容量不超过 10% 时，对电网的冲击不大。目前丹麦已成功将风电占电网的比例提高到 30%。而我国电网比较薄弱，风电在局部电网中的比例一般控制在 19% 以下。即使如此仍在一些地区出现电网崩溃的事故，因此，应开展风电与电网的连接研究。风电接入电网后将影响局部电力系统的潮流分布和电压水平，进而造成线路功率和节点电压波动，要对含风电场的电力系统进行潮流计算，特别是应重点分析风电场运行对局部系统无功和电压的影响[3]。

目前，并网风电场容量较小，在电力系统保护配置和整定计算时不考虑其提供短路电流，但对于大规模的风电场接入电力系统，在电网故障时，风电机组将向短路点提供电流，因此必须考虑其对电力系统保护配置和整定计算的影响。由于风电场输出功率变化频繁，需要系统提供无功支持，否则会影响系统的频率和电压质量。

为了保护电力系统和并网风电场的正常运行，要考虑电力系统的某一节点所允许接入的风电最大容量，对给定的电力系统，要考虑其允许的最大风电装机比例。目前，欧洲国家通常用短路容量来确定风电场的装机比例，一般规定风电场额定功率（MW）和节点短路容量（MV·A）的比值为 4%～5%。因此必须进行详细的系统稳态和暂态计算。

《中华人民共和国可再生能源法》虽明确规定可再生能源发电就近上网，电网公司全额收购，但在风力资源好的地区，电力输送难度大，电网不配套，不能装机建设。有的装机建设完成后，但配套电网工程滞后，不能发电。风机发电上网，电价又不落实，使企业严重亏损。

由于风电是间歇性的，使风电不能连续供电。从电网角度看，风电是质量不高的能源。风电要发展，首先应制定相应政策，发挥电网企业的积极性；解决电网的配套及电价联动的问题。

（四）海上（离岸）风能开发

全球海上风电场基本上在欧洲，欧洲对海上风电场的建设做了很多工作，包括海上风资源观测和评估，基础设计及施工，风电机组的安装等都是遥遥领先于世界其他地区。

从 20 世纪 70 年代后期到 80 年代，欧洲几个国家对海上风电的可行性都进行过探讨。1990 年，瑞典安装了第一个示范海上风电机组，单机容量为 220kW。1991 年，丹麦建立第一个海上风电场，安装 11 台 450kW 风电机组，1995 年又建成 10 台 500kW 海上风电场。1996 年，荷兰在海堤内须德海淡水中建立了风电场。瑞典于 1997 年在海上建立 5 台 600kW 的风电场。2000 年，MW 级风电机组开始在海上示范，瑞典 7 台 1.5MW，丹麦 20 台 2MW，英国 2 台 2MW。2003 年英国在爱尔兰海安装了美国通用公司 7 台 3.6MW 的风电机组，这标志着海上风电场在欧洲已较为成熟。到 2004 年底，欧洲海上风电总装机容量为 620MW，单机容量最大的是 2003 年英国安装的 3.6MW 风机，装机容量最大的风电场是 2003 年丹麦建成的 80 台 2.3MW 风电机组。2005 年英国建立两个 30 台 3MW 的风电场。

欧洲风能协会 2003 年宣布，欧洲的目标是 2010 年风电装机容量将达 7500 万 kW，其中，海上风电场为 1000 万 kW。2020 年风电装机将达到 18000 万 kW，其中海上风电场将是 7000 万 kW。德国的目标是 2025 年开发 2500 万 kW 的海上风电场。

1. 海上风电场特点。

欧洲海上风电场发展最快的原因在于海上风电场具有几大优势，当然也存在着一些困难。

（1）海上风能开发优势。

①海上风能资源比陆上大，一般的海上风速比陆上大20%，发电量大70%，而且，海上很少有静风期，能更有效提高风电机组的利用率。由于海面平滑、风速切变指数比陆地小，风速随高度变化比陆地就小，同高度风速海上比陆上大，所以塔架较低，可以降低成本。另外，海面平滑，湍流强度比陆地为小，减少风电机组的疲劳，可以延长使用寿命，陆上一般设计寿命为20年，海上可达25年或25年以上。可使度电成本减少9%。

②欧洲国家陆地上土地面积很有限，而且经济发达、人口稠密，陆地上可安装风电机组的面积受到限制，故大力发展海风电场。

③《京都议定书》的生效，为了实现 CO_2 减排目标，发展海上风电至关重要。

④海上风电机组风轮的转速比陆上增大10%，使风机利用效率提高5%~6%，这是因为陆地上受到噪声标准的影响，不能提高风轮转速所致。

⑤20世纪末，MW级风电机组已达到了商品化，可以为海上风电场提供所需要的大型风电机组，而且几家生产风机的厂家也专门研制用于海上的大型风电机组，如3MW、3.6MW、4MW、5MW、6MW等机组，现都已示范成功，表明技术上是可行的。

⑥在陆地安装，塔架高70m左右，风机叶片直径70~80m长，这样庞然大物对自然景观有一定影响，出现了反对在陆地安装风电机组的团体。

（2）海上风电场开发困难。

①海上风电场建设成本比陆地上高得多，一般要高出陆地1.7倍。

②海上风电场要求更坚固的基础，必须牢固地固定在海底，以抗海上更大风速的载荷和抗海浪袭击的负荷，仅风机基础投资即约为陆地的10倍。

③远距离的电力输送和并网问题，海上风电场由最初离海岸线10km，发展到目前60km，需要铺设海底电缆，电缆铺设路线要符合海底电缆的标准，才能将风电送到主要的用电地区，大大增加风电成本。在陆地风电场风电机组占总投资70%，而在海上风电场仅接入电力系统和风电机的基础成本，就占到总投资的50%以上。

④建设和维修工作必须在天气晴好的情况下，使用专业船只和专门设备才能进行。

⑤为了避开海岸保护区，许多项目距海岸60km，水深达35m。

2. 对我国开发海上风电场的几点看法。

（1）我国陆地面积辽阔。

国家发展改革委于2003年组织领导的"全国大型风电场工程前期工作"的开展，对全国进行了风能资源的一次大规模的普查，这个决策对我国风电产业加速发展，必然产生深远的影响。经过几年大量的工作来看，的确令人鼓舞，据不完全统计我国陆地不考虑电网因素，初步估计可装风机容量潜在量在 1 亿 kW 以上。有如此大的可装机面积，应该首先开发陆地上的风电，这对开发西部地区也有重大深远意义。目前是否需要高代价开发海上风能资源，值得商榷。

（2）海上风电场抗台风问题。

目前风力发电机组要承受外部环境条件，主要体现在载荷、使用寿命和正常运行等方面。为了保证一定的安全和可靠性水平，必须考虑极端的外部条件，极端外部条件是潜在的临界外部设计条件，而风况是最基本的外部条件。国际电工技术委员会标准（IEC）中，对风力发电机组安全等级及相应的主要考虑极端风速规定一个基本参数，我国也执行这一国际标准，如表 8 所示。

表 8　各安全等级的风力发电机组基本参数

风力发电组等级	Ⅰ	Ⅱ	Ⅲ	Ⅳ	S
50 年一遇 10min 平均风速（m/s）	50	42.5	37.5	30	由设计者确定
50 年一遇 3s 平均风速（m/s）	70	59.5	52.5	42	

由表 8 可见风电机组 Ⅰ 级抗 50 年一遇 3s 平均风速为 70m/s。假若超过 70m/s，需要特殊设计，规定了特殊风力发电机组安全等级为 S 级，S 级风力发电机组的设计值由设计者确定，并在设计文件中详细说明。对这样的特殊设计，选取的设计值反映的风速应比预期使用的风速还要扩大些。

同时 IEC 明确规定近海安装的特殊外部条件，要求风力发电机组按 S 级设计。

在我国东南和南海海上风电场由于受台风的影响，必须按 S 级设计，那么台风 50 年一遇的 3s 平均风速究竟有多大？

台风，是发生在西北太平洋和南海一带热带海洋上猛烈的风暴。气象上将大气中的涡旋称为气旋，台风是产生在热带洋面的涡旋，所以称为热带气旋。根据我国热带气旋监测、预警和服务以及防灾减灾的实际需要，我国将责任区内的热带气旋划分为：热带低压、热带风暴、强热带风暴、台风、强台风和超强台风六个等级，并对每个等级的标准作出了具体规定，如表 9 所示。

表 9　热带气旋等级划分表

热带气旋等级	低层中心附近最大平均风速（m/s）	低层中心附近最大风力（级）
热带低压（TD）	10.8~17.1	6~7
热带风暴（TS）	17.2~24.4	8~9
强热带风暴（STS）	24.5~32.6	10~11
台风（TY）	32.7~41.4	12~13
强台风（STY）	41.5~50.9	14~15
超强台风（SuperTY）	≥51.0	16 或以上

台风的直径一般有600~1000km，台风在海洋上移动时，会掀起巨浪，狂风暴雨接踵而来。台风登陆时，带来狂风暴雨，造成极大灾害。

台风中心风速，在西北太平洋台风中，中心风速达到60m/s以上的台风占总发生数的17%，中心风速≥80m/s的台风占总发生数的3.3%，中心风速≥100m/s的台风占总发生数的0.44%。

当台风登陆时，风速急剧减小，在我国登陆台风的实际风速纪录如下：

1961年5月26日　　兰屿瞬时风速为74.7m/s

1959年8月29日　　台东瞬时风速为70~75m/s

1973年9月14日　　琼海10min平均风速为48m/s，瞬时风速为68.9m/s

1962年8月5日　　花莲瞬时风速为65m/s

1959年8月23日　　厦门10min平均风速为38m/s，瞬时风速60m/s

1986年8月27日　　嵊泗10min平均风速为44.7m/s，瞬时风速54m/s

1969年7月28日　　汕头10min平均风速为34m/s，瞬时风速52.1m/s

1994年8月2日　　北麂10min平均风速为46m/s

1983年9月27日　　嵊山10min平均风速为46m/s

2006年8月10日　　苍南瞬时风速为68m/s

由于以上登陆台风风速都是在10m高处测得的，若在60~70m以上的高度，风速还要增大20%~30%。在海面上台风中心风速肯定比陆地上大，一般要大20%~30%，若登陆的台风风速在70m/s左右，在海上就可达到80~100m/s，IEC国际标准将陆地上规定为70m/s是科学的，但海上IEC作为S级，也就是说风力发电机组要重新设计。

风速决定风电机组抗多大的载荷，风压的公式：

$$P = \frac{1}{2}\rho v^2$$

式中：P——风压（kN/m²）；

　　　ρ——空气密度；

　　　v——风速（m/s）。

按式计算　　70m/s风压为3.0kN/m²（相当于306kg/m²）

　　　　　　80m/s风压为4.0kN/m²（相当于400kg/m²）

　　　　　　90m/s风压为5.06kN/m²（相当于506kg/m²）

风力机设计必须对可能承受的极限载荷进行分析，风电机组在陆上抗台风的风压306kg/m²，而在海面上抗400kg/m²或500kg/m²的负载，也就是说，目前世界上所有的风力机必须重新设计才能用于我国海上的风电场。

因为台风导致风力发电机组的损害的情况，在中国、印度、日本均有发生。其中汕尾风电场2003年9月2日因受"杜鹃"台风影响，在25台风力机中有13台风机不同程度损坏，其中最严重的是9台风机各有一个叶片被撕裂，这次风机损坏风速为57m/s，叶片撕裂的风机上的风速记录为50.7m/s，这并没有达到设计标准，只能说这类风机未能适应台风的复杂风况。2006 年 8 月 10 日"桑美"超强台风在苍南登陆 10m 高处测得极大风速为 68m/s，造成鹤顶山风电场风机 5 台倒塌，1 台机头吹落，20 多台风机叶片折断，风电场所有风机全部受损，如图 2 所示。

（a）

（b）

图 2　2006 年 8 月 10 日超强台风"桑美"对风电场造成的破坏

海上风电场，暂时尚无适应抗 70m/s 以上的风电机组，所以海上风电场的开发还需要认真论证，才能科学地发展。在我国台风影响严重的地区仅是东南沿海和南海之滨，包括台湾、福建、浙江、广东、海南等省，其他省市的海上风电场受台风影响较小，经过对台风最大风速的分析研究，仍可开发利用海上风能资源。

欧盟海上没有类似我国台风的天气系统，热带气旋发生的区域，北太平洋居首，占热带气旋发生次数的 30%，欧洲基本上不受热带气旋的影响，所以在海上大规模开发海上风电场不用考虑抗台风极大风速的破坏。但我国东南沿海的海上风电场必须考虑抗台风极大风速的影响。

（五）资源不清

陆上资源虽已普查了 3 次，但都是以气象站资料为基础进行统计的，由于气象站周围环境复杂，且都在城市郊区，局限性很大，不能代表风电场所在的风资源状况，特别是在复杂地形条件下和沿海岸地带差异更大，需重新设点观测，并利用数值模式解决风能资源精细化评估方法来确定风能资源全国的精细分布。

海上风能资源基本上没有开展工作，目前应进行海上风能资源的普查，然后再在各个海域建立观测塔，给出海上风能资源分布、区划以及海上风能储量，为今后开发海上风电提供科学的依据。

四、风电的发展机遇

（一）《可再生能源法》的颁布

《中华人民共和国可再生能源法》于 2005 年 2 月 28 日通过，2006 年 1 月 1 日施行。这部法律共有总则、资源调查与发展规划、产业指导与技术支持、推广应用、价格管理与费用分摊等 8 章 33 条。

国家发展改革委能源局发表"深入贯彻和落实《可再生能源法》努力提高政府部门依法行政能力"，指出这是我国调整优化能源结构，落实科学发展观和实施可持续发展战略的一项重大措施，表明了我国政府加快可再生能源发展的坚定决心，标志着我国可再生能源发展进入了有法可依的新阶段。

我国缺乏有效的鼓励可再生能源发展的法律和政策环境，致使我国可再生能源技术的研究开发能力薄弱，产业建设长期在低水平徘徊，可再生能源设备长期依赖进口，价格昂贵，并导致可再生能源开发利用成本较高，缺乏市场竞争力。因此，颁布实施有关法律，用法律手段来解决我国当前可再生能源发展中所遇到的诸多问题，对促进我国可再生能源发展是十分必要的。

国务院各部门正在依法积极抓好配套行政法规、规章，技术规范以及相应的发展规划和计划的研究制定工作，特别是可再生能源开发利用中长期总量目标、全国可再生能源开发利用规划、可再生能源产业发展指导目录、可再生能源电力的并网技术标准、可再生能源发电项目的上网电价和费用分摊办法、可再生能源专项基金的管理办法、可再生能源财政贴息和税收优惠的具体办法等研究制定工作，争取早日出台，与法律同步施行。要依法引导激励各类主体积极参与可再生能源的开发利用，真正形成政府推动，市场引导和企业、公众积极参与的良性发展机制。

可再生能源法的颁布，是运用法律促进可再生能源的利用，明确可再生能源的发展，提高到增加能源供应、改善能源结构、保障能源安全、保护环境实现经济社会可持续发展的战略高度。世界上已有 50 多个国家制定了这方面的法律，我国要发展可再生能源，需要提供一些特殊的扶持政策。如目前可再生能源上网电价要高出常规能源上网平均电价，其中的差额部分要在销售电价中分摊。

国家发展改革委〔2006〕13 号《关于可再生能源发电有关管理规定》规定发电企业应当积极投资建设可再生能源发电项目，并承担国家规定的可再生能源发电配额义务。

（二）《京都议定书》的生效

旨在遏制全球气候变暖的《京都议定书》是由联合国气候大会于 1997 年 12 月在日本京都通过，2005 年 2 月 16 日正式生效，目标是 2008—2012 年，工业化国家温室气体排放总量在 1990 年的基础上平均减排 5.2%。这是人类遏制全球气候变暖迈出的历史性一步。目前全球已有 141 个国家和地区签署议定书，其中包括 30 个工业化国家。

人类活动可能正在改变着行星的气候，这引起了人们的广泛关注。由于矿物燃料的消耗，每年 60 多亿吨 CO_2 被排放到大气中，这将对全球及地区气候产生巨大的影响。据联合国有关机构估计 21 世纪全球平均温度将提高 5.8℃。作为一个比较，上次冰期时的全球气温只比现在低 3~4℃。由于气候变化导致的海面升高，到 2050 年年均为 22cm，到 2100 年为 48cm，这将是过去 100 年来变化速度的 4 倍。为了遏制由此而造成的环境灾难，大多数国家认为必须大规模地减少温室气体的排放。

风电和其他可再生能源发电过程不产生化石燃料和核能发电的污染物，也不排放 CO_2 等温室气体。

CO_2 是最大排放的温室气体，《京都议定书》的生效意味着人类对过去几百年不可持续的发展道路进行了深刻反思，意味着人类对可持续发展的理念达成了高度共识，意味着人类有决心有信心面对现实、迎接挑战以造福子孙后代，它标志着一段不确定时代的结束，也昭示了国际社会在温室气体排放方面有法可依时代的来临。

《京都议定书》为新能源产业的发展提供了很好的机遇。新能源发电的一个主要特点是 CO_2 的零排放和燃料零成本。《京都议定书》的重要规定：一是发达国家有减排义务，并分配了减排指标，如欧盟削减 8%、美国削减 7%、日本削弱 6% 等，但美国一直拒绝批准《京都定议书》；二是规定了三种灵活机制，以便实现减排指标，三种灵活机制是清洁发展机制（CDM）、联合履行（JI）、排放国际贸易。

开展清洁发展机制，目前我国实际操作和实施的集中在风力发电、水力发电、生物质能发电、垃圾填埋气回收发电、燃气蒸汽联合循环发电等项目上。

我国政府在 2002 年 8 月核准了《京都议定书》，国家发展改革委、科技部、外交部于 2004 年 6 月 30 日联合颁布了《CDM 项目运行管理暂行办法》并开始实施。

新能源发电企业可以通过 CDM 项目获得国外发达国家无偿资金的支持，使得成本降低，《京都议定书》规定了一种独特的贸易，如果一国的排放量低于条约规定的标准，则可将剩余额度卖给完不成规定义务的国家，以冲抵后者的减排义务。中国目前排放量低于规定的标准，所以可以进行 CDM 的交易。例如内蒙古辉腾锡勒风电场项目是我国政府审批通过的第二个 CDM 项目，其合作单位是荷兰。该项目的总装机容量是 25.8MW，总投资约为 1737.7 万美元，减排期为 10 年，荷兰政府将以 5.4 欧元/t 的价格来购买 CO_2 减排量，因此，该

CDM 项目可以使内蒙古龙源风能开发有限公司获得总计约 324 万欧元资金，相当于总投资的 11% 左右。

中国拥有世界上较好的风能资源，在新能源发电中，风力发电是最具商业化市场开发前景的项目，而风电又是零排放 CO_2 项目，具有极强的 CDM 市场潜力。因此，中国企业在申请建设风力发电项目时，可以同期开展 CDM 项目的申请，以此来补偿风力发电项目高投资、低收益的局面。

（三）能源短缺

当前，我国经济正处在一个飞速发展的时期，能源消费快速增长，但是我国发电装机容量仍不足，电网输配能力不足，造成少数地方电力供应紧张，部分省市出现拉闸限电，成为经济发展的"瓶颈"。这对新能源的开发利用是一个有利时机，应发挥《可再生能源法》这一法律武器的作用，运用经济杠杆和必要的行政手段使风力发电逐步走上规模化和产业化发展的快车道。

风电是目前技术比较成熟、发展最快的可再生能源发电技术，具有很好的前景。2005年风电装机容量仅占总装机容量的 0.25%，风电电量仅约占全国总电量的 0.12%。未来的15 年我国可再生能源一定要进入一个加速发展的新阶段，这是一个前所未有的发展机遇。

再生能源是取之不尽、用之不竭的能源，它是我国能源和电力可持续发展战略的最现实的选择。

总之，我们相信，在我国电力短缺的形势下，随着我国《可再生能源法》的颁布，《京都议定书》的生效，我国风电会很快发展，中国风电事业将会进入一个辉煌阶段。

五、我国大规模风能资源开发的思考

（一）基本思路和原则

法律和政策是可再生能源发展的基本依据，也是保障可再生能源实现的根本措施。

随着 2006 年 1 月 1 日《可再生能源法》的施行，可再生能源将会有一个飞速的发展。风力发电是新能源和再生能源中技术最成熟、最具有规模开发和商业化发展前景的发电技术之一。由于风力发电可以减少环境污染，对调整改善电力工业结构，推进新技术进步等有着战略意义，因此，受到世界各国的关注，并已在几十个国家得到了广泛的开发和应用。我国为了缓解化石能源资源紧张状况，保障能源安全，保护生态环境，控制温室气体排放，将开发清洁的可再生能源作为实现可持续发展的重要措施。

中国蕴藏着丰富的风能资源，具备了大规模开发利用的资源条件。

必须认真分析研究海上风能资源特性及其开发的潜力，同时还要研究台风对海上风能开发的影响，最后制订出海上风能资源开发的中长期规划。

（二）重要战略

1. 开展全国风能资源普查及制订风电发展规划。

国家发展改革委于 2003 年 10 月 21—22 日在北京召开了"全国大型风电场建设前期工

作会议"，由中国气象局负责全国风能资源及风电场数据库的建立和管理工作，会议提出用一年多的时间对全国各地的风能资源进行一次全面的评价普查工作。2005 年 5 月 16 日在新疆乌鲁木齐召开第二次"风电场工程前期工作会议"时，各省（市、自治区）都完成了各省的普查工作，这为我国风能资源开发利用提供了坚实的科学基础。

在这次会议上国家发展改革委提出"全国 2020 年风电 3000 万 kW 装机容量规划目标实施方案"（讨论稿）。指导思想是将风力发电作为优先发展可再生能源技术，在必要的法律和政策支持下，加大风电建设的力度，通过风电的大规模商业化发展，促进风电技术水平的提高，实现风电设备制造国产化，努力降低风电的建设和运行成本，使风电成为具有市场竞争力的清洁能源，以加快能源产业的结构调整，实现能源的多样化，确保我国经济可持续发展。

该方案按照一定的原则，规划了全国各省（市、自治区）2005 年、2010 年、2015 年和2020 年装机容量规划目标初步安排。这将使我国风电走向有序开发、分步实施、持续发展的道路。

会上还提出"百万千瓦级风电基地示范项目实施设想"。我国幅员辽阔，海岸线长，风能资源丰富，有条件成片开发百万千瓦级风电基地，进一步促进全国风电大规模发展。

2. 出台风电建设管理要求。

国家发展改革委为了促进风电产业的健康发展，加快风电设备制造国产化步伐，不断提高我国风电规划、设计、管理和设备制造能力，逐步建立我国风电技术体系，更好地适应我国风电大规模发展的需要，下发了"关于风电建设管理有关要求的通知"。

该通知要求，风电场建设的核准要以风电发展规划为基础，核准的内容主要是风电场规模、场址条件和风电设备国产化率。风电场建设规模要与电力系统、风能资源状况等有关条件相协调。

风电场址距电网相对较近，易于送出。

风电设备国产化率要达到 70% 以上，不满足设备国产化率要求的风电场不允许建设。

（三）实现我国风电产业发展战略、开发风资源的重大措施

为了实现我国风电发展的战略要求，风能资源评估应配合全国大规模开发的需要开展工作。

1. 绘制出全国和各省（市、自治区）风资源分布图，并对可能建立风电场的地址进行实地测风，按照国家标准给出将建风场属于几类风场，再按电网承受能力和经济发展水平，排列先后开发序列，作为风电建设有序开发的科学基础。

2. 建立风资源信息综合数据库体系。

3. 利用高分辨率卫星遥感反演和评估近地层风的状况及数值评估模式技术研究。建立一套完整的适合我国气候特点的风电场风资源评估选址条件系统。

4. 开展近海风能资源的普查和详查，以及海上风能资源变化特性和风能储量研究，给出海上风电场的区划，并开展海上风电场强台风破坏风速的研究。

5. 开展对风的预报，随着风电的增长，对风的预报也成为风电上网调配的主要因素，目前西班牙、美国正在进行对风电场风速的预报，进而提供上网的电量，这样预报的电量电价高，没有预报的电量电价低。我国也应着手研究风能的预报。

6. 气候变化对风能的影响，全球气候变暖，可能导致风能资源的变化，为风能开发作出必要的预警和决策建议。

参 考 文 献

[1] 国际绿色和平组织. 欧洲海上风能开发 [J]. 风力发电，2005 (2-3).

[2] 施鹏飞，谢宏文. 关于风力发电上网电价机制的建议 [J]. 电力设备，2005 (10)：109-111.

[3] 熊扬恒. 风力发电及其若干关键技术研究 [J]. 风力发电，2005 (5).

风电场风能资源评价两个新参数 *
——相当风速、有功风功率密度

杨振斌[1] 朱瑞兆[2] 薛 桁[2]

（1. 中国气象局风能太阳能资源评估中心

2. 中国气象科学研究院风能太阳能资源实验室）

20 世纪 80 年代以来，由于环境及能源等方面的危机，世界各国逐渐重视风能、太阳能等清洁可再生能源的开发利用，可再生能源已经逐渐从补充能源向替代能源转变。在最近出版的"《风力 12》：关于 2020 年风电达到世界电力总量 12% 的蓝图"报告中[1]，欧洲风能协会和绿色和平组织对未来世界风力发电市场作了情景描绘：到 2020 年要单独用风电实现供应 12% 的世界电力需求。截至 2003 年底，中国风电全国总装机 56.7 万 kW，过去 10 年以年均 55% 的高速增长，"全国风力发电'十一五'发展计划及 2020 年发展规划"明确提出，到 2020 年全国风电总装机能量将达到 2000 万 kW，这是一个宏伟的目标。要实现这一目标，首先必须真正摸清楚我们国家的风能资源状况，寻求潜在的大型风电场，而准确的风能资源评价是开展这方面工作的基础之基础。衡量一地风能资源状况指标主要有：平均风速、平均风功率密度、有效风功率密度、风向、风能玫瑰图等。考虑到空气密度、风速频率分布是影响风能大小的两个重要因子，本文提出相当风速、有功风功率密度两个概念，为准确进行风能资源评价提供了两个更恰当的评价指标。

一、相当风速

（一）风速概率分布及平均风功率密度

关于风速的分布，国外有过不少的研究（Joseph, P. et al, 1977, Justus, C. G., 1978；L. Vander Auwera et al, 1980），我们国家也有类似的探讨。一般认为，风速分布服从正偏态分布，风力越大的地区，分布曲线越平缓，峰值降低右移动。通常用来拟合风速分布的线型有：瑞利（Rayleigh）分布、对数正态分布、Γ-分布、双参数韦布尔（Weibull）分布、三参数韦布尔分布、皮尔逊曲线簇等[2]。其中韦布尔双参数曲线簇被普遍认为是适于对风速作统计描述的概率密度函数。

一般地，存在一个平均风速为 $\bar{V}_{re}$ 的实测风速序列 $V_{re,i}$（$i=1,\cdots,n$），该风速序列服

＊ 本文发表在《太阳能学报》，2007 年第 3 期，收录在《风能、太阳能资源研究论文集》，气象出版社 2008 年版。

从双参数韦布尔分布，则该风速序列所反映的测点的平均风功率密度[3]为

$$\overline{W}=\frac{1}{2}\overline{\rho}c^3\Gamma\left(\frac{3}{k}+1\right) \tag{1}$$

式中：$\overline{W}$——平均风功率密度；

　　　　$\overline{\rho}$——平均空气密度；

　　　　k——风速韦布尔分布的形状因子；

　　　　c——尺度因子。

同时，韦布尔分布的数学期望 μ 满足以下关系：

$$\mu=c\Gamma\left(1+\frac{1}{k}\right) \tag{2}$$

将式（2）代入式（1），得

$$\begin{aligned}
\overline{W} &=\frac{1}{2}\overline{\rho}c^3\Gamma\left(\frac{3}{k}+1\right)\\
&=\frac{1}{2}\overline{\rho}\left[\frac{\mu}{\Gamma\left(1+\frac{1}{k}\right)}\right]^3\cdot\Gamma\left(\frac{3}{k}+1\right)\\
&=\frac{1}{2}\overline{\rho}\mu^3\frac{\Gamma\left(\frac{3}{k}+1\right)}{\left[\Gamma\left(1+\frac{1}{k}\right)\right]^3}
\end{aligned} \tag{3}$$

如果以平均风速 $\overline{V}$ 来估算 μ 值，式（3）可以改写为

$$\overline{W}=\left\{\frac{1}{2}\times\frac{\Gamma\left(\frac{3}{k}+1\right)}{\left[\Gamma\left(1+\frac{1}{k}\right)\right]^3}\right\}\overline{\rho}\ \overline{V}^3 \tag{4}$$

当 $k=2$ 时，说明某一地区的风速概率分布服从瑞利分布，将 $k=2$ 代入式（4）可以得到：

$$\begin{aligned}
\overline{W} &=\left\{\frac{1}{2}\times\frac{\Gamma(2.5)}{[\Gamma(1.5)]^3}\right\}\overline{\rho}\ \overline{V}^3\\
&=\left\{\frac{1}{2}\times1.5\times\frac{1}{[\Gamma(1.5)]^2}\right\}\overline{\rho}\ \overline{V}^3\\
&\approx0.955\overline{\rho}\ \overline{V}^3
\end{aligned} \tag{5}$$

值得指出的是，式（5）给出了一个利用年平均风速估算平均风功率密度的近似计算式。更准确的是利用风速序列直接计算平均风功率密度：

$$\overline{W}=\frac{1}{2n}\overline{\rho}\sum_{i=1}^{n}V_{re,i}^3 \tag{6}$$

（二）相当风速概念的提出

通常情况下，用来评价一地风能资源状况的参数包括：平均风速、平均风功率密度、有效风功率密度、有效小时数等。在这些指标中，人们往往最习惯简单使用平均风速的大小来作为直观的衡量指标，但是由于空气密度及风速分布曲线的不同，在相同的平均风速条件下，风能的大小可以有很大的差异。为了解决这一问题，本文提出一个新的概念——相当风速，定义为：对于某一平均风速为 $\overline{V}_{re}$ 实测的风速序列，假设存在一个标准大气下的（空气密度 $\overline{\rho}_0 = 1.225\text{kg/m}^3$）[4] 平均风速为 $\overline{V}_e$ 的风速序列 V_i（$i=1,\cdots,n$），该序列服从瑞利分布，并且具有与该实测序列相同的能量，则根据式（4）和式（5），存在如下关系：

$$0.955 \cdot \overline{\rho}_0 \cdot \overline{V}_e^3 = \left\{ \frac{1}{2} \cdot \frac{\Gamma\left(\dfrac{3}{k}+1\right)}{\left[\Gamma\left(1+\dfrac{1}{k}\right)\right]^3} \right\} \cdot \overline{\rho}_0 \cdot \overline{V}_{re}^3 \tag{7}$$

进一步可以得到：

$$\overline{V}_e^3 = \frac{\left\{ \dfrac{\Gamma\left(\dfrac{3}{K}+1\right)}{\left[\Gamma\left(1+\dfrac{1}{k}\right)\right]^3} \right\}}{2\times 0.955} \cdot \frac{\overline{\rho}}{\overline{\rho}_0} \cdot \overline{V}_{re}^3$$

$$\approx 0.427 \cdot \frac{\Gamma\left(\dfrac{3}{k}+1\right)}{\left[\Gamma\left(1+\dfrac{1}{k}\right)\right]^3} \cdot \rho \cdot \overline{V}_{re}^3 \tag{8}$$

从而可以得到某一实测风速序列的相当风速计算公式：

$$\overline{V}_e \approx \left\{ 0.427 \cdot \frac{\Gamma\left(\dfrac{3}{k}+1\right)}{\left[\Gamma\left(1+\dfrac{1}{k}\right)\right]^3} \cdot \rho \right\}^{\frac{1}{3}} \cdot \overline{V}_{re} \tag{9}$$

同样，如果利用风速序列直接计算平均风功率密度，利用式（4）和式（6），则相当风速也可以利用下面的公式计算：

$$\overline{V}_e = \left(\frac{\dfrac{1}{2n}\overline{\rho}\sum_{i=1}^{n} V_{re,\,i}^3}{0.955 \times 1.225} \right)^{\frac{1}{3}} \tag{10}$$

综上所述，相当风速的概念的提出，为利用风速值的大小直接进行风电场（潜在风电场）之间的风能资源丰歉比较提供了一个具有可比较性的直观的评判指标，该指标充分考虑了风速的概率分布、空气密度对风能大小的影响，在某种意义上来说，相当风速是一个具有能量概念，但同时又具有风速量纲的参量。

二、有功风功率密度

（一）有效风功率密度

为了衡量一个地方风能的大小，评价一个地区的风能潜力，风能密度是直接反映风能丰歉的指标量。风能密度表述气流在单位时间内垂直通过单位截面积的风能。由于风速是一个随机性很大的量，通常用平均风能密度和有效风能密度来评价一地的风能潜力。

作为一种能量再转换装置，不同型号风力机都具有各自的"切入风速""切出风速"，只有处于"切入风速"和"切出风速"之间的风能量能被风力机部分地转换为电能，所以常常将"切入风速"和"切出风速"之间的风力称为"有效风力"，在这一范围内的风力所具有的风能称为"有效风能"。在以前的研究中，通常将有效风力范围内的风能平均密度定义为有效风能密度：

$$\bar{\omega}_e = \int_{v_1}^{v_2} \frac{1}{2}\rho v^3 p'(v)\,\mathrm{d}v \tag{11}$$

式中：$\bar{\omega}_e$——有效风能密度；

　　　v_1——切入风速；

　　　v_2——切出风速；

　　$p'(v)$——有效风速范围内的条件概率分布密度函数。

由于这里的概率分布取的是条件概率，因此不能仅仅用有效风能密度来衡量某一地区的风能资源的大小，还必须与有效小时数相结合使用。也就是说，有效风能密度大的地区，不一定就是风能资源丰富的地区；只有有效风能密度大，同时有效小时数也比较大的地区，才可以说是风能资源丰富地区。因此，有效风能密度并不是一个独立的概念，必须与有效小时数配合使用，这在某种程度上容易造成理解上的概念混淆。

（二）有功风功率密度概念的提出

鉴于对有效风功率密度的讨论及存在的问题，本文提出一个有功风功率密度的概念，定义为有效风力范围内的风力在整个统计（观测）时段内所贡献的风功率密度，即

$$\bar{P}_e = \int_{v_1}^{v_2} \frac{1}{2}\rho v^3 p(v)\,\mathrm{d}v \tag{12}$$

式中：$\bar{P}_e$——有功风功率密度；

　　　v_1——切入风速；

　　　v_2——切出风速；

　　　ρ——空气密度；

　　$p(v)$——风速概率分布密度函数。

由于有功风功率密度定义中，$p(v)$ 的取值为风速概率分布密度函数，代替了式（11）中的有效风速范围内的条件概率分布密度函数，因此，有功风功率密度值的大小就

直接反映了处于有效风力范围内的风速对平均风功率密度的直接贡献，亦即可以被风力机直接利用的风能的密度大小。所以可以说，有功风功率密度大的地区，风能资源一定丰富。

三、相当风速、有功风功率密度的应用

在介绍了相当风速、有功风功率密度的概念后，下面就以收集到的一些实测风速资料、测点年平均空气密度（根据临近气象台站多年观测资料计算得到）等资料为例，分析有效风能密度、有功风功率密度在风能资源评价中的应用。根据实测风速序列计算得到相当风速、有功风功率密度（见表1）。

表 1　相当风速、有功风功率密度示例表

测点	空气密度（kg/m³）	平均风速（m/s）	平均风功率密度（W/m²）	相当风速（m/s）		有效风功率密度（W/m²）	有功风功率密度（W/m²）
				式（9）	式（10）		
南海测点	1.197	5.78	197.4	5.56 $k=2.35$，$c=6.6$	5.53	218.9	187.8
辽宁测点	1.225	5.32	170.69	5.31 $k=1.97$，$c=6.0$	5.28	207.6	169.4
黑龙江测点	1.263	8.85	783.5	8.63 $k=2.24$，$c=10.2$	8.75	860.4	776.2

由表1可以看出，南海某测点实测年平均风速为5.78m/s，由于其年平均空气密度为1.197kg/m³，风速韦布尔分布形状因子为2.35，计算得到的相当风速为5.56m/s（或者5.53m/s），因此该测点实测风速序列所具有的风能与年平均风速为5.56m/s、年平均空气密度为1.225kg/m³的风速序列具有相当的能量。因此相当风速概念的引入，由于同时考虑了空气密度、风速概率分布对风能资源大小的影响，使利用风速的大小来进行不同地点的风能资源状况比较成为可能。相当风速大的测点，风能资源丰富；相当风速小的测点，风能资源相对较贫乏。

另外，利用单一的有效风功率密度的大小，很难判断测点所在位置风能资源的丰富多寡，必须结合有效小时数来综合判断。而有功风功率密度的大小，直接反映了该测点风所具有的能量可以用来转换电能的部分的密度大小，有功风功率密度越大的测点，风能资源品质就越好。

四、结论

通过对平均风速、平均风速概率分布、平均风功率密度、有效风功率密度的讨论，引入相当风速及有功率风功率密度的概念。这两个参数，可以显著地反映可能被风力机转换为电能的空气运动具有的动能，从而更客观、准确地评价某一地点风能资源可利用程度，是两个更具有指示意义的量值指标。在将来的应用中，可以用来作为风能资源评估、区划的指标。同时，也可以将这两个指标作为确定参考电价的重要因子，给出在固定的设备投资条件下，不同资源状况对应的参考电价。

参 考 文 献

［1］欧洲风能协会，国际绿色和平. 风力 12 ［M］. 中国环境科学出版社，2004.

［2］朱瑞兆，祝昌汉，薛桁. 中国太阳能·风能资源及其利用 ［M］. 北京：气象出版社，1988.

［3］薛桁，朱瑞兆，杨振斌，等. 中国风能资源贮量估算 ［J］. 太阳能学报，2001，22（2）：167-170.

［4］《大气科学辞典》编委会. 大气科学词典 ［Z］. 北京：气象出版社，1994.

风电场发电量后评估的指标评估方法探讨*

王　蕊[1]　吉海生[2]　娄慧英[3]　朱瑞兆[4]　李鸿秀[1]　焦　姣[1]

（1. 北京计鹏信息咨询有限公司　2. 吉林同力风力发电有限公司
3. 水利水电规划设计总院　4. 中国气象科学研究院）

建设项目后评估是基本建设程序的一个重要阶段。20 世纪 30 年代，最早的项目后评估活动始于美国[1]。从 2005 年至今，中国风电装机容量快速连续增长。目前，风电项目后评价方面的研究已经取得一些成果，并应用在风电场项目建成后的评估方面。文献［2、3］采用层次分析法（AHP）评价风电场运行经济性；文献［4］提出用风电机组分布系数、风资源系数和损失系数来评价风电场运行情况。为了提高项目建设单位的投资决策水平和风电项目投资效益，需找出项目决策时确定的目标和项目投资完成后各项指标的差别和变化，分析原因、总结经验、提出对策建议，通过信息反馈，改善投资管理和决策，达到提高投资效益的目的。文献［1~4］偏重于风电场后评估中的运行经济性和运行情况的研究，并未对风电场运行后的发电量指标进行详细分析和评估。而风力发电机组的发电量指标是体现风电场运营的后评价过程中的重要指标之一，因此需对风电场的实际年发电量进行统计，采用合理方法分析后，将其与设计值进行对比，查找影响发电量的内、外部因素，根据风电场的实际情况，有针对性地提出建议和相关措施[5]，达到对风电场发电量指标的评估目的。

一、评估方法

风电场发电量后评估是将预期目标与实际效果进行对比的一种分析法。将风电场建成前后的实际情况加以对比，考核该风电场运行效率和年发电量[6]。将风电场可研阶段所预测的风资源和风力发电机的年发电量，与风电场建成投产后的实际情况相比较，从中找出存在的差别及原因，为以后风电场的设计提供准确、可靠的思路和方法。对设计值是保守还是偏大进行理论分析研究，从而提高风能资源的分析能力和风电机组的选型原则、充分利用风能资源，提高风电场发电量[7]。

二、评估步骤

风电场发电量后评估有 6 个步骤：①对风电场内测风塔的测风数据和风电场每台风机的运

---

*　本文发表在《中国电力》，2013 年第 8 期。

行数据进行收集、整理[8];②判断实际运行年份的风能资源代表年情况,将实际发电量订正到代表年;③将设计参数与实际运行参数进行对比[5];④分析对比前后产生的偏差及差异原因;⑤提出缩小偏差的调整建议;⑥改进不足,进而提高整个风电场的运行效率和发电量。

发电量代表年订正方法具体如下:根据实际运行年份的气象站同期数据或现场测风塔实测数据,判断实际运行年份的风能资源代表年情况,判断其是否是水平年。如果实际运行年份不是水平年,则需对发电量进行等比例推算至代表年发电量后,再进行比较;如果实际运行年份属于水平年,则直接对风电场实际运行后的上网发电量与可研阶段测算出的上网发电量进行比较。

若 $V_0 = V_1$,且 $E_0 < E_1$,表示设计值偏小,但是设计值不超过实际值,就认为实际发电量能够达到设计的水平,认为设计是合理的;

若 $V_0 = V_1$,且 $E_0 = E_1$,表示设计值合理;

若 $V_0 = V_1$,且 $E_0 > E_1$,表示设计值偏大。

若 $V_0 \neq V_1$,则通过风功率密度是风速的 3 次方关系且发电量是风功率密度等比例的原则,列出发电量代表年订正公式 $\dfrac{v_0^3}{v_1^3} = \dfrac{E_2}{E_1}$ 推算出 E_2,考虑到实际发电量和代表年订正后的推算发电量同处于同一个风电场,风电场地形和空气密度是统一的,式中的 E_2 是通过实际发电量推算得出,实际发电量已包含了地形和空气密度的影响,因此此处公式中仅考虑风速对发电量的影响。

若 $V_0 \neq V_1$,且 $E_0 < E_2$,表示设计值偏小,但是设计值不超过订正后的推算值,就认为推算后的发电量能够达到设计的水平,认为设计是合理的;

若 $V_0 \neq V_1$,且 $E_0 = E_2$,表示设计值合理;

若 $V_0 \neq V_1$,且 $E_0 > E_2$,表示设计值偏大。

式中,V_0 为测风塔代表年年平均风速,V_1 为风电场实际运行年份测风塔的年平均风速,E_0 为可研报告中计算出的上网发电量,E_1 为风电场实际运行年份上网发电量,E_2 为经推算的风电场代表年份上网发电量。

三、实例分析

(一)目标风电场选取

选取吉林省某风电场数据进行分析。该风电场地形平坦开阔,局部地形略有起伏,海拔高度为 150~170m,场区内植被稀疏,为荒草平原。共设置 33 台金风 1500-82 风机,轮毂高度为 70m,装机容量为 49.5MW,本风电场并网时间为 2011 年 8 月,考虑到并网初期风力发电机组的调试、故障等因素会影响发电量,因此本次后评估采集时段为 2011 年 9 月 1 日至 2012 年 8 月 31 日的实际并网发电运行数据。

(二)数据情况

本风电场可研阶段与实际运行期使用的测风塔为同一测风塔的不同测风时段,测风塔

70m 高度处代表年平均风速为 7.0m/s。实际运行统计数据如下：实际运行期 70m 高度处的年平均风速为 5.96m/s，上网发电量见表 1；弃风小时数为 1599 小时 11 分，弃风电量为 3297.1 万 kW·h；33 台风机故障时间合计为 966.8h，可利用率为 99.67%；各风速段对应功率汇总见表 2。

表 1　风电场发电量数据对比

项　　　目	测风塔年平均风速 （m/s）	风机年平均风速 （m/s）	风机上网发电量 （kW·h）
可研阶段	7.00	7.12	116104001
实际运行期	5.96	5.64	79226505

表 2　风电场实际运行期功率曲线数值

风速 （m/s）	功率 （kW）	风速 （m/s）	功率 （kW）	风速 （m/s）	功率 （kW）
3.5	59.5	9.5	1167.6	15.5	1526.0
4.0	95.8	10.0	1283.6	16.0	1526.0
4.5	137.4	10.5	1380.9	16.5	1524.0
5.0	189.9	11.0	1439.9	17.0	1528.0
5.5	255.9	11.5	1466.3	17.5	1530.0
6.0	333.1	12.0	1474.2	18.0	1531.0
6.5	424.9	12.5	1518.2	18.5	1528.0
7.0	533.6	13.0	1524.1	19.0	1532.0
7.5	654.1	13.5	1526.0	19.5	1532.0
8.0	780.9	14.0	1527.0	20.0	1532.0
8.5	911.5	14.5	1527.0	20.5	1539.0
9.0	1039.8	15.0	1527.0	—	—

　　由于测风塔的位置和测风高度都没有变化，通过风电场实际运行期的测风塔数据与可研阶段代表年订正后的数据进行对比分析后得知，本风电场设计期的风能资源分析与实际运行期相比，除盛行风方向略有差异外，风速的年内分布、月平均风速、风功率密度变化趋势均一致，可认为设计期的风能资源评价合理。

　　可研阶段气象站测风同期的年平均风速与近 10 年气象站年平均风速相等，均为 3.0m/s，判定可研阶段测风时段为水平年，测风塔 70m 高度处代表年平均风速为 7.0m/s；实际运行期使用的测风塔为同一测风塔的不同测风时段，因未收集到气象站同期数据，因此用实际运行期测风塔的实测年平均风速与测风塔代表年平均风速对比进行大小风年的判定。实际运行期 70m 高度处的年平均风速为 5.96m/s，小于可研阶段 70m 高度处的年平均风速 7.00m/s。

以此判断，本风电场实际运行年份为小风年，需对实际并网发电数据进行代表年订正后再进行比较评价。

（三）发电量评价

风电场实际运行年份为小风年，由发电量代表年订正公式 $\dfrac{v_0^2}{v_1^3} = \dfrac{E_2}{E_1}$ 及表 1 中数据可知，实际运行期代表年订正后的上网发电量为 128358857kW·h，订正后的发电量数值与可研得出的上网发电量对比如表 3 所示，使用同样公式将实际运行期每台风机的发电量均进行代表年订正，将其与可研得出的上网发电量进行对比，结果如图 1 所示，实际运行期比可研得出上网发电量大 9.5%，能够达到设计期的上网发电量要求，设计合理。

表3 发电量对比

可研阶段上网发电量（kW·h）	116104001
实际运行期上网发电量（kW·h）	79226505
代表年订正后的实际运行发电量（kW·h）	128358857
偏差（%）	9.50

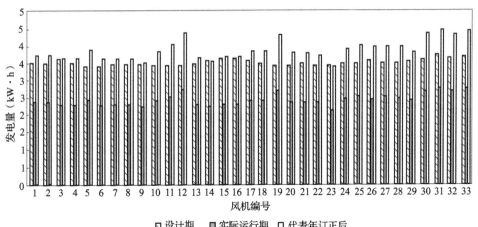

图1 每台风机设计阶段、订正后和实际发电量对比

由表 3 及图 1 可知，实际运行期经代表年订正后的总上网发电量比设计期上网发电量多 9.5%，订正后的每台风机的发电量均大于设计期的上网发电量，能够达到设计期的上网发电量要求，设计基本合理。

（四）偏差分析

由前文分析可知，本风电场可研阶段的风能资源及发电量设计均合理，由于与实际运行期的偏差达到 9.5%，因此需对偏差进行原因分析。

1. 测风塔。可研阶段使用的测风塔不具代表性、测风时段不同、测风仪器老化、未校准等因素均会影响测风资料精度，从而影响发电量。可研阶段至实际运行至少要经历

1~3 年，因此测风时段及仪器的问题无法消除。

2. 机型。可研阶段推荐的机型若不是业主最终招标确定的风力发电机组机型，则由于各种机型的功率曲线不同，会对发电量结果产生直接影响。

3. 风机布点。可研阶段的风机布点是在点位优化软件的基础上，适当手调，考虑与村庄、道路、河流、线路等的安全距离后，将尾流控制在 8% 以下得到的；实际运行阶段的风机布点是在微观选址阶段，每个机位实地考察计算发电量，得到的符合现场情况的最终机位。风机布点的差异会对发电量的结果产生直接影响。由于可研与实际运行阶段存在前后顺序，因此风机布点引起的发电量前后差异无法消除。

4. 停机。风电场内的风力发电机组若因故障、特殊气象条件、不可抗力、合理的例行维护时间、误操作停机[9]等原因造成停机，将会对发电量产生直接影响。

5. 弃风。目前，由于电网建设的相对滞后，三北地区的风力发电场限负荷现象较为严重，限负荷造成的弃风对发电量产生直接影响[10]。

6. 软件计算准确性。行业内公认的发电量计算软件平坦地形为 WAsP，复杂地形为 WT，软件计算的准确性会对发电量结果有一定影响，此项差异无法消除。

7. 折减系数的选取。可研阶段通过软件计算出的每台风机理论发电量，经各项折减后，得到上网发电量数值。折减系数的选取对上网发电量的数值有直接影响。后评估阶段，需要根据实际运行期的特点，对折减系数的选取进行分析和调整，为以后在本地区设计提供参考。

设计期及后评估阶段调整后的各项折减系数如表 4 所示。

表 4　折减系数对比

各项折减	原折减率（%）	来源	是否进行调整	调整后折减率（%）	调整依据
尾流影响	6.30	计算值	否	6.30	—
风机可利用率	95	厂家提供	否	95	—
功率曲线保证率	95	厂家提供	否	95	—
叶片污染	3	可研报告	否	3	—
线损和站用电	6	估计值	是	3	运行人员提供
湍流影响	3	估计值	否	3	—
气候影响折减	8	估计值	是	6	运行人员提供
偏航	5	估计值	否	5	—
电网限电	5	估计值	是	9	运行人员提供
合计综合折减	37.90	—	—	37.28	—

表 4 中各项折减情况如下。

①尾流影响。实际运行期的尾流影响无统计数据，无法计算尾流对发电量带来的实际影

响，因此此项使用软件计算得出的数值，不进行调整。

②风机可利用率。本风电场并网时间刚满一年，在运行初期误操作和维护停机得占一定时间，风机因故障造成停机的时间较少，本风电场全年停机时间达到966.8h，每台风机停机时间约占全年的0.3%，随着运行时间增加，故障等因素会逐渐出现，停机时间会逐渐增加，因此此项暂不调整。

③功率曲线保证率。本风电场统计出实际运行期间33台风机的每个风速段对应的功率曲线数值（见表2），将其与标准功率曲线对比后，得知偏差小于5%，因此此项暂不调整。

④叶片污染。可研主要考虑叶片结冰、积雪、沙尘等影响，由于风电场并网运行后，这方面的影响无法预估，因此此项暂不进行调整。

⑤线损和站用电。经与风电场电气人员核实，线损约为发电量的2.5%；站用电经风电场每日统计得出，全年站用电为92855kW·h，约为全年发电量的0.5%。因此此项调整为3.0%。

⑥湍流影响。风电场没有湍流影响方面的数据统计，故此项不进行调整。

⑦气候影响。可研考虑的此项折减主要指因气候原因造成的机组停机带来的影响。经现场运行人员统计数据，判断气候影响造成的停机时间能达到满负荷发电的比例为6%。

⑧偏航。本风电场的盛行风能方向相对集中，但是次盛行风能方向比例也较大，对风机的偏航会有一定影响，因此此项不进行调整。

⑨电网限电。可研阶段此项折减考虑电网限电引起的弃风因素，风电场弃风数据如图2所示。

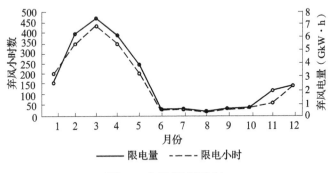

图2　弃风数据统计

由实际运行期的弃风数据可知，本风电场弃风高峰时段集中在1—5月，本风电场大风月为3—5月，大风月弃风对发电量会产生直接影响。本风电场全年弃风小时为1599h，约占全年的18%，经现场运行人员统计弃风时段数据，判断弃风时段能达到满负荷发电的比例为9%。

使用调整后的综合折减系数37.28%，再次进行发电量的比较，结果见表5，由表5可知，偏差由9.35%减小为4.60%，调整后的发电量更加符合实际情况。

表5　发电量对比

风机编号	设计期发电量（GW·h）		实际运行期发电量（GW·h）	偏差	
	原折减（%）	折减调整后（%）	代表年订正后	原折减（%）	折减调整后（%）
1	3.51	3.70	3.73	5.84	0.91
2	3.47	3.65	3.74	7.35	2.50
3	3.62	3.81	3.66	1.26	-3.91
4	3.49	3.67	3.66	4.91	-0.06
5	3.41	3.59	3.89	12.29	7.70
6	3.41	3.58	3.63	6.26	1.35
7	3.45	3.63	3.65	5.74	0.80
8	3.45	3.63	3.64	5.42	0.47
9	3.45	3.63	3.55	2.79	-2.30
10	3.41	3.59	3.84	11.25	6.60
11	3.41	3.59	4.05	15.83	11.42
12	3.42	3.60	4.36	21.56	17.46
13	3.48	3.66	3.65	4.69	-0.30
14	3.57	3.75	3.56	0.06	-5.17
15	3.66	3.85	3.69	0.77	-4.42
16	3.66	3.85	3.65	0.05	-5.18
17	3.57	3.75	3.85	7.57	2.73
18	3.50	3.68	3.87	9.76	5.03
19	3.44	3.62	4.30	19.99	15.80
20	3.43	3.61	3.80	9.74	5.02
21	3.50	3.68	3.77	7.26	2.40
22	3.43	3.61	3.73	8.10	3.29
23	3.45	3.63	3.38	-1.72	-7.05
24	3.50	3.68	3.92	10.95	6.28
25	3.50	3.69	4.02	12.94	8.38
26	3.59	3.77	3.95	9.42	4.67
27	3.51	3.69	4.02	12.86	8.29
28	3.54	3.73	4.00	11.53	6.90
29	3.56	3.75	3.82	6.93	2.05
30	3.60	3.78	4.34	17.14	12.80
31	3.73	3.93	4.44	16.03	11.64
32	3.68	3.87	4.30	14.73	10.26
33	3.71	3.91	4.45	16.62	12.25
合计	116.10	122.18	128.07	9.35	4.60

四、结语

采用代表年分析订正的方法对风电场发电量进行后评估，将实际运行期的发电量与可研阶段进行对比分析，针对差异分析原因，调整折减，能够使调整后的发电量更加符合实际情况，为以后在本地区的风电场可研设计提供参考依据及指导性意义，同时也为可研设计人员提高设计水平提供参考。

由于不同地区气候条件，建设条件及电网条件均不相同，因此不同地区的项目进行后评估需针对当地情况收集相应数据，对各项折减系数进行针对性调整。未来，可综合多个地区的项目情况，为可研设计人员和后评估人员提供参考。

参 考 文 献

[1] 张礼安，李华启，李刚，等. 建设项目后评价方法和程序 [J]. 经济评价，2005，13 (11)：44-47.

[2] 沈又幸，范艳霞，谢传胜. 基于 FAHP 法的风电项目后评估研究 [J]. 电力需求侧管理，2008，10 (6)：16-18.

[3] 吕太，张连升，李琢，等. 层次分析法在风电场运行经济性评价中的应用 [J]. 中国电力，2006，39 (6)：42-44.

[4] 申洪，王伟胜. 一种评价风电场运行情况的新方法 [J]. 中国电机工程学报，2003，23 (9)：90-93.

[5] 杨永红，李献东. 风电项目后评价理论方法探讨 [J]. 华北电力大学学报 (社会科学版)，2008 (3)：6-9.

[6] 李俊峰. 中国可再生能源技术评价 [M]. 北京：中国环境科学出版社，1999.

[7] 彭怀午，王晓林. 风电场设计后评估活动的探讨 [J]. 可再生能源，2009，27 (4)：97-99.

[8] 彭怀午，冯长青，刘方锐. 内蒙古某风电场设计后评价 [J]. 电网与清洁能源，2009，25 (11)：66-69.

[9] 杨威. 风电场后评估方法研究 [D]. 北京：华北电力大学，2010.

[10] 姜广旭. 风电场风能资源与发电量设计后评估研究 [D]. 北京：华北电力大学，2009.

不同地形风电场湍流强度日变化和年变化分析 *

李鸿秀[1,2]　朱瑞兆[3]　王　蕊[2]　焦　姣[2]　吕允刚[2]

（1. 兰州大学大气科学学院　2. 北京计鹏信息咨询有限公司

3. 中国气象科学研究院）

　　大气湍流强度是地表摩擦与风速切变引起的动力因子和温度层结引起的热力因子而形成的[1]，是评价气流稳定程度的指标，其大小关系到风电场风能资源质量的优劣。大气湍流度与地理位置、地形、地表粗糙度和大气边界层的演变等因素有关，所以不同地区不同地形湍流强度日变化和年变化不同。

　　大气的垂直分布按大气温度可分为对流层、平流层、中层、热成层，对流层中紧贴地球表面 100~200m 的气层是边界层，因为地球是行星，也称"行星边界层"[2]，这一层直接受下垫面的影响。目前风电场的测风塔高度一般在 120m 以下，因此基本上位于边界层内，平坦地形地表变化较为单一，粗糙度变化较为均一，因此湍流强度的日变化和年变化基本上能反映边界层湍流的变化。复杂地形下的湍流强度与地形、地表粗糙度和近地层的日变化和年变化同样有关[3]。

　　风能资源评估中湍流强度是风速的标准偏差与平均风速的比率[4]。用同一组测量数据和规定的周期进行计算。本文图表所显示的湍流强度均为平均湍流强度，公式为

$$I_T = \sigma / V$$

式中：I_T——湍流强度；

　　　　σ——平均风速标准偏差；

　　　　V——平均风速。

　　本文通过东北平原、青藏高原平坦地形，中原山区复杂地形、北方沿海、南方沿湖及沿海缓坡丘陵地形分析湍流日变化和年变化在我国不同地区的湍流及变化的差异。本文所统计的数据均为风电场测风塔数据，数据时间段为完整一年逐十分钟和逐小时实测数据。风电场、测风塔情况见表 1。

表 1　风电场和测风塔情况表

地理位置	经纬度	海拔（m）	测风时段	有效数据完整率（%）
吉林白城	123°3.06′E 45°35.53′N	143	2005-01-01~2005-12-31	100

＊　本文发表在《太阳能学报》，2014 年第 11 期。

地理位置	经纬度	海拔（m）	测风时段	有效数据完整率（%）
青海都兰	96°15.86′E 36°22.46′N	2806	2009-06-01~2010-05-31	93~99
山西朔州	112°17.28′E 39°41.92′N	1704	2009-01-01~2010-12-31	91~98
山东莱州	119°48.22′E 37°10.91′N	3	2008-01-01~2008-12-31	94
广东湛江	110°22.56′E 20°31.69′N	81	2010-05-01~2011-04-30	99
湖南岳阳	113°9.30′E 28°55.44′N	68	2009-10-01~2010-09-30	96

注：1　有效数据完整率小于 100% 的数据处理方法为：按照国家标准《风电场风能资源评估方法》
　　　GB/T 18710—2002 中推荐的方法进行数据处理，利用相邻测风塔或气象站与测风塔的相关关
　　　系插补不合理或缺测数据，如果相关关系低于 60%，用同一个测风塔相邻时间段插补不合理
　　　或缺测数据。
　　2　测风仪器除湖南省岳阳市风电场为 Secondwind 测风仪外，其他风电场均为 NRG 测风仪。

一、不同地区地形的湍流强度日变化和年变化分析

（一）东北平原平坦地形湍流强度日变化和年变化

东北吉林省白城市某风电场，地形平坦，周围无建筑物及树木，地表有 0.3m 高的草地，能代表平坦地形粗糙度较小的风电场。在中性大气下湍流强度取决于粗糙度和大气边界层的演变[5]。

湍流强度随高度而变化，即随着高度的增加，湍流强度减小。如图 1 所示，10m 层的湍流强度最大，70m 最小。湍流日变化规律为从 5 时开始逐渐增大，12—13 时达到最大，之后逐渐减小，到 24 时降到最低。不同高度层的变化基本一致。由图 1 还可知，湍流强度的各层年变化趋势分布差异较小，6—9 月湍流强度较大，11 月至次年 3 月湍流强度偏小，即夏秋季湍流强度较大，春冬季湍流强度较小。

分析湍流日变化的原因，日出后地表受热，热空气上升，冷空气下降，对流逐渐加强，各种性质近乎均匀的混合，故称之为混合层，也称为对流边界层。在混合层内为不稳定的大气，其乱流主要由对流作用主导。日出后混合层很快发展，到 13—14 时，混合层高度达到最高[6]，动能传递一般要快于热能传递，因此 12 时湍流强度最大，日落后，地表受热停止，使混合层内的乱流强度减弱，原来为不稳定的大气，逐渐转为中性的大气，对流作用减小，湍流强度也减小。日落后，地表长波辐射减弱，逐渐降温，在地表形成逆温，发展成为夜间地面逆温层，这一层大气非常稳定，因此对流很弱，湍流强度很小。

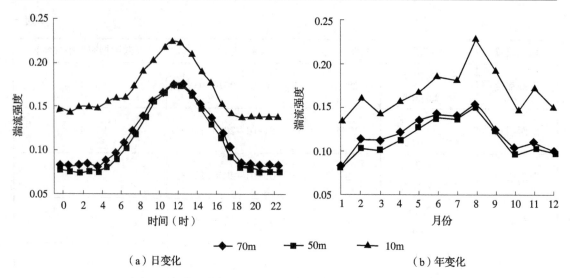

（a）日变化　　　　　　　　　　　　　　（b）年变化

图 1　东北平原平坦地形湍流强度日变化和年变化图

分析湍流年变化的原因，东北地区平坦地形一年四季中夏秋季水汽和热量的对流较旺盛，地表植被较春冬季多，粗糙度较春冬季大，因此夏秋季湍流强度较大，春冬季水汽和热量的对流较为弱，几乎没有植被，因此春冬季湍流强度较小。

（二）青藏高原平坦地形湍流强度日变化和年变化

该风电场地形平坦，为荒漠地形，几乎没有植被，位于青藏高原平原地区青海省都兰县，该风电场湍流日变化呈单峰分布，从 8 时开始逐渐增大，14—17 时达到最大，之后逐渐减小，24 时降到最低。不同高度层的变化一致，10m 层的湍流强度最大，30m、50m 居中，70m 最小，50m 和 70m 的湍流强度接近 [见图 2（a）]。湍流强度的年变化趋势分布呈单峰分布，5—9 月湍流强度较大，11 月至次年 2 月湍流强度偏小，即夏秋季湍流强度较大，春冬季湍流强度较小 [见图 2（b）]。

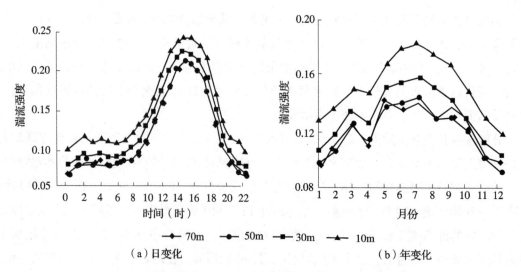

（a）日变化　　　　　　　　　　　　　　（b）年变化

图 2　青藏高原平坦地形湍流强度日变化和年变化图

　　青藏高原平原地区湍流强度日变化和年变化及成因与平原地区相同，但日变化峰值推后2h，这是由于青藏高原与东北平原有 2h 时差，日出晚 2h，湍流强度最大值出现时间也晚 2h。

（三）中原山区复杂地形湍流强度日变化和年变化

　　该风电场位于山西省朔州市，为中原山区复杂地形风电场，地形为山地，高差约为1000m，有 0.5m 的零星植被，该风电场湍流日变化呈单峰分布，从 7 时开始逐渐增大，11—14 时达到最大，之后逐渐减小，24 时降到最低。不同高度层的日变化一致，10m 层的湍流强度最大，70m 居中，50m 最小。在 50~70m 受地形影响，湍流强度随高度呈现增大趋势〔见图 3（a）〕。由图 3（b）可知，湍流强度的年变化趋势分布呈单峰分布，5—9 月湍流强度较大，11 月至次年 1 月湍流强度偏小，即夏秋季湍流强度较大，春冬季湍流强度较小。

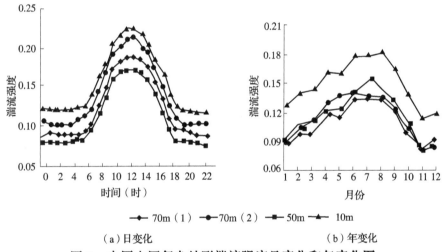

（a）日变化　　　　　　　　　　　（b）年变化

图 3　中原山区复杂地形湍流强度日变化和年变化图

注：70m（1）、70m（2）代表 70m 有两个测风仪。

　　中原山区复杂地形风电场日变化和年变化及成因与平原地区相同，不同的是受地形和植被影响，变化规律有所不同，易出现湍流强度随高度增大的趋势，中原山区与东北平原有1h 时差，日出晚 1h，湍流强度最大值出现时间也晚 1h。

（四）北方沿海丘陵地形湍流强度日变化和年变化

　　该风电场位于山东省莱州市，距离海边 300m，属于北方沿海丘陵地区风电场，该风电场湍流强度 10m 与 40m、70m 有较大差异，夜间大，白天小，40m、70m 湍流强度白天较大，夜间较小〔见图 4（a）〕。由图 4（b）可知，10m 湍流强度的年变化趋势分布呈单峰分布，7—8 月湍流强度较大，10 月至次年 2 月湍流强度偏小。40m、70m 在 6—7 月湍流强度较大，其他月较小，总体来讲湍流强度变化较为平稳，趋势不明显。

　　该风电场湍流强度 10m 与 40m、70m 有较大差异，原因是本风电场位于海边，离海距离 300m，所处位置为丘陵，10m 处除了海面影响还易受地形和粗糙度影响，而 40m 和 70m 受地形和粗糙度影响较小，主要受海面影响。

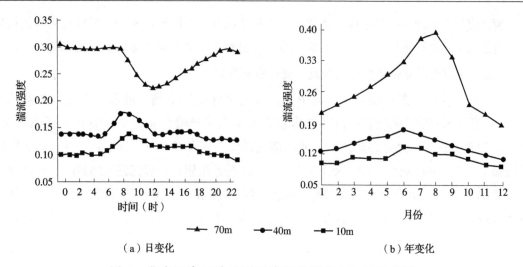

（a）日变化　　　　　　　　　　（b）年变化

图4　北方沿海丘陵地形濡流强度日变化和年变化图

本风电场湍流强度年变化体现了北方海洋特点，海洋四季的能量交换较为平稳，北方海洋能量交换夏秋季略大，因此夏秋季湍流强度较大，春冬季湍流强度较小。另外在低层受地形和粗糙度影响较大，因此呈现出与主要受海洋影响的高层不一致的湍流变化。

（五）南方沿海丘陵地形湍流强度日变化和年变化

本风电场位于广东省湛江市，距离海边5km，属于沿海丘陵地形风电场，该风电场日变化及原因与北方沿海丘陵变化一致，10m处也是夜间大、白天小，40m和70m日变化相反，湍流强度的年变化趋势较为平稳，不明显（见图5）。

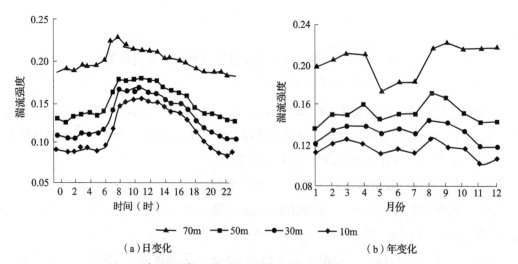

（a）日变化　　　　　　　　　　（b）年变化

图5　南方沿海丘陵地形湍流强度日变化和年变化图

本风电场属于丘陵地形，位于沿海，受海面影响，也受地表地形影响，日出后陆地丘陵吸收太阳辐射较快，对流旺盛，湍流强度增强，日落后对流减弱，湍流强度减弱，另外海边四季的能量交换较为平稳，南方一年四季温度都高，季节差别不大，因此湍流强度变化较为平稳。

（六）南方沿湖丘陵地形湍流强度日变化和年变化

从统计结果看，南方沿湖丘陵地形风电场日变化呈不太明显的单峰分布，11—12时达到最大，之后逐渐减小，21—23时和2—4时最低。不同高度层的变化一致，10m层的湍流强度最大，30m、50m居中，70m最小，50m和70m的湍流差异很小。湍流强度的年变化趋势较为平稳，不明显，如图6所示。

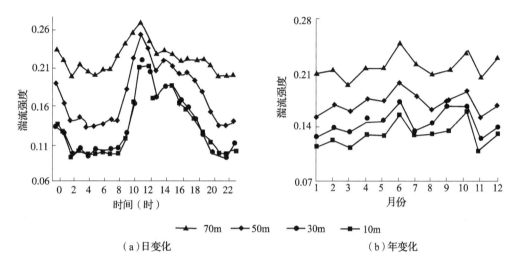

（a）日变化　　　　　　　　　　　　　（b）年变化

图6　南方沿湖丘陵地形湍流强度日变化和年变化图

本风电场属于丘陵地形，位于湖南省岳阳市，洞庭湖边，受湖面影响，也受地表地形影响，湍流强度日变化和年变化及成因与南方沿海丘陵地形相似，即日出后陆地丘陵吸收太阳辐射较快，对流旺盛，湍流强度增强，日落后对流减弱，湍流强度减弱，湖边四季的能量交换较为平稳，另外南方一年四季温度都高，季节差别不大，因此湍流强度变化较为平稳。

二、湍流日变化和年变化差异分析

（一）陆上日变化、年变化特点及原因

陆地的湍流日变化和年变化幅度比沿湖、沿海大；陆地的湍流强度日变化高峰值与日出时间有关，日出越早，越早达到高峰值。日变化和年变化的最大湍流强度均出现在10m高度，年变化最大湍流强度集中出现在6—9月，陆地日变化最大湍流强度出现在12—16时，沿海和沿湖日变化最大湍流强度出现在23时至次日8时（见表2）。

表2　不同风电场湍流强度日变化和年变化结果

地　　点	日变化最大湍流强度		年变化最大湍流强度	
	数值	出现时间（时）	数值	出现月份
吉林白城	0.233	12	0.229	8
青海都兰	0.247	15—16	0.183	7
山西朔州	0.220	13	0.184	8

续表 2

地　　　点	日变化最大湍流强度		年变化最大湍流强度	
	数值	出现时间（时）	数值	出现月份
山东莱州	0.308	0	0.402	8
广东湛江	0.237	8	0.223	9
湖南岳阳	0.269	23	0.250	6

注：日变化和年变化最大湍流强度出现高度均为 10m。

平坦地形相对山地、丘陵地形高层的湍流强度差异较小，即平坦地形到一定高度后空气的运动趋于稳定，稳定层高度较山地、丘陵地形低。复杂地形地表变化较为多样，粗糙度变化较大，湍流强度日变化和年变化除了反映大气边界层湍流的变化外，还反映了地表植被、地形的起伏；复杂的山地地形受地形、植被影响易出现湍流强度的不规律变化。

（二）沿海及沿湖日变化、年变化特点及原因

沿湖和沿海地区湍流强度变化不仅体现了地表变化，也体现了海面上大气气流状况，水面较平滑，因此沿湖和沿海湍流强度的变化幅度较小。

沿湖和沿海地区低层湍流强度除了受海面影响外，还易受地形和粗糙度影响，而高层受地形和粗糙度影响较小，主要受海面影响。因此高层湍流强度变化较为平稳，低层与高层湍流强度变化存在较大差异。

三、湍流强度及变化规律对风力发电机组及风电场设计的启示

本文所阐述的平均湍流强度为全风速段湍流强度，湍流强度对风力机的寿命有影响[7]，针对不同湍流强度的风电场应选择适合本风电场的机型，在 IEC 标准中根据湍流强度把风机安全等级分为 A、B、C 三类，其中 IEC 61400-1 第三版中对应的是轮毂高度 15m/s 时湍流强度平均值分别为 0.16、0.14、0.12，根据《关于湍流强度对疲劳载荷影响分析》，设 A 类的计算载荷为 100%，则 B、C 类分别比 A 类的载荷小 6%、11.8%[8]。载荷越小，风力发电机组的成本越低，掌握了某地区的湍流强度及变化规律即可设计出适合该地区的机型，降低设计成本。

湍流强度年变化较明显，一年中一般在 6—9 月湍流强度较大，陆地日变化一般在 12—16 时湍流强度较大，沿海和沿湖日变化最大湍流强度出现在 23 时至次日 8 时，在这些时段应该加强管理措施。

复杂地形的湍流强度的日变化和年变化规律与平坦地形相似，复杂地形易出现高层湍流比低层湍流大的情况，因此除了像平坦地形一样采取相应管理措施外，在风电场微观选址过程中应特别注意避开很复杂的地形，以减小产生不规则稳流变化的可能性，选择质量较好的叶片，加强叶片的载荷和韧性，随时保持偏航系统的正常运转。

沿湖和沿海地区的湍流强度的日变化和年变化不太明显，但10m高的湍流强度远比30m、40m、70m的高，因此，在选择机型时应注意保持叶尖离地面的距离不能太低，以免叶片划过低层空气时产生较大湍流而产生安全隐患和折损风机寿命，因此应适当提高风机的轮毂高度。

对于已建成的风电场，可针对湍流强度变化对风电场进行管理。在强湍流月份强湍流时段对湍流强度较大的机组进行停机管理，这样尽管牺牲了一部分发电量，但可使下风向机组避免因尾流引起的有效湍流强度过大，从而可降低疲劳载荷，延长下风向机组的使用寿命。

四、结论

通过分析不同地区不同地形风电场湍流强度日变化和年变化实际情况，总结其特点及原因，并根据湍流强度及变化规律对风力发电视组及风电场设计提出相应的应对措施，得出以下结论：

1. 掌握了不同地区湍流强度及变化规律即可设计出适合不同地区的机型；对于陆地风电场，应加强6—9月中午和下午的风机管理。

2. 对于沿海和沿湖风电场应加强6—9月傍晚和早晨的风机管理。

3. 对于复杂地形风电场，在微观选址过程中应注意避开很复杂的地形，以减小产生不规则湍流变化的可能性，选择质量较好的叶片，随时保持偏航系统的正常运转；对于沿湖和沿海地区风电场，应注意低层湍流，适当提高轮毂高度。

参 考 文 献

[1] 贺德馨. 风工程与工业空气动力学 [M]. 北京：国防工业出版社，2006：29-48.

[2] 朱亦仁. 环境污染治理技术 [M]. 北京：中国环境科学出版社，2008：177-179.

[3] 杨振斌，朱瑞兆. 风能资源论文集 [M]. 北京：气象出版社，2008：128-136.

[4] 风场风能资源评估方法 GB/T 18710—2002 [S]. 2002.

[5] Tony Burton, Nick Jenkins, David Sharpe. 风能技术 [M]. 北京：科学出版社，2007：17-22.

[6] 盛裴轩，毛节泰，李建国，等. 大气物理学 [M]. 北京：北京大学出版社，2003：220-272.

[7] Sathyajith Mathew. 风能原理、风资源分析及风电场经济性 [M]. 许锋飞，译. 北京：机械工业出版社，2011：37-39.

[8] 孙如林. 风力发电系统风轮技术文集 [M]. 北京：航空工业出版社，2010：62-66.

复杂地形风电场测风塔代表性判定方法研究 *

王 蕊[1] 朱瑞兆[2]

（1. 中国电能成套设备有限公司　2. 中国气象科学研究院）

复杂地形的风能形成原因和特征众多，在复杂地形开发建设风电场，不容易准确掌握风能资源的情况。如果没有切实了解清楚风能资源的情况，会导致机型选择出现偏差，使用等级高的机型提高造价，使用等级低的机型安全性没有保证，同时区域内的资源情况不摸清摸透，无法合理布置风电机组，从而导致风电场的收益情况不甚理想。因此复杂地形的风能资源分析是关乎风电场建设的最重要环节，而测风塔代表性的判定则是准确分析风能资源的前提条件。

一、复杂地形的定义

（一）平坦地形与复杂地形的划分

平坦地形的特征，需满足两个条件：①所选风电场场址周围的 3~5km 范围内，地势高差均小于 60m；②在 3~5km 范围内最大坡度不超过 3%。上述两个条件比较典型，一般认为满足如下两个条件可作为平坦地形：①风电场范围 2km 内没有大的山丘、山脉或者悬崖之类的地形；②沿主导风向和次主导风向上没有地形、地物障碍。

平坦地形风电场选址，风电机组布置比较简单，只需考虑地面粗糙度和上下游的障碍物，但测风塔安装时应该设在最能代表风电场风能资源的位置上，避免周围有障碍物，特别是在主导风向的下风向与障碍物的水平距离应在障碍物高度的 10 倍以上的位置安装，如在防护林、防台林中安装测风塔，应比树林高 10m 以上。

（二）复杂地形的定义

所谓复杂地形，从地貌剖面的高度及起伏幅值来确定。一个场地不超出表 1 的规定，则称为复杂地形。

表 1　复杂地形的定义标准

离风轮距离 X	平面坡度 ϕ	地形起伏的幅值 Δh
$<5h$	$<10°$	$<0.3h$
$<10h$	$<10°$	$<0.6h$
$<20h$	$<10°$	$<1.2h$

注：h 为轮毂高度。

＊　本文发表在《风能》，2015 年第 7 期。

复杂地形的坡度，如图 1 所示，即视点和风电机组基础点之间直线的坡度，一个地形剖面波浪起伏偏离高度是指垂直方向的高度。

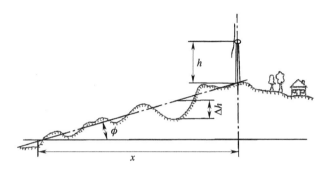

图 1　复杂地形标准图

二、复杂地形的分类及特征

复杂地形可分为两类，一类是隆升地形，如山脊、山丘和山崖等；另一类为低凹地形，如山谷、盆地和山隘等。它们对风特性均有不同程度的影响，由于地形复杂，在同一天气系统下，各种不同地形条件下的风速不同，就是在同一地形下，其不同部分的风速也各异。

（一）　隆升地形

1. 隆升地形风速变化。

隆升地形风速一般随高度增大，若有坡度就形成加速效应，在山脊近地面表现最明显，特别是在盛行风向与山脊脊线呈正交时，气流加速较大，倾斜时加速作用减弱，在山脊峰处达到最大。

隆升地形有不同的形状，对于加速相应的影响有明显的区别。

根据 Taylor 和 Lee 的原始算法，可以计算山顶不同高度处的加速比：

$$\Delta S_{max} = Bh/L_1$$

$$\Delta S = \Delta S_{max} \exp\left(-AZ/L_1\right)$$

式中：ΔS——风加速比；

　A、B——经验常数（见表 2）；

　　h——山顶高度；

　　L_1——山顶到 $h/2$ 高度处的水平距离；

　　Z——海拔高度。

根据研究，山顶与平地的风速关系为

$$k = 2 - e^{-\alpha/\Delta h}$$

式中，k 为山顶与平地风速差值，$\alpha = 0.07$。

表2　不同地形下的 *A*、*B* 参数

几 何 形 式	*A*	*B*
二维山体	3.0	2.0
三维山体	4.0	1.6
二维悬崖	2.5	0.8
二维连续山体	3.5	1.55
三维连续山体	4.4	1.1

2. 隆升地形变化规律。

（1）山顶加速比最大，在背风坡风速减小。

（2）当气流经过剖面为三角形或圆形的山脊时，三角形的山脊顶部产生的加速最大，圆弧形的山脊次之，钝性的山顶最小。

（3）气流在山脊的两肩部或迎风坡半山腰以上，加速明显，在山脊顶部处气流加速最大，气流在山脊的山麓风速明显减小，低于山前来流的风速。

（4）气流吹向孤立山丘时，在迎风坡上气流显著加速，在山顶达到最大，在山丘的背风面，风速降低（见表3）。

表3　山体迎、背风坡风速比

不 同 地 形	平均风速 3~5m/s	平均风速 6~8m/s
山背风坡	0.9~0.8	0.8~0.7
山迎风坡	1.1~1.2	1.1

（二）低凹地形

1. 低凹地形风速变化。

低凹地形是指周围均是较高的地势，所以在选址时首先要考虑的是对盛行风向的暴露情况，如低凹地形对盛行风有效起到"狭管效应"作用，则会使气流加速；如盛行风被周围较高的地形所阻挡，则不宜作风电场。

（1）山谷和峡谷。山谷和峡谷的气流状态取决于：①山谷与盛行风向是否平行；②山谷地面是否向下倾斜；③周围山脊的长宽高；④山谷宽狭的不规则性；⑤山谷表面粗糙度等。

（2）山隘或鞍形山脊。山隘的开口应对着盛行风向，其两侧的较高山，越高越好，隘道的坡度应在17%最理想。

（3）河谷。河谷是过高山障碍物的唯一通道，且比山谷和山隘深，所以"狭管效应"显著。

（4）盆地。四周为高山的洼地，盆地中空气流动缓慢，影响大气环流风速的侵入，风电场不宜选择盆地。山间盆地的风速可按下式计算：$Y = 0.702x + 1.40$，式中，Y 为山间盆地风速；x 为平地风速。

2. 低凹地形变化规律。

（1）若轴线与盛行风向一致，宽度沿盛行风向缩小的山谷，一方面迅速产生汇流辐合效应，另一方面汇合的气流又沿地形形成较强的爬升气流有利于气流加速。

（2）若轴线与盛行风向一致，且沿山地向下延伸较长、有±5°的坡度角的山谷，对气流有显著的加速效应。

（3）山谷口部分，不但有天气气候的风速，而且还叠加了山谷风的风速。

（4）山谷中两侧山壁高度2/3处风速最大。

三、测风塔代表性的判定方法

复杂地形风资源评估最重要的一点就是测风塔是否具有代表性。只有测风塔具备代表性才能真正客观、准确地评估当地的风能资源情况。

（一）测风塔位置的选择

测风塔位置的选择是测风塔具备代表性的关键。需注意以下几点：

1. 测风塔位置应处于周边开阔、无遮挡的地方。

2. 测风塔位置的海拔应不是最高也不是最低，位于较高海拔处。

3. 测风塔位置应位于山脊处。

（二）测风塔代表区域范围的大小

每个复杂地形的项目，地形的复杂程度都不相同，因此复杂地形测风塔能够代表多大区域范围其实无法量化，只能按照测风塔代表区域范围界定的原则和标准进行判断。测风塔代表区域范围界定的原则和标准为：以能够体现整个风电场的资源情况为宜。

结合工程实例，总结出几种典型地形的情况如下：

1. 风电场中山脊明显且相对平坦、开阔，测风塔代表范围：2~5km。

2. 风电场中山脊明显、狭长，测风塔代表范围：狭长5km。

3. 风电场山脊不明显、山顶浑圆，测风塔代表范围：5km。

（三）测风塔设立数量的选择

复杂地形风电场测风塔的数量如果设立过多，能够相对全面地反映当地的资源情况，但是投资增大；如果设立过少，则可能无法客观反映当地的风能资源情况。因此，合理确定测风塔设立的数量是众多投资方关心的问题。每个项目地形的复杂程度都不相同，无法量化界定测风塔代表区域的范围，也就无法通过范围来确定测风塔的数量，总的原则和标准为：以能够体现整个风电场的资源情况为宜。

结合工程实例，总结出几种典型地形的情况如下：

1. 风电场中有多条山脊，而且每条山脊周边环境都不相同，建议尽量在多条山脊中都设立测风塔。

2. 风电场中有一条山脊，但山脊多处周边环境不同，建议尽量在环境发生变化的地方设立测风塔。

3. 风电场中有一条山脊，周边环境相同，若山脊狭长，建议设立一到两座测风塔。

四、实例

（一）项目基本情况

某山地风电场中有多条山脊，而且每条山脊周边环境均不相同，设立测风塔三座，分别代表周边区域的风能资源情况。三座测风塔均位于山脊处，测风塔信息如表 4 所示，测风塔位置及地形示意图见图 2、图 3。

表 4　测风塔信息

测风塔编号	海拔（m）	测风仪信息	
1#	1688	10m	风速仪、风向标
		40m	风速仪
		50m	风速仪
		60m	风速仪
		70m	风速仪（SW、NE 方向）、风向标
2#	1751	10m	风速仪、风向标
		40m	风速仪
		50m	风速仪
		60m	风速仪
		70m	风速仪（SW、NE 方向）、风向标
3#	1688	10m	风速仪、风向标
		40m	风速仪、风向标

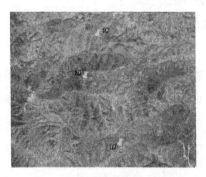

图 2　测风塔位置示意图

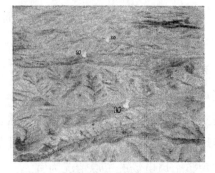

图 3　测风塔位置地形示意图

（二）测风塔实测数据统计

根据测风塔实测数据及计算出的空气密度，可统计出各测风塔风速及风功率密度（见表 5、表 6）。

表5　测风塔实测数据风速统计（m/s）

测风塔高	10m	40m	50m	60m	70m SW	70m NE
1#	4.42	5.30	5.45	5.69	5.74	5.81
2#	5.46	6.18	6.35	6.50	6.58	6.58
3#	6.09	6.70	—	—	—	—

表6　测风塔实测数据风功率密度统计（W/m²）

测风塔高	10m	40m	50m	60m	70m SW	70m NE
1#	104.8	150.3	157.3	172.8	175.7	180.0
2#	150.4	198.7	213.2	228.8	233.6	233.4
3#	213.3	255.7	—	—	—	—

（三）风能资源图谱模拟

根据适合复杂地形的发电量计算软件 WT 软件的模拟，可以得到只设立一座 1#测风塔的模拟结果和设立三座测风塔的模拟结果，分别如图4、图5所示。

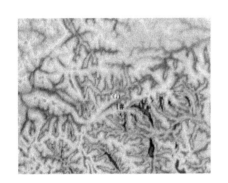

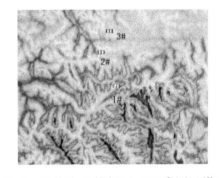

图4　风能资源模拟图（1#测风塔）　　　**图5　风能资源模拟图（三座测风塔）**

（四）测风塔代表性分析

根据图5风能资源模拟的图谱可以看出，若本测风塔只设立1#测风塔，则风能资源模拟情况与设立三座测风塔模拟出的图谱差异较大，测风塔代表区域不足以覆盖整个风电场。差异详见图6、图7。

图6是只设立1#测风塔模拟出的风能资源图谱，图7为设立三座测风塔模拟出的风能资源图谱，对比两图，图中 A、B、C、D、E 区域模拟情况差异较大，足以证明若只设立1#测风塔，则测风塔数量偏少，代表区域范围有限，容易引起风能资源评估不准确、风电机组点位布置不合理，从一定程度上损失发电量，降低投资方收益。设立三座测风塔位置、数量及代表区域范围均较合理，能够相对准确评估本风电场风能资源情况，为风电机组布点和发电量计算提供较准确依据。

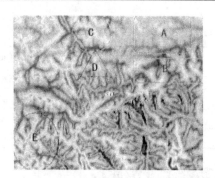 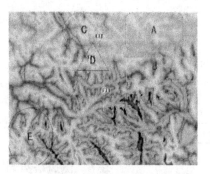

图 6　风能资源模拟差异对比图　　　　图 7　风能资源模拟差异对比图
（1#测风塔）　　　　　　　　　（三座测风塔）

五、结论

　　复杂地形风能资源评估的准确性影响到风电场选址、测风塔选址和测风数据的处理，如要准确评估区域内的风资源，需首先对风电场内测风塔的代表性进行判定，测风塔代表性的判定需要根据测风塔设立的位置、数量及代表区域范围进行综合判定，对具备代表性的测风塔数据进行分析，才能够相对准确地评估本风电场风能资源情况，为风电机组布点和发电量计算提供较准确依据，只有这样才能切实提高开发商预期达到的收益。

秦岭山地的垂直气温特征 *

朱瑞兆

（中央气象局气象研究所）

一、秦岭山地地理概况

本文所指秦岭山地是陕西境内渭河、汉水之间的分水岭。山地为东西走向，从西向东高度渐减，山体渐狭。山脉北坡陡峻，南坡平缓，最高山峰太白山，海拔 4100m 以上，次为华山、首阳山等峰，也都在 2000m 以上。

二、台站情况及资料处理方法

秦岭山地及山麓共有 40 多个气象（候）站，海拔在 2000m 以上的有华山、太白、双庙等站，在 2000～1700m 仅有九间房一站，在 1700～900m 有雒南、镇安、佛坪、留坝、凤县等站，其余站都在 900m 以下，最低的为旬阳站，海拔仅 125m。由于秦岭山地缺乏剖面观测资料，我们就利用该地区所有气象（候）站的资料，分成南、北坡向，进行综合分析。

由于资料长短不一，本文取 1958—1960 年三整年同一序列的资料，以资比较。

山地对气温的影响是十分复杂的，除高度外，坡的倾斜度、方位及地形形状对气温都有显著的影响。为此，我们对测站的海拔高度及地形情况做了较详细的了解，在秦岭山地有许多台站海拔高度是约测的，误差较大。为了订正高度，采用了该山区实测高度站的气压，点绘气压对数与高度的相关图，配上相关曲线，订正未经实测站的海拔高度。如太白山站，原高度为 3250.0m，经订正后仅有 2000m，相差 1250m。其余的如佛坪、商南等站也都采用订正后的高度。

三、温度的垂直梯度

温度垂直梯度，即温度随高度的递减率，以℃/100m 为单位。由于本文主要从气候角度探讨，即主要从山脉的不同坡向来探讨，对小地形影响不予考虑。具体做法是：运用实际资料，分南、北大坡向，点绘散布图。气温和高度的关系一般呈直线方程：$T = ax + b$（式中 T 为温度，x 为高度）。在点绘中，由于地形及小坡向差异的影响，有些点离散度较大，我们便用最小二乘法确定其趋势，用以消除小地形的影响。求出的方程即为温度梯度的回归方程。根据散布图和方程，只要知道秦岭某地的坡向和高度，气温值即可求得。

　＊　本文刊在《气象通讯》，1963 年第 12 期。

（一）平均温度

通过上述方法，求得秦岭南北坡全年各月的平均温度垂直梯度（见图1、图2及表1）。

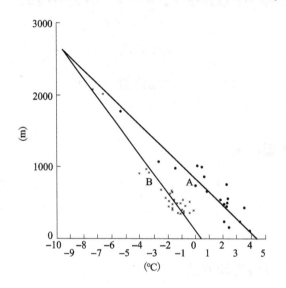

A（即·）—南坡　B（即×）—北坡

图1　秦岭南北坡1月平均气温递减率

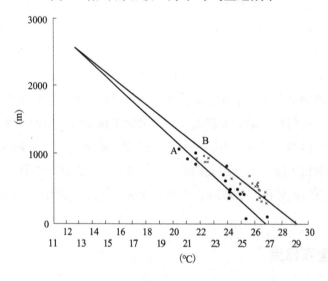

A（即·）—南坡　B（即×）—北坡

图2　秦岭南北坡6月平均气温递减率

表1　秦岭南北坡气温梯度（℃/100m）

坡　　向	1月	2月	3月	4月	5月	6月	7月	8月	9月	10月	11月	12月	年
南坡	0.51	0.51	0.51	0.52	0.52	0.55	0.53	0.54	0.53	0.53	0.53	0.51	0.52
北坡	0.36	0.40	0.42	0.45	0.52	0.66	0.63	0.54	0.50	0.44	0.41	0.36	0.47
差值	0.15	0.11	0.09	0.07	0.00	-0.11	-0.10	0.00	0.03	0.09	0.12	0.15	0.05

由图和表可以看出，秦岭山地的平均温度梯度有如下特点：

（1）南坡温度梯度的年变程小（变化在0.51~0.55）；北坡年变程大（在0.36~0.66）。

（2）南坡温度梯度在1—4月及9—12月大于北坡；夏季6、7两月反小于北坡；5月和8月是过渡月，南北坡温度梯度相等。

（3）南北坡温度梯度都是冬季梯度小，夏季梯度大，6月梯度之大，为全年之冠。

温度梯度随季节变化与天气条件、太阳辐射和地形形状有密切关系。

冬季冷空气南下，秦岭恰为屏障，山南、山北平均气温有明显的差异（冬半年各月平均气温相差3℃左右）。极端最低气温差异更大，如1955年1月11日有一次寒潮侵袭，在秦岭北麓的西安极端最低气温为-20.6℃，而南麓之安康仅-7.6℃，一山之隔两地气温竟差13.0℃。其次，冬季南坡所受的热量比北坡多，根据总辐射计算1月南坡比北坡每月多1.3kcal/cm^2 *。由上两点可知，北坡的气温低于南坡。但秦岭山顶的气温受坡向的影响很小，因此，我们计算南北坡向温度是用同一山顶的温度为准。在冬季，南坡温度较高，北坡温度较低，山顶温度相同，故南坡的梯度大于北坡。

夏季南、北坡所接受的太阳辐射量差别不大，这时梯度主要决定于天气状况。夏季暖湿的空气到达秦岭南坡时，地形的抬升作用常常成云致雨，空气中水汽增加，云可以减弱太阳辐射，使温度减低。同时，在凝结高度以上具有湿绝热温度递减率，梯度变小；相反地，当暖湿空气翻越秦岭后，在北坡则有下沉增温作用，天气是碧空少云，水汽含量少，日射强，则空气温度具有干绝热递减率，梯度较大。这就是夏季北坡梯度反大于南坡的原因。

冬季梯度为一年中最小，是因为在冬季秦岭山坡有积雪和逆温存在，气温随高度递减较缓之故。北坡梯度比南坡更小，是因为北坡积雪多于南坡之故。

秦岭山地气温梯度最大的在6月。因为秦岭山地的积雪可以维持到6月（个别山峰可到7月），故有"太白积雪六月天"的诗句（这里六月指的是夏历）。在6月高山有积雪时，不仅雪面反射率大，而且积雪处太阳热量还需用于融雪，空气温度升高甚微。这时山麓的温度上升急剧，山上山下温差大，梯度也大。在春季山上积雪甚厚，山麓温度虽上升，但未达最高；夏季，山麓温度急升到最高值，但山顶积雪已尽，温度上升；故梯度最大不在春季和盛夏，而出现在山顶还有积雪、山麓气温接近年最高的两种相互作用下的春末夏初的6月间了。

（二）最高和最低气温

局地地形的起伏对最高、最低气温影响很显著，同在一个高度上，孤立的山峰最高、最低气温的振幅比高谷小，如表2所示。

＊　陈明荣：秦岭地区的热量平衡，油印本。

表2　华山山顶与太白高谷平均最高、最低气温比较（℃）

站名	海拔（m）	项目	1月	2月	3月	4月	5月	6月	7月	8月	9月	10月	11月	12月	年
华山	2064.9	平均最高	-2.9	0.9	5.8	10.3	13.3	19.2	21.0	19.0	15.6	9.7	3.1	0.2	9.6
		平均最低	-10.2	-5.6	-1.1	3.6	6.9	13.0	15.6	13.8	9.6	3.6	-3.0	-7.0	3.3
		振幅	7.3	6.5	6.9	6.7	6.4	6.2	5.4	5.2	6.0	6.1	6.1	7.1	6.3
太白	2000.0	平均最高	0.3	4.2	9.2	14.9	16.7	22.2	24.6	21.7	18.4	12.8	5.3	2.3	12.7
		平均最低	-11.5	-7.5	-1.9	2.5	5.4	10.2	14.5	12.7	7.1	1.5	-3.2	-8.5	1.8
		振幅	11.8	11.7	11.1	12.4	11.3	12.0	10.1	9.0	11.3	11.3	8.5	10.8	10.9
太、华两地振幅之差			4.5	5.2	4.2	5.7	4.9	5.8	4.7	3.8	5.3	5.2	2.4	3.7	4.6

　　由表2可以看出，华山站是孤立山峰，各月温度振幅小，约6℃，太白站是高谷，温度振幅大，约11℃。若从高度上看两站相差无几，但气温振幅却差了近5℃。在这里高度差影响远小于地形差的影响，所以在计算最高、最低气温梯度时必须考虑台站地形的具体形状。

　　为了分析最高、最低气温梯度的规律性，我们不但考虑了高度不同的台站，而且还考虑了地形形状相同的台站进行比较。表3、表4为所求的秦岭南北坡最高、最低气温梯度。

表3　秦岭南北坡最高气温梯度（℃/100m）

坡　　向	1月	2月	3月	4月	5月	6月	7月	8月	9月	10月	11月	12月	年
南坡	0.49	0.49	0.49	0.54	0.57	0.69	0.64	0.64	0.53	0.58	0.50	0.45	0.55
北坡	0.38	0.39	0.41	0.52	0.58	0.76	0.75	0.62	0.57	0.56	0.41	0.38	0.53
较差	0.11	0.10	0.08	0.02	-0.01	-0.07	-0.11	0.02	0.01	0.02	0.09	0.07	0.02

表4　秦岭南北坡最低气温梯度（℃/100m）

坡　　向	1月	2月	3月	4月	5月	6月	7月	8月	9月	10月	11月	12月	年
南坡	0.48	0.48	0.49	0.49	0.50	0.55	0.53	0.53	0.53	0.52	0.53	0.50	0.51
北坡	0.38	0.36	0.36	0.38	0.41	0.55	0.51	0.49	0.47	0.46	0.40	0.34	0.43
较差	0.10	0.12	0.13	0.11	0.09	0.00	0.02	0.04	0.06	0.06	0.13	0.16	0.08

　　由表3、表4可以看出，最高、最低气温垂直梯度的特征，除与平均气温相似外，还有两点：①最高气温梯度大于平均气温梯度，最低气温梯度则小于平均气温梯度。这是由于日变化所致。山麓温度日变大（最高与最低温度较差大），山顶日变小（最高最低温度较差小），在白天同是最高温度由于山顶温度日变化小，最高温度不高；而山麓温度日变大，最

高较高，山上山下温差大，梯度就大。同样，夜间山顶温度下降也很微弱，而山麓迅速下降，山上山下温差小，故梯度也小。②最低温度南北坡较差夏季也是南坡大于北坡，这与平均及最高气温不同。

（三）秦岭的逆温

秦岭北为渭河与北山相望，南与大巴山有汉水相隔。它的南北为两个河谷盆地。这种地形是形成逆温的有利条件。夜间接近地面由于辐射冷却使空气变冷，冷空气密度大，沿山坡流向河谷形成逆温。当冷空气侵入时，受秦岭之阻，或当冷空气越过秦岭时受大巴山之阻，冷空气行动迟缓，逐渐堆积也会形成逆温。

对秦岭南坡的郑西（海拔239m）、山阳（660m）、商县（740m）、雒南（1050m）、华山（2065m）等站的资料进行逐年的分析发现，在山阳到商县有一逆温层，冬季月份很明显。逆温的梯度为-0.1~0.3℃/100m。

秦岭北坡陡峻，山坡上测站很少，尚没有如南坡那样约沿同一经度有不同高度的站。故仅用了相邻的二站比较，如渭南（357m）、高塘（760m），冬半年都有逆温存在，逆温梯度也是-0.1~0.3℃/100m。

四、南北坡同高度气温差的垂直变化

秦岭南北坡在一年中不同季节里及不同高度上所吸收的太阳热量不同，所以虽是在南北坡同一高度，而气温有很大的差异。表5、表6、表7就是各个高度上平均、最高、最低气温南北坡的差值。

表5　平均气温南北坡同高度差值（南坡减北坡，℃）

高度（m）	1月	2月	3月	4月	5月	6月	7月	8月	9月	10月	11月	12月	年
500	3.5	2.2	2.2	1.4	0.0	-2.0	-1.4	0.0	0.6	1.3	2.6	3.2	1.2
1000	2.7	1.7	1.6	1.0	0.0	-1.4	-1.1	0.0	0.4	0.9	1.8	2.4	0.8
1500	1.9	1.0	0.9	0.7	0.0	-0.8	-0.7	0.0	0.2	0.6	1.2	1.6	0.4
2000	1.0	0.4	0.3	0.3	0.0	-0.2	-0.3	0.0	0.0	0.2	0.5	0.8	0.1

表6　最高气温南北坡同高度差值（南坡减北坡，℃）

高度（m）	1月	2月	3月	4月	5月	6月	7月	8月	9月	10月	11月	12月	年
500	2.2	2.4	1.5	1.1	-0.7	-1.9	-2.0	0.5	0.8	0.9	1.7	2.6	0.7
1000	1.7	1.8	1.3	1.1	-0.7	-1.5	-1.3	0.4	0.8	0.9	1.4	1.9	0.7
1500	1.2	1.2	1.0	1.1	-0.7	-1.8	-0.8	0.2	0.8	0.9	1.0	1.3	0.7
2000	0.6	0.4	0.8	1.0	-0.6	-0.9	-0.2	0.1	0.7	0.8	0.5	0.6	0.6

表 7　最低气温南北坡同高度差值（南坡减北坡,℃）

高度（m）	1月	2月	3月	4月	5月	6月	7月	8月	9月	10月	11月	12月	年
500	4.0	2.3	2.4	2.4	1.4	0.0	0.3	0.3	1.0	1.8	3.7	3.7	1.8
1000	3.1	1.6	1.6	1.8	1.0	0.0	0.1	0.1	0.7	1.3	2.6	2.9	1.1
1500	2.0	0.9	1.0	1.1	0.5	0.0	0.0	0.0	0.3	0.7	1.6	1.3	0.5
2000	2.0	0.3	0.8	0.4	0.1	0.0	0.0	0.0	0.0	0.3	1.5	1.0	0.2

　　由表5、表6可见，平均气温及最高气温南坡减北坡之差值，一般在1—4月和9—12月同高度的气温南坡高于北坡，5—8月反而南坡等于或低于北坡。表7中最低气温南北坡差值则有不同的特点：除6月南北坡相同外，其余各月均是南坡高于北坡。在一年中同高度气温差值最大的在冬季月份。在垂直方向上，同高度的气温差值随着高度增加而减小。

　　秦岭山地南坡比北坡同高度月平均气温高出2~3℃（夏季除外），这样南坡生长期比北坡长，最大限度地利用这一有利因素，对农业生产有很重要的意义。

　　气候图是表示山地气温特点的一个重要手段。图3、图4为秦岭1月、7月的平均气温图，这两张图的分析是根据上述的气温垂直梯度及同高度气温差值绘制的。

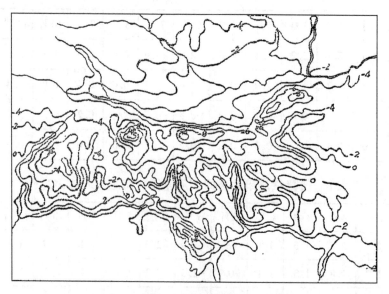

图 3　秦岭 1 月平均气温分布图

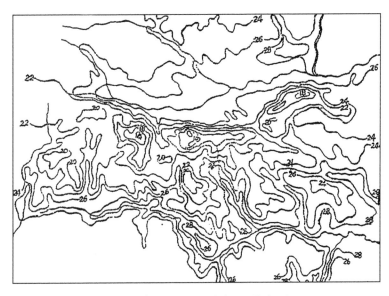

图 4　秦岭 7 月平均气温分布图

从图上可以看出，南北坡虽在同一高度，而气温通过的数值不同，如 1 月在 1000m，南坡气温应比北坡高 2.7℃，即在南坡 1000m 通过 0℃ 等值线时，北坡则应通过-2.7℃ 等值线。

为了更清楚地表示秦岭各级平均界限气温（-5℃、0℃、5℃、10℃、15℃、20℃、25℃）各月随高度变化的规律，又绘制了气温列线图（诺模图），如图 5 所示，从该图上就可以求出秦岭各高度上各月的温度值；同样地，从图上还可读出某一温度值在各月的高度变化。

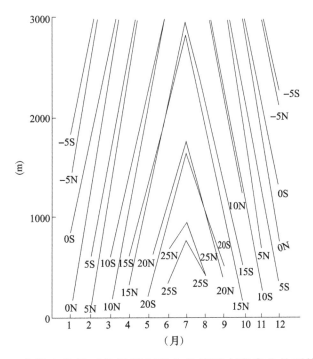

图 5　秦岭南北坡平均界限气温在各月随高度变化的列线图

注：每条列线后的数字为温度值（℃），温度值后的 S 表示南坡，N 表示北坡。

第三篇
风 压 研 究

我国不同概率风压的计算 *

朱瑞兆

（中央气象局气象科学研究院）

　　解决建筑工程中许多问题时，需要运用气候参数，风压是最主要的气候参数之一。建筑结构设计上的侧向荷载在总荷载中占有相当大的比重，而侧向荷载除了地震荷载外，主要是风荷载。因此，在各种建筑规范中，都有风压的规定。

　　风荷载是风对建筑物的动力作用。在建筑结构设计中风荷载的大小，是按在建筑结构预计的寿命期限内，可能出现的极端最大风压和一定的被超过风压的危险率来确定的。由于各种类型的建筑物的设计寿命不同，所以要求各种不同的风压重现期，如有 10 年、20 年、30 年、60 年和 100 年[1~4]等。

　　风压的研究一贯受到重视[5~16]。国际上从 1963 年开始每四年召开一次"风对建筑物和结构物的影响"讨论会（现改为"风力工程"讨论会）。1971 年还在美国召开了"风对高层建筑的影响"讨论会。我国对风压的研究自 1954 年以来一直在进行[9~16]。本文在总结过去的经验和进一步研究的基础上，给出了基本风压系数与海拔高度、各种不同风速时距间的关系，以及按极值理论计算的不同概率的风压，并绘制了全国分布图等。

一、我国风压标准

　　风压是垂直于气流的平面上所受到的风的压强，单位是 kgf/m^2[①]，在建筑上习惯称 kg/m^2。由伯努利方程可求得

$$P = \frac{1}{2}\rho V^2 \tag{1}$$

式中：P——风压；

　　　　ρ——空气密度；

---

　　* 本文发表在《气象学报》，1984 年第 2 期。

　　① $P = \frac{1}{2}\rho \left[\frac{M}{L^3}\right] V^2 \left[\frac{L^2}{S^2}\right] = \left[\frac{M}{LS^2}\right]$，单位面积上的力的因次为 $\left[\dfrac{M \cdot \dfrac{L}{S^2}}{L^2}\right] = \left[\dfrac{M}{LS^2}\right]$。故单位面积上的力应记为 kgf/m^2。

V——风速。

风的压力是考虑空气重度（γ），由于 $\gamma = \rho g$，g 为重力加速度，故式（1）可变为

$$P = \frac{1}{2g}\gamma V^2 \tag{2}$$

在标准大气下 $P = \frac{1}{16}V^2$。

风压研究中把 $\frac{\gamma}{2g}$ 称为风压系数，它和气温、气压、湿度有关，风压系数因地而异。利用全国 300 余站的资料，计算出风压系数随高度而呈指数律减小。其公式：

$$q = 0.0644\mathrm{e}^{-0.0001h} \tag{3}$$
$$r = 0.97$$

式中：q——风压系数；

　　　h——海拔高度；

　　　r——相关系数。

由式（2）可知，在风速一定的前提下，风压与风压系数成正比。按式（3）可以计算出在 500m 处，风压系数为 1/16.3，5000m 处为 1/25.6；若风速取 30m/s，则风压分别为 55.1kgf/m² 和 35.2kgf/m²。

风压系数的变化仅适用于风杯式测风仪所测的风速，若是风压式测风仪所测的风速，一律采用 1/16[13]。

由式（2）还可看出，风压是与风速平方成正比，所以 V 的取值非常重要。建筑上要求有一定保证率的风速，各国规定也不尽相同[13]。我国所采用的标准为"离地 10m 高，30 年一遇自记 10min 平均风速"。

二、风压的计算

（一）风速观测次数和观测时距的换算

根据上述，风压标准要求自记 10min 风速，但我国大部分气象台站在 1970 年以前很少有风速自记，多为一日四次定时（02 时、08 时、14 时、20 时）2min 平均风速，所以需要将这类风速换算为自记 10min 平均风速。我们计算了全国 300 多站的资料，得出二者方程如表 1 所示[13,16]；由于我国还有瞬时风速观测记录，又利用自记原始曲线，按式（4）计算瞬时与各种时距间的关系，如表 2 所示。

$$\overline{V} = \frac{1}{T}\int_{t_0-\frac{T}{2}}^{t_0+\frac{T}{2}} V\mathrm{d}t \tag{4}$$

式中，T 为以 t_0 为中心的平均最大风速时距，平均时距取出现 V_{max} 的前后 $\pm\frac{T}{2}$。

表1　自记与定时关系

地　区	$y=ax+b$	
	系数 a	系数 b
东北	0.97	3.94
华北	0.88	7.82
西北	0.85	5.21
西南	0.75	6.17
华东	0.78	8.41
华中	0.73	7.00
华南	0.91	4.96

注：y 为自记 10min 平均风速，x 为四次定时 2min 平均风速。

表2　各种风速时距间的关系

不同风速时距	回归方程式		说　明
瞬时与 1min 平均风速	$y=0.89x-0.82$		
瞬时与 2min 平均风速	$y=0.79x-0.45$		
瞬时与 5min 平均风速	$y=0.71x+0.10$		y 分别为 1min、2min、5min、10min 平均风速，x 为瞬时风速
瞬时与 10min 平均风速	华北、东北、西北	$y=0.65x+0.50$	
	西南	$y=0.66x+0.80$	
	华南	$y=0.73x-2.80$	
	华东、华中	$y=0.69x-1.38$	
	海洋	$y=0.75x+1.00$	
2min 与 10min 平均风速	$y=0.88x+0.80$		y 为 10min 平均风速 x 为 2min 平均风速

（二）最大风速概率计算

建筑设计上要求一定概率下（即一定重现期）的年最大风速。重现期是指某一数值的最大风速重复出现的平均时间间隔，也就是大于某数值的风速，平均多少年一遇。

风速极值的重复发生，可以利用极值理论进行计算。每年最大风速以 x_{max} 代表，它是一个随机变量，不同年代取不同值。以 $F(x)$ 代表"$X<x_{max}$"的概率，称为 X 的分布函数，即

$$F(x)=P\{X<x_{max}\}$$

研究最大风速的问题，首先确定 $F(x)$ 的线型。在线型确定方面的研究，国内外进行了很多工作[5~7,10,13,16,19]。归纳起来主要有两方面，一方面从统计理论上确定年极大风速应服从的概率线型，然后从实际资料确定其参数，如极值分布线型；另一方面从经验概率上确定年极大风速分布线型，然后从实际资料决定其参数，如皮尔逊Ⅲ型曲线。我们计算风速概率基本上利用极值分布，但对资料在 15 年以下的台站，采用皮尔逊Ⅲ型曲线。

1. 极值分布函数[16,18,19]。

$$F(x) = e^{-e^{-\alpha(x-\mu)}} \tag{5}$$

式中，α，μ 为待定参数，α 为常数（>0），与离散性有关，μ 为众数，与分布位置有关，故它们分别与分布函数的标准差和平均值有关。根据平均值的定义：

$$Mx = \int_{-\infty}^{\infty} x \mathrm{d}F(x) = \int_{-\infty}^{\infty} x \mathrm{d}e^{-e^{-\alpha(x-\mu)}}$$

$$= \frac{c_1}{\alpha} + \mu$$

式中，c_1 为欧拉常数，令 $y = \alpha(x-\mu)$，

$$c_1 = \int_{-\infty}^{\infty} y \mathrm{d}e^{-e^{-y}} = 0.57722 \tag{6}$$

计算标准差，按方差的定义：

$$\sigma^2 = \int_{-\infty}^{\infty} (x - Mx)^2 \mathrm{d}e^{-e^{-\alpha(x-\mu)}}$$

$$= \int_{-\infty}^{\infty} \left(\frac{y - c_1}{\alpha} \right)^2 \mathrm{d}e^{-e^{-y}}$$

$$= \frac{1}{\alpha^2} \int_{-\infty}^{\infty} (y - c_1)^2 \mathrm{d}e^{-e^{-y}}$$

$$= \frac{c^2}{\alpha^2} \tag{7}$$

式中，$c^2 = \int_{-\infty}^{\infty} (y - c_1)^2 \mathrm{d}e^{-e^{-y}} = \frac{\pi^2}{6}$，即 $c = 1.28255$，故可得

$$\left. \begin{array}{l} \alpha = \dfrac{c}{\sigma} = \dfrac{1.28255}{\sigma} \\[3mm] \mu = Mx - \dfrac{c_1}{\alpha} = Mx - 0.45005\sigma \end{array} \right\} \tag{8}$$

此为极值分布中参数 α、μ 与矩之间的关系式。对于 α 和 μ 的估算通常认为耿贝尔（E. J. Gumbel）[20]矩法估计的参数所得的理论分布与经验分布的拟合较好，即

$$\left. \begin{array}{l} \hat{\alpha} = \dfrac{\sigma_y}{\sigma_x} = \sqrt{\dfrac{\sum (y_i - \overline{y})^2}{\sum (x_i - \overline{x})^2}} \\[5mm] \hat{\mu} = \overline{x} - \sqrt{\dfrac{\sum (x_i - \overline{x})^2}{\sum (y_i - \overline{y})^2}} \, \overline{y} \end{array} \right\} \tag{9}$$

2. 皮尔逊Ⅲ型曲线分布密度函数。

$$P(x) = \begin{cases} \dfrac{\beta^{\alpha}}{\Gamma(\alpha)} (x - \delta)^{\alpha-1} e^{-\beta(x-\delta)} & (\delta \leqslant x < \infty) \\ 0 & (x < \delta) \end{cases} \tag{10}$$

其中，$\Gamma(\alpha)$ 是 Γ 函数，$\Gamma(\alpha) = \int_0^\infty x^{\alpha-1}e^{-x}dx$，$\alpha$、$\beta$、$\delta$ 是三个估计参数，在估算时引入离差系数 $C_V = \dfrac{\sigma}{m}$ 和偏倚系数 $C_S = \dfrac{\mu_3}{\sigma^3}$，故可推得

$$\left.\begin{array}{l} \alpha = \dfrac{4}{C_S^2} \\[2mm] \beta = \dfrac{2}{mC_V^2 C_S} \\[2mm] \delta = m - \dfrac{2mC_V}{C_S} \end{array}\right\} \tag{11}$$

由此可以看出，要求 α、β、δ 的估计量，只要找到 m、δ、μ_3 的估计量即可。

关于标准风速的概率分布，是采用在 5% 信度下拟合的一个经典分布法。从风速来说，应该以随机过程来描述，但到目前尚无这方面的可以实际应用的研究成果。所以还是用拟合的办法寻求标准风速的分布。上述的极值分布和皮尔逊 III 型曲线是国内外常采用的拟合方法。

统计线型的适合度测验，有 χ^2、柯尔莫哥洛夫（ко.лисгоров）和克拉美（Gramer）三种检验法。χ^2 要求有较大的样本容量，柯氏和克氏两方法相类似，但柯氏方法计算方便，有成表可查[21]，同时柯氏检验法不仅能全面地检验分布与理论分布相适合的程度，而且在小样本的情况下也是可用的，至于母体参数由样本估计而造成的问题，在对几种理论分布进行比较时，应该是无关紧要的[1]，故采用了这种方法进行检验。

（三）不同概率风压比

利用我国 1951—1976 年 700 多台站年最大风速资料，按上述的方法，可求出任何重现期的最大风速，再代入式（2）便可求出风压。为了结合建筑上实际需要，我们计算了 10 年、20 年、30 年、60 年和 100 年一遇的风压值。由于国家标准风压是 30 年一遇，故以 30 年一遇为基础，推求各不同概率间的比值（不同年代一遇/30 年一遇的风压比），如表 3 所示。

表 3 不同重现期与 30 年一遇风压比

重现期（年）	10	20	30	60	100
比值范围	0.77~0.89	0.89~0.95	1.00	1.06~1.16	1.13~1.27
平均比值	0.83	0.93	1.00	1.11	1.20

表中比值范围在 60 年和 100 年上限大致适用于东南和华南沿海，比值下限适用于东北、华北、长江中下游和西南地区。而在 10 年和 20 年正好相反，东南及华南沿海比值较小，内

① 山东省沿海风压研究小组，山东风压的研究，油印本 1976 年。

陆较大。究其原因，主要是和风速的离差系数 C_V 有关。随着 C_V 的增大不同重现期风压比值也增加（见表4）。根据统计，沿海 C_V 大于内陆，这是因为沿海极大风速是台风造成的，而台风中心经过一地是若干年一次，此值距平大，影响 C_V 偏大，C_S 向正的方向偏差，在频率图上曲线陡度较大，所以风压较大时比值较大，风压小时比值小。而内陆极大风速多由冷空气造成，极大风速各年间差异不大，故 C_V 和 C_S 值变动较小，频率曲线较平缓，故比值变动也较小。

表4 不同重现期风压与 C_V 的比值

C_V	重现期（年）				
	10	20	30	60	100
0.13	1.00	1.06	1.10	1.14	1.20
0.15	1.00	1.08	1.12	1.17	1.24
0.18	1.00	1.09	1.13	1.19	1.28
0.20	1.00	1.09	1.14	1.20	1.29
0.22	1.00	1.15	1.15	1.21	1.31
0.25	1.00	1.10	1.16	1.23	1.34

三、我国风压分布

国家建筑规范[1]是30年一遇风压值，铁路、公路桥涵要求100年一遇，发电厂冷却塔是60年一遇，输电和送电线路是10年、20年一遇的风压值，所以我们计算了10年、20年、30年、60年和100年一遇的风压值，并绘制成全国分布图，由于这五张分布图的等风压线走向趋势都很相似，且在表3中给出了各重现期间的关系，故仅以30年一遇分布图进行分析（见图1），由图1可以看出风压分布的几个特点。

1. 大气环流的影响。东南和华南沿海及其岛屿，因受台风的影响，风压最大。我国瞬时极端最大风速都出现在这一地带，如1959年台东75m/s，1973年琼海68.9m/s，厦门1969年60m/s，汕头1969年52.1m/s等；三北地区风压也较大，主要与强冷空气活动有关；云贵高原和长江中下游风压较小，这一地区因受青藏高原的影响，在"死水区"风速较小，且冬季冷空气到此已变性，风力减弱，夏秋台风很难到达，即使强台风到长江中下游，强度大减，风力也只有登陆时的40%以下[13]，所以这一地区是全国风压较小区。

2. 海陆的影响。气流流经海面由于摩擦力较小，风速较大，由沿海向内陆动能很快消耗，风速减小，故等风压线由沿海向内陆减小，且平行于海岸。海岛则是风速由海岸向岛中心减小，风压自成系统，如台湾、海南岛、西沙、澎湖列岛等即如此。

3. 地形的影响。气流在运行中遇到山脉屏障，不但改变大形势下的风速，还会改变方向，在大尺度地形影响下，气流有摩擦效应，也有绕爬运动，故等风压线在大小兴安岭、天山、祁连山、秦岭、阴山、太行山和横断山脉等地都是平行于山体。在四周环山的盆地，气流受到阻挡，风速较小，如准噶尔、塔里木和四川盆地等，等风压线基本上是沿盆地的走向。河谷两边的高山使气流受阻，加之地面的摩擦，动能损耗较大，所以风速较小，如雅鲁藏布江、澜沧江等。

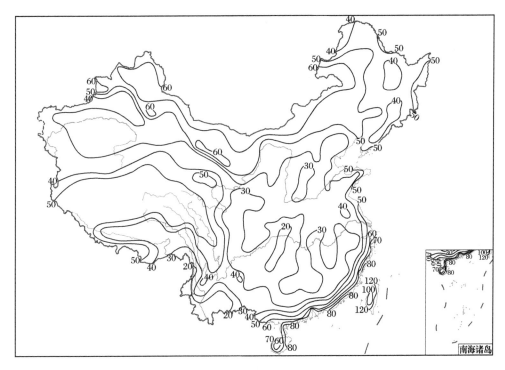

图 1 30 年一遇风压分布图

参 考 文 献

［1］国家基本建设委员会建筑科学研究院. 工业与民用建筑结构荷载规范 TJ 9-74 ［S］. 北京：中国建筑工业出版社，1974.

［2］中华人民共和国交通部. 港口工程技术规范第三篇荷载 ［M］. 北京：人民交通出版社，1976.

［3］东北电力局线路设计规程修订小组. 电力设计技术规范-送电线路篇、架空配电线路篇 ［S］. 1973.

［4］中华人民共和国铁道部. 铁路工程设计技术手册 ［M］. 北京：人民铁道出版社，1979.

［5］Davenport A G. The relationship of wind structure to wind loading ［C］//Proc. of the Symp. on wind effects on building and structures. London：Her Majersty's stationary office，1965.

［6］Otsavnov V A. On standard of wind loads in different countries ［R］. Garston：International council on scientific Research and exchange of experience in the field of construction，1963.

［7］Orlenko L R. Wind and Its Technical Aspects ［J］. WMO technical Note，No. 109.

［8］Macdonald A J. wind loading on buildings ［J］. London：Applied Science Publishers，1975.

［9］朱岗昆，徐淑英，姚启润. 全国风压区域的划分 ［G］//风压论文选辑. 上海：上海科学技术出版社，1960.

［10］石泰安，程季达. 我国风压及其超载系数 ［G］//风压论文选辑. 上海：上海科学技术出版社，1960.

［11］建筑工程部图书编辑部. 建筑结构设计荷载 ［M］. 北京：中国工业出版社，1970.

［12］朱瑞兆. 高山上风的压力 ［J］. 地理知识，1980 (7)：27.

［13］朱瑞兆. 风压计算的研究 ［M］. 北京：科学出版社，1976.

［14］朱振德，石泰安，田良诚. 我国基本风压的分布及其取值的研究 ［R］. 建筑科学研究报告，1965 (1).

［15］朱瑞兆. 风压标准及计算方法 ［J］. 气象，1975 (3).

［16］朱振德，朱瑞兆，徐传衡. 沿海风压研究 ［R］. 建筑科学研究报告，1980 (7).

［17］上海数学分会概率论数理统计小组. 关于最大风速的数理统计方法 ［G］//风压论文选辑. 上海：上海科学技术出版社，1960.

［18］金光炎. 水文统计原理与方法 ［M］. 北京：中国工业出版社，1964.

［19］Thom H C S. Some Methods of Climatological Analysis ［M］. Geneva, Switzerland：Secretariat of the World Meteorological Organization，1966. 81.

［20］Gumbel E J. Statistics of Extremes ［M］. New York：Columbia University press，1958.

［21］В. В. 格涅坚科. 概率论教程 ［M］. 北京：人民教育出版社，1956.

基本雪压计算中的几个问题 *

朱瑞兆　王　雷

（中央气象局气象科学研究院）

在建筑结构设计中，基本雪压是一项荷载数据。中华人民共和国基本建设委员会 1954 年颁布的《中华人民共和国工业及民用建筑结构荷载暂行规范》（规结 1—54）、1958 年颁布的《中华人民共和国工业及民用建筑结构荷载暂行规范》（规结 1—58），以及 1970 年出版的《建筑结构设计荷载》、1974 年的《工业与民用建筑结构荷载规范（试行）》（以下称 TJ 9—74）等，对基本雪压均有专门规定，其计算方法和全国各地的基本雪压值是建筑部门和气象部门共同制定的。本文拟对这方面的工作进行初步的总结。

一、基本雪压概念

雪压是建筑物单位水平面积上所受到积雪的重量，其表达式：

$$S_0 = h \cdot \rho \tag{1}$$

式中，S_0 为雪压（kg/m²）或称雪的重量，目前在建筑设计上是指一般空旷平坦地面水平面积上 30 年一遇的最大积雪重量，h 为积雪深度（m），ρ 为相应的积雪密度（kg/m³）。

而目前在气象资料中，积雪深度单位为 cm，积雪密度的单位为 g/cm³，故应注意单位换算。一般将计算结果乘 10 倍即得雪压（kg/m²）的数值。

雪荷载 S 是根据屋面的形状将雪压乘以不同屋面积雪分布系数 c，即

$$S = S_0 \cdot c \tag{2}$$

关于基本雪压 S_0 的取值标准，在我国曾有几次变动，在 1954 年的《规结 1—54》和 1958 年的《规结 1—58》中，是将 1949 年前后的历年最大积雪深度的平均值乘以全国统一的积雪密度（200kg/m³）。这种取值方法不够合理。因为影响结构安全的一般是某一次极端最大的积雪重量，而不是平均最大雪深的积雪。并且据近年实测资料，我国平均积雪密度一般小于 200kg/m³，不同地区和各次降雪的积雪密度也有所不同。

1970 年出版的《建筑结构设计荷载》修正了积雪密度值，并考虑到风和雪同为自然荷载，取值的标准应该一致，所以，确定基本雪压的标准与基本风压相同，都取 30 年一遇的最大值（即目前采用的基本雪压取值标准）。

在《TJ 9—74》中，基本雪压仍然采用了上述的标准。

---

* 本文收录在《全国应用气候会议论文集》，科学出版社 1977 年版。

二、积雪密度的讨论

积雪的密度是单位体积雪的重量。积雪密度的大小受气温、日照、积雪深度、积雪时间的长短和降雪的性质等因子的影响。因此，各次积雪的密度不同，而且，即使在一次积雪期中，各天的积雪密度也有很大差别（见表 1）。最大雪深的积雪密度变化范围为 $70 \sim 300 \text{kg/m}^3$，一般地老雪（积存时间较长）比新雪的密度大；湿雪比干雪的密度大；雪深大时密度较小。

表 1　南京一次降雪的天气情况

时　　间		最大深度（cm）	积雪密度（kg/m³）	日平均温度（℃）	降水量（mm）	平均云量	日最大风向、风速（m/s）	
1954 年 12 月	26 日	3	—	0.1	3.7	10	NNE	7.9
	27 日	7	—	−0.4	9.5	10	NNE	7.0
	28 日	16	—	−0.2	17.9	10	NNE	7.8
	29 日	36	—	−1.9	22.7	10	NNE	6.1
	30 日	44	—	−2.0	12.3	10	NNE	6.0
	31 日	50	0.11	−2.6	15.8	10	N	6.7
1955 年 1 月	1 日	51	0.14	−1.2	10.3	10	NNE	6.6
	2 日	49	0.15	−2.8	0	10	NNE	4.8
	3 日	41	0.16	−3.1	1.1	9.8	NNE	6.7
	4 日	44	0.16	−3.9	5.7	10	NNW	7.4
	5 日	41	0.16	−6.9	0	0	NNW	4.8
	6 日	37	0.17	−8.3	0	0	NNE	3.5
	7 日	32	0.18	−6.2	—	2.3	NNE	9.8
	8 日	30	0.19	−3.4	0	7.8	NE	8.5
	9 日	29	0.20	−5.9	1.1	6.0	NW	8.2
	10 日	27	0.22	−9.0	—	1.5	WNW	3.5
	11 日	25	0.21	−8.0	—	0	S	3.2
	12 日	23	0.23	−5.4	—	0	SSE	5.1
	13 日	19	0.24	−1.3	—	8.0	NNW	3.9
	14 日	14	0.27	−1.1	—	7.3	NNW	2.8
	15 日	9	0.27	−3.3	—	5.8	NNW	9.3
	16 日	7	0.31	−7.4	—	0	WSW	7.4
	17 日	7	0.30	−3.4	—	0	SW	4.3
	18 日	5	0.33	−2.6	—	3.0	S	3.7
	19 日	4	0.43	1.3	—	5.8	W	4.2

我国气象台站大多仅有积雪深度的观测资料，而积雪密度的观测却较少。为了将雪深资料换算为雪压值，需要有一个合理的积雪密度假定值。在 1970 年出版的《建筑结构设计荷载》中，考虑到我国南方地区积雪时间短，因此一般可按新雪密度计算雪压。我国北方地区积雪时间较长，最大积雪深度中包括老雪和新雪，但考虑到屋面上的雪由于风吹和室

内散发的余热影响，积雪时间一般也不会太长，老雪并不太多，因此，也可按新雪的密度计算。根据全国 18 个站的积雪密度资料分析，新雪积雪密度的地区分布规律，大致是南北大、中间小。东北黑龙江和长白山以及新疆的积雪密度较大，约在 140～150kg/m³；秦岭、淮河以南积雪密度为 130kg/m³；华北以及西北、东北部分地区积雪密度为 100～130kg/m³。

在《TJ 9—74》中，利用全国 80 余站的积雪密度资料，对《建筑结构设计荷载》的全国积雪密度分布示意图进行了修订，将全国划分为 4 个区：东北及新疆的北部这两个区降雪机会多、温度低、积雪时间长，因而积雪密度较大，一般为 140～150kg/m³；淮河、秦岭以南地区空气湿润、气温高、雪湿，因而积雪密度一般为 150kg/m³；华北及西北大部分地区气候干燥、降雪量少、积雪时间也不长，因而平均积雪密度为 120～130kg/m³。

当然，不论是新雪积雪密度或是平均积雪密度，两者都不是实际的积雪密度，用它计算出来的积雪重量（即雪压）只能是一个近似值。用新雪密度计算雪压，其值往往偏小，如北京 1959 年 2 月 25 日积雪深度 24cm，实测积雪密度为 120kg/m³，雪压为 28.8kg/m²，若按新雪积雪密度分区，其积雪密度应取为 100～110kg/m³，这样计算的雪压为 24～26.4kg/m²，比实测值偏小 2～4kg/m²；而用平均积雪密度计算雪压，其值有时偏大，如哈尔滨最大雪深是 1957 年 12 月 20 日的 41cm，相应的积雪密度为 110kg/m³，其雪压为 45.1kg/m²。若将雪深乘以该区的平均积雪密度 140kg/m³，其雪压为 57.4kg/m²，比实测值偏大 12.3kg/m²。

照理应该根据各年的最大积雪重量作为随机变数，直接统计 30 年一遇的最大积雪重量。采用积雪重量统计时，如一些台站无积雪密度观测，考虑到同一地区在同一次天气过程内的降雪，其雪的性质、天气状况等基本相似，也可以借用邻近台站的同一次降雪且深度大致相同的积雪密度。《TJ 9—74》中一部分雪压就是按照此方法计算的。

在挑选年最大积雪重量时，还需要注意的一个问题是：雪深大时积雪密度小，雪深较小时积雪密度大，结果往往使雪深大的雪重反而比雪深次大的雪重小。如张家口 1957 年 11 月 24 日最大雪深为 31cm，积雪密度为 120kg/m³，而 25 日雪深为 27cm，积雪密度为 150kg/m³，前者的雪重为 37.2kg/m²，后者的雪重为 40.5kg/m²，前者比后者小 3.3kg/m²。又如海拉尔 1955 年 2 月 9 日雪深为 39cm，积雪密度为 110kg/m³，雪重应为 42.9kg/m³，到 20 日雪深减少到 27cm，积雪密度则增加为 160kg/m³，这时的雪重为 43.2kg/m³，也是雪深最大时雪重不为最大。再如南方的杭州 1964 年测得最大雪深为 16cm，积雪密度为 160kg/m³，而另一次雪深 14cm，积雪密度为 250kg/m³，前者雪重为 25.6kg/m²，后者雪重为 35.0kg/m²，比前者大 10kg/m²。我们认为这是不合理的，按理一次降雪重量应该以最大积雪深度时的重量为最重，以后只能小于此重量。因为一次降雪其含水量是固定的，以后由于蒸发等原因只能减少其重量。但是，资料中出现这种情况并不都是合理的，也有可能是吹沙或观测误差等原因造成的，因此要注意对资料的鉴别。

三、积雪深度（或重量）的数理统计

由于大多数站的雪压是统计 30 年一遇的积雪深度再乘以平均积雪密度，故这里只介绍深度的数理统计。至于统计雪的重量，其方法完全一样，所不同的是一个以深度作随机变量，一个以重量作随机变量。

（一）对于积雪深度（或重量）的资料处理

1. 剔除不实数据。

有的台站观测的最大积雪深度是由于吹雪造成的，即由于刮风而使雪堆积起来产生了积雪深度增加的假象。如鸡西 1958 年 2 月 1 日积雪是 60cm，可是这天事实上无降雪，是大风吹雪使雪再分布，这样产生的最大积雪深度值应该去掉，而从其余的资料中分选最大值，如鸡西选为 44cm。

2. 特大值处理。

在积雪深度资料系列中，有时有一个突出的数值，按照系列的大小顺序来看，很容易发现这一突出数值和其他数值之间有着显著脱节的现象，这种现象可能是比观测年代还要长的重现期。以南京为例，将 14 年最大积雪深度资料按序列大小排列，如表 2 所示。

表 2　南京 1952—1965 年最大积雪深度

序　号	年　份	最大积雪深度（cm）	序　号	年　份	最大积雪深度（cm）
1	1955	51	8	1960	5
2	1952	18	9	1959	4
3	1954	17	10	1958	2
4	1964	14	11	1962	1
5	1953	13	12	1963	1
6	1957	11	13	1961	0
7	1956	5	14	1965	0

从上表中不难看出，累年极端最大积雪深度值 51cm，差不多相当于次大值 18cm 的 3 倍。若按照此值统计雪压，其结果比周围测站会显著偏高。因此进行了实际的调查，根据南京 1928—1973 年的 46 年间有记录以来的数据和当地群众的反映，认为 51cm 的积雪大约是 50 年一遇，故我们假设 51cm 为 50 年一遇的积雪深度。其处理方法如下：

（1）平均值的计算：由南京 14 年资料的序列中，去掉特大的一年，即 1955 年的 51cm，求其余 13 年资料的平均值 $\bar{x}_{13}$，但有两年为 0 值（关于 0 值下节另有处理方法）不参加统计，故有 11 年的平均值，即 $\bar{x}_{11}$，把序列延长到 50 年，然后求平均值 $\bar{x}_{50}$，按公式：

$$\bar{x} = \frac{1}{N}\left(x_N + \frac{N-1}{n}\sum_{i=1}^{n} x_i\right) \tag{3}$$

即

$$\bar{x}_{50} = \frac{1}{50}(51 + 49\bar{x}_{11})$$

$$= 9.15$$

（2）根据同样的方法，求出离差系数 C_{V50}，即

$$C_{V50} = \sqrt{\frac{1}{N-1}\left[\left(\frac{x_N}{\bar{x}} - 1\right)^2 + \frac{N-1}{n}\sum_{i=1}^{n}\left(\frac{x_i}{\bar{x}} - 1\right)^2\right]}$$

$$= \sqrt{\frac{1}{N-1}\left[\left(\frac{x_N}{\bar{x}} - 1\right)^2 + \frac{1}{n}\sum_{i=1}^{n}\left(\frac{x_i}{\bar{x}} - 1\right)^2\right]}$$

$$C_{V50} = \sqrt{\frac{1}{50}\left(k_{50}^2 + \frac{49}{13}\sum_{i=1}^{11} k_i^2\right)} \tag{4}$$

其中，$k_{50} = \dfrac{51}{\bar{x}_{50}}$，$k_i = \dfrac{x_i}{\bar{x}_{11}}$。

这个处理过程实际上就是对统计参数 $\bar{x}$ 和 C_v 的修正。

3. 几项为零时的频率计算。

在雪压计算中，在我国的南方（主要是长江中下游地区）冬季积雪很不稳定，有些年份雪很大，造成很深的积雪。如 1955 年元旦江淮一带大雪，南京积雪深度达 51cm，正阳关达 52cm；1961 年 2 月 16 日浙江中部大雪，金华积雪深度为 45cm；1972 年 2 月 7 日江西北部大雪，乐平积雪深度达 47cm 等。而在某 n 年又无积雪，即该年积雪深度数据为零，对于此含有零系列的频率计算处理方法，一般利用比例法，这种方法是按资料项数的比例计算的。

先将 $x_i > 0$ 的 k 项资料作为整个系列进行一般的频率计算，如按表 3 计算出的图 1 中的实线。其实，该线只能代表全部 n 项资料中一部分资料（大项）的分布情况，故任何一个 x_i 的频率，必须缩减 k/n 倍，即

$$\frac{P_n}{P_k} = \frac{m}{n+1} \bigg/ \frac{m}{k+1} = \frac{k+1}{n+1} = \frac{k}{n} \tag{5}$$

（二）概率计算

我们进行雪压统计时，首先从每年挑一个积雪深度最大值即年最大积雪深度，这样便得到年极大积雪深度值的序列，再用数理统计方法求得该地 30 年一遇的最大积雪深度（或雪重）。

经过试验比较，我们认为用皮尔逊Ⅲ型曲线比较简便，又能与最大雪深的经验分布曲线较好地相接近。

以浙江衢县为例，共有 19 年资料（见表 3），按雪压大小顺序排列后，逐项进行计算，

可算得 $\bar{S}$, C_V, C_S, 便可从皮尔逊Ⅲ型曲线 Φ 表中，查出相应 C_S 时各个频率 P 下的 Φ 值，然后应用 $S_P = （1+\Phi_{C_V}）\bar{S}$ 计算 S_P 值，如表4所示。

表3　衢县雪压计算

时间	雪深（m）	积雪密度（kg/m³）	雪压（kg/m²）	年份	序号	雪压（kg/m³）	$k_i=\dfrac{S_i}{S}$	$P=\dfrac{m}{n+1}$	k_i-1	$(k_i-1)^2$	$(k_i-1)^3$	
											+	−
1970. 1	0.10	90	9.0	1961	1	49.0	3.46	5.9	2.46	6.0516	14.7061	—
1969. 1	0.10	150	15.0	1952	2	29.0	2.05	11.8	1.05	1.1025	1.1576	—
1968. 2. 1	0.08	190	15.2	1953	3	23.6	1.67	17.6	0.67	0.4489	0.3008	—
1967. 1. 11	0.04	200	8.0	1958	4	20.8	1.47	23.5	0.47	0.2209	0.1038	—
1966	0	—	—	1964	5	17.6	1.24	29.4	0.24	0.0576	0.0138	—
1965. 3. 5	0.01	160	1.6	1968	6	15.2	1.07	35.3	0.07	0.0049	0.0003	—
1964. 2. 24	0.11	160	17.6	1969	7	15.0	1.06	41.2	0.06	0.0036	0.0002	—
1963. 2. 10	0.01	170	1.7	1960	8	13.0	0.92	47.1	−0.08	0.0064	—	0.0005
1962	0	—	—	1956	9	12.0	0.85	52.9	−0.15	0.0225	—	0.0034
1961. 2. 16	0.35	140	49.0	1970	10	9.0	0.64	58.8	−0.36	0.1296	—	0.0467
1960. 1. 25	0.10	130	13.0	1967	11	8.0	0.57	64.7	−0.43	0.1849	—	0.0795
1959	0	—	—	1957	12	4.2	0.30	70.6	−0.70	0.4900	—	0.3430
1958. 2. 2	0.16	130	20.8	1954	13	4.0	0.28	76.5	−0.72	0.5184	—	0.3732
1957. 3. 13	0.03	140	4.2	1955	14	2.8	0.20	82.4	−0.80	0.6400	—	0.5120
1956. 2. 18	0.12	100	12.0	1963	15	1.7	0.12	88.2	−0.88	0.7744	—	0.6815
1955. 2. 13	0.02	140	2.8	1965	16	1.6	0.11	94.1	−0.89	0.7921	—	0.7050
1954. 1. 23	0.02	200	4.0	1966	17	0	—	—	—	—	—	—
1953. 2. 17	0.118	200	23.6	1962	18	0	—	—	—	—	—	—
1952. 2. 8	0.145	200	29.0	1959	19	0	—	—	—	—	—	—
总数	—	—	—	—	—	226.5	—	—	—	11.4483	13.5378	

$$\bar{S} = \frac{226.5}{16} = 14.16$$

$$C_V = \sqrt{\frac{\Sigma(k_i-1)^2}{n+1}} = \sqrt{\frac{11.4483}{15}} = \sqrt{0.7632} = 0.87$$

$$C_S = \frac{\Sigma(k_i-1)^3}{(n-3)C_V^3} = \frac{13.5378}{13.0873} = 1.57$$

表 4　S_P 值的计算

P（%）	0.01	0.1	0.5	1	2	3	5	10	25	30	50	75	90	95	97	99
Φ	7.31	5.37	3.99	3.39	2.78	2.42	1.96	1.33	0.46	0.28	-0.25	-0.73	-0.99	-1.10	-1.14	-1.20
Φ_{C_V}	6.36	4.67	3.47	2.95	2.42	2.11	1.71	1.16	0.40	0.24	-0.22	-0.63	-0.86	-0.95	-0.99	-1.04
$1+\Phi_{C_V}$	7.36	5.67	4.47	3.95	3.42	3.11	2.71	2.16	1.40	1.24	0.78	0.37	0.14	0.05	0.01	-0.04
$S_P = (1+\Phi_{C_V})\overline{S}$	104.0	80.4	63.3	56.0	48.4	44.0	38.4	30.6	19.8	17.6	11.0	5.24	2.00	0.70	0.14	-0.57

注：$C_S = 1.6$；$C_V = 0.87$；$\overline{S} = 14.16$。

最后，将 S_P 与相应的 P 点在概率格纸上连成光滑的频率曲线，如图 1 所示，由于衢县在 19 年中有 3 年为 0 值，按式（5）则有 $\frac{17}{20} = 0.85$，即将图 1 中实线缩减至 0.85 倍，呈图 1 中虚线，从此图上虚线查得 $P = 3.33\%$ 时，$S_P = 40.5$，也就是说衢县 30 年一遇的最大雪压（雪重）为 40.5kg/m²。

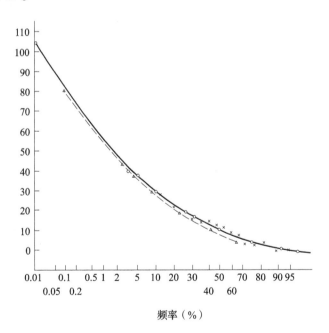

图 1　衢县频率曲线图

四、存在问题

1. 利用平坦空旷地面单位面积上的积雪重量，来计算屋面水平投影面上单位面积的积雪重量，其值可能偏大。因为屋面较地面风速为大，有部分雪可能被吹走。

2. 在我国东北长春以北和新疆天山之北，一般为稳定积雪区（即冬季地面积雪不化），故雪荷载按暂时荷载不甚合理，应按长期荷载考虑。

3. 积雪密度的确定是雪压计算中一个很复杂的问题，现在是将全国分成几个区，还显得粗略。而且，一地各次积雪的密度受温度、积雪深度、湿雪与干雪、地面有无老雪等不同因素影响而各异，所以用统一的平均积雪密度并不是理想的。为此，有积雪密度观测的站，在计算基本雪压时应以历年最大积雪重量作为子样。

4. 山区雪压的问题，山区地形对气流有抬升作用，在向风坡容易降雪。但在向风坡上，常因吹雪往往可裸露无积雪，在背风坡上或避风的地方却可积聚大量的雪。在山坡上或高原上，往往吹雪堆积的深度要超过降雪的深度。山区一般海拔高、温度低、利于积雪。因此山区雪压比邻近平坦空旷地区为大。究竟大多少，有待今后进一步调查、观测确定。

5. 雪压是平坦空旷地面单位面积上积雪的重量，其值认为是均匀分布的。由于屋面形状不同，在风力影响下，积雪在屋面的分布同平坦地面有差别。当屋面形状复杂时，积雪并非均匀分布。该项工作亦未做实际测量和调查。

6. 关于雪荷载系数问题。雪压的变化主要是由于雪的密度引起的。《规结1—58》对雪的荷载系数限于当时资料条件，粗糙地参考了苏联规范采用1.4，而苏联的雪压是按年平均雪深计算的，我们是取30年一遇最大深度，同时苏联是将全国分成几个区，我们是以等值线表示，故取1.4显然不合理。在《TJ 9—74》中取1.3，看来此值仍偏安全。风压荷载系数取1.3，是因为风压与风速的平方成正比，同时风速观测由于仪器粗糙（如风压板），往往误差较大，且4次观测换算为自记记录，也有误差之故。雪荷载系数与雪深和雪密度两者乘积有关。而雪深一般观测误差较小，主要取决于雪密度，根据实际观测的结果，雪深大时往往雪密度小，因此雪的荷载系数可以取小一些。

山区××工厂气象考察报告*

朱瑞兆

（中央气象局气象科学研究院）

这次气象考察工作，使用的仪器有电接风向风速计 4 台；热球电风速计、手持风速表、通风干湿球温度表各 3 台；测温系留气球以及三个垂直剖面（剖面在离地为 2m、4m、8m、16m、24m、32m 的不同高度上，装有半导体温度和风速自记计），分布在四垄、五垄、六垄、大垄和六垄口对面的小山头上（见图 1）。从 1968 年 10 月 14 日到 10 月 31 日进行了观测。由于仪器的安装、维修和天气条件的限制，各观测点观测的起讫时间是不尽相同的，有的点还有中断。

利用 10 月 19—22 日、26 日、29 日六个小风的晴天典型山谷风天气和其他风小逆温强的天气，进一步分析山区的小风和逆温的规律。并利用这次气象考察中风的资料和附近平地气象站对应的风的资料的关系，用该站全年的风粗略地估计了六垄中部全年日平均风速≤1m/s 的日数。

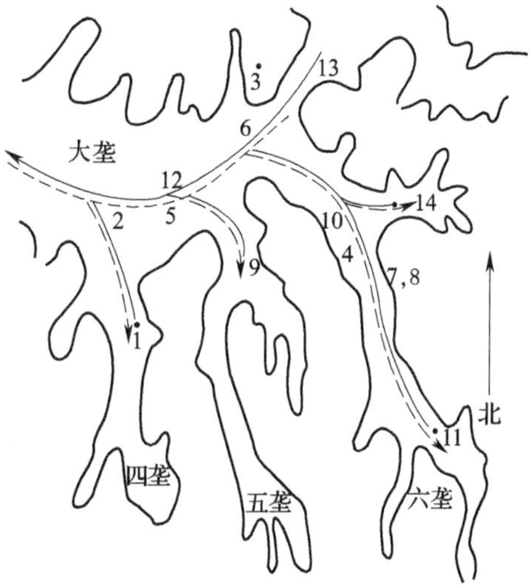

1—4—电接风向风速计（3 号点在山顶上）；

5—8—垂直剖面（8 号剖面在六垄东坡上）；

9—11—热球电风速计；12—测温系留气球；

13、14—自记风向点。

--▶白天谷风流向 夜间山风流向◀--

图 1 气象测点分布和山谷风流向示意图

一、山区小风的变化规律

工厂进山沟遇到了易燃爆气体能否扩散的问题。风速较大时，气体易于扩散，风速较小则不利于气体扩散。因此，风速是影响气体扩散的一个重要因素。

在一般的山区，由于山坡与山谷的温度差异，在山区能引起局地性的小风，此小风叫山谷风。山谷风是山区晴天的一种独特现象。在周围平地上为静风时，这种风在山区也仍能形成。

（一）山谷风

1. 山谷风的风向。

该山区包括东西走向的大垄（大沟）和南北走向的四垄、五垄、六垄（大沟的支沟）。

---

* 本文收录在《全国应用气候会议论文集》，科学出版社 1977 年版。湖南省气象局参加该项考察工作。

晴天，白天山坡上空气受热比谷中同高度上的空气受热快，这样山坡上和谷中同高度的空气就形成了温度差，故风从山谷沿山坡向上吹，也就是大垄里是偏西风，四垄、五垄、六垄里是偏北风，这种风称为谷风；相反地，夜间山坡上空气辐射冷却比谷中同高度上的空气冷却快，因此，山坡上空气密度的增大就比谷中快，造成了风沿山坡向下吹，即大垄是偏东风，四垄、五垄、六垄是偏南风，这种风称为山风（见图1）。二者总称为山谷风。无论是山风或谷风，其风向都是很稳定的，风向频率平均都在90%以上（见图2）。

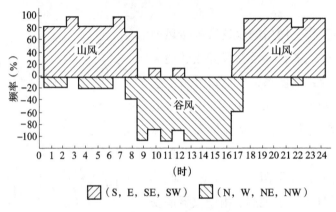

图2 六垄中山谷风风向频率图

2. 山谷风的转换期。

在一天中，山风和谷风交替变化着，当山风转为谷风，或谷风转为山风时，其风向可转180°。实际上，风向不是一下子就转变过来的，而是有一个反复变化不定的过程。这一过程需要一小段时间。在10月，由山风转为谷风约在上午8—9时，山风风向和谷风风向的频率在30%~70%；由谷风转为山风大致在17时，山风风向的频率和谷风风向的频率各占50%左右。这两时段叫作转换期（见图2）。

转换期的平均风速是一天中的较小值（见图3）。从剖面上的风速自记记录更清楚地看出，转换期的风速是一天中的最小值，这一最小值维持的时间很短。一天中两个转换期的情况也不完全一样，山风转谷风时的转换期（8—9时）比起谷风转山风时的转换期（17时左右）最小风速值要小，且最小风速持续的时间也较长。

从水平方向来看，由山风转为谷风先从垄口开始，再逐步向垄尾扩展。相反地，由谷风转为山风是从垄尾开始，再逐步向垄口扩展。

3. 山谷风的风速。

山风的风速小于谷风。以六垄中为例（见图3）。夜间（18时—次日8时）的山风较小，平均风速为0.8m/s。最小风速在7时左右，为0.4m/s。这可能是由于在7—8时同高度的水平温度差最小的缘故。因为这时太阳光照射地面，贴地层气温上升，上层的逆温将要破坏，垂直和水平的温度差都较小，故风速也就较小。白天（9—17时）的谷风较大，平均风速为1.6m/s。最大风速出现在13时左右，这是因为在这时气温高、空气上下交换强的缘故。

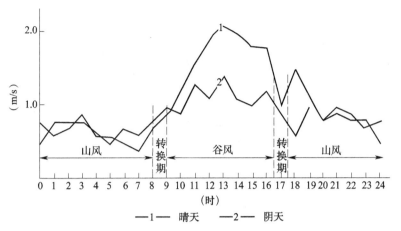

图3 六垄中晴天山谷风风速日变化图

我们仅观测到32m高度，但仅从32m以下的五个高度（2m、4m、8m、16m、32m）来看，都有山谷风的现象存在（见图4）。

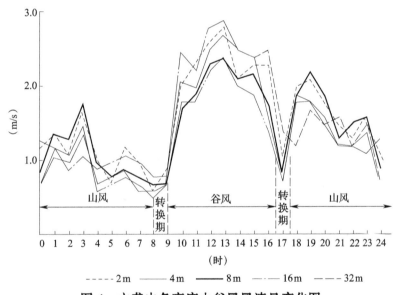

图4 六垄中各高度山谷风风速日变化图

在阴雨天，山区的山谷风现象不显著。与晴天比较，山区阴雨天风速的日变化较小。我们统计了六垄中5天（15—17日，28日，31日）阴雨天的风速，其平均日变化如图3所示。白天（9—17时）平均风速为1.1m/s，夜间（18时至次日8时）平均风速为0.7m/s。但当有大风天气系统影响时，风速就较大。

4. 小风（≤1.0m/s）的最长持续时间。

六垄口、六垄中和六垄中坡地上小风的最长持续时间不一样。如六垄中坡地，一天中小风的最长持续时间出现在夜间。<1m/s的风速最长可从17时持续到次日9时，<0.5m/s的风速可持续6~7h，<0.3m/s的风速也可持续2h（见图5）。

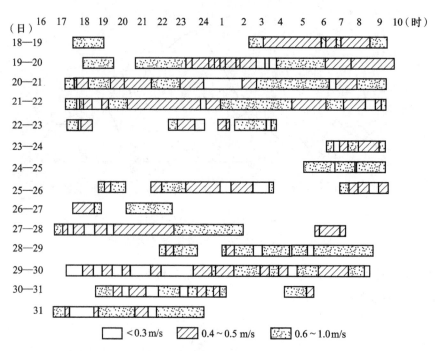

图5　10月六垄中坡地4m高处小风持续时间示意图

（二）各垄风速对比

由于这次观测所使用的仪器性能和起动风速的不同，所以采取了同类仪器互相比较的办法，结果列于表1~表3中。

表1　晴天各垄电接风向风速计（离地高12m）的平均风速和

小风持续时间对比（使用资料为19—22日，26日，29日）

地区	平均风速（m/s）		≤1m/s的风速日平均持续时间（h）
	白天（9—17时）谷风	夜间（18时—次日8时）山风	
六垄中	1.4	0.7	9.5
大垄	1.8	0.3	13.2
山顶	1.4	0.2	14.8
四垄	1.2	0.1	15.3

表2　晴天五垄、六垄中热球电风速计（离地高2m）平均风速对比

（使用资料为20—30日）

地　区	白天（9—17时）谷风	夜间（18时—次日8时）山风
六垄中	1.4	0.6
五垄	1.6	0.7

表 3　晴天六垄中六垄尾热球电风速计（离地高 2m）

平均风速对比（使用资料为 19—22 日）

地　　区	白天（9—17 时）谷风	夜间（18 时—次日 8 时）山风
六垄中	1.5	0.8
六垄尾	1.6	1.2

由表可见，在晴天，白天大垄风速较大，其他各垄（包括山顶）风速差异都不大。但是夜间风速差异则较大，其中以六垄尾为最大，六垄中和五垄相近，也比较大、大垄、四垄和山顶的夜间风速都要比五垄、六垄中小些。在阴雨天，各垄白天和夜间的风速差异都不大。

二、山区的逆温

空气温度随高度的变化，在白天整个大气层中基本上是越向上越冷的，但在晴天夜间，近地面空气层中，通常都是下面比上面还要冷些。这种空气温度随高度向上增加的现象叫逆温。逆温能使空气的上下对流显著减弱，从而严重阻碍了有害气体的向上扩散，故逆温是影响气体扩散的重要因素之一。

从这次气象考察可知山区的逆温特点是：逆温强度大，持续时间长，逆温层也较厚。低层逆温在山沟内各点有明显的差异。山区高层（30m 以上）的逆温情况，利用了大垄中系留气球每 2 小时 1 次的观测资料。观测的高度一般为 200~300m，最高达 500m。每次观测时间不超过 20min。山区低层（30m 以下）的空气逆温情况，利用了六垄中、六垄中坡地、六垄口和大垄中各剖面上每小时定时的观测资料。

（一）高层的逆温情况

晴夜高层的逆温分布如图 6 所示。从图中可看出：

1. 整个逆温层的厚度可伸展到 300m 的高度。较强的逆温（0.4~0.9℃/10m）也可达 90m 以上的高度。强逆温（≥1.0℃/10m）可在相对高度约为 50m 以下的整个山谷中基本上整夜维持。

2. 逆温层的厚度随入夜时间而增厚，一般于 17 时即可在高层的下部开始形成逆温，在黎明前达到最高的高度，到上午 10 时才完全消失。较强逆温日落前后（18 时）先在高层下部形成，也随入夜时间而扩展到较高的高度，日出后就很快消失。强逆温开始出现于 20 时，到 24 时就扩展到整个山谷；在后半夜地面降温减弱，以致使强逆温在后半夜的厚度反而略为减小，日出后才在低层中迅速减弱为较强逆温，以至消失。

3. 逆温的强度总的趋势是随高度减小的。最强逆温中心约在 22—24 时出现于高层底部，强度值为 1.4℃/10m。

在阴雨天的夜间，在 50m 以下也会形成弱逆温（≤0.3℃/10m），但其上界和形成、消失的时间都很不明显。

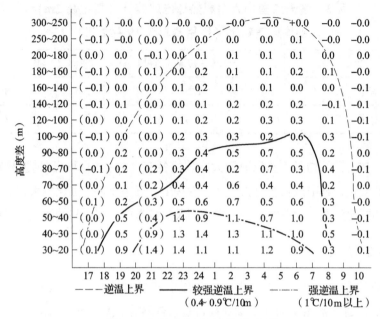

图 6　晴夜高层的逆温分布图

晴夜不同垄高层的逆温情况，于 10 月 22 日晨在大垄和六垄中做了测温系留气球观测，按三个时次平均，比较大垄和六垄高层的逆温强度，并无明显差别（见图 7）。这说明了在山区 50m 以上的逆温分布是比较均匀的。

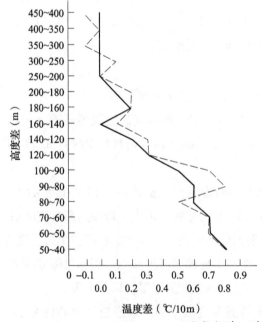

图 7　1968 年 10 月 22 日大垄、六垄高层温差曲线图

（二）低层的逆温情况

大垄、六垄口、六垄中各剖面分层次（2~16m）的温度，如图 8 所示。而对于低层上部（20~30m），因为大垄剖面温度梯度观测高度低，故仍用测温系留气球的测值作比较，如图 9 所示。

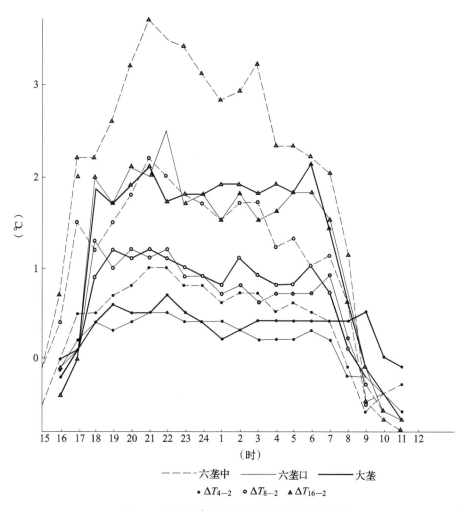

图8　各垂直剖面上温差随时间分布图

注：ΔT_{4-2} 为 4m 与 2m 的温差，ΔT_{8-2} 为 8m 与 2m 的温差，ΔT_{16-2} 为 16m 与 2m 的温差。

1. 逆温出现时间。六垄中在 16 时就能出现逆温，而六垄口和大垄则要 17 时前后才出现。这是因为六垄中西边的山坡陡，在 10 月，16 时前山谷下部已晒不到太阳，而大垄和六垄口还能晒到阳光的缘故。由于六垄中东边的山坡较平缓，六垄中和大垄、六垄口差不多同时晒到阳光，故逆温差不多都于 8—9 时消失。

2. 在日落前后，地面由于辐射冷却而迅速降温，致使逆温在贴近地面层迅速形成，在午夜前（22—23 时）达到最高值。在后半夜因地面降温减慢，逆温强度有平缓下降的趋势。

3. 六垄中和六垄口、大垄对应层次的温度差有显著差别（见表4）。

4. 比较图8和图9，在低层的上部，逆温形成和消失的时间基本和下部一致。

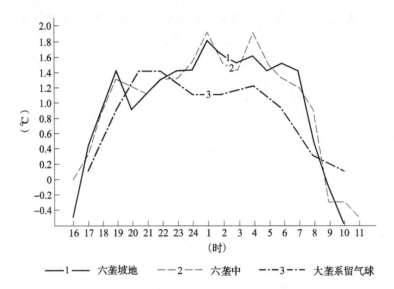

图9　大垄与六垄 ΔT_{30-20} 的相应温差比较图

表4　各垂直剖面上下层次平均温度差值表 （℃）

地　区	ΔT_{4-2}^{*}	ΔT_{8-4}	ΔT_{16-8}	ΔT_{30-20}
大垄	0.5	0.5	0.9	1.0
六垄口	0.4	0.6	0.9	—
六垄中	0.7	0.9	1.3	1.4

注：＊ΔT_{4-2} 为4m与2m的平均温度差，以下类同。

三、对山区小风风速 （≤1.0m/s） 的估计

为了比较山区与平原地区风速的情况，我们作了一些初步的探索，六垄中风速与附近平地气象站风速的比值有一定的关系。当附近平地风速小时，比值就大，即六垄中风速（比平地）较大，这是由于六垄有山谷风而平地没有的缘故。当平地风速大时，比值就小，即六垄中风速相对较小，这是由于山地对大风天气有屏障作用所致。因此，可利用风速及其与六垄中风速的比值关系来粗略地估计六垄中全年出现小风的日数。

利用1968年10月六垄中与平地气象站17天平行观测的资料，统计平地各风向（16方位按顺时针归并为8个方位）下，不同风速与相应的六垄中风速的比值（比值＝六垄中风速/平地风速），取平均值，得出表5，将平地每日定时观测的风速乘以此比值，就得到六垄中对应的风速估计值。

表5 各风向下平地风速与六垄中风速比值的平均值

平地风速 (m/s)	风 向							
	N	NE	E	SE	S	SW	W	NW
0.1~1.0	1.0	1.1	1.2	1.3	1.1	0.9	0.8	0.6
1.1~2.0	0.8	0.6	0.6	0.6	0.4	0.6	0.2	0.8
2.1~3.0	0.5	0.4	0.4		0.2	0.4	0.5	0.4
3.1~4.0	0.4	0.3			0.4	0.3		0.4
4.1~5.0	0.4	0.3			0.5	0.4		0.3
5.1~6.0	0.3	0.3						
6.1~7.0		0.2						
7.1~8.0		0.2						
8.1~9.0		0.3						
9.1~10.0		0.2						
10.1~11.0		0.2						

由于平地气象站使用的测风仪器是风压板，它的起动风速比较大，在实际资料中出现不少静风的记录，就不能用上法计算。在平行观测中发现，平地为静风时，六垄中的风速大多不是静风，有80%的可能性出现≤1m/s的风，其中1时平均风速是0.9m/s，7时是0.7m/s，13时是0.8m/s，19时是1.0m/s。将这些值当作平地为静风时估计六垄中对应风速的依据。

现以1969年为例，因为1969年平地气象站每天有4次定时观测，且月静风频率比较多，小风天气可能多一些，结果如表6所示。从表6可以看出，六垄中日平均风速≤1m/s的日数全年可出现59天。因为阴雨天（总云量为8~10）大多不是逆温，比较有利于有害气体的扩散。故减去阴雨天，留下平均风速≤1m/s不利于扩散的晴天，六垄中全年可出现35天，其中六垄中秋季晴天出现小风的可能性最大，可出现20天左右，春季为最小。

表6 1969年六垄中日平均风速≤1m/s日数的估计

天气类型	春季 (3—5月)	夏季 (6—8月)	秋季 (9—11月)	冬季 (12—2月)	全年
阴天	7	7	5	5	24
晴天	4	5	22	4	35
合 计	11	12	27	9	59

四、存在的问题

山区气象考察工作，由于过去从未得到应有的开展，故尚缺乏经验和恰当的考察手段。在这次考察中，虽然我们努力克服了一些困难，解决了一些问题，但还存在不少问题，可归纳为下面三个主要方面：

1. 由于我们虚心向工人同志学习不够，调查研究不周密，所以最后确定的观测方案中有些地方就脱离生产实际。如我们只凭一般气象观测的经验，各观测点的观测高度都在 2m 以上，在最后审查时，工人同志就指出，在 0.5~0.8m 是有害气体多、管道密、工人经常进行检修的地方，特别重要。而我们却没有在这些高度进行观测。

2. 这次所使用的仪器种类较多，适用的范围不完全一致，有些自制的仪器如剖面上的半导体温度表和风速自记存在的问题比较多，仪器的类型不统一，性能也很不稳定，造成了测量的误差。这次报告所用资料仅仅是经过仪器的对比和合理性的审定后得出的。

3. 这次气象考察观测时间较短，取得资料较少，且在观测的十多天里风速还不是全年最小的，逆温也不一定是全年最强的，故得到的山区小风和逆温天气的规律性和统计数据是初步的。对六垄中全年的小风日数估计还是第一次尝试，方法粗糙，还可能是错误的。

这次对山区的小风与逆温作了初步分析，对小风也作了一些对比估计，但由于山区的气象条件是由各种因素决定的，这些因素对小风和逆温影响的规律性还需进一步探索。在山区建厂以后，特别是投产后，小风逆温就随之变化，而此变化对有害气体扩散影响的情况现在还不清楚。我们希望该厂能在这个山区继续组织气象观测工作，取得山区建厂所需要的比较完整的气象资料，以便进一步了解山区各气象要素影响有害气体扩散的规律性。

山区××化工厂风压取值*

朱瑞兆 李世奎 丁国安

（中央气象局气象科学研究院）

××化工厂建于山区，厂区位于一个东西走向的谷地，其西北面为海拔 800~1000m 的高山。该厂为扩散试验于 1970 年 6 月在厂区南边 70m 高的小山头上安装了一台电接自记风速风向计，分别在 11 月和 12 月两次观测到 30m/s 以上的大风也造成了一些风灾事故，最严重的是 10 间没有安装门窗的房子屋顶被吹垮，于是对原来采用的风压产生怀疑，并向有关单位了解情况，由于建厂任务很急，××车间先按 75kg/m² 设计施工了。

为了对比小山头和厂区的风速大小，于 1971 年 1 月在厂区和生活区又安装了两台电接自记风速风向计。

我们在 1971 年 2 月中旬到工地，作了近一周的考察，分三步进行工作：向当地百姓调查访问历史上大风风灾情况；针对 1970 年 11 月大风吹坏 10 间房子进行工程分析；最后将半年多的观测资料和附近平地的观测资料进行对比。由于水平有限，所以提出的意见仅供参考。

一、附近平地与化工厂小山头大风风向的关系

计算风压需要较长期的资料，而化工厂所在地仅有八个月的资料，故必须利用这些资料找出与附近有长期资料的平地的关系。

我们利用了两地 1970 年 7 月到 1971 年 2 月间的风向找相关性，将两地出现的风速点在图上，发现偏西北方向（N，NNW，NW，WNW，W）的风有较好的相关性。我们统计了 1970 年 7 月到 1971 年 2 月（其中有的月份不全）资料中两地有一地风速 ≥7m/s 的组数，平地吹西北风的次数共出现了 50 次，相应在小山头出现了 44 次西北风，也就是说，两地有 88% 风向一致。若再以两地有一地吹西北风，而风速 ≥20.0m/s 为标准时，两地全是偏西北风。由此可见，两地大风的风向基本上是一致的。当地百姓反映："这里除了西北大风外，再没有其他方向的大风"。结合平地 30 多年的观测资料看，年最大风速除一次外，都是偏西北大风。故可以说两地形成大风的天气系统也基本相同，所以才有可能利用平地的长年代数值订正小山头短时期的资料。

还必须说明一点：在风速小于 7.0m/s 时，两地风向相关性很差，这可能是由于两地山谷风的方向不一致所造成。

---

* 本文收录在《全国应用气候会议论文集》，科学出版社 1977 年版。

二、平地与化工厂小山头，小山头与厂区风速比值

1. 平地与化工厂小山头风速之比：求比值是为了将化工厂小山头的 8 个月的风速资料，订正到和平地同样长时期的资料，其订正公式：

$$B_N = B_n + \frac{B_n}{A_n}(A_N - A_n) = \frac{B_n}{A_n} \cdot A_N$$

式中，B_n、A_n 分别为小山头和平地两点同期的日最大风速，B_N、A_N 分别为小山头和平地 30 年一遇的最大风速。所以要首先求出 B_n 与 A_n 之比，我们统计了平地与小山头偏西北风向的日最大风速的平均比值为 1.45，若取 ≥15m/s，其平均比值为 1.53。

为了安全，要考虑到小山头上曾出现过两次 ≥30m/s 最大风速的比值，即 31.5m/s（小山顶）与 18.0m/s（平地），30.0m/s（小山顶）与 16.5m/s（平地），其比值分别为 1.75 和 1.82，故比值取 1.8。但该风速还必须换算到厂区。

2. 小山头与厂区日最大风速之比值：由于小山头离地面 70m 高，风速较地面为大，从 1971 年 1—2 月的观测资料可以看出，厂区与小山头日最大风速之比为 0.73，若取日最大风速 ≥10m/s 比较，其比值为 0.70。

另外，在 1971 年 1 月 20 日从 8 时 14 分到 9 时 10 分，分别在厂区和小山头两地同步观测，每分钟瞬时最大风速比值为 0.72。也就是说知道了山顶的风速，再乘以 0.7，即得到厂区的风速。

3. 综上所述，已知平地离地 10m 高 30 年一遇自记 10min 平均最大风速为 22.6m/s，则推算厂区的风速为：22.6m/s×1.8×0.7 = 28.4m/s。

三、从调查访问当地的风灾事故来估计风速

根据当地百姓介绍，该地区在近 50 年来曾出现过三次大风，发生在 1946 年、1950 年和 1970 年，但破坏最大、印象最深刻的一次是 1946 年的，据谈："1946 年收谷子时吹的大风，将谷子捆吹在天上飞，还将老梨树、桃树吹倒了一些，在坎边和土坎上的根有的被拔出来了，但是木材树没有一棵被吹倒。另外将三米高、上面宽一尺下面宽二尺的围墙吹倒了几米，还将一间房子的山墙吹塌了，1950 年和 1970 年都比这次大风为小。"根据这种风灾情况，对照风力等级表，大约相当 10 级风力，即"可使树木拔起或将建筑物吹毁"。风力为 24.5~28.4m/s，取中值为 26.5m/s。

四、1970 年 11 月大风揭去屋盖的工程分析

1970 年 11 月 13 日在厂区小山头发生了一次 11 级西北大风，这次大风从 3 时持续到 5 时半；差不多一直吹 25m/s 以上的大风，风速最大在 4 时左右，10min 平均最大风速达 31.5m/s。这次大风将厂区伙房的烟囱吹倒，旗杆吹断，最严重的是将生活区尚未装门窗的 10 间房子揭去了屋盖，现将揭去屋盖情况进行初步分析。

这 10 间房是木屋架、黏土平瓦坡顶屋面，东西走向，坐南朝北。这次大风是西北方向，由于生活区在谷地下方，河谷走向为南北向，估计风向到此也会转为北风；从揭去的瓦片全都吹落在房子的正南十几米远的地方也可证明。这次揭去屋盖的原因，我们分析主要是门窗没有安装，形成了单面局部开敞而遭受风灾。在其北面 80 多米远的同样一幢房子（坐北向南）就安然无事，这说明了两栋房子受风后因体形系数的不同产生不同的效应。封闭式低矮的双坡屋面迎风面为压力（见图 1）若是单面局部开敞就反而成为吸力，而且两侧受力远较封闭式的为大，故易被吹垮（见图 2）。

从图 2 可以看出，受风后 b 处的瓦片首先会有被揭去的可能，当 b 处瓦片被揭去后，a 处瓦片还保留着，此时木屋架除承受单边的不对称的屋面自重荷重外，还要叠加较大的风压应力（见图 3），由于这种屋架对不对称荷重受力情况不好，所以容易由此而产生变形侧移，因而使屋盖檩条掀掉或倒塌。我们计算了屋面的重量，每平方米有机瓦 19.5 块，每块 2.4kg，约 46.8kg，加上檩条木板和油毡每平方米约 55kg。按体形系数计算：揭掉屋盖的风压为 $55kg/m^2 \div 1.3 = 42kg/m^2$。当然这是极其粗略的估计，但也能作为提供考虑厂区风压大小的一个参数。

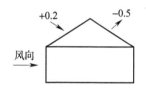

图 1　封闭式双坡屋面的
风压应力

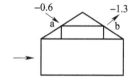

图 2　单面局部开敞屋面的
风压应力

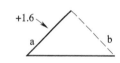

图 3　单边不对称屋面的
风压应力

五、小结

1. 从比值分析平地与厂区小山头 $\geq 15m/s$ 的风速比值为 1.53，考虑了两次大风的比值，从安全出发取 1.8，小山头与厂区比值取 0.7，离地 10m 高 30 年一遇风压为 $50kg/m^2$；

2. 从调查访问近 50 年情况，估计风压为 $44kg/m^2$；

3. 从 1970 年 11 月揭生活区屋盖的工程分析，折算风压为 $42kg/m^2$。综合上述，建议按新规定离地 10m 高 30 年一遇自记 10min 平均风速的风压取 $45 \sim 50kg/m^2$。

我国最大风速的分布特点 *

朱瑞兆

（中央气象局气象科学研究院）

人们在设计各项工程时，如建筑、交通、石油化工、水电和广播等，必须了解这些建筑物和装置在使用期间可能遇到的各种概率的大风，即要求气象部门提供各种重现期（最大风速出现的平均间隔时间）的风速值。如某一钢铁公司开始按 31m/s 设计厂房，经过概率计算认为用 22m/s 设计已可以满足，仅此一项给基建投资节约 3700 多万元。由此可见，重现期风速值的研究是极其重要的。

为了便于比较以及工程上的要求，必须将现有气象台站不同观测次数和观测风速所用的时间（称为时距）、不同风仪和高度等，统一到一个标准，即"一般空旷平坦地面、离地面 10m 高、自记 10min 平均最大风速"，再按概率分布的积分曲线外推确定 10 年、20 年、30 年、50 年、100 年等一遇的最大风速。

现根据 1950—1970 年（部分资料到 1976 年）期间，我国 700 多个气象台站年最大风速资料，得出 5 年、10 年、20 年、30 年、50 年、100 年一遇的最大风速的推算值，绘制成图 1（其他图略）。从图上可以反映出主要大气环流和大尺度地形、地貌特征的影响。其主要特点有：

1. 东南沿海为我国在陆上最大风速区。风速等值线与海岸平行，风速从沿海向内陆递减很快，梯度大，这和台风登陆后风速锐减有关。据研究，若以台风登陆时在海岸上的风速为 100%，那么在离开海岸 50km 处，台风中心附近的最大风速为海岸登陆时的 68%，在 100km 的地方，约为 55%。这个结果和图上沿海风速梯度分布很一致。

2. 三北地区之北部为次大风速区。主要是强冷空气入侵造成大风，由于气团逐渐变性、风速渐减，所以风速线由北向南减小。

3. 青藏高原为风速较大区。主要是海拔高度较高所致。在唐古拉山和安多一带曾测得最大风速 36~38m/s。

4. 云贵高原和长江中下游风速较小，特别在四川中部、贵州、湘西、鄂西为风速最小区。因为冷空气到此已是强弩之末，夏秋台风到此也大为填塞，甚或变为气旋。再加之高空在冬半年又处于南北急流的死水区内，故相对为最小风速区域。

---

* 本文发表在《气象科技》，1978 年天气、气候附刊，收录在《风能、太阳能资源研究论文集》，气象出版社 2008 年版。

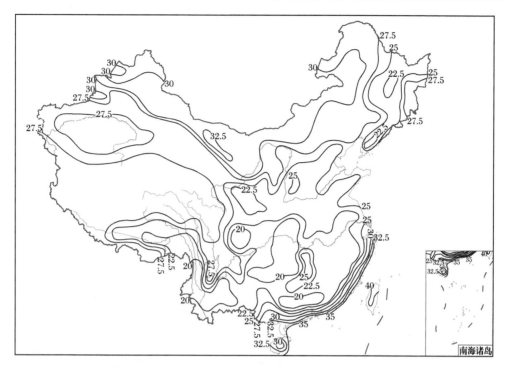

图1　30年一遇最大风速图（m/s）

5. 台湾地区、海南岛和沿海诸岛屿，风速自成一区。台湾地区是我国最大风速之冠，如1959年8月29日在台东登陆的台风，极端最大风速曾达70~75m/s。海南岛的风速比台湾地区小，为较大区，1973年9月14日在琼海登陆的强台风，极端最大风速为68.9m/s，为我国有记录中次大值。沿海岛屿及南海诸群岛，风速也较大，但南沙群岛较其他群岛风速要小些。

6. 地形影响。等风速线基本上和大尺度地形平行，特别值得一提的是，在河西走廊、塔里木盆地、台湾山脉、五指山成为一闭合大风区。

此外，地方性的大风，是在一定地形条件下，结合有利的大型天气过程，也能造成较大的风速。如乌鲁木齐的东南大风，阿拉山口的西北大风，安西的偏东大风，大理的雪风，渤海湾的偏东风，喀什的下滑风，康定、小金一带偏东大风，等等。

高山上风的压力 *

朱瑞兆

（中央气象局气象科学研究院）

现在日常用的风力等级，是蒲福氏于 1805 年根据风压作用于物体（在海上是船体）所制定的，然后再利用物体或船体的征象划分出 12 个等级，现在又将 12 级扩展到 16 级。

一、风速与风压的关系

大家知道，逆风骑自行车明显感到有一种阻止前进的力量，比顺风要费力得多。帆船靠风吹在帆面上的力量推动船体前进。这些力量就是风的压力。给风压下一个定义就是：在吹风时，垂直于风向的平面上所受到的压强。其单位是千克每平方米（kg/m^2）。

根据伯努力定律，可以推导出风速与风压间的关系，这就是说风的压力与风速的平方成正比。

标准风速与风压的关系，是取在标准大气压下，水银柱高 760mm（1013.25hPa），温度为 15℃时的干空气密度；并在纬度 45°处的重力加速度下计算的。根据这些因素，得出"标准风压公式"，即以 16 除风速的平方。

高山与平地风速相同，为什么风压不同？

要回答这个问题，还要从风速与风压关系谈起。上面谈的风压公式是在标准大气情况下推出的标准风压公式。随着海拔高度的增高以及纬度偏离 45°，推算出标准风压公式就得重新修订，具体说，就是修订标准风压公式中分母"16"。因为 16 的得来，与空气的密度有关，而空气密度又和海拔高度、大气压力、空气温度和湿度有关，所以标准风压公式中分母 16，必然随着海拔高度增高，空气密度减小而增大。如泰山（海拔 1533.7m）就由 16 变为 19；五台山（海拔 2895.8m）由 16 变为 21；拉萨（海拔 3658.0m）由 16 变为 25，等等。由于风速的平方不变，分母增大，相应的风压就变小了。

表 1 列出了海拔高度与风压的关系，由表 1 可以看出，若以平原（海拔 500m 以下）风压为 100%，在 3000m 处的风压是平原的 76%，在 5000m 处为 61%，在 9000m 处为 39%。换句话说，在平地上吹 10 级大风，按风力等级表上的物象是"陆上少见，见时可使树木拔起或将建筑吹毁"。若在海拔 7000m 的高原上，其 10 级风的风压仅相当平原 8 级风的风压，仍按风力等级表的物象则是"折毁树枝，人向前行感觉阻力甚大"而已。又假若在珠穆朗

---

* 本文发表在《地理知识》，1980 年第 7 期，收录在《风能、太阳能资源研究论文集》，气象出版社 2008 年版。

玛峰峰顶（海拔8848.13m）的12级大风，那么在平原上就是8~9级风的风压。在我国沿海地区，当台风袭击时，风速往往可以达到12级，可以见到狂风怒吼、屋瓦飞鸣、拔木倒屋、海水上溢的景象，令人闻而心悸，而在珠峰上12级大风才仅仅使人在前行时感到有阻力而已。

表1　不同海拔高度与风级下的风压（kg/m²）

海拔高度（m）	风级（相当风速）					比　值
	8级 (19.0m/s)	9级 (22.6m/s)	10级 (26.5m/s)	11级 (30.6m/s)	12级 (32.6m/s)	
0	22.6	31.9	43.9	58.5	66.4	1.00
1000	20.8	29.4	40.4	53.8	61.1	0.92
2000	18.9	26.7	36.8	49.0	55.6	0.84
3000	17.1	24.2	33.3	44.4	50.4	0.76
4000	15.4	21.7	29.9	39.9	45.2	0.68
5000	13.8	19.5	26.8	35.7	40.6	0.61
6000	12.4	17.5	24.1	32.1	36.4	0.55
7000	11.0	15.6	21.5	28.6	32.5	0.49
8000	9.8	13.9	19.1	25.4	28.9	0.44
9000	8.7	12.4	17.0	22.7	25.7	0.39
10000	7.7	10.9	15.0	20.1	22.8	0.34

二、风压的应用

譬如要攀登7000m以上的高山，预报那里有10级大风，很可能因此就不敢攀登了，因为在平原上10级大风给人们的印象，可使树木拔起或将建筑物吹毁。然而当知道海拔越高、风速相同、风压越小的道理后，就会知道那里的10级大风还不如平原上8级大风作用到人体或物体上的压力大。这就对登山的准备工作有很大的帮助。

由此我们不难明白，登山运动员在7000~8000m的海拔高度上，遇上8级或10级大风，而不被大风所阻，可以安全向上攀登的理由。

风压与建筑的关系十分密切，风压是建筑设计中的基本参数之一。过高地估计风压的数值，必然形成肥梁胖柱，造成浪费；相反，如果将风压数值取小，又会被风吹毁造成损失。为了说明风压的价值，现举一例："广州宾馆"是27层的建筑，根据计算若风压每平方米减小5kg，这幢楼就可节约10万元。由表1可以看出，同是11级大风，在海拔5000m以下，大约每1000m，风压相差4~5kg/m²。风速30m/s的大风，在北京所产生的压力为56.3kg/m²；在昆明是45kg/m²；而在拉萨仅产生35.3kg/m²。因此在高原上或海拔较高的地方建筑房屋，架空线路，修造广播塔、电视塔以及雷达天线等，必须按所在地的海拔高度、地理位置进行实际计算，否则就会造成很大的浪费。

　　除海拔高度外，地形对局部地区风的影响也是很大的。如在山口或峡谷口的风速就比较大。像珠峰在北坳的大风口（海拔 7000~7400m 处），托木尔峰的"老风口"（海拔 6100m），就是风速特别大的地方，这是因为气流从开阔的地区流入狭窄的地区，由于流区突然变小，而空气质量又不能在谷内大量堆积，致使风速突然增大，形成通常所说的"狭管效应"。

沿海风压的研究[*]

朱振德[1] 徐传衡[1] 朱瑞兆[2]

（1. 中国建筑科学研究院 2. 中央气象局气象科学研究院）

风压是建筑结构的基本设计荷载之一。其取值大小与建筑工程，尤其与高层建筑和高耸构筑物的经济及安全有着密切的关系。在实现四个现代化进程中，沿海、近海地区的建设和开发任务日益增多，设计中都需要提供风速风压等基本数据。因此开展风荷载的分析研究工作对在建设中贯彻多、快、好、省有着重要的意义。

现行荷载规范对沿海、近海风压布点少，空白多，深入海岛不够，不能满足近年沿海、近海开发和建设蓬勃发展的需要。为此从 1975 年起，国家建委建筑科学研究院会同中央气象局气象科学研究院组织了沿海八省（区）二市 27 个单位共 30 余人，对我国北起中朝边界的鸭绿江口，南至中越边界的北仑河口，海岸线长达一万四千多公里的沿海地区进行了风速风压的调查研究（台湾地区未进行）。前后经历了三年半的时间，交出了 13 篇研究报告（见沿海风压研究报告），取得了丰硕成果。通过这项科研工作，基本摸清了风速资料情况，建立了新的风速换算相关公式，采用了极值和皮尔逊 III 型两类统计分布线型进行计算，为全国沿海地区（包括岛屿）提出了较为合理的风压设计数据。原规范沿海省（区）市仅有 77 个风压点，现在增加到 500 多个点，而且较多地伸入到大小岛屿，填补了空白。此外，根据风压值绘制出沿海风压等值线，展示出我国沿海风压的分布形势。

近几年来，此科研成果已在沿海地区的基本建设中获得应用，及时地为上海石油化工总厂、镇海炼油厂和合成氨厂、广东黄浦石油化工厂、宝山钢铁厂、北仑山深水港口等工程项目提供了设计资料。沿海各省（区）市建委根据这项科研成果提出了本省（区）市的建议风压值，经过审议后已在一定范围内推荐给设计部门试用［见沿海省（区）市基建主管部门推荐文件］。

为使本课题研究成果更好地为我国社会主义现代化建设服务，由专题总负责单位中国建筑科学研究院朱振德、徐传衡同志和中央气象局气象科学研究院朱瑞兆同志等汇总整理，写成这份《沿海风压的研究》的总报告。

一、风速资料处理

（一）年最大风速资料来源

所谓"年最大风速"，是指一年观测中挑选出的最大一个风速。但年最大风速由于来源

---

* 本文由朱瑞兆执笔，完稿于 1978 年 10 月，刊在《建筑科学研究报告》1980 年第 7 期。

不同，数值有很大差异。在我国大致有两种情况：一种是从一年中定时 4 (8) 次观测中挑选出来的最大风速，这种风速是 2min 的平均风速，1970 年以前我国大多数台站都是这一类年最大风速。同时由于所使用的风仪为风压板，在使用性能上也存在问题（该问题下面还要谈到）。另一种则是从自记风仪记录中挑选的年最大风速，但 1970 年以前自记记录太少，1970 年以后才逐渐增多。

风压计算需要自记 10min 平均风速，可是目前多数是风压板定时 2min 平均风速，这就需要对风压板资料进行订正换算工作。

（二）风速标准和次时换算

我国建筑荷载规范目前所采用的标准风速是离地 10m 高自记 10min 平均。风压板年最大风速一般要进行两步换算，一步是将 2min 换算为 10min，另一步是将 4 次（或 8 次）换算为自记。

根据大量的统计结果，认为这两步并为一步换算并不增大计算误差。这次沿海风压研究中大都采用一步换算。仅福建、江苏两个省做了两步换算的探讨。以南京为例，从所得的结果（见表 1）来看，两步和一步无太大差异。与实测值比较，两步和一步的误差 $|\Delta V_{\text{II}}|$ 和 $|\Delta V_{\text{I}}|$ 也各有上下。但核查 $V_{10}^{\infty} \geq 17\text{m/s}$ 的大风资料（1956 年、1963 年、1969 年及 1974 年的），则得两步订正的误差大于一步订正，其中 1974 年南京 30 年来最大一次风，两步订正的误差为一步订正的三倍以上，这可能是由于两步换算多了一次误差估计的缘故。

表 1 南京风速两步订正和一步订正的比较

项目		年　份																			
		1956	1957	1958	1959	1960	1961	1962	1963	1964	1965	1966	1967	1968	1969	1970	1971	1972	1973	1974	1975	1976
实测值 V_{10}^{∞}		17.0	14.7	13.2	16.8	14.0	14.9	16.9	18.4	14.1	14.8	15.8	13.2	14.9	17.5	13.0	13.4	14.0	14.0	23.3	14.1	14.3
两步	订正值 $V_{10\text{II}}^{\infty}$	15.6	13.9	13.9	16.5	13.9	13.9	14.7	14.7	13.4	14.7	13.9	13.9	14.7	14.7	14.0	14.5	15.1	13.6	16.9	14.9	14.5
	误差 ΔV_{II}	-1.4	-0.8	0.7	-0.3	-0.1	-1.0	-2.2	-3.7	-0.7	-0.1	-1.9	0.7	-0.2	-2.8	1.0	1.1	0.5	-0.4	-6.4	0.8	0.2
一步	订正值 $V_{10\text{I}}^{\infty}$	17.9	13.2	13.2	20.8	13.2	13.2	15.6	15.6	12.0	15.6	13.2	13.2	15.6	15.6	13.6	14.8	14.8	12.5	21.3	15.8	14.8
	误差 ΔV_{I}	0.9	-1.5	0.0	4.0	-0.8	-1.7	-1.3	-2.8	-2.1	0.8	-2.6	0.0	0.7	-1.9	0.6	1.4	0.8	-1.5	-2.0	1.7	0.5

福建省这次换算用的是两步订正。办法是从自记纸上按定时 4 次读取 10min 平均风速，由此挑出最大值 z，一方面要求 z 对定时 2min 平均 x 的回归；另一方面求自记 10min 平均 y 对 z 的回归，则可得到：

$$z = 0.98x - 1.29 \qquad (\gamma = 0.95, \ S_z = 1.83)$$

$$y = 0.91z + 6.17 \qquad (\gamma = 0.79, \ S_y = 4.08)$$

然后将两个方程中间变量 z 消去而得福建省 4 次定时 2min 换算为自记 10min 的方程：

$$y = 0.906x + 4.96$$

$$(\gamma = 0.86, \ S_y = 3.56) \cdots\cdots \quad (1)$$

1970 年以前大都采用两步订正。此后经过对全国很多台站进行对比分析，发现一步订正误差反而小些，在这次沿海风压研究中对此问题又作了进一步探索。

这次除福建省外，风压板风速资料都采用了一步订正，其所用的次时订正及时距订正关系式见表 2~ 表 5。

表 2 三次换算关系式

省（区）市	关系式 $y=ax+b$		相关系数 γ	均方误 S_y	附　注
	系数 a	常数 b			
广东	0.991	3.648	0.81	12.54*/70.6**	
广西	0.821	4.850	0.75	2.74	
福建	0.926	4.930	0.85	—	
江苏	1.184	1.490	—	2.05	
南京	0.915	5.050	—	1.54	
上海	0.888	4.476	—	2.86	
浙江	0.883	4.840	0.77	2.37	
山东	0.679	8.510	—	—	

注：* 为误差方差 $\sigma^2 (e)$；** 为误差三阶矩 $\mu_3 (e)$。

表 3 四次换算关系式

省（区）市		关系式 $y=ax+b$		相关系数 γ	均方误 S_y	附　注
		系数 a	常数 b			
广东		1.00	3.114	0.83	11.48*/65**	
广西	全省	0.793	4.710	0.81	2.45	
	沿海	0.882	4.220	0.86	2.90	
	内陆	0.545	6.920	0.53	2.16	
山东		0.855	5.440	—	—	
河北		0.809	4.722	—	2.34	
福建		0.906	4.960	0.85	—	
天津		0.864	4.636	0.79	1.93	3、4 次合并计算
辽宁		0.970	3.940	0.85	—	

注：* 为误差方差 $\sigma^2 (e)$；** 为误差三阶矩 $\mu_3 (e)$。

表4　六、八、二十一和二十四次换算关系式

次数	省份	关系式 $y=ax+b$		相关系数 γ	均方误 S_y	附　注
		系数 a	常数 b			
六	山东	0.937	4.27	—	—	
八	广东	0.854	3.87	0.84	8.42*/27.5**	
八	福建	0.937	4.18	0.85	—	
二十一	山东	0.936	3.61	—	—	
二十四	山东	1.060	0.81	—	—	

注：* 为误差方差 $\sigma^2(e)$；** 为误差三阶矩 $\mu_3(e)$。

表5　时距换算关系式

时　距	省（区）		关系式 $y=ax+b$		相关系数 γ	均方误 S_y
			系数 a	常数 b		
2min 与 10min	浙江		0.972	0.14	0.929	1.34
瞬时与 10min	广西	全省	0.478	2.48	0.83	2.01
		沿海	0.649	-1.11	0.86	2.35
		内陆	0.332	5.08	0.84	1.18
	浙江		0.75			

　　表2～表4为三次、四次、六次、八次、二十一次和二十四次定时 2min 风速与自记 10min 风速的换算式。表5为 2min 与 10min 及瞬时与 10min 风速的换算式。

　　广东对次时换算考虑了随机误差，提出直线方程 $x=az+b+e$（其中 a、b 是待定常数、e 是随机误差项）。若用一般估计值 $\hat{x}$ 来代替 x，只当 $\sigma^2(e)$①充分小时，这样做才不致引起很大的误差。

　　标准风速 x 和它的估计值 $\hat{x}$，以及年最大定时风速 z 都是随机变量，其关系：

$$x=\hat{x}+e,\qquad \hat{x}=az+b \tag{2}$$

　　显然，目的是研究随机变量 x，也就是要寻求 x 的分布，而对大多数台站来说，只有定时观测值 z，根据式（2）可计算出 $\hat{x}$ 的观测值，但不一定有 x 的观测值，除非有自记仪器。

　　分布曲线的主要参数是随机变量的期望与方差，有时也用到三阶矩，从数理统计的知识清楚地了解到，随机变量 x 与 $\hat{x}$ 的统计参数有如下关系：

　　对于 x 与 $\hat{x}$ 的数学期望有关系：

$$E(x)=E(\hat{x})，即 E(e)=0$$

　　对于 $\hat{x}$ 与 x 的方差有关系：

$$\sigma^2(x)=E[\hat{x}+e-E(\hat{x}+e)]^2$$

---

① 误差方差 $\sigma^2(e)=\sigma^2(x-\hat{x})=\dfrac{1}{n-2}\sum\limits_{i=1}^{n}(x_i-\hat{x}_i)^2$。

$$=E\left[\hat{x}-E(\hat{x})+e\right]^2$$

$$=E\left[\hat{x}-E(\hat{x})\right]^2+2E\left[\hat{x}-E(\hat{x})\right]E(e)+E(e)^2$$

$$=\sigma^2(\hat{x})+\sigma^2(e) \tag{3}$$

三阶矩可由下式推出：

$$\mu_3(x)=E[x-E(x)]^3=E[x-\hat{x}+\hat{x}-E(x)]^3$$

$$=E(x-\hat{x})^3+3E(x-\hat{x})E[\hat{x}-E(x)]^2+3E(x-\hat{x})^2E[\hat{x}-E(x)]+E[\hat{x}-E(x)]^3$$

$$=\mu_3(\hat{x})+\mu_3(e)$$

$$\tag{4}$$

因此，虽然 x 没有获得观测值，然而它的统计参数却可根据 $\hat{x}$ 的统计参数从方程式（2）求得，有了参数就可寻找它的分布曲线。

现在来研究 x 的分布曲线与 $\hat{x}$ 的分布曲线的差别。

因为 $E(x)=E(\hat{x})$，$\sigma^2(x)=\sigma^2(\hat{x})+\sigma^2(e)>\sigma^2(\hat{x})$ 反映在图上的形状如图 1 所示，$\hat{x}$ 的分布比 x 的分布要集中一些。

其实，一般在风压计算中使用的是分布曲线的"尾巴"部分，这些估计值的大小取决于尾巴的大小，也就是当数学期望相同时，取决于方差的大小。图 1 中的 x 比 $\hat{x}$ 曲线尾巴粗一些。

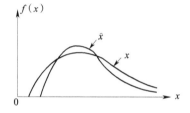

图 1 x 和 $\hat{x}$ 的分布密度曲线

这里也得说明，实际上其他各地建立换算公式时也考虑了相关点离散情况，采用 $(1\sim2)S_y$。即换算式中常数 b 改用 $b+(1\sim2)S_y$，核计广东用误差项（e）的分析结果，基本上相当于按经验取用 $2S_y$ 左右。所以这次沿海各地建立换算公式的标准还比较平衡。

（三）风速特大值的处理

在风速资料整理的过程中，往往会发现个别年份的风速值特大，而这类特大值又是确定计算风压值大小的关键。因此对"特大值"必须做细致的审查、落实，并确定取舍或调整。

关于特大值的标准，很难明说。老大和次大之间相差多少算特大，不好划分。但可有一个基本的估计，即发现特大对次大不是一般大于，而是远远大于。特大值一般成因于某一天气系统，也可能是人为观测误差和风仪不准确所造成的。

我国沿海在台风登陆点常造成很大的风速，所以在 20～30 年的资料中，往往会发生一个特大值，其值可能是几十年甚至百年一遇的特大值。对这样的特大风速如不恰当处理，就会因风速分布曲线的数学期望与方差过分提高，而造成统计风速和风压值偏大。

处理特大值一般可从地方志中查大风来估计重现期，然后按包尔达科夫等的方法进行处理。设有 n 个年最大风速 x_1，x_2，$\cdots$，x_n 和一个特大风速 x_N，后者估计重现期为 N 年（$N>n$），共有 $n+1$ 年资料，假定前 n 年资料的均值与方差比较稳定，因而可将 $n+1$ 年资料延长至 N 年，即除 x_N 外，$N-1$ 年的均值及方差与 n 年的相同。由此得

$$\left.\begin{aligned}\overline{x}_N &= \frac{1}{N}\left(x_N + \frac{N-1}{n}\sum_{i=1}^n x_1\right)\\ S_N^2 &= \frac{1}{N}\left[(x_N-\overline{x}_n)^2 + \frac{N-1}{n}\sum_{i=1}^n (x_i-\overline{x}_N)^2\right]\end{aligned}\right\} \tag{5}$$

在用子样的均值及方差计算 30 年一遇的风速时，就用这样的加权平均代替简单的算术平均。

福建厦门从 1954—1974 年的 21 年资料中出现过 1959 年一个特大值 35.34、次大值 28.73。查厦门历史记载，在 1528 年、1542 年、1567 年、1603 年、1772 年、1826 年、1917 年、1938 年、1959 年都发生过特大风，平均周期约为 54 年。如果删去风速较小、灾害较轻的 1567 年和 1938 年两次历史记载，得 1959 年大风的估计重现期为 72 年。

再以重现期为 54 年或 72 年，按包尔达科夫等的方法计算得

$$x_{54} = 20.35 \qquad S_{54} = 5.02$$
$$x_{72} = 20.28 \qquad S_{72} = 4.92$$

由此求极值分布函数 $e^{-e^{-\alpha(x-\mu)}}$ 的参数：

$$\alpha = \frac{\pi}{\sqrt{6}S} \qquad \mu = \bar{x} - \frac{0.577}{\alpha}, \ 得$$

$$\alpha_{54} = 0.256 \qquad \mu_{54} = 18.1$$
$$\alpha_{72} = 0.262 \qquad \mu_{72} = 18.1$$

根据分布函数反求 $x = 35.34$ 的重现期 $T = \frac{1}{P}$，其中 $P = 1 - e^{-\alpha(35.34-\mu)}$，得

$$P_{54} = 0.012 \qquad T_{54} = 83$$
$$P_{72} = 0.011 \qquad T_{72} = 91$$

这样反求的重现期比原来的估计大得多，所以认为这样处理还是存在问题的。

如不预先估计 1959 年大风（35.34）的重现期，只把它同其他数据作为同量级看待，按简单的算术平均得

$$\bar{x} = 20.796 \qquad s = 5.559$$
$$\alpha = 0.2311 \qquad \mu = 18.30$$
$$\rho = 0.019 \qquad T = 53$$

这样求得的重现期倒和前面的一个估计很接近，所以最后认为可不进行特大值处理。

广东对高要、湛江、琼海、汕头、澄海、普宁、新会等站出现的特大风速也查阅历史记载，进行了重现期的估计。上海也做了类似的分析工作。

当然，查究历史文献记载必须谨慎行事，应注意如何由记载变成风力级，以及记载有无遗漏或不实之处等。

（四）资料的均匀性和奇大奇小的审查

资料的均匀性可理解为序列中既没有个别的奇大或奇小，也没有整段偏大或偏小，后者也就是连续性。通过奇大奇小的审查和处理，可使资料的均匀性、连续性和可靠性有所提高。

奇大（小），一般根据大天气形势，结合天气气候理论，认为在某一地出现这种风的可能性极小。它和特大值有所不同，特大值乃是在短期资料中出现的一个较长年代一遇的风值。这是可能的。奇大（小）值往往是由于风仪精度不够或记录误差造成的。如辽宁赤峰 1964 年 10min 平均风速记录为 40.0m/s，林西 1963 年为 42.0m/s，用的都是日本的鲁宾孙四杯风速仪，

当时都无建筑灾害，一时无法判断。调查中两地当时预报员和观测员对记录有疑义，认为10min平均风速不可能这样大。再进行风仪检查，发现风仪年久失修，接点白金片磨损，接点失灵，大风时易发生连跳。同时赤峰站的风仪自记钟筒倾斜，也可能使风速记录偏大。因此均作为"奇大"而予舍去，另行分别取用次大值33.3m/s和32.3m/s，在资料序列中比较协调。

福建用东山1954—1975年的22年资料记录（见表6）作奇大奇小判断。直观地说，1954年的11m/s可能是奇小。1957年的>40m/s和1961年、1968年的40m/s似乎是奇大。现采用乔文特（Chauvent）所提出的准则来判断。它是假定随机变量ξ服从正态分布，其均值及方差分别用子样的$\bar{x} = \frac{1}{n}\sum_{i=1}^{n}x_i$及$S^2 = \frac{1}{n}\sum_{i=1}^{n}(x_i - \bar{x})^2$估计，那么对于任意正数$t$近似地有公式（6）。

表6　福建东山风速资料（m/s）

年份	1954	1955	1956	1957	1958	1959	1960	1961	1962	1963	1964	1965	1966	1967	1968	1969	1970	1971	1972	1973	1974	1975
风速	11	28	28	>40	28	24	24	40	28	34	28	28	28	28	40	28	20	22	21	26	25	22

$$P\left\{\left|\frac{\xi - x}{S}\right| > t\right\} = \frac{2}{\sqrt{2\pi}}\int_t^\infty e^{-\frac{x^2}{2}}\mathrm{d}x \tag{6}$$

乔文特认为在序列中这样的ξ值的期望个数如小于$\frac{1}{2}$，则当它出现时即应被拒绝，因为它出现的概率本来比不出现的概率小，于是由

$$n\frac{2}{\sqrt{2\pi}}\int_t^\infty e^{-\frac{x^2}{2}}\mathrm{d}x < \frac{1}{2} \text{ 或 } \frac{1}{\sqrt{2\pi}}\int_t^\infty e^{-\frac{x^2}{2}}\mathrm{d}x < \frac{1}{4^n} \tag{7}$$

可得$t>t_0$，再由$\left|\frac{\xi - \bar{x}}{S}\right|>t>t_0$，得$\xi>\bar{x}+t_0 S$或$\xi<\bar{x}-t_0 S$。这样就可以判断前者为奇大，后者为奇小。

就东山的资料而言（暂将1957年">40"的未定值除外），其余$n=21$年资料的$\bar{X}=26.7$，$S=6.2$，由此得$t_0=2.26$，$\xi>40.7$或<12.7。这样"40"这个数据的出现并不足为奇大。但1954年的"11"就该认为是奇小。经查究，1954年的"11"可能是风力等级误作为风速所致。年最大风速不一定是正态分布，因而考虑到其极值性质而采用极值分布代替正态分布，由$e^{-e^{-\alpha(x-\mu)}}=1-e^{-e^{-\alpha(x'-\mu)}}=\frac{1}{4^n}$确定$x$和$x'$，从而判断$\xi<x$为奇小，$\xi>z'$为奇大。由于极值分布是正偏的，所以一般有$x>\bar{x}-t_0 s$，$x'>\bar{x}+t_0 s$，这说明对奇小和奇大的判断值均有所提高。这是侧重于安全方面的。

（五）风压板风仪的误差

风压板仪器由于构造原理上的缺陷，只能比较准确地测得阵风较小速。当阵风为28m/s平均风速时，风压板可能在32~20m/s上下摆动。大家知道风压板转动角度越大，有效受风面积就越小。因而当大风时，风压板向上摆动的力量格外增强，风速就偏大。根据现有资料

分析，得对风压板大风的经验调整公式：

$$\bar{y} = 0.89x + 0.33 \tag{8}$$

式中：y——达因自记 2min 平均风速；

x——对应的风压板 2min 平均风速。

粗略地说，风压板大风资料可按偏大 10% 计算。

浙江坎门气象站 1962 年 5 月到 1963 年 11 月进行的 19 个月的风压板和达因两种风仪平行观测记录出现的大风日数的比较如表 7 所示。从表中可见，风压板测的大风日数，当风速 ≥17m/s 时约偏高一倍，当风速 ≥34m/s 和 ≥40m/s 时，则偏高达四倍以上。这里显然有风压板记录偏高的因素在内。

表 7　不同仪器测得的大风日数（19 个月对比观测）

仪　　器	风速（m/s）			
	≥40	≥34	≥25	≥17
风压板	11	16	20	109
达因	2	3	7	58

（六）风压板坡度误差

风压板在非水平气流时，所测得的风速记录往往要偏大，特别是瞬时风速偏大得更多。因此山坡风压板大风记录须作修正后才比较符合实际。这次山东等地进行了对比观测探索风压板坡度修正问题。

山东选了六种坡度：0° 在羊角沟、商河和聊城，7°~8° 在长岛，10°~12° 在海阳，15° 在烟台，30° 在千里岩，46° 在成山头。每地均进行了一个月以上的风压板和电接风仪的对比观测，在不同坡度和不同风速情况下得电接测风记录与风压板测风记录的平均比值（见表 8），按表 8 的比值得出经验公式（9）。

表 8　实测 K_α

坡　　度	风压板风速（m/s）											对比观测地点选取资料个数
	10	12	14	16	18	20	24	28	34	40	>40	
0°	1.00	0.95	0.90	0.91	0.91	0.84						羊角沟、商河、聊城 $n=857$
7°~8°	1.25	1.16	1.08	0.88	0.88	0.95	0.80					长岛 N、NNW $n=225$
10°~12°	1.09	1.01	0.94	0.82	0.86	0.83	0.76	0.71	0.63	0.56		海阳偏北坡 $n=858$
15°	1.03	0.95	0.88	0.83	0.77	0.72	0.66	0.58				烟台偏北坡 $n=447$

续表 8

坡　度	风压板风速（m/s）											对比观测地点 选取资料个数
	10	12	14	16	18	20	24	28	34	40	>40	
30°	1.11	1.05	0.95	0.89	0.84	0.81	0.71	0.60	0.56	0.56	0.54	千里岩距海岸 50km $n=709$
46°	0.79	0.77	0.71	0.64	0.61	0.55	0.56	0.41	0.41			成山头偏北坡 $n=625$

$$
\left.
\begin{aligned}
K_{0°} &= \frac{1}{0.80271+0.02093x} \\
K_{(7°\sim8°)} &= \frac{1}{0.49145+0.34470x} \\
K_{(10°\sim12°)} &= \frac{1}{0.67347+0.02805x} \\
K_{15°} &= \frac{1}{0.60612+0.03922x} \\
K_{30°} &= \frac{1}{0.55180+0.03568x} \\
K_{46°} &= \frac{1}{0.85550+0.5119\times1.0971x}+0.3355
\end{aligned}
\right\}
\tag{9}
$$

上述公式的推算值除以 0° 的值，以消除两种仪器本身的误差，而后得表 9 的 K_α 建议值。

表 9　建议 K_α 值

坡　度	风压板风速（m/s）									
	10	12	14	16	18	20	24	28	34	40
7°~8°	1.21	1.16	1.13	1.09	1.06	1.03	0.99	0.95*	0.91*	0.88*
10°~12°	1.06	1.04	1.03	1.01	1.00	0.99	0.97	0.95	0.93	0.91
15°	1.01	0.98	0.96	0.92	0.90	0.88	0.84	0.82	0.78*	0.75*
30°	1.14	1.06	1.05	1.02	0.99	0.96	0.92	0.88	0.84	0.81
46°	0.81	0.79	0.77	0.75	0.73	0.71	0.67	0.65	0.63	0.63*

注：* 为推算值。

福建在沿海也进行了一些对比观测。根据资料整理，发现其关系是非单调函数，风速比值变化缓慢。这可能是因为福建地形极为复杂所致。最后不分风向和坡度由 726 对资料混合求电接与风压板风速的回归方程，得

$$
y = 0.876x + 1.225 \tag{10}
$$

故对风压板风速资料的山坡影响，做下列几点主要说明：

（1）气流受山坡阻挡，因堆积而产生涡旋并改变气流方向。当坡度越陡和风速越大时，

则风压板风速记录偏大越多，也即此时爬坡风的效应越显著，因此对山坡风压板大风记录应做较大修正。

（2）山东的结果（见表9）与福建的公式（10）相比，差异较大，这可能因为福建遍地山陵，地形极为复杂，回归式（10）中包含着较多影响因素。但山东的结果核对风洞试验结果尚有一定的可比性。

（3）当一个山坡由多个不同坡度的坡段组成时，前后坡段的影响如何？又当群山之中的一个山的山坡受邻山的影响又如何？均有待查明。

（4）测站设在小山顶上，往往风仪杆是在较平坦的地方，气流爬山坡到此，因前方无阻力就会扩散，此种条件已与上述一般坡度影响又有所不同，也有待查明。

（七）台风大风的估计

我国现用风仪在风速>40m/s时，往往被吹毁，但这种大风速又是估算风压值的重要线索。因此大家都在探索台风大风的估算方法。国内这方面的工作尚少，国外则已有较多的研究和论述。早在1939年日本学者高桥就提出旋衡风的[①]非线性方程：

$$V_m = K\ (P_n - P_c)^{0.5}$$

式中：V_m——地面最大持续风速（n mile/h）；

K——常数；

P_n——台风周围环境的气压（mbar）；

P_c——台风中心海平面最低气压（mbar）。

此式的物理概念是由气压差转化为动能而产生气流运动。近年 G. D. 阿特金森和 C. R. 霍利德根据他们的研究选用1010mbar代表西北太平洋区台风周围环境的气压 P_n，作了修正后给出下列方程：

$$V_m = 6.7\ (1010 - P_c)^{0.644} \tag{11}$$

在高压和低风速区与资料点有较好拟合。用以计算西太平洋台风，误差不会超过±10n mile/h。对我国有一定的适合性，是目前在西北太平洋区较好地估计台风大风的方法。

（八）风速高度的变化

在摩擦层内（一般高度达800~1500m）风（气流）受水平气压梯度力、水平地转偏向力和摩擦力等共同制约。由于下垫层的摩擦产生一种附加力，这种力随高度而减小，所以风速随高度的增加而增加。因此安装在某一高度的风仪只能测得代表那一高度的风速。普兰特于1932年根据流体力学理论给出在摩擦层内高度 z 处的风速 V_z 的公式：

$$V_z = \frac{1}{K}\sqrt{\frac{\tau_0}{\rho}}\ln\left(\frac{z}{z_0}\right) \tag{12}$$

式中：K——卡曼常数；

―――――――――――――

① 旋衡风系气象名称，我国通常称为台风。

$$\sqrt{\frac{\tau_0}{\rho}} ——摩擦层速度;$$

τ_0——地面切应力;

ρ——空气密度;

z_0——粗糙度。

岗金（A. C. Гандин）、别尔良特（Т. Г. ВерЛянд）和盖格（R. Geiger）等人应用普兰特公式，假定以地面粗糙度为主要参数，$\frac{1}{K}\sqrt{\frac{\tau_0}{\rho}}$ 为常数，并在已知某一基准高度 z_1 的风速为 V_1 的情况下，推导得任意高度 z 处的风速 V_z：

$$\frac{V_z}{V_1}=\frac{\ln\frac{z}{z_0}}{\ln\frac{z_1}{z_0}}=\frac{\ln z-\ln z_0}{\ln z_1-\ln z_0}$$

$$V_z=V_1\frac{\ln z-\ln z_0}{\ln z_1-\ln z_0} \tag{13}$$

此公式即所谓对数公式，在 50~100m 高度以下能较好地表达风速廓线。

加拿大 Davenport 近年做了大量工作，他认为风速随高度指数公式较好，即

$$\frac{V_z}{V_1}=\left(\frac{z}{z_1}\right)^\alpha \ 或 \ V_z=V_1\left(\frac{z}{z_1}\right)^\alpha \tag{14}$$

式中，V_z、V_1 和 z、z_1 的意义同前，α 是指数，它与下垫层的粗糙度有关。粗糙度增大时，α 取值就大。

如果这个公式代表整个边界层的速度廓线，那么在边界层顶部 z_G 高度，速度必定达到其梯度值 V_G，所以 $\frac{V_z}{V_G}=\left(\frac{z}{z_G}\right)^\alpha$，这样已知 α 和 z_G 值，则边界层内任何高度的风速可以作为梯度风的比值表示出来。这里 z_G 也是随粗糙度增大而增大。

Davenport 对 19 种不同场所，从空旷水面、乡村到市区，测定了大风风速并绘制了剖面图（见图 2），可以看出下垫层粗糙度对风力的影响是很大的。风速在空旷水面比在市区更快地达到梯度风速；对于 100ft 高度处的风速，在市区约为水面的 1/4。下垫层越粗糙，下垫层附近引起湍流越多，并使垂直混合作用显著增强，这样造成粗糙表面的下垫层附近的风速比光滑表面时要小。

目前世界各国在规范中大都用指数公式，也有用对数公式的。我国对风随高度变化的规范，采取了在 100m 以下低层用对数公式，下垫层粗糙度全国陆上统一用 $z_0=0.03$，海上用 $z_0=0.003$；100m 以上高层用指数公式，指数 α 是以对数曲线和指数曲线在 100m 高度处相连接为条件所确定的（陆海的 α 分别为 0.145 和 0.107）。

我国目前正在专门进行风速梯度的实测研究工作，这次沿海风压研究中风速的仪高换

算，统一以现行规范的（陆上）风速高度变化规律为准。我国风仪高度一般在10m左右（个别情况有达20m）。这次通过用不同公式试算，发现在7m、15（20）m范围内所得高度换算结果，不因下垫层粗糙取值不同而引起太大的差异。福建省对此问题作了理论探讨，最后针对福建的复杂地形，免去仪高订正。

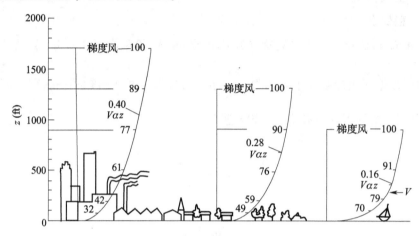

图2　不同粗糙度地面上的平均风速图

（九）海陆风速的对比考察

我国以往未曾开展过海陆风对比观测的研究工作。建筑结构荷载规范和港工规范为了给出海陆风压比值，仅选取不同出海距离海岛台站和邻近陆上对应台站的现有风速资料，分析了海岛风速与陆上风速的比值关系。总体说来，海面对大气流动的摩擦阻力远小于陆面粗糙度的影响，因此对同一天气系统而言，海上风要明显大于陆上风。在出海距离相同的情况下，海陆风速比随风速增大而减小。在风速相同的情况下，海陆风速比随离岸距离增大而增大。

1—嵊山；2—东沙；3—外游；4—棉丰；
5—红旗；6—光明；7—庄市。

图3　浙江海陆风考察观测点布置图

在沿海风压的研究中，浙江省作了海陆风的对比考察，江苏省和上海市作了县城或市区和海边风速的对比分析。

浙江在沿嵊泗、定海、镇海、宁波（鄞县）一线作了对比考察，观测点的布置见图3。对比观察结果见表10及图4。观察到海陆风大风水平变化有A、B两类。A类风速在海洋部分是向海岸衰减，接近海岸及登陆后则更急剧衰减。B类风速在海洋部分是向海岸增加，接近海岸及登陆后也急剧衰减。海上风速的这两类变化形式可能是因风场结构和摩擦面特征的关系所造成的。两类中A类海面风速从近海向远海增大，是一般海面风的主要特征。

表 10 浙江海陆风考察的大风风速比 （以东沙为准）

测 点	与东沙的距离（km）	大风风速比值	
		A 类	B 类
东沙	0	1.00	1.00
外游	53.50	0.87	1.14
棉丰	58.75	0.67	0.72
红旗	61.35	0.56	—
光明	64.00	0.53	0.58
庄市	66.80	0.50	—
鄞县	73.75	0.36	0.42

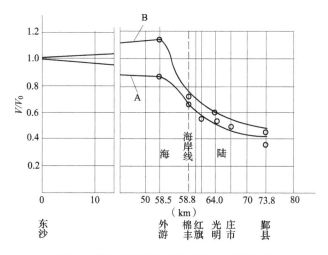

图 4 浙江海陆风考察风速水平变化

兹以 A 类风的海岸风速为准，则得向外海延伸时风速的增长率和向内陆延伸时风速的衰减率（％），如表 11 所示。

表 11 A 类海陆风速的增减率 （以海岸为准）

方 向	伸入内陆				伸向海洋			
离岸距离（km）	25	15	10	5	5	10	50	100
风速增减率（％）	-27	-25	-22	-16	20	22	34	38

江苏省和上海市则对县城和城市风速与海边风速作了对比分析，分别认为海边风有可能大 1 级以上，或风速大 3~5m/s。

此项海陆风考察和分析是国内的首次工作，为处理沿海（海岛）风速资料提供了依据，一定程度地验证了现行荷载规范的规定。此外从海陆风水平变化曲线上可粗略地探索风速海陆过渡行程的特征。当然海陆风考察工作还有待系统进行，以进一步摸清规律，并取得完整数据。

二、最大风速的概率计算

在沿海风压研究中，风速的概率计算仍然采用国内目前普遍沿用的极值分布和皮尔逊Ⅲ型两种曲线，但对参数的估计提出了一些方法，分述如下。

（一）极值分布

极值Ⅰ型分布（以下简称极值分布）的分布函数是

$$F(x) = \mathrm{e}^{-\mathrm{e}^{-\alpha(x-\mu)}} \qquad (-\infty < x < \infty) \tag{15}$$

式中，α、μ 为待定参数（α 为常数，μ 为极值分布的众数）它们与矩的关系可以求得

$$Mx = \int_{-\infty}^{\infty} x \mathrm{d}F(x) = \int_{-\infty}^{\infty} x \mathrm{d}\mathrm{e}^{-\mathrm{e}^{-\alpha(x-\mu)}}$$

令

$$y = \alpha(x - \mu)$$

则

$$Mx = \int_{-\infty}^{\infty} \left(\frac{y}{\alpha} + \mu \right) \mathrm{d}\mathrm{e}^{-\mathrm{e}^{-y}} = \frac{1}{\alpha} \int_{-\infty}^{\infty} y \mathrm{d}\mathrm{e}^{-\mathrm{e}^{-y}} + \mu \int_{-\infty}^{\infty} \mathrm{d}\mathrm{e}^{-\mathrm{e}^{-y}}$$

$$Mx = \frac{a}{\alpha} + \mu \tag{16}$$

式中，a 为欧拉常数，

$$a = \int_{-\infty}^{\infty} y \mathrm{d}\mathrm{e}^{-\mathrm{e}^{-y}} = 0.57722 \tag{17}$$

$$\sigma^2 = \int_{-\infty}^{\infty} (x - Mx)^2 \mathrm{d}\mathrm{e}^{-\mathrm{e}^{-\alpha(x-\mu)}}$$

$$= \int_{-\infty}^{\infty} \left(x - \frac{a}{\alpha} - \mu \right)^2 \mathrm{d}\mathrm{e}^{-\mathrm{e}^{-\alpha(x-\mu)}}$$

$$= \int_{-\infty}^{\infty} \left(\frac{y - a}{\alpha} \right)^2 \mathrm{d}\mathrm{e}^{-\mathrm{e}^{-y}}$$

$$\sigma^2 = \frac{C^2}{\alpha^2} \tag{18}$$

式中，$C^2 = \int_{-\infty}^{\infty} (y - a)^2 \mathrm{d}\mathrm{e}^{-\mathrm{e}^{-y}} = \frac{\pi^2}{6}$，即 $C = 1.28255$。

由式（16）~式（18）得

$$\left. \begin{array}{l} \alpha = \dfrac{C}{\sigma} = \dfrac{1.28255}{\sigma} \\[3mm] \mu = Mx - \dfrac{a}{\alpha} = Mx - 0.45005\sigma \end{array} \right\} \tag{19}$$

对于 α 和 μ 两个参数的估算有如下几种方法。

1. 矩法。

设 Mx 与 σ 的无偏估计量为 $\hat{M}x$ 与 $\hat{\sigma}$，按一般矩法当风速资料为 x_1，x_2，$\cdots$，x_n 时，取：

$$\hat{M}x = \overline{x} = \frac{1}{n} \sum_{i=1}^{n} x_i \left.\begin{array}{c}\\\\\end{array}\right\}$$

$$\hat{\sigma} = \sqrt{\frac{1}{n-1} \sum_{i=1}^{n} (x_i - \overline{x})^2}$$

(20)

由式（19）可得

$$\hat{\alpha} = \frac{1.28255}{\sqrt{\dfrac{1}{n-1} \sum_{i=1}^{n} (x_i - \overline{x})^2}} \left.\begin{array}{c}\\\\\end{array}\right\}$$

(21)

$$\hat{\mu} = \overline{x} - 0.45005 \sqrt{\frac{1}{n-1} \sum_{i=1}^{n} (x_i - \overline{x})^2}$$

由有限观测资料估计总体分布的参数，矩法估计的效率是不高的，往往与经验频率曲线拟合不好，因而有人推荐一种"直接与经验曲线相拟合的参数估计方法"，这里不再详叙。

2. 耿贝尔矩法。

对式（15）分布函数令 $y=\alpha(x-\mu)$，则得 y 的分布函数为

$$F_1(y) = e^{-e^{-y}}$$

(22)

按式（19）可以写成：

$$\alpha = \frac{\sigma_y}{\sigma_x}$$

$$\mu = Mx - \frac{\sigma_x}{\sigma_y} My$$

(23)

如果 My 与 σ 都采用理论值便是矩法。然而对于小样本取 y_i 便得

$$F_1(y_i) = 1 - \frac{i}{n+1} = \frac{n+1-i}{n+1}$$

即取 $y_i = -\ln\ln\left(\frac{n+1}{n+1-i}\right)$，看来更恰当一些。根据这些 y_i 可求得

$$\hat{M}y = \overline{y} = \frac{1}{n} \sum_{i=1}^{n} y_i \left.\begin{array}{c}\\\\\end{array}\right\}$$

$$\hat{\sigma}_y = \sqrt{\frac{1}{n-1} \sum_{i=1}^{n} (y_i - \overline{y})^2}$$

(24)

将式（24）的 $\hat{M}y$、$\hat{\sigma}_y$ 和式（20）的 $\hat{M}x$、$\hat{\sigma}_x$ 代入式（23），便得耿贝尔法估计量：

$$\hat{\alpha} = \frac{\sigma_y}{\sigma_x} = \sqrt{\frac{\sum (y_i - \overline{y})^2}{\sum (x_i - \overline{x})^2}} \left.\begin{array}{c}\\\\\end{array}\right\}$$

$$\hat{\mu} = \overline{x} - \sqrt{\frac{\sum (x_i - \overline{x})^2}{\sum (y_i - y)^2}} \overline{y}$$

(25)

3. 最小二乘法。

此法即如何取 α、μ 两参数，使 $L = \sum_{i=1}^{n} (x_i - \hat{x}_i)^2$ 为最小值。其中，x_i 为按大小顺序排列的第 i 个实测值，$\hat{x}_i$ 是根据分布算出的相应理论值。

因 x_i 相应的概率是 $P_i = \dfrac{i}{n+1}$，于是 $\hat{x}_i$ 满足方程：

$$1 - e^{-e^{-\alpha(\hat{x}_i - \mu)}} = P_i$$

解得

$$\hat{x}_i = \mu - \frac{1}{\alpha}\ln\ln\frac{n+1}{n+1-i}$$

令

$$y_i = -\ln\ln\frac{n+1}{n+1-i}$$

因此

$$L = \sum_{i=1}^{n}\left(x_i - \mu - \frac{y_i}{\alpha}\right)^2$$

要满足上式为最小值的条件是

$$\left. \begin{aligned} \frac{\partial L}{\partial \alpha} &= \sum_{i=1}^{n}\left(x_i - \mu - \frac{y_i}{\alpha}\right)\left(\frac{y_i}{\alpha^2}\right) = 0 \\ \frac{\partial L}{\partial \mu} &= \sum_{i=1}^{n}\left(x_i - \mu - \frac{y_i}{\alpha}\right)(-1) = 0 \end{aligned} \right\} \tag{26}$$

解得最小二乘法的估计量为

$$\left. \begin{aligned} \alpha &= \frac{\displaystyle\sum_{i=1}^{n}(y_i - \overline{y})^2}{\displaystyle\sum_{i=1}^{n}(x_i - \overline{x})(y_i - \overline{y})} \\ \mu &= \overline{x} - \frac{\displaystyle\sum_{i=1}^{n}(x_i - \overline{x})(y_i - \overline{y})}{\displaystyle\sum_{i=1}^{n}(y_i - \overline{y})^2}\overline{y} \end{aligned} \right\} \tag{27}$$

4. 最大似然估计。

极值分布函数式（15）的密度函数是

$$f(x) = F'(x) = \alpha e^{-\alpha(x-\mu)} e^{-e^{-\alpha(x-\mu)}} \qquad (-\infty < x < \infty) \tag{28}$$

当观测资料 $x_1, \cdots, x_n$ 给定时，作最大似然函数：

$$L = \prod_{i=1}^{n}f(x_i)$$

取对数，则

$$\ln L = -n\ln\frac{1}{\alpha} - \sum_{i=1}^{n}\alpha(x_i - \mu) - \sum_{i=1}^{n}e^{-\alpha(x_i - \mu)} \tag{29}$$

上式分别对 α 和 μ 求导数并令其为零，则得

$$\left. \begin{aligned} ne^{-\alpha\mu} &= \sum_{i=1}^{n}e^{-\alpha x_i} \\ ne^{-\alpha\mu}\left(\frac{1}{\alpha} - \overline{x}\right) &= \sum_{i=1}^{n}x_i e^{-\alpha x_i} \end{aligned} \right\} \tag{30}$$

其中 $\bar{x} = \dfrac{1}{n}\sum\limits_{i=1}^{n} x_i$。

最大似然估计在理论上是一种较优的方法，但计算较繁。应先由式（30）的两式消去 μ，得

$$\frac{1}{\alpha} - \bar{x} = \frac{\sum\limits_{i=1}^{n} x_i e^{-\alpha x_i}}{\sum\limits_{i=1}^{n} e^{-\alpha x_i}} \tag{31}$$

由式（31）用迭代法经重复计算求得 α，再代回式（30）的第一式求 μ 值。α，μ 为最大似然估计。

（二）皮尔逊Ⅲ型分布

皮尔逊Ⅲ型分布密度函数是：

$$f(x) = \begin{cases} \dfrac{\beta^{\alpha}}{\Gamma(\alpha)}(x-\delta)^{\alpha-1}e^{-\beta(x-\delta)} & (\delta \leqslant x \leqslant \infty) \\ 0 & (x < \delta) \end{cases} \tag{32}$$

其中，$\Gamma(\alpha)$ 是 Γ 函数：$\qquad \Gamma(\alpha) = \int_0^{\infty} x^{\alpha-1}e^{-x}dx$

式（32）包含有三个参数 $\alpha>0$，$\beta>0$ 及 δ，直接可用它的数学期望、方差及三阶中心矩表示：

$$\left.\begin{aligned} m &= \frac{\beta^{\alpha}}{\Gamma(\alpha)}\int_{\delta}^{\infty} x(x-\delta)^{\alpha-1}e^{-\beta(x-\delta)}dx = \frac{\alpha}{\beta} + \delta \\ \sigma^2 &= \frac{\beta^{\alpha}}{\Gamma(\alpha)}\int_{\delta}^{\infty}(x-m)^2(x-\delta)^{\alpha-1}e^{-\beta(x-\delta)}dx = \frac{\alpha}{\beta^2} \\ \mu_3 &= \frac{\beta^{\alpha}}{\Gamma(\alpha)}\int_{\delta}^{\infty}\left[(x-\delta)-\frac{\alpha}{\beta}\right]^3(x-\delta)^{\alpha-1}e^{-\beta(x-\delta)}dx = \frac{2\alpha}{\beta^3} \end{aligned}\right\} \tag{33}$$

在估计Ⅲ型曲线的参数时，引入离差系数 $C_V = \dfrac{\sigma}{m}$ 和偏倚系数 $C_S = \dfrac{\mu_3}{\sigma^3} = \dfrac{2}{\sqrt{\alpha}}$，由式（33）即可导得

$$\left.\begin{aligned} \alpha &= \frac{4}{C_S^2} \\ \beta &= \frac{2}{mC_VC_S} \\ \delta &= m - \frac{2mC_V}{C_S} \end{aligned}\right\} \tag{34}$$

由此可以看出要找 α、β、δ 的估计量，只要找到 m、σ、μ 的估计量即可，其方法有如下几种：

1. 适线法。

假定标准风速资料已按次序排列 $x_1 \geqslant x_2 \cdots \geqslant x_n$，用矩法估计 m、C_V、C_S。

$$m = \frac{1}{n} \sum_{i=1}^{n} x_i = \overline{x}$$

$$\sigma^2 = \frac{1}{n-1} \sum_{i=1}^{n} (x_i - \overline{x})^2 \qquad (35)$$

$$\mu_3 = \frac{n}{(n-1)(n-2)} \sum_{i=1}^{n} (x_i - \overline{x})^3$$

以 m、σ^2、μ_3 代入式（33）可得 α、β、δ 的估计量。同时也求得 C_V、C_S 值。

但用这种矩法估计，C_S 的估计不准确，故改用适线法，即取 C_S 使其按理论分布求出的风速值与实测值相差最小，即

$$W = \sum_{i=1}^{n} (x_i - \hat{x}_i)^2 = \sum_{i=1}^{n} \left[x_i - (\phi_i C_V + 1)m \right]^2 \qquad (36)$$

其中，$\hat{x}_i$ 为Ⅲ型理论曲线上对应于 $P_i = 1 - \dfrac{i}{n+1}$ 的值，$\phi_i = \phi(P_i、C_S)$。

在实际计算中，可用优选法中的 0.618 来确定 C_S。上述只当取 C_S 使其 W 为最小，故称为一元适线法。若用矩法仅仅估计 m，而取 C_V、C_S 两个参数使其 W 为最小，则称为二元适线法（推导从略）。具体计算仍可用优选法。

2. 最大似然法。

假定标准风速 x_1，x_2，$\cdots$，x_n 已经给定，对于具有密度函数式（32）的分布函数作最大似然函数，并取对数则有

$$L = \sum_{i=1}^{n} \ln P(x_i)$$

$$L = n\alpha\ln\beta - n\ln\Gamma(\alpha) + (\alpha - 1) \sum_{i=1}^{n} \ln(x_i - \delta) - \beta \sum_{i=1}^{n} (x_i - \delta)$$

分别对 α、β、δ 求偏导数并令其为零，则得

$$\frac{\partial L}{\partial \alpha} = n\ln\beta - n\frac{\mathrm{d}}{\mathrm{d}\alpha}\ln\Gamma(\alpha) + \sum_{i=1}^{n} \ln(x_i - \delta) = 0$$

$$\frac{\partial L}{\partial \beta} = \frac{n\alpha}{\beta} - \sum_{i=1}^{n} (x_i - \delta) = 0 \qquad (37)$$

$$\frac{\partial L}{\partial \delta} = n\beta - \sum_{i=1}^{n} \frac{\alpha - 1}{x_i - \delta} = 0$$

上式的 α、β、δ 称为最大似然估计。由于上式的第一式中含有非初等函数项，不便解出，通过近似解代替

$$\frac{\mathrm{d}}{\mathrm{d}\alpha}\ln\Gamma(\alpha) \approx \ln\alpha - \frac{1}{2\alpha}, \quad 因此得$$

$$n\ln\beta - n\ln\alpha + \sum_{i=1}^{n} \ln(x_i - \delta) + \frac{n}{2\alpha} = 0$$

$$\frac{n\alpha}{\beta} + n\delta - n\bar{x} = 0 \tag{38}$$

$$n\beta - \sum_{i=1}^{n} \frac{\alpha - 1}{x_i - \delta} = 0$$

将式（38）的第二式代入第一式得

$$\sum_{i=1}^{n} \ln\frac{x_i - \delta}{\bar{x} - \delta} + \frac{n}{2\alpha} = 0 \tag{39}$$

再从式（38）的第二、三两式消去 β 得

$$\alpha = \frac{\displaystyle\sum_{i=1}^{n} \frac{\bar{x} - \delta}{x_i - \delta}}{\displaystyle\sum_{i=1}^{n} \frac{\bar{x} - x_i}{x_i - \delta}} \tag{40}$$

从式（39）、式（40）消去 α 得 δ 的方程式为

$$\frac{2}{n}\left(\sum_{i=1}^{n} \frac{\bar{x} - \delta}{x_i - \delta}\right)\left(\sum_{i=1}^{n} \ln\frac{\bar{x} - \delta}{x_i - \delta}\right) = \sum_{i=1}^{n} \frac{\bar{x} - x_i}{x_i - \delta} \tag{41}$$

由上式解出 δ，然后将 δ 代入式（38）得 α、β。于是（α、β、δ）就是式（38）的解，也就是求得了最大似然法的近似估计。

3. 混合法。

混合法是在最大似然法的基础上作简化。前述式（39）也可以写成：

$$\frac{1}{\alpha} = -\frac{2}{n}\sum_{i=1}^{n} \ln\frac{x_i - \delta}{\bar{x} - \delta} = -\frac{2}{n}\sum_{i=1}^{n} \ln\left(1 + \frac{x_i - \bar{x}}{\bar{x} - \delta}\right) \tag{42}$$

从 III 型曲线的形状知，$\delta \leqslant \min(x_1, \cdots, x_n) = x_{\min}$，因此从式（42）见到，当 $|x_i - \bar{x}| <$ $(\bar{x} - \delta)$ 时，式（42）右边可以展开：

$$\frac{1}{\alpha} = -\frac{2}{n}\sum_{i=1}^{n} \ln\frac{x_i - \delta}{\bar{x} - \delta} = -\frac{2}{n}\sum_{i=1}^{n} \ln\left(1 + \frac{x_i - \bar{x}}{\bar{x} - \delta}\right)$$

$$= -\frac{2}{n}\sum_{i=1}^{n} \frac{x_i - \bar{x}}{\bar{x} - \delta} + \frac{2}{n}\sum_{i=1}^{n} \frac{1}{2}\left(\frac{x_i - \bar{x}}{\bar{x} - \delta}\right)^2 - \frac{2}{n}\sum_{i=1}^{n} \frac{1}{3}\left(\frac{x_i - \bar{x}}{\bar{x} - \delta}\right)^3 + \cdots$$

$$= \frac{1}{n}\sum_{i=1}^{n} \left(\frac{x_i - \bar{x}}{\bar{x} - \delta}\right)^2 - \frac{2}{3n}\sum_{i=1}^{n} \left(\frac{x_i - \bar{x}}{\bar{x} - \delta}\right)^3 + \cdots$$

如果上式略去三阶以上的项，则

$$\frac{1}{\alpha} \simeq \frac{1}{n}\sum_{i=1}^{n} \left(\frac{x_i - \bar{x}}{\bar{x} - \delta}\right)^2 \simeq \frac{1}{n-1}\sum_{i=1}^{n} \left(\frac{x_i - \bar{x}}{\bar{x} - \delta}\right)^2$$

因此

$$\frac{1}{\alpha} = \frac{1}{(\bar{x} - \delta)^2} \cdot \frac{1}{n-1} \sum_{i=1}^{n} (x_i - \bar{x})^2 \tag{43}$$

代替曲线方程（39），而式（43）中的因子 $\frac{1}{n-1} \sum_{i=1}^{n} (x_i - \bar{x})^2 = \sigma^2$

这是 σ^2 的矩法估计，因此，式（38）代之以如下的方程组：

$$\left.\begin{aligned}
\frac{1}{\alpha} &= \frac{1}{(\bar{x} - \delta)^2} \sigma^2 \\
\frac{\alpha}{\beta} + \delta &= \bar{x} \\
n\beta - (\alpha - 1) \sum_{i=1}^{n} \frac{1}{x_i - \delta} &= 0
\end{aligned}\right\} \tag{44}$$

这也可看作是式（38）的一个近似解，将式（44）第二式代入第一式即可得如下方程组：

$$\left.\begin{aligned}
\frac{\alpha}{\beta^2} &= \sigma^2 \\
\frac{\alpha}{\beta} + \delta &= \bar{x} \\
n\beta - (\alpha - 1) \sum_{i=1}^{n} \frac{1}{x_i - \delta} &= 0
\end{aligned}\right\} \tag{45}$$

式（45）的第一、二式可以由式（33）的第一、二两式对 $\bar{x}$ 及 σ^2 进行矩法估计而得到。矩法估计是：

$$\bar{x} = \frac{1}{n} \sum_{i=1}^{n} x_i$$

$$\sigma^2 = \frac{1}{n-1} \sum_{i=1}^{n} (x_i - \bar{x})^2$$

式（45）的第二、三两式也是式（38）的第二、三两式，因此式（45）的解可看作是矩法与最大似然法的混合估计，也是式（38）的第一近似解，但计算则较为简便。

这次在统计沿海各省（区）市的风速概率分析中，主要采用上述两种线型和有关的参数估计方法。对相同的资料条件由于选用方法不同，计算结果常稍有差异，表12以山东济南为例，列举其用不同方法所算得的风压值。

表 12　用不同统计方法算得的济南风压值（kg/m²）

统计线型	皮尔逊Ⅲ型			极值分布			适合度检验最佳者
参数估计方法	二元适线法	一元适线法	极大似然法	矩法	最小二乘法	耿贝尔法	
风压值	39.72	37.89	35.78	38.95	41.87	42.37	35.78

一般而言，极值分布所得的风压偏高，皮尔逊Ⅲ型的风压偏低，前者比后者约高10%。我国以往计算风压主要是用皮尔逊Ⅲ型，偶或采用极值分布。这次计算沿海风压采用极

值分布与皮尔逊Ⅲ型，二者各占半数。

（三）模型拟合检验

为了说明用极值分布与皮尔逊Ⅲ型分布模型拟合风速资料的情况，进行了模型拟合（也称适合度）检验。这方面采用的有 χ^2、柯尔莫哥洛夫和克拉美三种检验方法。有关其原理和方法在一般统计书中都有介绍，这里不谈了。有人认为克拉美检验法较合适，也有人认为 χ^2 检验法和柯氏检验法用于大样本较好。我国目前资料年限不长，因此采用一种适用于小样本的检验法，可能较好，但没有现成的表。柯氏的表一般统计书上都有，所以柯氏方法用起来比较方便。

（四）其他

有关风速风压计算公式、计算框图和电子计算机计算源程序等见各省（区）市的分报告，这里从略。

三、沿海风压的建议取值和分布特点

（一）沿海风压的建议取值

风速资料以离地 10m 高和自记 10min 平均为标准进行处理和数理统计后求得了 30 年一遇的最大风速和相应的最大风压。为使此项研究成果付诸生产使用，我们以计算风压值为基础进一步作了综合分析。考虑了天气系统、地形地貌、区域平衡、邻省衔接等因素，还核对了使用经验和现行规范的规定，最后以每 5kg/m² 为进位分级提出了沿海八省（区）二市的建议风压值，并经四次会议分别作了评议和技术总结。建议风压值已由各省（区）市建委推荐试用。将八省（区）二市的计算风压和建议风压汇列成表，并绘出沿海风压分布图（见图 5）。

（二）沿海风压分布特点

1. 东南沿海是我国最大风压区，与造成这一地区大风的天气系统——台风有关。沿海风压等值线平行于海岸，梯度从沿海指向内陆，一般伸入内陆 50km 即会削弱 1/4～1/3。台风影响对广东、福建、浙江三省最为显著，过杭州湾至山东半岛影响已逐渐减小。

2. 山东北部至辽宁风压等值线的梯度逐渐由北向南削弱。主要受寒潮大风南下时冷空气变性的影响。

3. 台湾地区、海南岛和南海诸岛的风压则各自成一区。台湾地区是我国风压最大的地方。台风由东岸登陆，由于中央山脉的屏障作用，西岸风压小于东岸。海南岛由于纬度偏南，受南海台风的袭击，故东岸偏南有较大风压。太平洋台风有时在岛的东北端登陆，其风力可大于南海台风，造成严重风灾，并形成 100kg/m² 以上的风压。西沙群岛受南海台风的影响，风力较大，风压大于 110kg/m²，其余诸岛的风压也仍相当可观。

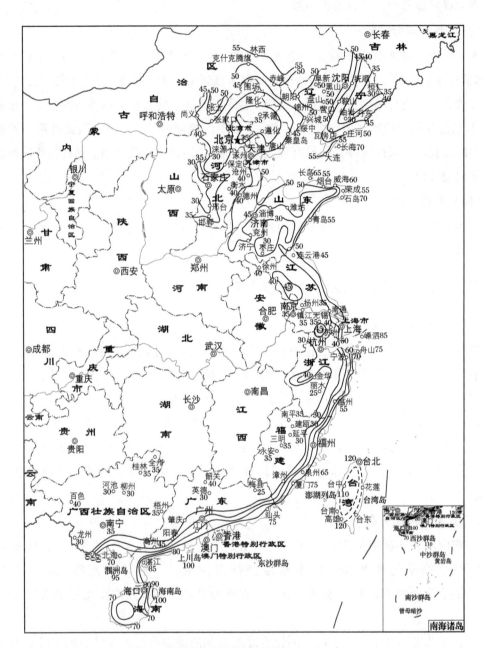

图5　沿海基本风压分布图（kg/m²）

四、结语及意见

通过本课题的科研显著地提高了风速风压分析理论的技术水平，从而制定出沿海各省（区）市的500多个点的风压值，并绘制出全国沿海地带的风压分布图，本课题的科研成果经地方工程建设主管部门推荐试用，目前已在沿海建设开发中不断发挥作用，而且也将为今后修订国家规范提供数据。

沿海风压的研究牵涉的理论技术问题较多，下列几方面的问题尚有待今后讨论分析或研究解决。

（一）关于风压取值标准问题

这次沿海风压研究中，对风压值标准并未进行分析工作，而仅以现行荷载规范的基本风压取值标准作为依据。这里仅列叙一下有关的问题和意见。

有人认为，现行标准"30年一遇"，按数理统计概念不出现此大风的保证率偏低。有人提出应使房屋结构和其他土建结构之间的风压标准取得平衡，对不同结构采用不同重现期，还是采用不同风速时距来调整风压等问题。这些问题将在结构安全度研究中研究。

（二）关于统计线型和方法的选取问题

极值分布和皮尔逊Ⅲ型两种统计线型和方法哪种合适，目前尚未统一。一般认为极值分布的优越在于，只要风速的原始分布是指数型分布（如正态、x^2、负指数 Γ 分布等），则标准风速分布是渐近极值型分布，极值分布只有两个参数，按理说比有三个参数的皮尔逊Ⅲ型选择条件少而更难通过，这从另一侧面说明极值法更接近于实际情况。但极值法要求序列的样本容量相当大，此法用于短序列时，计算结果一般偏高。皮尔逊Ⅲ型曲线主要是经验曲线，缺乏与概率理论的有机联系。但当参数选择适当时，一般能与经验点较好配合。同时它对短序列亦尚可用。

根据我国目前风速观测资料的实际情况（大都为新中国成立后 20 余年），在这次沿海风压研究中两种分布兼有采用，还是适当的。

（三）大风在时段上的非稳定性对风压统计的影响

由于气候在时段上的非稳定性，大风可能在一段年代里出现频繁，在另一段年代里则较少发生，甚至显示一个小风周期。例如上海 1916—1976 年大风观测资料中，在不同年代时段里出现 11~12 级大风的频繁程度不同，1957 年至今台风次数明显减少，而且强度也不太大，甚至在市区未出现过 11 级以上的大风。若按长、短序列分别进行统计推断比较，其风速风压值如下：

1916—1976 年（61 年长序列）：$V_{1/30} \approx 30\mathrm{m/s}$，$W_{1/30} \approx 56\mathrm{kg/m}^2$；

1957—1976 年（20 年短序列）：$V_{1/30} \approx 24\mathrm{m/s}$，$W_{1/30} \approx 36\mathrm{kg/m}^2$。

从上海的情况来看，采用 1957 年以后小风周期的资料样本推断的风压值远小于长序列所得的。这里充分说明了大风在时段上的非稳定性对统计结果的影响。

（四）天津、塘沽两地的风压对比

在天津、塘沽两地风压计算和取值中，出现一种离奇而费解的现象，即两地在 1954—1976 年这 23 年的年最大风速资料中，塘沽几乎全部大于天津（仅有三年例外），其风速序列的最大值、最小值和平均值如表 13 所示。

但统计推断求得 30 年一遇的风速和风压值，却是天津大于塘沽（见表 14）。

表 13　1954—1976 年最大风速相关数值

台站	序列最大值-最小值 $V_{max}-V_{min}$	序列平均值 $\overline{V}$	C_V
天津	23.7-12.8=10.9	17.85	0.207
塘沽	25.4-16.0=9.4	19.74	0.12

表 14　风压值比较

台站	皮尔逊Ⅲ型	耿贝尔矩法
天津	39.7kg/m^2	45.6kg/m^2
塘沽	38.4kg/m^2	42.3kg/m^2

核对两地风速理论频率曲线，绘制在同一图内，发现天津的曲线斜度大于塘沽的，且有相交点，而推断的 30 年一遇的风速或风压值正好落在两频率线交点后，天津线在上面的一边，因而导致天津的 30 年一遇的统计推断值反而大。考虑到塘沽地处天津外围海边，如若序列增长，风速频率曲线斜度的对比情况将有变动，因此风压取值建议取塘沽大于天津。

（五）复杂地形的山区风压问题

规范规定风压的地面条件标准为"一般空旷平坦地面"。但我国沿海各省（区）也有地形比较复杂的丘陵山区，特别是福建省。山区气象台站较少在合适的平坦地面，较多在山顶、山坡、谷地。所得风速资料内包含由山区地形所引起的局地性影响较多。最后的风压值只有局地使用价值，对于邻近城镇，必须根据气象、地形等条件调正后才能使用。由于风压值的局地性，所以在沿海风压分布图中对福建、广西等省（区）的部分内陆地区没有绘制出等值线。对复杂山区风压取值问题，建议开展"山区风压的研究"进一步解决。

（六）有关风速观测问题

全国台站现有风速资料情况是资料年限短和自记少，观测制度不统一和使用风仪落后等问题，不仅降低了风速资料的精度，同时也给资料处理和数理统计带来了许多困难。希望气象部门在修订气象观测标准时加以考虑。

根据建筑工程设计的要求，希望提供大风风速及其瞬间值。但我国气象台站所用的风仪还是五十年代的产品，抓不到大风，也抓不住瞬间，当大风大于 40m/s 时仪器就失灵了。因此为取得适用的风速资料，建议气象部门考虑风仪更新问题，这是当务之急。

参 考 文 献

[1] 韦庆明，王成名，杨柱龙. 广西基本风压研究和计算（内部资料）[R]. 1979.

[2] 崔学坚，戴永隆，黄厚康. 广东沿海风压的计算（内部资料）[R]. 1978.

［3］史玉昆，欧阳琦，刘文光. 福建省沿海基本风压的研究（内部资料）［R］. 1978.

［4］曾宪永. 浙江省的基本风压（内部资料）［R］. 1978.

［5］滕中林，张培坤. 浙江海陆风考察的初步报告（内部资料）［R］. 1977.

［6］严济远，余碧霞. 上海地区的风压（内部资料）［R］. 1977.

［7］唐品嘉，张正元. 江苏省风压的统计分析（内部资料）［R］. 1977.

［8］张端秀，钱喜镇，察相展. 山东风压的研究（内部资料）［R］. 1977.

［9］王超，翟继荣. 天津地区的基本风压（内部资料）［R］. 1978.

［10］贾绍德. 关于天津塘沽两地风压取值的探讨（内部资料）［R］. 1977.

［11］姚志英，王栋然. 河北省风压的研究（内部资料）［R］. 1977.

［12］韩玺山，李玉澄，刘良合. 辽宁风压的研究（内部资料）［R］. 1978.

［13］国家基本建设委员会建筑科学研究院. 工业与民用建筑结构荷载规范 TJ 9—74 ［S］. 北京：中国建筑工业出版社，1974.

［14］中国建筑科学研究院. 工业与民用建筑结构荷载规范 TJ 9—74 中的若干问题［Z］. 1976.

［15］建筑工程部图书编辑部. 建筑结构设计荷载［M］. 北京：中国工业出版社，1970.

［16］朱瑞兆. 风压计算的研究［M］. 北京：科学出版社，1976.

［17］朱瑞兆. 维尔达风速器（风压板）与非水平风关系（风洞实验报告）［R］. 1976.

［18］Davenport A G. The relationship of wind structure to wind loading［C］// Proc. of the Symp. On wind effects on building and structures. London：Her Majersty's stationary office，1965.

［19］金光炎. 水文统计原理与方法［M］. 北京：中国工业出版社，1964.

［20］Gumbel E J. Statistics of Extremes［M］. New York：Columbia University press，1958.

关于低层大气风速廓线的讨论[*]

丁国安　　朱瑞兆

（中央气象局气象科学研究院）

低层大气的风和人类的活动有着密切的关系。无论是飞行器的发射和运行，还是超高烟囱、高层建筑的设计，高压输电线路的架设，工业污染物的稀释、扩散以及风能利用等，都要求提供低层大气风的特性资料，其中风速廓线便是人们普遍关心的问题之一。

一、低层大气中风速廓线遵循的规律

在边界层，风速随高度的变化服从普朗特的理论：

$$u = \frac{u_*}{k}\ln\left(\frac{z}{z_0}\right) \tag{1}$$

式中：u——高度 z 上的风速；

$\quad$ k——卡曼常数，其值为 0.4 左右；

$\quad$ u_*——摩擦速度，$u_* = \sqrt{\dfrac{\tau_0}{\rho}}$；

$\quad$ ρ——空气密度；

$\quad$ τ_0——地面剪切应力；

$\quad$ z_0——粗糙度参数。

若换算成两个高度的风速关系，则由式（1）得

$$\frac{u_n}{u_*} = \frac{1}{k}\ln\left(\frac{z_n}{z_0}\right)$$

$$\frac{u_1}{u_*} = \frac{1}{k}\ln\left(\frac{z_1}{z_0}\right)$$

两式相除消去 u_*、k 得

$$u_n = u_1 \frac{\ln z_n - \ln z_0}{\ln z_1 - \ln z_0} \tag{2}$$

式中，u_n 为高度 z_n 的风速，u_1 为在高度 z_1 处的风速。这是中性平衡时风速随高度变化的对数律公式。在需用速度廓线的许多数学问题中，把对数律公式引进到微分方程中去会发生困难，这时假设混合长度随高度变化为 $L = L_1 \cdot z^p$，$p \neq 1$，则得到风速随高度变化的乘幂律公式为

---

　　[*]　本文发表在《气象》，1982 年第 8 期，收录在《风能、太阳能资源研究论文集》，气象出版社 2008 年版。

$$\frac{u}{u_*} = q\left(\frac{u_* z}{\nu}\right)^{1-p} \tag{3}$$

其中，$q = \left(\dfrac{\nu}{u_*}\right)^{1-p} \cdot \dfrac{1}{L_1(1-p)}$，$\nu$ 为黏滞率。若换成两个高度的风速关系，用以上同样方法可导出公式：

$$u_n = u_1\left(\frac{z_n}{z_1}\right)^{\alpha} \tag{4}$$

式中，u_n、u_1、z_n、z_1 含义同上，α 为风速随高度变化系数，此式通称为指数公式。

因为式（2）、式（4）只要根据下垫面或层结确定一个参数就可以由一个高度风速推算另一个高度风速，所以长期以来它们得到了比较广泛的应用。我们根据计算武汉阳逻铁塔梯度风观测资料的结果，认为[1]指数公式较之对数公式计算误差为小，它在146m以下高度可广泛适用，而对数公式在30m以下较为适用。

应该指出的是，过去的工作中[1~3]，大气低层风速廓线无论采用指数公式还是对数公式都还是一个统计规律，即这两个公式符合于在长期连续观测取平均值时的风速廓线。这种平均风速廓线在直角坐标纸上表现为一条风速随高度而增加的曲线，在对数坐标纸上近似为一条直线。但在各次观测中的风速廓线并非都像平均风速廓线一样，它可以呈现出各种形状。

二、实测风速廓线

（一）资料来源及各种形状的风速廓线

我们分析了1976—1978年在武汉附近阳逻铁塔的梯度风连续观测资料。该塔紧靠长江江边，共有九个观测高度：5m、10m、15m、20m、30m、62m、86.8m、119m、146m。其中62m、86.8m、119m、146m四个高度的仪器装设在大塔上。考虑到大塔塔体的影响，各层分别在东南、西北方向装设了一台电接风向风速仪。5m、10m、15m、20m、30m高度上的仪器装设在靠近大塔东东南方向的一个小塔上。为了使得所用的资料尽量少受塔体的影响，并考虑到大塔和小塔资料的衔接问题，本文选用了大塔上东南方位的风仪观测资料。将每日02时、08时、14时、20时观测的九个高度风速资料点图，发现风速廓线除了与平均风速廓线具有同样形状的以外，还有若干具有明显特征的风速廓线型。根据它们的特征分为，①正常型：各层风速随高度增加；②均匀型：风速上下相差很小；③递减型：风速随高度递减；④弓型：风速在中间某一高度偏大，风速廓线向右突出；⑤反弓型：风速在中间某一高度偏小，风速廓线向左突出；⑥S型：风速廓线有两个拐点，在较高的高度上风速偏小，风速廓线向左突出，而在较低高度上则风速偏大，风速廓线向右突出；⑦复杂型：各高度风速大小参差不齐，风速廓线呈不规则状（见图1）。

各种风速廓线出现的频率如表1所示，该表是从1976—1978年共4000多张图中分选出的各种风速廓线的频率。为了使资料更加符合实际，除了选用大塔东南方向的风资料外，在统计中还删去了塔体影响比较明显的一部分风速廓线，这样每年还有 1000 多个实例。从表 1 中可以看出，正常型的风速廓线所占比例大约为 50%，S 型、均匀型、弓型在 10%~15%。各年不同类型风速廓线的频率基本是比较稳定的。

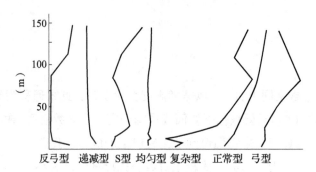

图 1　风速廓线类型

表 1　各年不同风速廓线出现的频率（%）

年份	正常型	S 型	均匀型	递减型	弓型	反弓型	复杂型
1976	48.5	10.5	13.0	3.1	12.4	1.8	10.7
1977	48.9	15.3	8.2	3.6	14.4	0.8	8.8
1978	54.6	7.7	12.1	5.5	12.7	0.9	6.5
平均	50.7	11.2	11.1	4.1	13.2	1.2	8.7

（二）大风时各类型风速廓线频率

滕中林曾选用广州塔架最低层 30m 处的风速 >10m/s 的 161 例风速廓线作为大风时的风速廓线加以讨论[4]。为了便于对比，我们将 30m 处 10m/s 风速按指数公式换算成 10m 高度，风速约为 8m/s。从 1976—1978 年记录中选取 10m 高度风速 ≥8m/s 的风速廓线共 143 例。分析结果表明，和上述不分风速大小的风速廓线一样，也是各种类型都有（见表 2）。从 3 年平均值来看，正常型出现频率还小于表 1 统计结果，而 S 型出现频率增大为 21.1%，复杂型增大为 20.1%。均匀型的出现频率下降到 0.8%，而递减型和反弓型则消失。

表 2　10m 高度风速 ≥8m/s 时各种风速廓线出现频率（%）

年份	正常型	S 型	均匀型	递减型	弓型	复杂型	反弓型
1976	50.5	17.5	2.5	0	7.5	22.5	0
1977	31.3	31.3	0	0	12.5	25.0	0
1978	65.4	14.5	0	0	7.3	12.7	0
平均	48.9	21.1	0.8	0	9.1	20.1	0

如果用西北侧的资料加以对照，可以看出，它们和东南侧风速廓线情况也是比较接近的。例如，西北侧正常型三年平均频率为51.5%，S型频率为24.3%，复杂型为18.6%。这可以说明，这些不同类型风速廓线的出现绝非是一种偶然现象。

我们还选用1976—1978年146m高度的风速≥20m/s的风速廓线共42例（相当于10m高处风速≥12m/s）加以分类，结果见表3。从表3中可以看出，正常型的风速廓线所占百分比为54.8%，仍无明显增加，递减型和均匀型风速廓线均未出现，S型、弓型、复杂型的频率则显著增加。

表3 146m高度风速≥20m/s各种风速廓线所占百分比

项　目	正常型	S型	弓型	复杂型
频数	23	19	5	5
百分比（%）	54.8	21.4	11.9	11.9

（三）中等以上风速的风速廓线

关于在10m高度中等以上风速（≥6m/s）的各种廓线频率见表4。正常型所占频率基本不变，均匀型、递减型与不加区分的风速廓线比较显著减少（其中1977年、1978年已经消失），反弓型消失，S型和复杂型有所增加。

表4 10m高度风速≥6m/s时各种风速廓线出现频率（1976—1978年）

年份	正常型	S型	均匀型	递减型	弓型	复杂型	反弓型
1976	55.1	17.0	1.4	0.7	8.2	17.7	0
1977	34.2	28.5	0	0	19.0	18.4	0
1978	64.7	13.7	0	0	7.9	13.7	0
平均	51.3	19.7	0.4	0.2	11.7	16.6	0

综上所述，10m高度不论是大风的、中等程度风速或不区分风速的风速廓线，正常型出现的频率都比较稳定，大约为50%。随着风速的加大，均匀型、递减型以及反弓型的风速廓线频率迅速减小以至完全消失，但与此同时，其他各种类型的风速廓线则相应增加。

（四）关于国内外对低层大气风速廓线的研究

以上所论的低层大气风速廓线的各种形状，不同于萨顿的叙述。据他的叙述，中性层结条件下近地层风速廓线在单对数坐标纸上呈直线，超绝热层结时向右突出，逆温层结时向左突出。只要把正常型以外的其他风速廓线点在单对数坐标纸上，就可以明显地发现它们的区别。

关于低层大气瞬时风速廓线出现多种形状，南京大学气象系在分析南京过江铁塔资料时也曾有过报道。王润鹿、徐大海在分析广州塔架风速廓线时指出："计算两相邻高度之间各层次的指数 α 时，往往有负的指数 α 值出现。"他所说的在某些层次出现负指数，指的就是有风速递减的现象。如果它们出现在不同高度上，便会产生不同形状的风速廓线。这些与我们的上述结论是完全一致的。国外学者关于大风的研究也有同样结果[5]。图 2 引自 H. Arakawa 和 K. Tsutsumi[6] 在高度为 253m 东京电视塔上观测到的九次台风风速廓线，从图中也可以看出，其风速廓线绝大部分是不遵循指数律分布的。

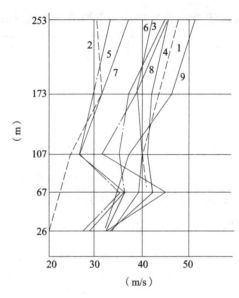

1—1959 年 9 月 26—27 日；2—1960 年 8 月 20—21 日；3—1961 年 9 月 16 日；
4—1961 年 10 月 10 日；5—1962 年 8 月 4 日；6—1954 年 9 月 25 日；
7—1965 年 9 月 10 日；8—1965 年 9 月 17—18 日；9—1966 年 9 月 25 日。

图 2　台风期的风速廓线

三、结语

本文主要是就低层大气风速廓线的形状特性加以讨论。分析结果表明，低层大气风速廓线符合指数律的仅占一半左右。其原因在于各层风速受各种不同天气过程影响并因而会偏离指数律。尽管如此，目前在使用上仍是以乘幂律为主要依据，是因为平均风速情况下（不论小风或大风）仍都符合乘幂律的缘故。

参 考 文 献

[1] 丁国安，薛桁，朱瑞兆. 武汉地区低空风的特性 [G] //大气湍流扩散及污染气象论文集. 北京：气象出版社，1982.

[2] 萨顿 O G. 微气象学 [M]. 徐尔灏，吴和赓，译. 北京：高等教育出版社，1959.

[3] Davenport A G. The relationship of wind structure to wind loading [C] //Proc. of the

Symp. On wind effects on building and structures. London: Her Majersty's stationary office, 1965.

［4］滕中林. 沿海地区不同高度风压计算中的问题［J］. 气象，1981（2）：20-21.

［5］盐谷正雄. 都市强风的性质［J］. 气象研究，1974（119）.

［6］Arakawa H, Tsutsurni K. Strong gusts in the lowest 250m layer over the city of Tokyo ［J］. Journal of Applied Meteorology, 1967, 6（5）：848-851.

武汉地区低空风的特性 *

丁国安　薛　桁　朱瑞兆

（中央气象局气象科学研究院）

对于低空风的特性，特别是近地层风特性的研究，近几十年来受到国内外越来越多的重视。在国内，由于这方面的观测还很缺乏，因此对其研究还非常不够。本文利用距武汉市约20km 的阳逻过江输电铁塔进行的风的梯度观测资料，对近地层风的垂直变化作了大量的统计与分析，为我国平原地区的近地层风特性提供了有意义的结果。

阳逻铁塔的高度 146m，风的梯度观测共九个层次：5m，10m，15m，20m，30m，62m，86.8m，119m，146m。其中 5m，10m，15m，20m，30m 的仪器，装在过江塔旁 ESE 方向另设的一个 30m 小塔上。30m 以下风仪装在东南方向，62m 以上风仪每层在东南、西北方向各装一台。风仪的具体安装位置详见图 1 和图 2，观测仪器用 EL-1 型电接风向风速仪（为了尽可能地避免塔体影响，本文资料如未作专门说明，均系指南侧的梯度观测数据）。

阳逻铁塔风的梯度观测自正式开始以来，现已积累近 5 年资料，也是迄今国内较完整、较系统的风速梯度观测资料（由于时间限制，本文所用资料以 1977 年为主，文中的风速资料未作专门说明时，均指正点前 10min 平均风速）。

一、近地层风向风速的分布规律

（一）风向频率的年变程及垂直分布

风向的变化除与大气环流有关外，还与当地地形、水体等因素有密切的关系。阳逻铁塔虽仅距武汉约 20km，但两地的风向变化就有差异。武汉在冬半年基本上是盛行偏北风，夏半年为偏南风；而阳逻一年中盛行两个方向的风，即 N（或 NNE）和 ESE（或 SE），就是在冬季的几个月中 ESE 的频率也能显示出来（见图 3），这主要是受长江走向的影响。在有天气系统过境时，所造成的强风风向和气压梯度配合；当小风时，风向基本和长江走向一致。

对于很多大气扩散的问题，需要平均风向随时间的描述。在阳逻一年有两个盛行风向，随着季节和高度的变化也不尽相同。从图 3 可以看出：冬季以 N 和 NNE 为主，最大频率在40%～45%（N 与 NNE 之和），但 ESE 的频率还有 15%～20%；在垂直分布的 9 个高度上，盛行风向及其频率基本一致，但随着高度的增加，则盛行风的频率有所增大（为 3%～5%）。

---

　　* 本文收录在《大气湍流扩散及污染气象论文集》，气象出版社 1982 年版，还收录在《风能、太阳能资源研究论文集》，气象出版社 2008 年版。

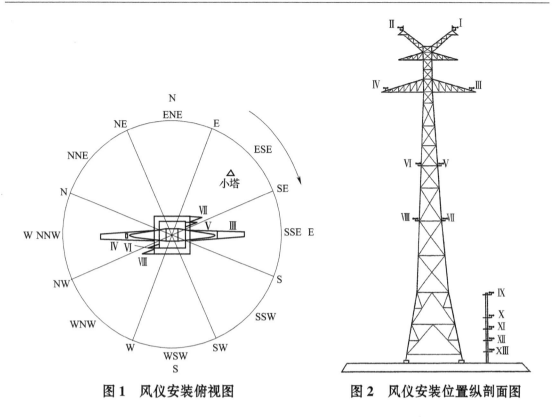

图1 风仪安装俯视图   图2 风仪安装位置纵剖面图

春季这两个盛行风向及其频率相当，在垂直方向上也大致如此。夏季6、7两个月偏南风远大于偏北风的频率，但风向不如冬季集中在2个方位上，而是分散在SW—ESE 6个方位上，若将整个偏南风的频率加在一起，则与冬季整个偏北风的频率相当，8月偏北风的频率又显著增大。夏季这种变化，在上下各层中均大体相近。秋季的风向变化较为特殊，9月基本盛行北风，而其频率是一年中最大的；但受长江影响的SE风则表现得非常不明显，这不仅是30m高的情况，全部9个高度13个观测点都反映了这一特点，这与该月份的气压形势有关。10月、11月两个盛行风向又表现得很突出，虽在20m以下各方向的风的频率比较均匀，但在30m以上两个盛行风向开始比较明显。

为了证实1日4次和24次的观测有无误差，我们统计了铁塔13个观测点的资料，结果表明两者基本吻合（见图3）。

（二）小风风向频率的变化规律

小风风速标准定为≤1.0m/s，我们统计了1976—1977年9个高度观测点的资料，发现有三个特点。

1. 小风的最多频率不与盛行风向重合。

这种现象在一年四季中都很明显。在30m以下小风的最多频率和盛行风向之间，一般夹角在90°之内，冬半年夹角小些，而夏半年则大些。在30m以上随着高度的增加，二者夹角增大，直到146m高度处小风的最多频率和盛行风向却完全相反（即11月至次年3月盛行北风，而小风的最多频率为南风）。夏半年二者的夹角30m以上反而较30m以下为小。

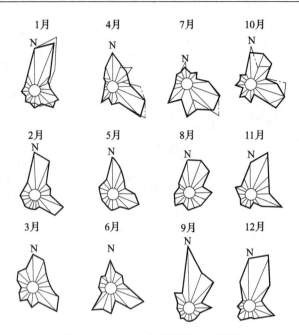

图 3　30m 高度的风向玫瑰图

注：虚线为 1 日 4 次观测，实线为 1 日 24 次观测。

2．垂直方向的小风的最多频率上下不一致。

上面已谈到盛行风向在垂直分布上基本一致，但是小风的最多频率则上下差异很大。如以 1 月、7 月为例，1 月在 10m 高处小风的频率各方向相差较小，20m 高处 W 和 WSW 占优势，62m 处 SW 最多，到 146m 处 S 的频率最高且方位也集中；7 月也是在 10m 处各方位小风的频率相当，20m 处 N 的频率较高，62m 处是偏 E，146m 处是偏 E 和偏 S 占主要的(4 月和 10 月也是上下不一致)。这样的不一致变化，在考虑大气扩散问题时要引起注意。

3．小风频率随高度减小。

在边界层内，不仅上下层的风速有差异，而且上下层的风向频率也不相同，特别是小风的频率表现得更为突出。我们统计了各高度小风占全月风的频率的百分比（见表 1）。可以看出，小风频率随高度而减小，高低层相差 6~12 个百分点，平均相差 8 个百分点。

表 1　各高度小风频率的百分比

月　份	高　度　（m）								
	5	10	15	20	30	62	86.8	119	146
1	0.16	0.11	0.11	0.08	0.07	0.09	0.09	0.09	0.08
4	0.10	0.08	0.07	0.06	0.05	0.07	0.07	0.07	0.04
7	0.09	0.06	0.04	0.04	0.04	0.03	0.04	0.03	0.03
10	0.17	0.14	0.11	0.09	0.12	0.10	0.08	0.09	0.05
平均	0.13	0.10	0.08	0.07	0.07	0.07	0.07	0.07	0.05

（三）各高度风速日变化

不同高度风速日变化的特点显然是不相同的，高层风速从清晨开始到午后 13 时、14 时趋于减小而后又逐渐加大，而低层风速日变化正好呈现相反的规律。从图 4 中我们可以明显地看出，146m 高度年平均风速值的日变化：从 07 时开始风速渐趋下降，13 时左右达到最低值，而后逐渐加大，到 21—22 时逐渐平缓，深夜达到最大值。这种风速日变化特点在高层 119m、86.8m、62m 都有反映，但随着高度的降低则逐渐平缓。由于这种原因，高层各层的日变化曲线在图 4 中均近似于漏斗状。到了 30m 以下变化逐渐平缓，15m、10m 高度也看不出明显的变化，但 10m 以下则又出现相反的规律。所以，似乎 10～15m 为一转换层，这也是风向杆不能低于 10m 高的道理。

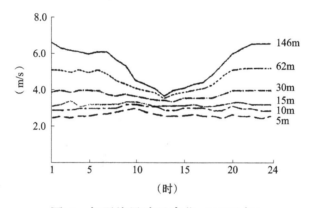

图 4　年平均风速日变化（1977 年）

上述规律在不同季节的风速日变化中也都有表现，但是不同季节的日变化幅度是不相同的。1 月（见图 5a）146m 高处的风速日振幅为 2.7m/s，而 7 月（见图 5b）为 2.3m/s；1 月 62m 高处的风速日振幅为 2.0m/s，7 月则为 1.4m/s。从图 5b 中还可以看到，在 13 时高层的日变化曲线谷底与低层日变化曲线的峰值有规律地重合，这正是午后高层动量下传的明显例证。

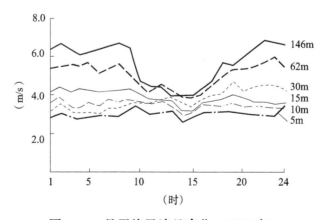

图 5a　1 月平均风速日变化（1977 年）

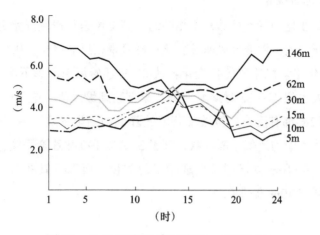

图 5b　7 月平均风速日变化（1977 年）

（四）各高度风速频率

为了比较各高度的风速大小，我们将风速分成四个等级：0～2.0m/s、2.1～5.0m/s、5.1～10.0m/s 及>10m/s。然后，计算各高度各等级风速的频率。图 6 是铁塔南侧各高度年平均各等级风速频率分布图。从图中可以明显地看出：>10m/s（A 线）和 5.1～10.0m/s（B 线）这两个风速等级的频率是随高度的升高而增加的，而 0～2.0m/s（D 线）和 2.1～5.0m/s（C 线）这两个风速等级的频率却是随高度的升高而减少的。图 7a 和 7b 分别是 1 月和 7 月各高度不同风速等级的频率分布图。它们也有类似上述的规律性，所不同的是 7 月的 A 线、D 线比 1 月的明显向坐标左侧靠拢，7 月的 C 线、B 线的斜率明显增大，这说明 7 月 0～2m/s 和>10m/s 的风速频率各层都有所减少；但中等强度的风速则有所增加，其中 5～10m/s 的风速随高度明显增加，而 2～5m/s 风速随高度增加却显著减少。

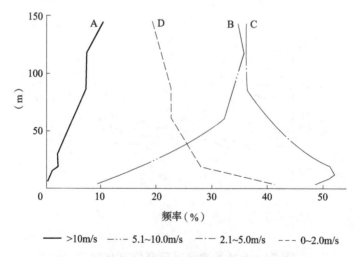

图 6　各高度年平均各等级风速频率分布图

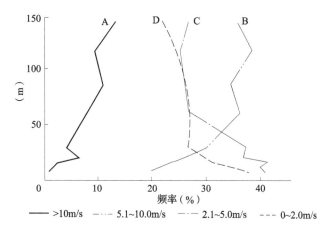

图7a　1月各高度不同风速等级频率分布图

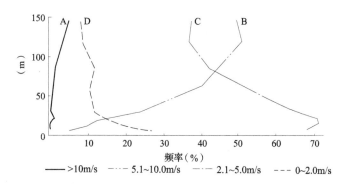

图7b　7月各高度不同风速等级频率分布图

二、近地层风速廓线的讨论

（一）大气低层风速廓线的常用公式

大气低层风速廓线最常用的是

对数公式
$$\frac{V_n}{V_1}=\frac{\ln z_n-\ln z_0}{\ln z_1-\ln z_0}$$

指数公式
$$\frac{V_n}{V_1}=\left(\frac{z_n}{z_1}\right)^{\alpha}$$

式中：V_1——参考高度 z_1 高度处的风速；

$\quad\quad V_n$——z_n 高度处的风速；

$\quad\quad z_0$——下垫面的粗糙度；

$\quad\quad \alpha$——指数。

对数公式是根据普朗德絮流的半经验理论，在高度不大的气层内（一般是在几十米的中性层结）条件下推导出来的，但在实际使用中，则往往超出这个条件。本文利用对数公式来拟合风速廓线，这样 z_0 不仅是下垫面凹凸不平个体的高度及分布状况所决定的几何高度，而且还包含了大气稳定度的影响，在此我们将其称为"综合粗糙度"[1,2]。

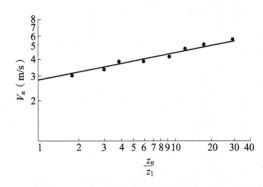

图 8　用指数公式计算的年平均风速廊线与实测结果的比较

注：黑点为实测值，实线为计算值。

再计算得出 $\alpha = 0.16$ 和 $z_0 = 0.055m$，这一结果与国内其他的研究成果相当接近[1]。与年平均风速廊线的计算结果相比较，可知大风平均风速廊线计算所得的 α 和 z_0 值显然较小。在计算大风时的 α 和 z_0 值，我们发现利用 30m 以下五个高度的计算结果（$\alpha = 0.17$，$z_0 = 0.043$），与 30m 以上至 146m 九个高度的计算结果十分相近，因而可以表明这个计算值是比较稳定的。

2. 不同稳定度下的 α 与 z_0 值。

由于空气的热力、动力因素，加上仪器本身的性能、位置等种种原因，使得风速廊线出现各种形状。根据 1977 年的自记记录，我们挑选定时四次记录（02 时，08 时，14 时，20 时）分别绘制南北两侧的风速廊线，统计了各种形状风速廊线的出现频率（见表 2）[3]。

可以看出，正常型（服从于随高度增加而风速递增的规律）最普遍（约占 50%），这与南京过江塔上的观测结果相接近。

我们没有温度梯度的观测项目，所以根据汉口气象站四次定时（02 时，08 时，14 时，20 时）

（二）　阳逻实测风速廊线的结果分析

1. 年平均风速廊线和大风时的 α 与 z_0 值。

年平均风速廊线可以代表平均状态的风速廊线，按照计算结果：指数 $\alpha = 0.19$，综合粗糙度 $z_0 = 0.17m$。从图 8、图 9 中可以看出，计算的廊线与实际的廊线均较一致。阳逻铁塔附近相当于一般的空旷平原地区，我们认为平均廊线的 α 值为 0.19 是有代表性的。

在很多情况下，工程上需要的是大风时的风速廊线。为此，我们将一年内 10m 高度处所有 ≥10m/s 的风速廊线挑选出来求平均值，

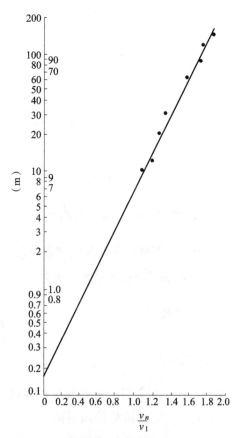

图 9　用对数公式计算的年平均风速廊线与实测结果的比较

注：黑点为实测值，实线为计算值。

观测的云量、云状和阳逻铁塔风的观测资料，应用帕斯奎尔（Pasquill）的大气稳定度查算表，定出了六个稳定度等级：把 A、B 定为不稳定型，C、D、E 为中性，F 为稳定型。同时，按照以上各高度风速日变化的分析结果，为便于利用气象台站的风速资料进行推算，把 10m 高处的风速分为 0~2m/s、2.1~5.0m/s、5.1~

10.0m/s、>10m/s 四个等级。表 3 就是根据上面这种等级分类而分组计算出的 α 与 z_0 值，可以明显看出：①在同样的稳定度条件下，α 与 z_0 值随着风速的增大而减小。其原因是随着风速的增加，低层乱流交换加强，高层动量下传，从而使得上下层风速的差异减少。即使在中性条件下，不同风速组的 α 值也是不相同的，它具有随风速加大而减小的趋势。因此在实际应用中，中性条件不可只用一个 α 值进行计算，而应根据风速等级加以确定。②在同一风速等级情况下，随着稳定度的增加，α 与 z_0 值均相应增加。

表 2　不同形状风速廓线的频率

类型	正常型	均匀型	S 型	弓型	反弓型	递减型	复杂型
频率（%）	47.8	8.0	18.1	12.9	2.9	3.6	8.5

表 3　不同稳定度下不同风速等级的 α 与 z_0 值

稳定度	项　　目	风　速（m/s）			
		0~2.0	2.1~5.0	5.1~10.0	>10
不稳定	α	0.26	0.16	—	—
	z_0（cm）	1.316	0.067	—	—
	组数	18	27	—	—
中性	α	0.32	0.24	0.20	0.17
	z_0（cm）	1.673	0.571	0.220	0.111
	组数	318	582	113	3
稳定	α	0.40	0.29	—	—
	z_0（cm）	3.120	1.079	—	—
	组数	85	147	—	—

3. 不同风速等级下的 α 与 z_0 值。

我们计算了阳逻铁塔定时 4 次观测按不同风速分类的 α 与 z_0 值，见表 4，可以看出 α 与 z_0 值都随风速增大而减小（已往的研究工作也证明了这一点[1]）。

表 4　不同风速等级下的 α 与 z_0 值

风速（m/s）	0~2.0	2.1~5.0	5.1~10.0	>10.0
α	0.32	0.22	0.20	0.17
z_0（cm）	1.599	0.384	0.235	0.111

4. 不同天气系统下的 α 与 z_0 值。

各种天气系统造成不同的天气现象，反映到风速随高度变化上也就有不同的 α 与 z_0 值。为此，我们按每天定时 4 次影响阳逻地区的各种天气系统分类，找出相应的平均风速廓线，

再求出 α 和 z_0 值（见表 5）。可以看出，在各种天气系统中，以锋面和低涡的 α 和 z_0 值为最小。因为锋面和低涡过境时常伴有大风天气，空气乱流混合强，所以上下层的动量交换增强而使风速差别减小。在高压、均匀系统控制下，大气处于稳定状态，空气上下交换少，故 α 与 z_0 值都大。其他几种天气系统的 α 与 z_0 值，均介于上述两者之间。

表 5　各种天气系统下的 α 与 z_0 值

天气类型	高压	气旋	锋前	锋后	锋面	低槽	低涡	均匀
α	0.27	0.23	0.24	0.25	0.21	0.23	0.21	0.26
z_0（cm）	0.923	0.448	0.592	0.584	0.255	0.605	0.294	0.832

5. α 与 z_0 值的日变化和年变化。

根据逐时、逐月的平均风速廓线计算 α 与 z_0 值，结果表明它们都有明显的日变化（见图 10）。α 值一日之中，白天（0.11~0.12）小于夜间（0.24~0.27），以 13 时为最小（0.09），而上午 07—10 时及 16—19 时为过渡时期（平均值在 0.20 左右）。z_0 值也有类似的日变化。

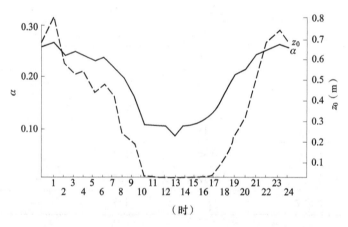

图 10　年平均风速廓线逐时 α 与 z_0 值的变化图

α 与 z_0 值的年变化不像日变化那么明显，这可能是因为在计算月平均风速廓线时，把影响它们的各种因子（特别是稳定度）经过大量平均而相互抵消的缘故。

6. 对数律和指数律的比较。

在实际应用中需要了解对数公式或指数公式的适用范围，最方便的办法就是讨论它们的计算误差。计算误差可用如下公式：

$$d = \frac{1}{n} \sum \left| V_{测} - V_{计} \right| \bigg/ \frac{1}{n} \sum V_{计}$$

其中，$v_{测}$ 为实测风速（m/s），$V_{计}$ 为把 α 与 z_0 值代入指数公式和对数公式计算所得的风速，并以 d_0 表示指数公式的计算误差，d_{z_0} 表示对数公式的计算误差。

表 6 是按年平均的每小时风速廓线、月平均风速廓线以及不同的稳定度和天气系统下的平均风速廓线计算出的 α 与 z_0 值代入计算误差公式算出的 d_α 和 d_{z_0} 平均值。表中五层是指

30m 以下的 5 个高度，九层是指 5m 以上至 146m 以下的 9 个高度。可以看出，计算误差不管用哪些层次或哪一类型的风速廓线，d_{z_0} 平均值都大于 d_α 平均值。

表 6 d_α 和 d_{z_0} 的计算误差

层次	项目	年平均风速廓线	年平均的逐时风速廓线平均值	月平均风速廓线的平均值	不同的稳定度和风速等级的风速廓线平均值	不同天气系统的风速廓线平均值
五层	d_α	0.0135	0.0165	0.0192	0.0256	0.0266
	d_{z_0}	0.0178	0.0198	0.0214	0.0275	0.0290
	d_{z_0}/d_α	1.3185	1.2000	1.1146	1.0742	1.0902
九层	d_α	0.0203	0.0251	0.0255	0.0398	0.0376
	d_{z_0}	0.0491	0.0379	0.0345	0.0757	0.0660
	d_{z_0}/d_α	2.4187	1.5100	1.3529	1.9020	1.7553

表 6 仅是平均状况，如从我们计算的 201 组的 d_α 和 d_{z_0} 值来看，87% 是 d_α 小于 d_{z_0}，3% 为两者相等，只有 10% 是 d_α 大于 d_{z_0}。第三种情况大多数出现在白天 11—17 时，这可能是本文定义的 z_0 与原来理论公式中的 z_0 有着不同含义的缘故，此时对数公式对不稳定状态的符合情况似乎更好一些。还值得指出，在第三种情况下，绝大多数的 d_α 值都小于 4%，只有两个靠近 6%。

此外，大风时（10m 高处风速 ≥10m/s）无论使用指数公式或对数公式，计算廓线与实际廓线的差异均不大，它们的计算误差均不到 5%（$d_\alpha=0.0302$，$d_{z_0}=0.0310$）。

根据以上 d_α 小于 d_{z_0} 的事实，以及注意到大多数的 d_α 值都小于 5%，充分说明指数公式无论对于 30m 以下或者 146m 以下都有广泛的适用性。广州的梯度观测资料也表明在 200m 高度内，无论风速大小和层结状态如何，采用指数公式计算不同高度的风速都比对数公式更接近实测值。另外，利用 30m 以下五个层次计算出来的 d_{z_0} 值尽管比相应的 d_α 值大一些，然而除一个以外全部都小于 5%，所以在 30m 以下对数公式也是适用的。

三、仪器设置对风速取值及计算的影响

（一）塔体影响

1. 不同方位的风速值对比。

我们选塔顶（Ⅰ，Ⅱ号仪）、塔横臂（Ⅲ，Ⅳ号仪）和塔身（Ⅶ，Ⅷ号仪）三个不同位置（见图 2），对风速观测值进行了比较。

为了对比铁塔迎风面和背风面的风速大小，选择了塔体对风速影响最大的迎风与背风面的风向。如对Ⅱ、Ⅳ号以及Ⅰ、Ⅲ号仪器分别选择了（NW，NNW，N）和（S，SSE，SE）两组风向；对Ⅶ、Ⅷ号仪器分别选择了（W，WNW，NW）和（SE，ESE，E）两组风向。

然后求出各组三个风向下南北侧对应组的平均风速。

　　表7是测点Ⅰ、Ⅱ所测得的不同风向下的对比风速值。可以看出，测点Ⅰ、Ⅱ之间不同风向的平均风速值相当接近，一般仅相差0.1~0.2m/s（其中NW风风速的相对误差较大些，约为13%，但实际上其绝对误差仅0.3m/s）。可见安装在塔顶的Ⅰ、Ⅱ号仪器受塔体影响很小，所测得的风速比较接近于自由大气。

表7　测点Ⅰ、Ⅱ所测得的不同风向下的月平均风速值对比

月份	北 侧 风 向				南 侧 风 向			
	项目	NW	NNW	N	项目	S	SSE	SE
1	Ⅰ（m/s）	2.0	5.3	8.6	Ⅰ（m/s）	2.2	3.2	5.4
	Ⅱ（m/s）	2.3	5.3	8.7	Ⅱ（m/s）	2.3	3.5	5.8
	Ⅰ/Ⅱ	0.8	1.00	0.99	Ⅱ/Ⅰ	1.05	1.09	1.07
8	Ⅰ（m/s）	5.2	6.6	5.1	Ⅰ（m/s）	4.4	4.7	5.5
	Ⅱ（m/s）	5.0	6.5	5.2	Ⅱ（m/s）	4.6	4.6	5.5
	Ⅰ/Ⅱ	1.04	1.02	0.98	Ⅱ/Ⅰ	1.05	0.98	1.00

　　表8是测点Ⅲ、Ⅳ所测得的不同风向下的对比风速值。可以看出，北侧三个风向测点Ⅳ所对应测点Ⅲ的平均风速除了NW风外，多数情况下还是比较接近的。因为NW风向的风速较小，所以相对误差较大，但其绝对误差并不大。在统计的其他四个以北侧风向（W，WNW，NNE，NE）为主的风速组中，这种风速差异并不很显著；而在以南侧三个风向为主的情况下，测点Ⅲ、Ⅳ之间的差值就大了，其中以SE、SSE风最为显著。但另外四个南侧风向（ESE，E，SSW，SW）的风速值相差并不大，多数的相对误差≤|10|%。因为测点Ⅲ、Ⅳ是装在过江塔的大横臂上，然而测点Ⅳ的风仪在SSE、SE方位上受到横臂构件的影响，致使风速明显偏小（但其风向频率很小，SSE风1976年和1977年两年1月和8月的平均差仅为4%，另外，SE和NW风也只有6%和2%）。考虑到南北侧风速相差不大的其他方向的风向频率占绝大多数，因此对Ⅲ、Ⅳ号仪器而言，风速的平均值基本上还是可用的（例如就年平均风速而言，Ⅲ号仪器的风速为5.1m/s，而Ⅳ号仪器则为4.8m/s，两者只相差0.3m/s）。

表8　测点Ⅲ、Ⅳ所测得的不同风向下的月平均风速值对比

月份	北 侧 风 向							南 侧 风 向						
	项目	NW	NNW	N	W	WNW	NNE	NE	项目	S	SSE	SE	ESE	E	SSW	SW
1	Ⅲ（m/s）	1.2	2.2	6.8	1.5	1.8	8.0	5.2	Ⅲ（m/s）	2.5	3.3	6.4	5.3	2.7	2.3	2.3
	Ⅳ（m/s）	1.6	2.4	6.4	1.6	2.1	7.7	5.3	Ⅳ（m/s）	2.6	1.7	4.9	5.4	2.8	2.2	2.7
	Ⅲ/Ⅳ	0.75	0.92	1.06	0.94	0.86	1.04	0.98	Ⅳ/Ⅲ	1.04	0.52	0.77	1.04	1.04	0.96	1.15
8	Ⅲ（m/s）	1.4	3.3	5.7	1.1	2.1	6.1	5.0	Ⅲ（m/s）	4.3	5.5	4.6	4.5	3.4	5.3	6.0
	Ⅳ（m/s）	2.0	3.7	6.2	1.0	2.0	5.6	4.9	Ⅳ（m/s）	3.6	2.5	3.3	4.1	3.5	5.2	5.7
	Ⅲ/Ⅳ	0.70	0.89	0.92	1.10	1.05	1.09	1.02	Ⅳ/Ⅲ	0.84	0.45	0.72	0.91	1.03	0.98	0.95

表 9 是测点Ⅶ、Ⅷ所测得的不同风向下的对比风速值。可以看出，除 8 月 NW 风和 1 月 SE 风的绝对值相差比较多外（0.7m/s），其余各风向的月平均风速值都比较接近（其相差的绝对值，大都在 0.1~0.4m/s）。这两个风向根据 1976 年和 1977 年两年平均，该月份的风向频率分别为 5% 和 6%，它们所占的频率都不大。从年平均风速来看，Ⅶ号仪器为 4.6m/s，Ⅷ号仪器则为 4.5m/s，两者相差仅 0.1m/s。

表 9　测点Ⅷ、Ⅷ所测得的不同风向下的月平均风速值对比

月份	北 侧 风 向				南 侧 风 向			
	项目	NW	W	WNW	项目	SE	ESE	E
1	Ⅶ（m/s）	1.9	1.5	1.7	Ⅶ（m/s）	4.0	6.2	2.2
	Ⅷ（m/s）	2.2	1.7	2.0	Ⅷ（m/s）	3.3	6.3	2.5
	Ⅶ/Ⅷ	0.86	0.88	0.85	Ⅷ/Ⅶ	0.83	1.02	1.14
8	Ⅶ（m/s）	1.3	1.0	1.4	Ⅶ（m/s）	4.3	4.4	3.3
	Ⅷ（m/s）	2.0	1.4	1.8	Ⅷ（m/s）	4.0	4.7	3.7
	Ⅶ/Ⅷ	0.65	0.71	0.78	Ⅷ/Ⅶ	0.93	1.07	1.12

2. 不同方位的 α 与 z_0 值。

上面讨论了不同方位的风速值对比，究竟这些风速的差异对计算 α 与 z_0 值有多大影响？表 10 是利用 1977 年全年平均风速计算的铁塔两侧的 α 与 z_0 值，可以看出，南北两侧的计算结果十分相近（南侧的 α 值仅比北侧大 0.01，z_0 值则南侧比北侧大 0.03m）。

表 10　利用年平均风速计算所得的铁塔南北测的 α 与 z_0 值

方 位	α	z_0（m）
南侧	0.19	0.17
北侧	0.18	0.14

根据月平均风速廓线计算的南北侧 α 与 z_0 值，结果表明：南侧风速廓线得到的 α 值与北侧的基本相等或略大些，两者相差的幅度在 0.00~0.03（平均值为 0.015）；南侧的大多数 z_0 值要比北侧稍大些，其幅度为 -0.03~0.11m（平均值为 0.04m）。南侧 α 值略大些，这是因为塔上测点Ⅲ与Ⅶ比相应的测点Ⅳ与Ⅶ的风速值大些所引起的。

通过以上分析，我们可以看出，塔体的影响是存在的。但对于平均情况而言，各种风向下的大量风速数据的平均将抵消掉一部分塔体的影响，而且塔体影响较大的几个方位的风向频率相对较小，因此一个时段内的平均风速仍然有一定的使用价值。尤其是在实际使用中经常用到的指数 α 和综合粗糙度 z_0，在南北两侧的计算结果十分相近；这说明塔体对 α 与 z_0 要比对平均风速的影响更小一些，这对于使用者来说无疑是十分重要的。

（二）仪器层次的设置

我们曾对过江塔上四层以及连同小塔五层总共九层风仪观测到的风速廓线，分别计算了 α 和 z_0 值。

表 11 是 α 的三组平均值，其中第一组是年平均风速廓线计算的 α 值，第二组是年平均逐时风速廓线计算的 24 组 α 值的平均值，第三组是月平均风速廓线计算的 12 组 α 值的平均值。可以看出，九层要比四层风速廓线计算的 α 值都大。从年平均逐时风速廓线计算的 24 组 α 值情况来看，其中有 20 组九层要比四层风速廓线计算的 α 值大（其差值幅度为 0.01 ~ 0.08），另有两组相等，只有两组略小。

表 11　不同层次风速廓线计算的平均 α 值的结果比较

层　　次	一　　组	二　　组	三　　组
四层风速廓线	0.17	0.17	0.16
九层风速廓线	0.19	0.19	0.19

同样，比较 z_0 的三组平均值（见表 12）可以看到，九层要比四层风速廓线计算的 z_0 值小。

在近地层中，地面摩擦作用对风速在垂直高度上的分布有着很大影响。这种影响随着高度的增加而逐渐减弱，越是接近行星边界层上界，则风速也就逐渐接近于地转风或梯度风。因为四层风速廓线的最低高度为 62m，在其以下正是风速变化较大的层次，所以必然会产生上述的误差。据此，在综合利用铁塔时必须考虑低层风速的观测。这在实际上，由于客观条件的限制则往往容易被忽略掉。

表 12　不同层次风速廓线计算的平均 z_0 值（m）的结果比较

层　　次	一　　组	二　　组	三　　组
四层风速廓线	0.383	1.296	0.528
九层风速廓线	0.168	0.312	0.195

四、结论

1. 阳逻铁塔在大风情况下，根据 10m 高处 $\geqslant 10m/s$ 的风速廓线计算得出，指数 $\alpha = 0.16$，综合粗糙度 $z_0 = 0.055m$。

2. 阳逻过江铁塔根据年平均风速廓线计算得出，指数 $\alpha = 0.19$，综合粗糙度 $z_0 = 0.17m$。

3. 在没有温度层结观测的情况下，利用帕斯奎尔的稳定度分类法也能够较满意地将风速廓线加以分类。在相同稳定度条件下，随着 10m 高处风速的增大，则 α 和 z_0 值减小；中性条件下，也有同样的规律。在相同风速条件下，随着稳定度的增加，则 α 和 z_0 值增大。

指数 α 具有明显的日变化。

4. 对数公式在 30m 以下适用性较好，而指数公式有着较广泛的适用性，这两个公式在我们观测到的 146m 高度以内都是较为适用的。

5. 阳逻过江铁塔的风速梯度观测资料表明，塔体对风速平均值的影响一般较小，尤其对 α 和 z_0 值计算的影响更小一些。由此可见，迎着最多风向在钢结构塔的两侧，采用 3m 左右长的仪器支架所观测的资料具有相当的代表性。

在阳逻铁塔梯度风观测中，阳逻过江塔维护站的熊德林师傅等付出了辛勤的劳动，并提供了大量的观测资料，在此一并表示感谢。

参 考 文 献

［1］滕中林. 近地面层风速随高度的变化［J］. 天气月刊，1958（1-3）.

［2］萨顿 O G. 微气象学［M］. 徐尔灏，吴和赓，译. 北京：高等教育出版社，1959.

［3］Э. Н. Новнкоьа и Т. И. ДанилЬчева，Вертика. Тные Профили Ветра в Нижем 500-Тетровом Слое АтмосферЬы Над Москвой в Летний Период［J］. Ц. В. Г. М. О. вып. 1977（9）：18-24.

斜塔与风压 *

朱瑞兆

（中央气象局气象科学研究院）

人们一提起斜塔，马上联想到意大利比萨城内的斜塔。它的高度约 55.8m，塔身倾斜已超出垂直平面 5.1m，它的盛名无疑是由于倾斜。伽利略 1589 年在这个塔上进行过引力质量和惯性质量相等的实验，也就是从塔顶上丢下不同重量的两个物体，而这物体落地时间相同，因此推翻了人们认为重的物体比轻的物体先落地的错误想法。这一实验又使比萨斜塔更称著于世。

比萨塔的倾斜是地基下沉的结果。我国苏州虎丘塔和广西左江归龙塔的倾斜也是由于地基下沉的结果。当然由于地震倾斜的塔也是有的，如瑞士圣摩立茨的钟楼塔。这些塔都是在自然条件作用下倾斜的。而我国北宋时木工匠师喻皓专门设计了一个斜塔，但却被人们所遗忘了。

北宋初年，建都东京（今开封市），大兴土木，在东京旧城安远门里上方寺之西建筑了一个名叫灵感塔的斜塔，这个塔为八角形木塔，13 层，总高 120m。当塔全部竣工后，人们发现塔的北面略高，而且向西北方向倾斜，大家认为可能是在施工中造成的倾斜，设计者喻皓解释说：这是有意设计的，塔北略高四周，由于在塔的北面不远有一小河流过，在河水长年累月的浸蚀下，河床两岸地基会慢慢下沉，那时，塔身就会矫正过来。塔身向西北方向倾斜是由于这里最大风速的方向是西北，在风压的作用下，塔就会正直了。

喻皓利用的是最大风速时的方向，而不是最多风向。大家知道，风压与风速的平方成正比，风速大时风压猛增，风速小时风压骤降，如风速 20m/s 时，每平方米上所受的风压为 25kg，可是当风速 5m/s 时，每平方米上所受的风压仅仅 1.5kg。由此可见，只有在大风时，风压作用到塔上的力量才大。从开封 1955—1980 年 26 年的最大风速来看，基本都是偏北风，偏南风一次也没有。我国是一个季风气候国家，冬半年在西伯利亚冷高压控制之下，冷空气每每南下，每次冷空气入侵时，其前锋所到之处都有大风。开封处于中原，是冷空气南下必经之路，所以这里的最大风速大都出现在冬半年。夏半年雷暴大风也能造成一年的最大风速，但为数甚微。台风大风很难影响到这里，故而最大风速以偏北风占绝对优势。喻皓在几百年前就观测水文和气象对建筑的影响，而且以塔的倾斜预应风的压力，使塔身正直。到目前为止，仍然可以认为是建筑上一个新颖而大胆的创举。可惜他编著的《木经》三卷已失传，我们仅能从北宋沈括的《梦溪笔谈》中，看出它的梗概内容。

* 本文发表在《大众气象》，1983 年第 1 期。

　　大家一定想欣赏这个斜塔，不幸在它刚建成 55 周年时，由于雷火而烧毁。五年后又由皇帝下诏重建，以防雷火，改木塔为琉璃塔，它的平面形式和层数与木斜塔完全一样，但高度比木塔矮了一半还多，仅 54.66m，现仍屹立在开封市内东北角，俊秀而挺拔，驰名中外，吸引了不少游人。有机会可前往观赏一下这个名胜，它的名字现在叫祐国寺铁塔，铁塔并非是铁铸的，是塔身琉璃面砖的颜色，酷似铁褐色而得名。

登陆我国热带气旋分区的研究 *

朱瑞兆　马淑红　姬菊枝

（中国气象科学研究院）

热带气旋每年给我国沿海及岛屿带来不同程度的损失，对民房也有一些破坏，特别是广东、海南、浙江、台湾和福建沿海破坏更为明显。我国对台风的研究较为深入而系统[1,2]，但对热带气旋出现次数和风速大小的地理分区的研究尚少。我们利用模糊聚类中系统聚类分析方法，采用登陆我国热带气旋的次数、中心气压和极大风速，并按它们之间的相似程度，归组并类，得到了客观的分类，且符合我国热带气旋的变化规律。

一、资料来源及处理

根据中央气象局（1984 年后改为国家气象局）编制的台风年鉴，选取我国沿海 96 个点，逐年统计 1949—1990 年每个热带气旋登陆地区、中心气压、极大风速和过程降水量，最后得出 42 年的逐年和历年资料。

由于台风年鉴中的热带气旋中心附近风速为瞬时风速，建筑工程要求的是 10min 平均风速[3]。根据过去的研究[4]，瞬时风速换算为 10min 平均风速的关系式为

$$
\left.
\begin{aligned}
y &= 0.73x - 2.80 &&（两广、台、海）\\
y &= 0.71x - 0.10 &&（浙江）\\
y &= 0.63x + 1.00 &&（福建）\\
y &= 0.69x - 1.38 &&（上海、江苏）\\
y &= 0.65x + 0.50 &&（其余地方）
\end{aligned}
\right\} \tag{1}
$$

式中：y——10min 平均风速；

x——瞬时风速。

按式（1）将所有瞬时风速换算为 10min 平均风速。

台风年鉴中在 1973 年以前的登陆台风的风速是以风级表示，由于风级有风速范围，上下限相差 2~4m/s。为了精确判断风速，利用 1973—1990 年资料建立了台风中心最低气压和地面极大风速的关系，按最小二乘法计算出式（2）回归方程式：

---

* 本文收录在《1949 年到 1990 年登陆我国热带气旋资料统计及地理分区分析报告》，科学出版社 1993 年版。

$$\left.\begin{array}{l} v_1 = 6(1010 - p_0)^{0.5} \\ v_2 = 5(1010 - p_0)^{0.5} \end{array}\right\} \quad (2)$$

式中：v_1、v_2——25°N 以南和以北地面极大风速；

$\quad\quad p_0$——台风中心最低气压。

式（2）的计算值与实测值误差在 8% 以下。

二、区划方法

运用聚类分析方法，将不同要素进行数字分类，定量地计算要素之间相关系数，并按照它们间的相似程度归类，是一种较客观的分类方法[5]。

（一）聚类法

依靠经验分类，只能定性描述。聚类分析（Cluster Analysis）是一种多元、客观的分类方法。设有 N 个样本和 m 个变量 X_1，X_2，$\cdots$，X_m。数据形式如下：

$$\begin{array}{cccc} & X_1 & X_2 \cdots X_m \\ 1 & x_{11} & x_{12} \cdots x_{1m} \\ \vdots & & \\ N & x_{N_1} & x_{N_2} \cdots x_{N_m} \end{array}$$

每个样本看作 m 维空间的一个点。

（二）数据标准化处理

$$x'_{ik} = \frac{x_{ik} - \bar{x}_k}{S_k} \quad (i = 1, 2, \cdots, 96, k = 1, 2, 3)$$

式中，x_{ik} 表示第 i 个样本第 k 个指标。其中

$$\left.\begin{array}{l} \bar{x} = \dfrac{1}{N}\sum_{i=1}^{N} x_{ik} \\[3mm] S_k = \sqrt{\dfrac{1}{N-1}\sum_{i=1}^{N}(x_{ik} - \bar{x}_k)^2} \end{array}\right\} \quad (3)$$

对标准化后的数据计算各样本间的相似系数，如式（4）。相似系数越大，表示两个样本越相似。

$$r'_{ij} = \frac{\sum_{k=1}^{m}(x_{ik} - \bar{x}_k)(x_{ik} - \bar{x}_k)}{\sqrt{\sum_{k=1}^{m}(x_{ik} - \bar{x}_k)^2 \sum_{k=1}^{m}(x_{ik} - \bar{x}_{ik})^2}} \quad (i = 1, 2, \cdots, 96; m = 3) \quad (4)$$

（三）逐步判别分析

模糊关系矩阵 $R = [r_{ij}]$，其中 $r_{ij} = 0.5 + r'_{ij}/2$ （i，$j = 1$，2，$\cdots$，N），通过 $R^2 = RoR$，$R^4 = R^2oR^2$，$R^8 = R^4oR^4$，$\cdots\cdots$ 求得模糊等价关系矩阵 R^*。令 $S = RoR$，其中

$$S_{ij} = \overset{x}{\underset{k=1}{V}} (r_{ik} \Lambda r_{kj}) \qquad (i, j = 1, 2, \cdots, N)$$

符号 V 和 Λ 的意义如下：设 A，B 为任意实数：

$$A\Lambda B = \min \ (A, \ B)$$

$$AVB = \max \ (A, \ B)$$

当某一步 k（$k \leqslant \lg N / \lg 2$）使 $R^{2(k+1)} = R^{2k}$，则 $R^* = R^{2k}$。R^* 是改造后的矩阵，其中的元素表示待分类的对象彼此间相似的程度。把 R^* 的元素从大到小排序作为规定水平 λ 值。通过多次的计算分类，结合经验和理论，最后找出一个比较合适的 λ 值作为分区的界限值。在该矩阵中，如选第 k 个最小值就分为 k 类，规定第 k 个最小值为 λ，若选 1 则各个样本自成一类。这种方法按不同水平将样本分为所需要的若干类。

三、热带气旋分区

根据上述方法，我们经过多次分类实验，当令 $\lambda \geqslant 0.989778$ 时，其最大风速在 45m/s 以上的点聚为一类，与实际情况一致。再将剩下的样本逐个归入 $0.963107 \leqslant \lambda < 0.989778$ 凝聚点的那一类，其最大风速在 35~45m/s 之间。最后余下的样本成为一类。这样将热带气旋登陆我国的地区划分为三个区（见表 1）。

表 1　登陆我国的热带气旋分区

I	II	III
$\lambda \geqslant 0.989778$	$0.963107 \leqslant \lambda < 0.989778$	$\lambda < 0.963107$
$v_{max} \geqslant 45.0 \text{m/s}$	$35.0 \text{m/s} < v_{max} < 45.0 \text{m/s}$	$12.0 \text{m/s} < v_{max} < 35.0 \text{m/s}$
海南：琼海、崖县 台湾：基隆、宜兰、花莲、台东、恒春 浙江：象山 福建：长乐、漳浦 广东：惠来、湛江	海南：文昌、万宁、陵水 台湾：彰化、高雄 浙江：椒江、温岭、玉环、乐清、舟山、宁海、三门、平阳 福建：福鼎、晋江、霞浦、罗源、莆田、惠安、诏安、厦门、连江、泉州 广东：海康、海丰、台山、阳西、陆丰、阳江、珠海、徐闻、电白、深圳、吴川、潮阳、澄海 广西：合浦 上海：金山 香港地区 澳门地区	海南：儋县、乐东、海口 台湾：新港、大武、屏东、台中、台南 浙江：瓯海、温州 福建：福清、江田 广东：惠东、汕头、遂溪、斗门、番禺、惠阳 广西：东兴、钦州、防城、北海 上海：川沙、崇明、奉贤 江苏：启东、如东、海门 山东：石岛、胶南、荣城、海阳、乳山、文登、青岛 天津：塘沽 辽宁：东沟、大连、庄河、绥中、新金、锦西、丹东、兴城

Ⅰ区，是登陆我国的热带气旋次数最多、风速最大的一区，包括台湾和海南的东岸和广东雷州湾沿岸、广东和福建及福建和浙江交界地区。该区 30 年一遇的风压，台湾为 1.23kN/m² （44.4m/s），海南为 0.92kN/m² （38.3m/s），沿海地区为 0.87kN/m² （37.3m/s）。我国 1989 年《建筑结构荷载规范》[3] 定为 0.75kN/m²。50 年一遇的风压分别为 1.47kN/m² （48.5m/s），1.13kN/m² （42.5m/s），1.05kN/m² （41.0m/s）；100 年一遇的分别为 1.78kN/m² （53.3m/s），1.42kN/m² （47.7m/s），1.29kN/m² （45.5m/s）。

该区 30 年一遇的一次热带气旋的过程降水量为 787.6mm，50 年一遇为 880.0mm，100 年一遇为 992.0mm。

该区特点是基本上垂直于热带气旋的走向，福建沿海由于台湾的屏障，即使热带气旋登陆，也因受台湾影响，热带气旋中心气压填塞、风速减弱，所以福建沿海虽垂直热带气旋路径，但风速较小。从 42 年来在我国登陆的次数也可以看出，广东、海南、台湾和福建较多，约占登陆的 84%，如表 2 所示，这说明Ⅰ区也是热带气旋登陆最多的地区。

表 2 登陆我国的热带气旋次数分布

省（区）市	广西	广东	海南	台湾	福建	浙江	上海	江苏	山东	辽宁	天津	总计
总次数	16	148	90	81	69	25	5	5	12	10	1	462
占比（%）	3.5	32.0	19.5	17.5	14.9	5.4	1.1	1.1	2.6	2.2	0.2	100
平均每年次数	0.38	3.52	2.14	1.93	1.64	0.60	0.12	0.12	0.30	0.24	0.02	11.01

Ⅱ区，从上海沿东南沿海、南海之滨直到广西，30 年一遇的风压为 0.61N/m² （31.3m/s），50 年一遇的为 0.72kN/m² （34.0m/s），100 年一遇的为 0.87kN/m² （37.7m/s）。30 年一遇的过程降水量为 744.6mm，50 年一遇为 826.6mm，100 年一遇为 926.8mm。

Ⅲ区，本区在Ⅰ区的里面，风速无疑较Ⅰ区为小，而且在台湾和海南也能清楚看出风速锐减的情况。根据过去研究[4]，台风登陆时，以海岸上最大风速为单位，换算为百分率，即以海岸风速为 100%，那么在离海岸 50km 处，台风中心附近的最大风速为海岸登陆时的 68%，到 100km 的地方，差不多仅为海岸风速的 55%。100km 以后风速削弱变缓，这种削弱主要由于这些地区从沿海向内陆分布着几道与台风路径垂直的山脉，成为抗台风的天然屏障。

这一区还包括了渤海沿岸和山东半岛。在这一地区，热带气旋登陆次数很少（由表 2 可以看出仅为 5%）。

这一区 30 年一遇风压为 0.41kN/m² （25.5m/s），50 年一遇为 0.48kN/m² （27.7m/s），

100 年一遇为 0.58kN/m^2（30.5m/s），降水过程量 30 年一遇为 648.9mm，50 年一遇为 724.2mm，100 年一遇为 816.0mm。30 年一遇风压与现行的荷载规范基本相同。

参 考 文 献

［1］陈联寿，丁一汇. 西太平洋台风概况 ［M］. 北京：科学出版社，1979.

［2］全国热带气旋科学讨论会. 热带气旋科学讨论会文集 ［M］. 北京：气象出版社，1992.

［3］GBJ 9—87 建筑结构荷载规范 ［S］.

［4］朱瑞兆. 风压计算的研究 ［M］. 北京：科学出版社，1976.

［5］屠其璞，王俊德，丁裕国，等. 气象应用概率统计学 ［M］. 北京：气象出版社，1984.

大庆 200MW 核供热堆安全级构筑物的
设计基准龙卷风 *

吴中旺[1]　朱瑞兆[2]

（1. 清华大学核能技术设计研究院　2. 中国气象科学研究院）

大庆 200MW 核供热堆选址初期，当地气象部门提供了龙卷风的资料，1969—1983 年的 15 年期间，大庆市共出现过 4 次龙卷风。龙卷风所到之处，构筑物均遭到程度不同的破坏，有的甚至全部倒塌，造成了比较严重的危害和损失。

以上 4 次龙卷风中有 3 次出现在厂址附近，与厂址最近距离约 10km。为了确保核供热堆的安全，根据有关核安全法规的要求，必须确定厂址区域的设计基准龙卷风，使核供热堆的设计和运行能抵抗可能的龙卷风的袭击。

一、龙卷风概述

龙卷风是一种强对流云的产物，是从积雨云中伸下的猛烈旋转的漏斗状垂直云柱。大多数龙卷风发生在锋面气旋和热带气旋到达中纬度接近衰亡时，常伴有强烈雷雨，发生在水面上的称为水龙卷，发生在陆地上的称为陆龙卷，通常统称为龙卷风或龙卷。

龙卷风属于小尺度天气系统，具有范围小、生命短、移动路径多为直线、风力大、中心气压极低和破坏力强等特点。其危害主要由风和大气压力改变而造成，具体体现在以下 3 个方面：

（1）极高风速的冲击作用；

（2）龙卷风中心通过时产生的压力突降；

（3）龙卷风产生的飞射物引起的撞击。

龙卷风最常发生在极地和热带气团的过渡区（中纬地区），高纬度和热带地区很少见。美国是世界上龙卷风最多的国家，平均每年约有 800 次，主要出现在 $20°N \sim 50°N$ 的中西部各州，这与墨西哥湾暖湿气流活动密切相关。我国大部分省、区都有龙卷风的踪迹，但平均每年不到 100 次，且多集中在东部地区，以江苏、上海、安徽、浙江、山东、广东等省、市相对较多。龙卷风出现的季节一般在每年 5—9 月；一日中出现时间大多在午后到傍晚。

大庆 200MW 核供热堆的厂址区域位于 $45°N \sim 50°N$，纬度较高、离海洋较远、较之国内其他地区，龙卷风不算突出，出现概率相对较小。核安全法规规定，一般采用 $10^{-7}/a$ 作为

＊　本文发表在《核科学与工程》，1998 年第 3 期。

具有严重后果事件概率的可接受限值（设计基准概率值）。通过研究并评价厂址区域现有龙卷风的统计资料表明，厂址区域发生龙卷风的年概率值已大于 10^{-7}，所以必须考虑核供热堆遭受龙卷风袭击的可能性。

二、实地调查及分析

核安全法规指出，如果证明厂址所在区域有发生龙卷风的可能性，就必须进行更详细的调查，以便得到评价和评定设计基准龙卷风的适当数据；在没有充分资料可利用的地方，还可采取类比法，即从具有类似气候特征又有龙卷风统计资料的其他地区收集补充资料。

大庆 200MW 核供热堆厂址区域龙卷风的进一步调查和资料收集工作包括了以下几个方面：

（1）收集国家气候中心气候影响评价室有关国内外特别是黑龙江省的龙卷风资料；

（2）调查走访黑龙江省气象台及厂址附近区域气象台、站的龙卷风资料；

（3）在上述资料收集的基础上，对遭受龙卷风袭击最严重的地区进行实地采访和灾害损失现场考察。

通过调查和实地考察，获得了有关龙卷风的大量材料，对有记录以来发生在该区域的龙卷风有了比较清楚的全面了解，并从天气和自然地理环境等方面分析了该地区龙卷风的生成条件。

龙卷风形成时的天气形势和条件与雷暴、飑线类似，但是形成龙卷风的对流现象更为强烈，所要求的大气层结不稳定性也更强一些。厂址区域就具有这样的天气形势和条件。1987年 7 月 31 日发生在克山农场的龙卷风就充分说明了这一点：7 月 31 日 08 时当地地面天气图上，（120°E，50°N）是发展完整的低压，其高空各层（850hPa、700hPa、500hPa）形势图上不但有低涡和冷空气配合，而且地面低压和高空槽相垂直甚至槽前倾。500hPa 槽前有一团冷空气，其下方相对应的 700hPa、850hPa 是暖脊。850hPa 槽前有一条大于 8m/s 的低空急流和湿舌密切配合。08 时在 700hPa 垂直速度和 500hPa 涡度场的分布图上，该地区为强抬升区和气旋或涡旋的前方。这种暖湿气流的源源输送、强抬升作用、上冷下暖的潜在不稳定性和轴向垂直的压力场结合，为龙卷风的形成提供了良好的天气条件。

从自然地理环境看，厂址区域所在的大、小兴安岭形成的向南敞开的喇叭口地形为冷暖气团在此交汇提供了有利条件，该区域高低不平的坡岗地貌犹如一个个小盆地，气流流过这种地形很容易形成小涡流。

上述的天时与地利相结合，为龙卷风在厂址区域形成提供了良好条件。但终因地理纬度偏高、离海洋较远，因此发生在这一地区的龙卷风无论是频率或强度一般都不及华东地区。

根据对国家和省、地气象台、站几十年的资料分析，确认 1987 年 7 月 31 日发生在克山农场的龙卷风是该地区有记录以来最强的一次龙卷风，所以重点分析解剖这次龙卷风，作为设计基准的主要依据。这次龙卷风于 7 月 31 日 14 时 45 分在克山农场六队队部西南 1800m 处两块积雨云合并形成漏斗云，在距六队队部南 500m 处触地，并在 700hPa 西南气流引导下，向东南方向移动，行程约 22km，历时约十几分钟，平均影响宽度 500m。该龙卷风移动过程中，毁坏农田 1.7 万亩[1]，防护林带 30 条，损坏农机具 80 台、折断电柱 51 根、高低压水泥杆 42 根，造成 27 人受伤、1 人死亡。受灾最重的是十四队，队部砖瓦结构房屋被吹毁，场院围墙被吹倒，堆放在院内的 200 多袋化肥被吹走，4 台放在一起的联合收割机，3 台被吹翻、扭在一起，另一台长 6.9m、宽 2.7m、高 3.4m、重约 5.9t 的 E512 型联合收割机被吹离原地 200m 后翻倒在瓦砾上。根据这些实地考察获得的龙卷风灾害情况和龙卷风的路径长度、宽度等确定了厂址区域设计基准龙卷风的强度分类等级及一组相关的特征参数。

三、设计基准龙卷风的确定

（一）龙卷风强度分类

每个龙卷风的分类应包括强度、路径长度和路径宽度。目前国际上一般根据龙卷风引起的破坏类型，选择与富士达-皮尔森分类方法相似的强度分类法，这是一个组合体系，风速用富士达 F 等级，路径长度和路径宽度用皮尔森标度。按此分类法划分的 F 等级风速和可能造成的破坏及相应的路径长度和宽度列于表 1。

表 1　龙卷风分类表

F 等级	伴生的破坏	路径长度 L_{px}（km）	路径宽度 W_{px}（m）
F_0	$V_F<33m/s$，轻度破坏 对烟囱和电视天线有一些破坏，树的细枝被刮断，浅根树被刮倒	<1.6	<16
F_1	$V_F=33\sim49m/s$（32.6m/s 是飓风起始风速），中等破坏 剥掉屋顶表层，刮坏窗户，轻型车拖活动住房（或野外工作室）被推倒或推翻；一些树被折断或连根拔起；行驶的汽车被推离道路	1.6~5.0	10~50
F_2	$V_F=50\sim69m/s$，相当大的破坏 掀掉框架结构房屋的屋顶，留下坚固的直立墙壁，农村不牢固的建筑物被毁坏；车拖活动住房（或野外工作室）被毁坏；大树被折断或连根拔起；火车车厢被吹翻；产生轻型飞射物；小汽车被吹离公路	5.1~16.0	51~160
F_3	$V_F=70\sim92m/s$，严重破坏 框架结构房屋的屋顶和一些墙被掀掉；一些农村建筑物被完全毁坏；火车被吹翻，钢结构的飞机库和仓库型的建筑物被扯破；小汽车被吹离地面，森林中大部分树被连根拔起、折断或被夷平	16.1~50.9	161~509

---

① 1 亩 = 0.0667hm²。

F 等级	伴生的破坏	路径长度 L_{px} (km)	路径宽度 W_{px} (m)
F_4	$V_F = 93 \sim 116\text{m/s}$, 摧毁性破坏 整个框架结构的房屋被毁坏, 留下一堆碎片; 钢结构被严重破坏; 树木被吹起后产生小的撕裂, 碎片飞扬; 汽车和火车被抛出一些距离或滚动相当的距离; 产生大的飞射物	$51 \sim 160$	$510 \sim 1600$
F_5	$V_F = 117 \sim 140\text{m/s}$, 难以置信的破坏 整个框架结构的房屋从地基上被抛起; 钢筋混凝土结构被严重破坏; 产生大小相当于汽车的飞射物; 会发生难以置信的现象	$161 \sim 507$	$1601 \sim 5070$
$F_6 \sim F_{12}$	$V_F = 141\text{m/s}$ 到声速 (330m/s), 不可思议的破坏 万一发生最大风速超过 F_6 的龙卷风, 破坏的程度和形式是不可思议的。许多飞射物, 如冰柜、水加热器、贮罐和汽车, 会对建筑物产生严重的次生破坏		

统计表明, 大多数龙卷风都在表 1 所列的等级范围之内, 并以发生在它的路径内的最大破坏作为对龙卷风的全面评价。

根据表 1 和厂址区域龙卷风的调查统计资料, 确定了大庆 200MW 核供热堆设计基准龙卷风强度等级为 F_3。

（二）设计基准龙卷风参数的确定

龙卷风特征参数包括最大风速（V_F）、旋转风速（V_m）、平移风速（V_T）、旋转中心的总压降（ΔP）、压降速率 $\left(\dfrac{\mathrm{d}p}{\mathrm{d}t}\right)$ 和最大旋转半径（R_m）, 它们的关系式可表达为

$$V_F = V_m + V_T$$

$$V_m / V_T = 290/70$$

$$\Delta P \approx \rho V_m^2$$

$$\frac{\mathrm{d}p}{\mathrm{d}t} = \frac{V_T}{R_m} \rho V_m^2$$

式中, ρ 为空气密度。

F_3 强度等级对应的最大风速范围为 $70 \sim 92\text{m/s}$, 结合伴生的破坏, 特别是结合 1987 年 7 月 31 日克山农场龙卷风的破坏, 从安全考虑确定最大风速 V_F 为 92m/s。

四、结论

由于直接观察龙卷风所存在的困难, 以及对它的发生的时间和地点的预测有很多不确定

因素, 所以迄今为止尚未见气象台、站报告过实测龙卷风的风速, 有关龙卷风的记载均属风后损失情况。因此, 设计基准龙卷风最大风速的确定是粗略的近似值。出于安全的考虑, 大庆200MW核供热堆设计基准龙卷风参数是偏于保守的。

1. 厂址区域由于地理纬度偏高, 距海洋较远, 强对流天气包括雷暴、局地暴雨、冰雹、飑线及龙卷风这些尺度较小, 具有强烈破坏性天气过程较之国内其他地区不算突出。

2. 1987年7月31日发生在距厂址约180km (直线距离) 的克山农场龙卷风是厂址区域有龙卷风记录以来的最强、破坏性最大的一次龙卷风。

3. 大庆200MW核供热堆设计基准龙卷风参数为

强度等级: F_3

路径长度 (L_{px}): $16.1 \sim 50.9$km

路径宽度 (W_{px}): $161 \sim 509$m

最大风速 (V_F): 92m/s

旋转风速 (V_m): 74.2m/s

平移风速 (V_T): 17.8m/s

总压降 (ΔP): 6.9kPa

压降速率 $\left(\dfrac{\mathrm{d}p}{\mathrm{d}t}\right)$: 1.2kPa/s

最大旋转半径 (R_m): 108m

这些参数, 可作为设计200MW核供热堆构筑物基准龙卷风的依据。

参 考 文 献

[1] 国家核安全局. 核安全法规 HAF0112 核电厂厂址选择的极端气象事件 [S]. 1991.

[2] 美国核管会. 核电厂设计基准龙卷风 RG1.76 [S]. 1974.

[3] 美国核管会. 龙卷风设计分级 RG1.117 [S]. 1978.

[4] ANSI/ANS 2.3—1983. Standard for Estimating Tornado and Extreme Wind Characteristics at Nuclear Power Sites [S].

[5] ANSI A58.1—1972 Building Code Requirements for Minimum Design Loads in Building and Other Structures [S].

[6] 中国气象科学研究院. 关于发生在大庆地区两次龙卷风的调查报告 [R]. 1996.

[7] 中华人民共和国城乡建设环境保护部. 建筑结构荷载规范 GBJ 9—87 [S]. 1988.

[8] 清华大学核能技术设计研究院. 大庆 200MW 核供热堆初步安全分析报告 [R]. 1995.

根据地面天气图推算台风大风的方法 *

徐大海　朱瑞兆

（中央气象局气象科学研究所）

在较高的建筑物和构筑物如架空线路、广播高塔、水库、冷却塔和化工装置等工程设计中，都要考虑极端最大风速值。我国南海海滨、东南沿海及附近岛屿的极端最大风速，往往都是由台风造成的（见表1）。台风所造成的极端最大风速，在陆地上，从国外的记录来看可达到 80~90m/s，如日本 1961 年 9 月 19 日的第二室户台风，在室户岬记录到 88m/s 的瞬时风速，不过，室户岬的风是在离地面 40m 左右的高度上测得的，但是在近地面层观测到这样大的风速也不是不可能的。可是过去有时由于风仪的量程限制，不能测出如此强大的风速，如维尔达风压板只能测到 40m/s；达因风仪可测得 50~60m/s；还有很多严重情况，由于风速过大吹毁了风仪。如果对这些例子取风速值为 45 或 40m/s，或作缺测处理，显然是不合理的。这样处理不是造成工程设计中的浪费就是安全考虑不足，因此确定大于风仪记录范围和被台风吹毁风仪时的风速是特别重要的。

表 1　我国南海海滨及东南沿海和岛屿极端最大风速

台站	极端最大风速（m/s）	时距	出现时间	天气系统	记录年代
杭州	34	瞬时	1956.8.2	台风	1950—1973
象山	55	瞬时	1956.8.1	台风	1950—1971
温州	33.5	定时 2min	1953.7.4	台风	1951—1973
福州	45	瞬时	1961.9.12	台风	1951—1970
厦门	60	瞬时	1959.8.23	台风	1951—1970
台东	75	瞬时	1959.8.29	台风	1950—1970
花莲	65	瞬时	1962.8.5	台风	1950—1970
汕头	52.1	瞬时	1969.7.28	台风	1952—1973
广州	28	瞬时	1961.8.24	台风	1951—1973
海口	>40	瞬时	1955.9.25	台风	1951—1972
上海	38.9	瞬时	1949.7.25	台风	1950—1973

为了正确处理这些情况，作者参考了广东省气象局 1961 年 7 月印发的"广东省的风压"、高桥浩一郎的"应用气象论"（1961）以及三木楠彦的"由海面天气图推算海上风的

---

* 本文发表在《气象科技》，1975 年第 1 期。

比浮特（Bijvoet）方法"等文献，特别考虑到台风中实测风和梯度风之间的主要差异在于摩擦力的作用。因此我们利用平面上已达成平衡的旋转摩擦风运动方程对台风域内的风速进行了计算。计算中的风速除声明外都是 2min 平均风速。

旋转摩擦风方程为

$$(K^2 + f^2)V^2 + \frac{V^4}{R^2} + \frac{2fV^3}{R} - \left(\frac{1}{\rho}\frac{\partial P}{\partial R}\right)^2 = 0 \tag{1}$$

式中：K——摩擦系数（假设摩擦力 $F = KV$）；

　　　f——科氏参数，$f = 2\omega\sin\varphi$，其中，ω 为地球自转角速度，φ 为纬度；

　　　V——风速；

　　　R——质点至台风中心的距离；

　　　ρ——空气密度；

　　　$\dfrac{\partial P}{\partial R}$——气压沿 R 方向上的梯度。

摩擦系数 K 可由下式求得，

$$K = (V + Rf)\tan\alpha/R \tag{2}$$

式中，α 为风向与等压线交角。

我们先根据历史资料求得 K，然后按式（1）从天气图求 V 值。

一、计算摩擦系数 K

由中央台地面天气图（$1:10^7$）（1959 年 9 月 1—5 日）和历史天气图（$1:4\times10^7$）（1960 年 7 月 22 日—8 月 1 日）上台风域内读取 α、R、φ、V 诸值，按式（2）求得 K 值，再进行平均。在挑选资料时，凡交角 α 太大、太小，或地形过分复杂，等压线十分不规则的都不选用，这样在陆地上取用 21 例，海上取用 15 例。结果为

海面 $K = 6\times10^{-5}/\mathrm{s}$，陆地 $K = 21\times10^{-5}/\mathrm{s}$。

二、梯度风的计算

当 $K = 0$ 时，式（1）可化为

$$V_{梯} = \frac{-f \pm \sqrt{f^2 - 4\cdot\dfrac{1}{R\rho}\dfrac{\partial P}{\partial R}}}{2}R \tag{3}$$

根据 1955 年 9 月 25 日，1959 年 8 月 23 日、8 月 29 日—9 月 4 日，1960 年 6 月 30 日、7 月 23—31 日、10 月 11 日及 1962 年 8 月 11 日等地面天气图（部分为历史地面天气图）台风域内的资料共 42 例（风速大于 12m/s，小于或等于 40m/s），按式（3）进行计算，求得的 $V_{梯}$ 值与实测风速值进行对比。

由图 1 可见，在海面上一般梯度风比实测风大（32 例中有 24 例偏大）。而在风速较

大的情况下，梯度风与实测风的误差较小。若测点离台风中心近（数十公里内），风速值在 20m/s 以上，根据式（1）的分析及图 1 的比较可知用梯度风代替实测风，误差并不十分大。

由图 2 可见，在陆面上梯度风多数大于实测风，而且风速越大误差也越大。因此，在陆面上无论何种情况都不能用梯度风代替实测风。由于陆面上大风资料较少，图 2 上的点子也较少，但是一般特征还是显著的。

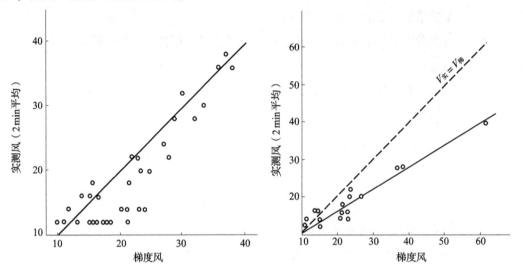

图 1　海面上梯度风与实测风的相关　　图 2　陆面上梯度风与实测风的相关

三、旋转摩擦风的计算

根据上述情况，摩擦力的作用应该给予重视，因此，直接求解式（1）。式（1）为四次代数方程，应有 4 个根，但是在求近似解时只求出一个我们所需的近似根就可以。

可用图解法和牛顿近似计算法求解。

1. 图解法。

令
$$y = \frac{V^4}{R^2} + \frac{2f V^3}{R} + (K^2 + f^2) V^2 - \left(\frac{1}{\rho} \frac{\partial P}{\partial R}\right)^2 = f(v)$$

取 $V = V_1$，V_2，$\cdots$，V_n，由上式分别求得 y_1，y_3，$\cdots$，y_n，在 y-V 坐标中作出曲线 $y = f(v)$。曲线与 $y = 0$ 轴相交处的 V 值即为所求（见图 3）。

例 1　1959 年 8 月 23 日 02 时厦门附近海面，$\varphi \approx 25°$，$f = 0.617 \times 10^{-4}/s$，$R = 0.7 \times 10^5 m$，$\frac{\partial P}{\partial R} = 0.25 mbar/km$。

$\rho = 1.15 kg/m^3$，$K = 6 \times 10^{-5}/s$。那么取

$V_1 = 40 m/s$　$y_1 = 76.00$，

$V_2 = 35 m/s$　$y_2 = -81.00$，

$V_3 = 30 m/s$　$y_3 = -250.84$。

在图 3 上作出 $y=f(v)$ 曲线的一小段，曲线与 V 轴交于 37.4m/s，用牛顿法求得为 37.24m/s，该值与厦门 1959 年 8 月 23 日 03 时的最大风速 38.0m/s 相当[①]。

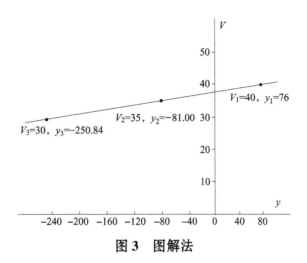

图 3 图解法

2. 牛顿近似计算法。

使用 n 次近似解递推方程：

$$V_n = V_{n-1} - \frac{f(v)}{f'(v)}$$

$$= V_{n-1} - \frac{V_{n-1}^4/R^2 + 2fV_{n-1}^3/R + (K^2+f^2)V_{n-1}^2 - \left(\frac{1}{\rho}\frac{\partial P}{\partial R}\right)^2}{4V_{n-1}^3/R^2 + 6fV_{n-1}^2/R + 2(K^2+f^2)V_{n-1}} \quad (4)$$

先给出较大风速近似值 V_0（使得上式右方负号后面的分式为正值）代替式（4）中的 V_{n-1} 便得 V_1，再用 V_1 代替式（4）中的 V_{n-1} 求得 V_2，如此反复进行数次即可得较准确的近似值。

例 2 湛江 1954 年 8 月 30 日 02 时，由于台风吹毁风仪，使得最大风速缺测，我们由天气图及湛江站气压自记记录求得各参数，过程如下：

由天气图读取两次相邻观测时间内台风中心移动距离，求得台风中心移速为 $C=$ 36.7km/h，由此推知：02 时台风中心距湛江 $R=73.4$km。

台风过境时，湛江自记记录表明，在 02 时气压局地变化为 $\frac{\partial P}{\partial t}=11.11$mbar/h，若

$\frac{\partial P}{\partial t} \approx \frac{\partial P}{\partial R} \cdot C$，那么 $\frac{\partial P}{\partial R} \approx 0.33$mbar/km。$K$ 取 21×10^{-5}/s，ρ 取 1.15kg/m^3，$f=5.23 \times 10^{-5}$/s。

令 $V_0=50$m/s，由式（4）求得 $V_1=50-5.8=44.2$m/s；令 $V_1=44.2$m/s，由式（4）求得 $V_2=44.2-1.11=43.1$m/s；令 $V_2=43.1$m/s，由式（4）求得 $V_3=43.1-0.6=42.5$m/s。

---

① 10min 平均值：10min 平均与 2min 平均关系为 $y=0.88x+0.8$，y 为 10min 平均值，x 为 2min 平均值。

这时与准确解的差在 0.6m/s 以下，即可取 V_3 为式（4）在这种情况下的根。

除此两站外，我们又对梯度风的计算一节所用资料进行图解计算。海、陆取用不同 K 值，在图 4 上将计算结果与实测风进行了比较，相关性很好。误差不超过 ±2m/s 的占 61.8%，不超过 ±3m/s 的占 80%，而相对误差 $\dfrac{|V_{旋}-V_{实测}|}{V_{实测}}$ 的平均值为 11%。当风速超过 24m/s 时，误差不超过 ±2m/s 的占 70%，次大误差 2 例为 -2.6m/s，最大误差一例为 +6m/s，这次记录为 40m/s，计算为 46m/s，有可能是受风压板量程所限导致观测值偏小。

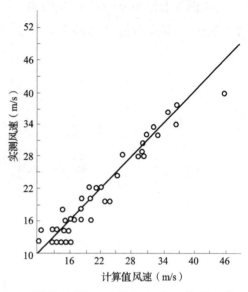

图 4　旋转摩擦风计算值与实测值的相关

四、计算误差的讨论

1. 给出方程（1）时，假定了诸力平衡，如果不平衡，那么质点运动方程为

$$\frac{\mathrm{d}\boldsymbol{V}}{\mathrm{d}t} = \boldsymbol{G} + f\boldsymbol{V} \times \boldsymbol{Z} + \boldsymbol{F} \tag{5}$$

式中，$\boldsymbol{V}$、$\boldsymbol{G}$、$\boldsymbol{Z}$、$\boldsymbol{F}$ 为矢量，$\boldsymbol{G}$ 为气压梯度力，$\boldsymbol{Z}$ 为铅直方向单位矢量，t 为时间变量，其他同前。

由式（5）可得

$$\boldsymbol{V} = \frac{1}{f}\left(\boldsymbol{G} + \boldsymbol{F} - \frac{\mathrm{d}\boldsymbol{V}}{\mathrm{d}t}\right) \times \boldsymbol{Z}$$

展开后得一级近似

$$\boldsymbol{V} = \frac{1}{f}(\boldsymbol{G} + \boldsymbol{F}) \times \boldsymbol{Z} + \frac{1}{f^2}\frac{\mathrm{d}}{\mathrm{d}t}(\boldsymbol{G} + \boldsymbol{F})$$

三木楯彦假设 $\boldsymbol{F} = Kf\boldsymbol{V}$，且设 K 与海气温差有关，又设矢量 $\boldsymbol{F}$ 与 $\boldsymbol{V}$ 之间的交角，矢量 $\boldsymbol{V}$ 与地转风之间的交角也和海气温差相关，并且用日本附近海面上的实际资料作出了相关图。依据比浮特方法做了盖在图上的透明计算尺，由天气图上的地转风、等压线曲率、3h 气压变化、海气温差、纬度诸因子计算了日本附近海面上两个地点 10m 高处的平均风速，和实测风对比，风速范围是 1m/s 到 26m/s，计算的相对误差 $\dfrac{|V_{测}-V_{计}|}{V_{测}}$ 的平均值在两地分别为 21% 和 23%，其结果并不一定更令人满意，似乎可以说式（1）的假设在大风速的条件下常可近似满足。

2. 在计算中以等压线曲率代替空气质点运动轨迹的曲率，也会产生误差。这二者之间的关系如下：

$$K_T = K_P \left(1 - \frac{C}{V}\cos\beta \right)$$

式中，K_T 为轨迹曲率，K_P 为等压曲率，C 为台风移速，V 为风速，β 为矢量 $\boldsymbol{C}$ 与 $\boldsymbol{V}$ 交角。该式对梯度风适用，它表明当台风发展深厚或转向前后，C 值小而 V 值大时用 K_P 代替 K_T 误差并不大。反之当 $C/V \approx 1$ 时不可使用，不过这时风速资料也容易得到。

3. 由于陆面上各地摩擦系数 K 值差异较大以及存在着局地影响，故按此法计算时应考虑到这一情况，不过式（1）中摩擦力的大小并不处于主导地位，而是处于梯度力、离心力并列甚至弱一些的地位上，因此不致造成太大误差。

建筑气象史*

朱瑞兆

（中国气象科学研究院）

建筑气候是研究建筑适应气候，同时利用和改造气候的有利和不利条件。早在原始社会，人们就将山上的洞穴加以简单的修缮，以防夏天的酷暑、冬日的严寒和野兽的侵袭，山顶洞人就是如此。从那时候起人类就开始了最原始的建筑活动。随着人类社会文明的发展，科学技术不断地进步，人们学会了建筑不同类型的房屋，适应各种不同的气候环境，使人们免受或少受天气气候变化的影响，充分利用天气气候的有利资源，尽可能以最小代价避免其不利的或灾害的影响，从而健康地、舒适地生活和工作。

一、古代建筑气象

战国时《墨子》一书记载："为宫室之法曰：高，足以辟润湿；边，足以圉风寒；上，足以待雪、霜、雨、露。"明确指出建筑物建在高处，可以避潮湿，围护结构关系到抵御风寒，屋顶必须承载雪、雨的荷载和侵蚀。

秦汉时期，我国古代建筑有了进一步发展。秦朝统一时曾修建了规模很大的宫殿，其中阿房宫就建筑在一个横阔 1km 的大土台上，也是考虑了高地条件、防涝和充足的日照等。

唐代是我国封建社会最繁盛的时期，也是我国古代建筑发展的成熟时期。古长安城东西长，南北短，主要房屋坐北向南，便于吸收太阳辐射热。

北宋王朝结束了五代十国时期的割据局面，整个中国归于一统，社会经济再次得到恢复发展。这时期总结了隋唐以来的建筑成就，制定了设计模数和工料定额制度，编著了《营造法式》由政府颁布施行，这是一部当时世界上较为完整的建筑著作。

北宋初年，有名木工喻皓在东京（今开封）旧城安远门里上方寺之西开宝寺内建造一座灵感塔，端拱二年（公元 989 年）建成。该塔平截面呈八角形，13 层，总高 360 尺（宋尺为 31.2cm，即为现 259.5 尺或 86.4m）。它是东京城里最高的一座建筑。喻皓不但亲自设计塔的图样还亲自参加施工。但是在这座塔全部竣工后，人们发现塔的北面略高，而且向西北方向倾斜，喻皓回答：塔北略高是因为离塔的北面数十步就横穿城里的五丈河，河水长年流过，必然侵蚀河床两岸地基，时间久了势必发生地基沉陷，那时，塔身就可以矫正过来。关于塔身向西北方歪斜问题，是因为这里大风多为西北风，长年累月，塔身受风压力的作用，自然就会正直了。由此可见，我国古代建筑工匠不但知道风压，而且已有计算风压的方

---

* 本文收录在《中国应用气候史》，科学出版社 2006 年版。

法。用塔身的倾斜预应风压，直到现在仍然可以认为是建筑上一个新颖而大胆的创举。

喻皓编写了《木经》三卷。这部书已失传，但在北宋科学家沈括的《梦溪笔谈》所录的一段中，可以看出大概，它有"三分"即台基、屋身、屋顶三部分的规定，其中任何一部分的构件都是根据其他两部分与整体比例而定。很可能《营造法式》中的木经是采用喻皓《木经》的部分内案，可惜无据可查。

遗憾的是该塔后被雷击而烧毁，五年后又由皇帝下诏重建，改木塔为琉璃塔以防雷击。它的平面形式和层数与木斜塔完全一样，但高度比木塔矮了一少半，为54.66m，现仍屹立在开封市内东北角，俊秀而挺拔，驰名中外，吸引了不少游人。但它的现名叫祐国寺铁塔，铁塔并非是铁的，是因塔身琉璃面砖的颜色酷似褐色而得名。

明清时期的建筑又一次形成了我国古代建筑的高潮。以故宫、明陵为代表，它们都充分考虑了北京气候特点。这些建筑群体一般都有显著的中轴线，在中轴线上布置主要建筑物，两侧的次要建筑多作对称的布置。各小群体四周用围墙环绕，这种布置可以避免夹道风，而且向南开敞，采光好。

二、建筑形式与气候

我国幅员辽阔，地形复杂，各地气候差别很大，我们祖先为了适应各种不同气候条件，在各地区建造了不同类型的房屋。东北、内蒙古由于冬季寒冷，旧有民间建筑屋面设防寒层，外墙较厚，北向不开窗，南向开大窗，并采用火炕、火墙、地坑取暖；华北旧有民居一般为紧凑的封闭式院落，北向门窗少而小，利于避寒风，防风沙。房顶多小坡度，这是由于雨量少。在黄土高原有穴居窑洞，房屋南向门窗面积大，便于吸收太阳辐射热。长江中下游旧有民居建筑着重考虑通风、避雨、防潮，一般不设防寒保温层。南北墙多对窗户，争取穿堂风。屋面坡度大，檐口挑出较远，利于避雨遮阳。华南旧有民居多阳台，凹廊、骑楼、檐棚、风兜及花架的遮阳设施。门窗对开，并有矮脚门、漏窗等设施，利于通风。云贵高原旧有民居建筑颇多利用当地盛产竹木和石料构筑，外廊式普遍。沿江颇多利用江边山坡构筑架空楼房，当地称之为吊脚楼或"干栏"，既节约用地，夏季又能通风降温和排水。青藏高原旧有民居多用土坯砌筑，墙厚30cm以上，门低窗小，筑以围墙，自成院落。西藏多石砌，墙厚40cm以上，主要抗常年气温低。新疆旧有民居多土坯建筑，门窗矮小，有的仅在屋面拱顶上开启天窗，冬以御风寒，夏以防辐射，甚少考虑通风。室内多设火炕或火墙采暖，门前普遍搭构敞廊，减少辐射热。

三、近代建筑气候

（一）城市规划与总体布局

城市的总体布局除要受到城市的性质、规模及工业构成影响外，还要受到如地形、水文、气象等自然因素的制约。

城市工业区和生活居住区布置合理与否，直接影响城市环境质量，从气象角度来看主要是风、气温和日照。

1. 风与城市规划。在城市大气中风起着输送、扩散有害气体和微粒的作用。污染物在大气中排放的浓度与排放数量成正比，而与平均风速成反比，若风速加一倍，则下风侧有害气体浓度减少一半，所以城市规划中风是必须考虑的。1976 年中国建筑工业出版社出版了一套《城市规划知识小丛书》（11 本），其第三册《风玫瑰与气温》由朱瑞兆等编写。1979年杨吾扬等发表了《关于风向在城市规划和工业布局中的运用》。1980 年朱瑞兆编写的《风与城市规划》将全国划分为五个区，即季节变化、盛行风向、双主导风向、无主导风向和准静止风地区，给出各区城市规划应采取的对策，这项研究被"化工企业总图运输设计规范"所采用。

我国《工业企业卫生防护距离标准》给出 13 类工业企业标准。每类给出年平均风速>4m/s、2~4m/s 和<2m/s 三种情况下的卫生防护距离的估算公式，并依此计算出三种不同风速下的卫生防护距离。如硫酸厂的卫生防护距离标准在风速<2m/s 时，卫生防护距离为800m；2~4m/s 时，为 600m；>4m/s 时，为 400m。又如铜冶炼厂，当风速<2m/s 时，卫生防护距离为 2200m；当风速为 2~4m/s 时，为 1800m；>4m/s 时，为 1400m 等。

我国 1973 年的《工业企业设计卫生标准》中也规定："向大气排放有害物质的工业企业，应按当地最小频率的风向，位于居住区的下风侧。"

2. 气温与城市规划。1976 年朱瑞兆在《城市规划知识小丛书》之三的《风玫瑰与气温》一书中，给出气温的垂直分布与大气稳定度，明确指出大型工厂主要烟囱的高度最低应该在第一层逆温以上。同时还给出存在城市气温水平差异时可产生城市风，其风速可达1~2m/s，会造成郊区工厂烟囱排出物大量地吹向市中心。

3. 日照与总体规划。1979 年吉林建筑设计院出版《建筑日照设计》一书，其中有总体规划日照的问题，建筑物的朝向，建筑物的日照间距等，并有计算方法。1980 年张德沛在《城市规划研究》上发表了《居住小区的空间安排与日照采光》。

（二）风雪荷载

1. 风载荷。过去对风载荷的研究较少，1954 年朱岗崑、徐淑英等发表的《全国风压区域的划分》把全国划分为五个区，即 100kg/m² 以上、70~100kg/m²、40~70kg/m²、25~40kg/m² 及 25kg/m² 以下。1954 年我国建工部制定的《荷载规范》只作了风压的简单的规定。1956 年由上海民用建筑设计院和上海中心气象台合作进行了研究，从风速资料处理、风速风压关系公式、风速风压的高度变化以及避风地区风速风压削弱到对上海地区风压值的建议等。这为研究我国风压打下了良好的基础。1956 年石泰安提出计算风压应有概率的理论，在《土木学报》上发表了《我国风压及其超载系数》，1960 年上海中心气象台和上海数学分会概率论数理统计小组在《风压论文选辑》（上海科学技术出版社）分别发表了《中华地区的风压分区》和《关于最大风速的数理统计方法》，这些研究又把风压合理计算理论化。1956 年朱振德、石泰安、田良诚发表了《我国基本风压的分布及其取值问题研究》，1958 年滕中林通过分析北京双桥 100 多米的铁塔资料，在《天气月刊》上发表了《近地面层风速随高度变化》，验证风速随高度指数律和对数律是适合我国的。

1975年起，国家建委建筑科学院会同中央气象局气象科学研究院组织了沿海八省（区）二市27个单位共30余人，在朱振德、朱瑞兆领导下对我国北起鸭绿江口，南到广西的北仑河口，海岸线长达14000多公里的沿海地区进行了风速风压的调查研究。前后经历了三年半的时间，提出了13篇研究报告。这可以说是全面系统的对沿海风压的研究。其论文由朱振德、朱瑞兆总结发表在建筑科学研究报告（1980年第7期），获国家科学技术进步三等奖。

1976年朱瑞兆根据国内外的研究，将风速的空气密度订正、各种时距换算关系、摩擦层内风速随高度变化规律、最大风速的概率计算、我国风压分布特点、风压及测风的误差估计、山区风压取值、沿海与海上风速间关系、根据地面天气图推算台风的方法等问题从理论到实践，在应用上进行了全面而系统的分析，出版了《风压计算的研究》（科学出版社出版，1976），迄今为止仍是我国该研究领域唯一的专著，全国计算风压基本上以此为蓝本。如1989年《建筑结构荷载规范》（GBJ 9—87）的风压计算和1985年张相庭编著的《结构风压和风振计算》中的风压都是采用《风压计算的研究》中的方法。

2. 雪压。1954年我国《荷载暂行规范》对雪压的规定很简单，没有数理统计，只根据最大积雪深度换算为雪压。1957年赵国藩在《我国某些地区风压和雪载的研究》中对我国东北地区七个气象台站的资料进行了皮尔逊Ⅲ型曲线的变形——克利茨基-门凯里曲线计算，给出最大可能的雪载。1958年《荷载规范》和1970年《建筑结构设计荷载》两书中提到，雪压是各年最大积雪深度的平均数乘以全国统一的平均积雪密度作为基本雪压，这样不甚合理，因为各年的积雪重量差别很大，而往往影响建筑结构安全的是某一次极端最大积雪重量，并不是各年最大积雪重量的平均。

1970年修改《建筑结构设计荷载》规范中，采用了30年一遇值，这是朱瑞兆根据全国216个地点，利用皮尔逊Ⅲ型曲线计算得出的。同时积雪密度也按各地资料进行了分区，这较1958年大大进了一步。1974年对规范进行修改时，朱瑞兆、王雷又进一步对积雪密度分区作了修订。在雪压统计中遇到最大积雪深度资料不准确，如东北鸡西站1958年1月28日积雪深度为44cm，1月29日为60cm，可是29日这天无降雪，在"纪要"栏内记录了风吹雪，显然是风吹雪造成的，所以必须弃去60cm去计算雪压才是合理的。遇到的第二个问题是特大值的处理，如南京1955年积雪深度为51cm，经过对平均值和离差系数的计算，认为51cm为50年一遇值。论文《基本雪压计算中的几个问题》发表在全国应用气候会议论文集。

过去大多数观测站只观测积雪深度，少数才既观测积雪深度又观测积雪密度，给计算雪压带来了很多困难。1980年以后我国观测规范已改为直接观测雪压，但是屋顶积雪和地面积雪仍有差异，现在以地面代替屋顶也存在着不确切的地方。

（三）采暖通风空调与气候

1. 采暖期。国内一直是按日平均温度≤5℃的日数来确定。由于日平均温度≤5℃很不稳定，1973 年改为 5 天滑动平均。将≤5℃的天数大于 90 天的地区作为集中采暖区，采暖期是≤5℃的开始和终止间的天数。全部天数的日平均温度的均值为采暖期室外平均温度。

采暖过渡地区为历年日平均温度≤5℃的天数平均在 69～90 天的地区以及历年日平均温度≤5℃的天数平均在 45～60 天、历年一月份平均相对湿度≤75% 和冬季（12 月到次年 2 月）平均日照百分率≤25% 的地区。

2. 夏季通风室外计算温度。1956 年国家建委颁布的《采暖通风气象资料》规定为历年最热月 13 时或 14 时月平均温度的平均值。在 1959 年以前我国观测时制为两种，地方时（气候观测）和北京时（天气观测）。1959 年以后取消地方时的观测，所谓 14 时，在我国西部为 11—12 时，有 2～3h 的时差，无疑对温度影响较大，这一问题在 1989 年国家计委颁布的《采暖通风与空气调节设计规范》中也未解决。夏季通风室外计算相对湿度也是利用最热月 14 时的月平均相对湿度的平均值，也存在这个时差影响的问题。

3. 冬夏季空调室外计算温湿度。1959 年建筑科学研究院《夏季室外气象采用的计算方法》一文指出：空气调节夏季室外计算湿球温度按每年允许有 50h 的超过时间，或不保证时间来确定。这种方法存在着允许 50h 超过时间，但在超过时间内，室内温湿度究竟存在多长时间不能保证。

1973 年《工业企业采暖通风和空气调节设计规范》编制组研究室外不保证 50h，而室内温湿度分布在 9～14 天之间，最热的一年在 19～21 天之间，而按小时计算平均也只有 50h。因此，将室内温湿度的不保证时数也定为 50 小时。冬季空调室外计算温度，采用历年平均不保证 1 天的日平均温度。相对湿度采用最冷月平均相对湿度。

（四）建筑气候分区

1958 年国务院科学规划委员会建筑组主持，由建筑科学研究院、中央气象局和中国科学院地理所共同组织召开了《全国建筑气候分区》专题讨论会，1959 年 4 月建筑工程部和中央气象局在上海召开了第一次会议，出席会议有来自 27 个省（市自治区）的建筑、气象、卫生等研究部门和高校的 133 个单位 164 人。这大概是迄今为止气象和建筑界层次最高、规模最大的协作。

1960 年完成了《全国建筑气候分区初步区划（草案）》，1964 年由建工部颁布试行。把全国划分为 7 个建筑气候区、26 个二级区和 2 个特区。大区标志建筑气候上的大不同，一般是性质上的差异，二级区标志建筑气候上的小不同，一般反映程度上的差异，特区标志某些独特的建筑气候条件如夏季酷热（指吐鲁番盆地）和常年冻土（大兴安岭北部）。

1986 年由中国建筑科学研究院会同国家气象中心等单位编制《建筑气候区划标准》，经过几年研究，于 1990 年 8 月完成。这次编制收集和借鉴了国内外有关资料，总结建筑气候分区的各种方案，利用 1951—1985 年期间大量气象台站的丰富资料，以综合分析和主导因素相结合的原则进行了建筑气候区划。将全国区划分为两级，一级区 7 个，二级区 20 个。

区划原则有主导因素原则、综合性原则和综合分析与主导相结合原则三种。主导因素原则强调进行某一级分区时，必须采用统一指标；综合性原则强调区内性质的相似性，而不必用统一指标去划分某一级分区，强调保证分区内部性质的一致性而不拘泥于用什么指标来表征。事实上在区划时，使用较多的是综合分析与主导因素结合的原则，即在综合考虑各种影响因素的作用后，从中挑选一些主导因素用于分区，而在使用主导因素确定区界时，又适当考虑其他因素的影响。

此外，1987 年中南地区建筑标准设计协作组办公室会同国家气象中心资料室共同编制的《建筑气象参数标准》由建设部发布。

第四篇
城市与气候

东亚的气候锋 *

朱瑞兆

（中央气象局气象科学研究所）

　　研究各地区各季主要锋的出现频数和位置，这在气候学和天气学上是很重要的。过去这方面的研究都以整个半球或全球为对象[1~3]，对东亚气候锋详细的研究却很少，本文利用我国 1949 年以后的东亚地面天气图，分析东亚气候锋的位置及其季节变动。

一、资料和方法

　　根据 1955—1959 年的逐日 02 时（北京时）地面天气图（东经 70° ~ 145°，北纬 10° ~ 60°），读出每经纬格（2.5°×2.5°）内出现锋的次数，分月累计后，填在图上，分析锋出现频数与频数峰值区轴线。分析轴线时，曾参考锋线综合图（5 年同时期的实际锋线会在同一张图上）上锋线密集的带所在，以便使轴线更符合锋的实际一般走向。另外，还参考了气流图[4]和厚度差异图。然后，考虑这些轴线的天气背景和气候意义，将主要的轴线定为气候锋。

　　为了检验由上述方法所确定的气候锋的正确性，我们对各锋带两侧各站对流层中下部温度的出现频率进行了统计。参照 McIntyre[5]的概念，在斜压区两侧是接近于正压大气，正压大气区内各等压面上温度变化幅度较小，所以温度频数的分布呈高峰。而在斜压区里，某一等压面温度变化幅度较大，当某站上空存在这种区域时，某等压面上温度出现的范围很宽，各级温度的频率很低，因此，在各等压面的温度频率分布图上锋区两侧的正压区对应温度频率较高，而中间的较低频率则相应为斜压区，同时，由于锋面下面是冷空气，上面是暖空气，故某站上空有锋面存在时，温度频率图上的暖空气锋应随高度增强，冷空气锋因高度增加的变化却不明显。

　　本文用 1955—1959 年探空资料，计算全国 35 站各主要等压面（850mbar、700mbar、500mbar、400mbar）上的温度频率分布，在暖半年由于露点温度比温度更具有代表性，改用了露点温度。

　　*　本文发表在《气象学报》，1963 年第 4 期。（本文经程纯枢、陶诗言先生指导；王荣华、林之光曾参加过部分工作；王衍文、简琪玲、张全恒等同志进行部分统计工作，特此致谢。）

二、锋出现频数

在上述规定的网格内锋通过频数的分布，反映各地区的锋活动情况。从1月、4月、7月、10月锋频数分布图（图1~图4）可以看出，东亚锋带主要有两条，其位置随着季节变动。

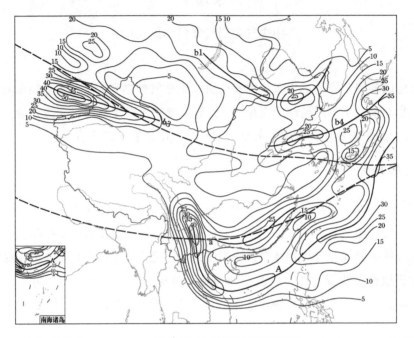

图1　1月气候锋和 2.5°×2.5° 经纬度格内锋通过的频数（1955—1959 年总数）

注：实线表示气候锋，断线表示 500mbar 最大西风分速的轴。

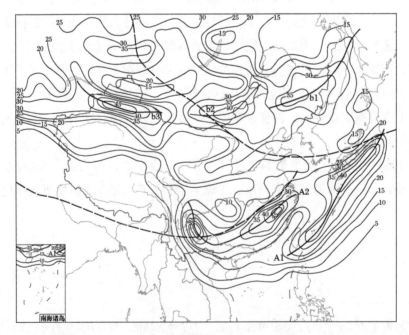

图2　4月气候锋和 2.5°×2.5° 经纬度格内锋通过的频数（1955—1959 年总数）

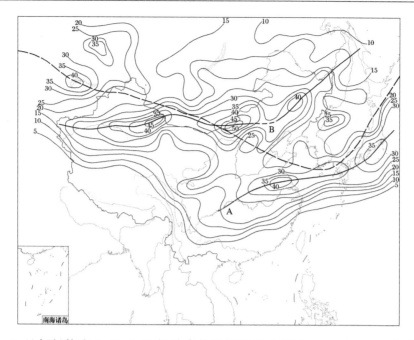

图3　7月气候锋和2.5°×2.5°经纬度格内锋通过的频数（1955—1959年总数）

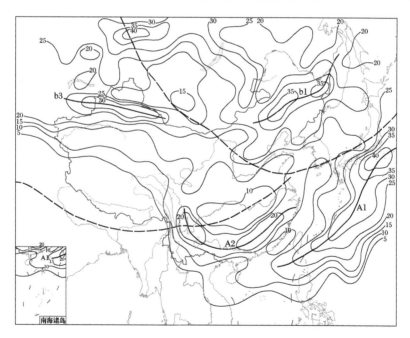

图4　10月气候锋和2.5°×2.5°经纬度格内锋通过的频数（1955—1959年总数）

1月（见图1），南锋带较长，其位置自我国云贵高原至南海，经我国西沙群岛，再经巴士海峡后转向东北方至日本南面的太平洋上（A），频数为30～40次；另外在我国南岭也有一锋（a），频数约25次。北锋带不连续，分别出现于贝加尔湖经蒙古人民共和国至我国东北平原（b1），频数为20～25次；从我国渤海过朝鲜至日本海（b4），频数25次左右以及天山北侧（b3），频数约50次。蒙古人民共和国西部出现锋的次数最少，这正是蒙古高压中心所在区。

4 月（见图 2），南锋带北退，分为两段，一段自我国云贵高原至南岭、武夷山一线（A2）；另一段从我国台湾的南端经琉球群岛到日本的南面（A1），位置只比 1 月稍北一些，北锋带位置比 1 月有显著变化，自天山经蒙古人民共和国至我国东北平原（b1，b2，b3），锋带大致沿 45°N 纬圈可连成一线，频数比 1 月也有显著增加。

7 月（见图 3），南锋带继续北退，达到我国淮河流域经黄海至日本（A），频数约 30～40 次，北锋带位置仍与 4 月相似，但锋带性质与 4 月不同。7 月我国除了华南及西南地区外，其他地区锋出现频数都在 25 次以上。

10 月（见图 4），锋带南移，位置与 4 月情况大体相似，但频数显著的减少，约为 4 月的一半，是 1 月、4 月、7 月、10 月中最少的一个月，这一个月锋频数最少的地区在我国长江中下游和台湾海峡，出现的次数还不足 10 次。

东亚南北两条锋带与地面气旋路径大体上相对应，并与 500mbar 最大西风分速的轴[6]也有一定的联系（见图上断线），但可能由于资料处理方法不同，锋的性质不一，并无一一对应性。

三、从高空温度考查锋带的存在

（一）1 月温度频率分布图

在西沙群岛（见图 5），850～500mbar 都呈暖空气的单峰，频率超过 39%，温度变化幅度也小，这就说明，该站上空没有特别集中的力管场。由于是暖空气的陡峻单峰，表明西沙群岛在斜压场南边。海口（见图 6）700mbar 有明显的冷暖二峰，而其上层或下层则只有一个峰，反映海口在 3000m 高度上有锋区存在，显然西沙群岛至海口间有锋带，这与图 1 之 A 锋相对应。

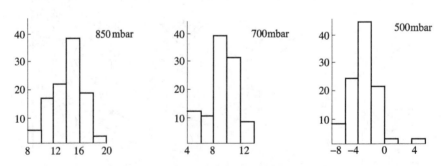

图 5　西沙群岛上空 1 月温度频率分布图

思茅（见图 7）在 700mbar 以下温度变化幅度极小，峰形突出，峰度频率高达 45%，而 500～400mbar 则呈双峰，腾冲、昆明情形相似（图略）。贵阳（见图 8）850mbar 峰形平坦，温度变化幅度大，反映西南锋区在低层的存在但位置可能摆动较大。贵阳在 500mbar 以上与思茅相似也呈双峰，这可能与西风急流有关。

广州、南宁、福州 500mbar 以下各层均有冷暖两峰，而暖侧的峰较为明显（图略）；芷江、桂林、衢县（图略）与贵阳相似，峰都偏于冷空气一侧，且都在 -2～-4℃ 间的温度频率最高，故广州与桂林等站间有一斜压带，与 1 月南岭锋带（a）位置一致。

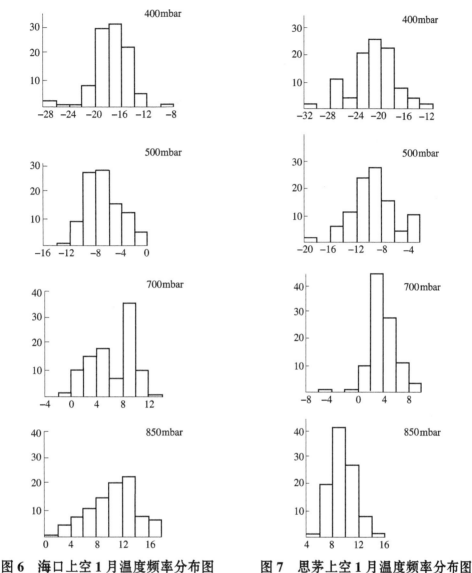

图 6　海口上空 1 月温度频率分布图　　　图 7　思茅上空 1 月温度频率分布图

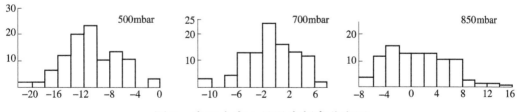

图 8　贵阳上空 1 月温度频率分布图

东北锋带之南侧的沈阳（见图 9），700mbar 以下温度分布很复杂，有两、三个峰，温度变化幅度很大；锋带北侧的长春和嫩江情况也相类似，唯其较冷的一峰显著。新疆天山锋带之北的乌鲁木齐（见图 10），850mbar 也有三个峰，且较暖侧一峰随高度增加而愈变明显，伊宁情况也相似，反映在这些站的南面有一与锋相联系的斜压场。

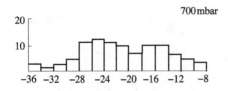
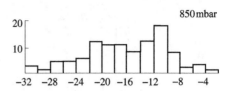

图 9　沈阳上空 1 月温度频率分布图

（二）4 月露点温度频率分布图

广州（见图 11），850mbar 为双峰，但暖侧的峰占绝对优势，表明广州站多数情况下处于锋区暖空气一侧，同时，露点温度向冷侧渐减，又表明锋带在其北，南京和衢县低空也有一与锋相联系的斜压场存在，且冷空气一侧的峰特别显著，反映低空有锋，而又多在冷空气一侧，这与 4 月之 A2 锋带位置相对应。

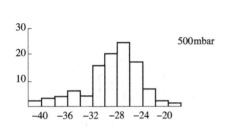
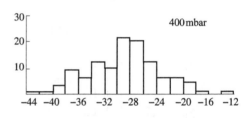
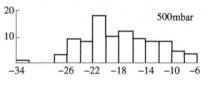
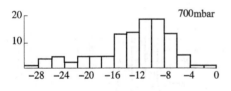
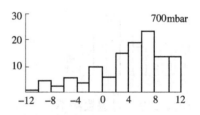
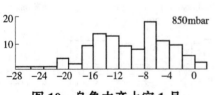
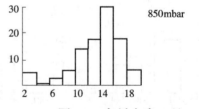

图 10　乌鲁木齐上空 1 月
温度频率分布图

图 11　广州上空 4 月
露点温度频率分布图

昆明和贵阳（见图 12、图 13）850mbar 上均为单峰；昆明 700mbar 仍为单峰，而贵阳则呈现双峰，且冷侧的峰随高度减弱，表明贵阳上空 3000m 左右有一斜压场存在，这与在它西南面昆明准静止锋的位置一致。

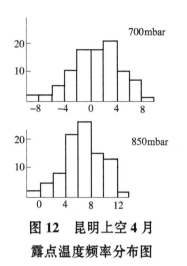

图 12　昆明上空 4 月
露点温度频率分布图

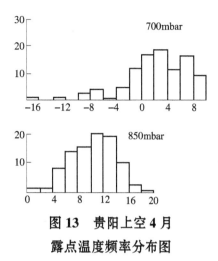

图 13　贵阳上空 4 月
露点温度频率分布图

东北和内蒙古锋带两侧（图略），各站露点温度变化幅度大，峰形不明显，表明这一地区春季多移动性高压，虽然锋出现频数多，但不集中（参见图 2，东北锋频数等值线呈椭圆形），不符合气候锋的意义。

乌鲁木齐和伊宁（图略）700mbar 以下露点温度频率分布也呈双峰，与 4 月天山锋对应。

（三）7 月露点温度频率分布图

上海、汉口、芷江、贵阳和西昌自 850～400mbar 都是偏于暖空气的单峰，且温度变化幅度很小（图 14 为汉口的情况，其他站从略），反映 7 月平均锋带不在这些站附近，而在其北。海拉尔、乌兰浩特、二连浩特及乌鲁木齐等站的露点温度频率分布图上，在低层也都是单峰，且偏居冷空气一侧（图 15 是海拉尔的情况，其他站从略），反映平均锋带在这些站南面，这与图 3 南北两条锋带相一致。从南北两条锋带之间的 20 个站的露点温度频率分布图

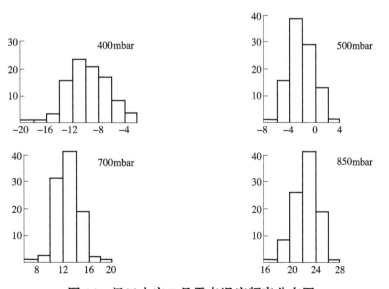

图 14　汉口上空 7 月露点温度频率分布图

的分析结果，得出三种类型：南疆及河西走廊西部是单峰，东北、华北北部及内蒙古多是双峰，如北京（见图16），而黄河中下游则分布更为散乱，多有三峰，如郑州（见图17）。这种分布表示河西走廊以西气团单纯，以东则锋带位置常变动。

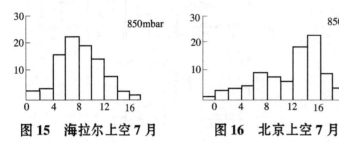
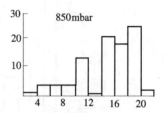

图 15　海拉尔上空 7 月　　　图 16　北京上空 7 月　　　图 17　郑州上空 7 月
露点温度频率分布图　　　　露点温度频率分布图　　　　露点温度频率分布图

（四）10 月露点温度频率分布图

在我国东部如南京、衢县、广州、南宁、芷江等站都有三峰，且温度变化幅度大。但在南岭锋带之南的南宁、广州和福州峰形偏于暖侧，如南宁（见图18）露点温度 12~14℃ 的频率高达 26%；而锋带之北的桂林、衢县、芷江、南京的情况则不同，冷暖二峰频率相近如桂林（见图19）。这表明南岭附近锋带（A2）的存在。

云贵高原（图略）上 850mbar 露点温度频率分布都是单峰。在 700mbar 昆明仍为单峰，而贵阳为双峰，与 4 月露点温度分布相似，也表明昆明与贵阳间锋带的存在。

长春（见图20）850mbar 上有双峰，暖峰随高度增加，且频率较高的峰偏于暖侧。沈阳、北京也相同，反映锋带在这些站的北边。

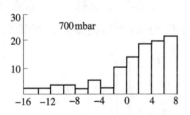
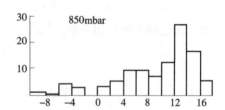

图 18　南宁上空 10 月露点温度频率分布图

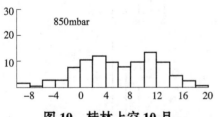
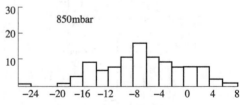

图 19　桂林上空 10 月　　　　　　图 20　长春上空 10 月
露点温度频率分布图　　　　　　露点温度频率分布图

新疆的乌鲁木齐和伊宁露点温度频率分布图与 4 月相似，而且南面的库车（峰度偏暖侧），北面的克拉玛依（峰度偏低温一侧）也有双峰，表明天山北侧有锋面斜压场存在。

总起来看，南锋带附近的温度（或露点温度）频率分布四季都能很显著地反映气候锋带的存在；而北锋带则不很明显，因为这些地区实际锋的位置变动大，在夏半年则锋区本身也比较弱。

四、气候锋带

陶诗言[7]在地面平均气流的研究中曾分析东亚若干主要锋的位置。其他文献中[8-10]也提到东亚气候锋的问题。作者根据最近 5 年的材料并参考了以上的分析，确定了 1 月、4 月、7 月、10 月的主要气候锋带（粗实线）和次要气候锋带（细实线）。

（一）极锋（A）

东亚的主要气候锋都是极锋所形成的。极锋所在的位置，一般是东部强大寒潮到达最南的平均位置，冬季包括昆明准静止锋，位置与 Petterssen[3]的太平洋极锋及 Thompson[11] 667m 上西太平洋极锋很相近，而 Хромов[2]将我国 1 月极锋定在西藏高原南部，这是不够合理的。

春季极锋东段（A1）北退程度远较大陆上为小，Thompson 4 月的西太平洋极锋位置与我们的结果相同；极锋西段（A2）在中国大陆上南岭附近，也包括昆明准静止锋，从 3000m 气流图看，来自南海的气流已达南岭[4]，这一段实际上包有一部分是冷空气衰落以后暖空气活动形成的弱锋（见图 1 中的 a）。

夏季，6 月初南支高空西风急流向北撤退，极锋从我国南岭移到长江沿岸至日本，梅雨开始，此极锋也称梅雨锋，在 7 月中以后，亚洲强西风带北撤至 40°N 以北，西太平洋副热带高压脊北移西伸至我国华东上空，极锋随之北返至我国华北及东北，因而在我们统计 7 月锋的频数中反映出两条极锋（见图 3 中的 A、B）。

7 月梅雨时期的极锋（见图 3A）位置与 7 月气流图上江淮流域气流辐合带及 500mbar 最大西风分速轴位置对应。Thompson 也将西太平洋极锋定在这一位置。

7 月另有一长条锋带（见图 3 中的 B）从东北松辽平原向西南穿过大兴安岭余脉，沿阴山北麓、中蒙边界到天山南麓，其东段（河西走廊以东），也可以认为是另一主要气候锋，陶诗言[7]、高由禧[10]也只以这一带的东段作为极锋。但他们定的位置较南些。这一锋带东半部是夏季主要极锋位置，它与我国东北和华北北部主要降水系统位置是相对应的。

Хромов 所定的 7 月极锋在东亚的位置从朝鲜经日本伸入太平洋，在中国境内未定极锋，相反地却把赤道锋从印度一直伸入到中国的黄河流域，这不够合理，Petterssen 所定的 7 月极锋位置更偏北，从苏联萨哈林岛以北经堪察加到白令海，在我国也没有定极锋。

秋季极锋位置与春季很相似，但位置稍南。

（二）东北锋带（b1）

它出现在冬春秋三季（夏季极锋位置与此相近），锋的频数春、秋季多于冬季，出现东北锋带有两种因素：从贝加尔湖以东，是个主要气旋发生和发展的区域，每次气旋发生时，均有冷暖锋；在寒潮后部一次次副冷锋沿着高空的北风向南下，但此类副冷锋均属浅的系统，不能移至较南纬度。

（三）蒙古锋带（b2）

主要出现在春季（见图2），性质与东北锋带相似，只是位置不同。

（四）天山锋带（b3）

它的位置在天山北麓附近，比较稳定，夏季移到天山的南边，其形成主要是由于天山地形屏障作用，浅薄的冷空气不易越过天山，锋面静止在天山附近。冬半年乌鲁木齐和库车850mbar及700mbar的月平均温度相差均在5℃左右，反映有锋区存在。夏季新疆西部出现一个平均小槽，500mbar上天山地区是经常出现较强的西风地带，夏季主要降水就在这个地带。

（五）渤海、日本海锋带（b4）

它主要出现在冬季，在春夏季日本海也有出现，但频数不大。从我国黄海至日本海是个气旋发生的区域，尤其是寒潮冷锋侵入到黄海海面时，冷锋段上常常有气旋发生，同时，也是侵入日本寒潮后部的副冷锋经过的地区。

（六）南岭锋带（a）

如前所述，这一带春秋季的锋带已作为极锋的一部分（图2中的A2、图4中的A2）。冬季这种弱锋带也存在，其原因是冷锋侵入华南后，冷空气的厚度已甚薄，故在南岭山地停滞的机会比较多。

以上分析主要根据天气图统计得出，未同平均剖面图分析比较，加上资料所限，没有包括热带辐合区，这些都是较不足之处。

参 考 文 献

［1］Погосян Х. П. Планетарные фронталъные зоны в северном и южвом полущариях ［M］. Гиброметеоизбат, 1955.

［2］Хромов С. П. Географическое размешение климатологических фронтов ［J］. Изв. ВГО, 1950, 82：126.

［3］Petterssen S. 天气分析与预报［M］. 程纯枢，译. 北京：科学出版社，1958.

［4］中央气象局气象科学研究所. 中国气流图［Z］. 1960.

［5］Mcintyre D P. On the Air-Mass Temperature Distribution in the Middle and High Troposphere in Winter ［J］. Journal of Meteorological Research, 1950, 7（2）：101-107.

［6］陶诗言. 北半球500毫巴平均图［Z］. 中央气象科学研究所，1957.

［7］陶诗言. 中国近地面层大气之运行［R］. 中央气象科学研究所集刊，1948，15（4）.

［8］程纯枢. 中国冬半年暖气流之活动与南副锋系［J］. 气象学报, 1949, 20: 51-56.

［9］陶诗言, 陈隆勋. 夏季亚洲大陆上空大气环流的结构［J］. 气象学报, 1957, 28 (3): 233-247.

［10］高由禧, 徐淑英, 郭其蕴, 等. 东亚季风的若干问题［M］. 北京: 科学出版社, 1962.

［11］Thompson B W. An essay on the general circulation of the atmosphere over South-East Asia and the West Pacific ［J］. Quarterly Journal of the Royal Meteorological Society, 1951, 77 (334): 569-597.

风与城市规划*

朱瑞兆

（国家气象局气象科学研究院）

　　城市规划是城市建设和国民经济发展的一个重要环节，要从长远着想，为子孙后代奠定一个好的基础。合理的城市规划要考虑的因素很多，首先要布局工业区和功能区的位置，并与工业区设置适当的卫生防护带，以减少或避免工业三废的污染，使工业区的布置对居民污染最小化。英国 1952 年发生了伦敦烟雾事件，造成震惊一时的四千人死亡。比利时的马斯河谷和美国的多诺拉等烟雾事件，也都是由于不利的气象条件造成的。我国过去也有个别城市由于布置的工厂位置不够合理，使一部分居住区受到工业企业排出烟尘的污染，还有 20 世纪 50 年代投产的个别电厂和 70 年代建设的一些山区工厂，因污染而曾被迫停产或向附近农民赔偿损失，因此，在规划城市或工厂布局时，应该考虑自然通风的条件，尽可能少的不受大气污染的影响。

　　在城市规划时，需要考虑大气的输送和扩散。风是描述空气质点运行的一个指标值，它能把有害物质输送走，同时还与周围空气混合，起到稀释的作用，使污染浓度降低。所以掌握风的时空变化规律，规划工业企业与功能区布局的相互关系是一个特别重要的指标。建筑规划时，不但要对一般风的条件正确了解，而且还要对风在城市空间变化有所掌握，以便对城市用地进行气候分区。

　　A. Schmauss 在 1914 年提出，工业区应布置在主导风向的下风方向，居住区在其上风方向的原则[1]已被世界很多国家所采用，我国过去也采用了这一原则。近年来却发现这个原则在季风气候地区不够恰当，因为冬季风和夏季风一般是风频相当风向相反的，在冬季是上风侧，夏季就变为下风侧。同时，这个原则对全年有两个主导风向（如山谷风、海陆风影响的地区）和静风频率在 50% 以上以及各风向频率基本相当的地区也都不适用。

一、风向类型区划

　　根据我国 600 多台站的 1 月、7 月和年的风向频率玫瑰图，按其相似形状进行分类，大致可分为季节变化、主导风向、双主导风向、无主导风向和准静止风等五个类型，再将这五个类型填在图上，进行地理区划。风向变化和大气环流、地形、水体等有关。在山区风向变化很大，往往比邻的两地风向差异很悬殊，但在地形变化不大的较平坦地区，在同一天气过程影响下，风向变化基本上还是很一致的，按各地风向的特点，可将全国分为四个区七个小区，如图 1 所示。

---

　　* 本文收录在《城市气候与城市规划》，科学出版社 1985 年版。

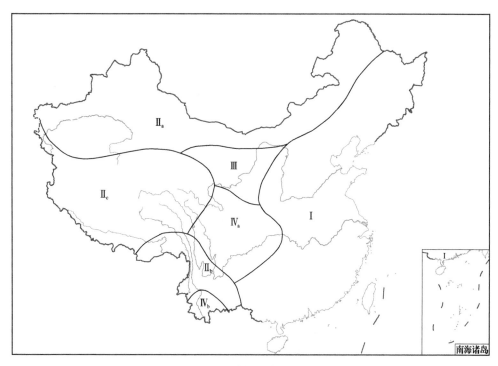

Ⅰ—季节变化区；

Ⅱ—主导风向区：Ⅱₐ—全年以偏西风为主区，Ⅱ_b—全年多西南风区，Ⅱ_c—冬季盛行偏西风、夏季盛行偏东风区；

Ⅲ—无主导风向区；

Ⅳ—准静止风区：Ⅳₐ—静稳偏东风区，Ⅳ_b—静稳偏西风区

图1　城市规划风向分区图

二、各区风向特征与对策

（一）季节变化区

这一区域盛行风向随着季节的变化而转变，冬、夏季风向基本相反，根据高由禧的季风定义[2]，季风现象必须是风向或气压系统有明显的季节变化。我们将1月、7月风向变化大于135°、小于等于180°者称为季节变化型（下称季变型）。从图1可以看出，季变型大致分布在我国东部，从大兴安岭，经过内蒙古穿河套，绕四川东部到云贵高原。

季变型风向稳定，一般冬季或夏季盛行风向频率在20%～40%，夏季较冬季为小。如福建平潭岛，1月NNE风向频率为48%，7月SW为32%，冬季盛行风向频率比夏季多16%。桂林1月NNE风为51%，7月S风为14%，冬季比夏季多37%。假若再将盛行风向左右各一个方位加在一起，其频率可达50%～70%。如平潭在NNE风向加上N和NE风的频率可达85%，7月加上SSW和WSW风频为64%，桂林1月为73%，7月为30%。

在季节变化型地区，城市规划时，不能仅用年风向频率玫瑰图，如南昌年平均风向玫瑰图（见图2），由图可看出全年盛行北风，实际上在夏季西南风的风频还是很高的，如图2中的断线。所以在季变区内城市规划要将1月、7月风向玫瑰图与年风向玫瑰图一并考虑，才能作出较正确的规划。

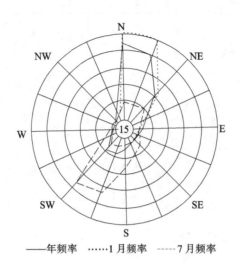

——年频率　……1月频率　-----7月频率

图 2　南昌风向频率玫瑰图

注：图中每格频率为 5%，圆心为年静风频率。

　　在季节变化型地区内进行城市规划所采取的对策，应是避开冬、夏对吹的风向，这样就只好选择最小风频的方向，因为从该方向来的污染机会最少[3,4]，故应将向大气排放有害物质的工业企业，按最小风频的风向，布置在居住区的上风方向，以便尽可能减少居住区的污染。以图 2 为例，冬季盛行 N 风，风频为 27%，再加上相邻 NNE 风，风频为 52%，夏季盛行 SW 风为 19%，再加上 SSW 风为 36%，在 N 与 NNE 和 SW 与 SSW 间风向夹角为 135°~180°，冬夏风向基本上相反，再参照全年风频玫瑰，最小风频的方向为 WNW，风频为 0.6%，所以应将向大气排放有害物质的工业企业布置在城市的 WNW 的方位上，居住区在 ESE 方位上。

　　此外，若冬、夏风间的夹角<112.5°时，可将居住区布置在夹角之内，而在其相对应方向布置排放有害物质的工业企业。

（二）主导风向区

　　所谓主导风向型，即一年中基本上是吹一个方向的风。这种类型分布在三个地区（见图 1）。一个地区是新疆、内蒙古和黑龙江北部（Ⅱa），这一区常年在西风带控制之下，风向偏西，即使盛夏也很少受到热带海洋来的季风影响[2]。如内蒙古朱日和全年的 SW、WSW、W 风的频率和为 47%，其他各向风频都在 8% 以下，又如黑龙江爱辉 WNW、NW、NNW 风的频率和为 49%，其他各向风频在 5% 以下；另一个地区是云贵高原西部（Ⅱb），常年吹 SW 风。虽然全年吹 SW 风，若按风的性质和天气状况来看，该区属西南季风区。冬季风（11月—次年4月）多来自南支西风带，从北非经巴基斯坦、印度、孟加拉国、沿喜马拉雅山南麓平流过来，风向偏南，由于来自亚洲南部干燥地区，雨量很少，所以称这个季节为"干季"。夏季风（5—10月），风向也是偏南，但风是来自印度洋，经孟加拉湾、缅甸到云贵高原，因为源于海洋水汽丰富，雨量也集中，故称这个季节为"雨季"。例如该区的昆明全年主导风向是 SW 风，1月、7月也是 SW 风为主导风向（见图3）。由图3可见，

SW 风年的频率为 19%，加上 S、SSW 和 WSW 风频可达 41%，昆明静风频率为 31%，还有 28% 分布在其他 12 个方位上，每个方位平均 2.2%，1 月、7 月偏南风更为集中。第三个地区在青藏高原（Ⅱ。），这里风向变化很复杂，最低层为山谷风，山谷风之上为冬季盛行偏西风，夏季盛行偏东风的交替高原季风，在高原季风之上为终年不变的西风层。在青藏高原最低一层的山谷风，因为高原山风或谷风得不到发展，不像其他地区的山谷风那样昼夜转换，而是整天吹一个方向的风，如喜马拉雅山北坡，昼夜都吹南风（山风），谷风得不到发展，以定日为例，一年主要吹偏南风（见表 1）。从年频率来看，偏南风为 49%，加静风 29%，共 78%，可见主要是山风。而在高原北坡昼夜多吹北风（谷风），山风得不到发展。由于城市规划考虑低层风就可以了，故将青藏高原归于主导风向型。

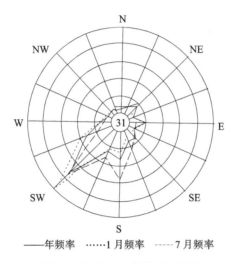

图 3 昆明风向频率玫瑰图

注：图中每格频率为 5%，圆心为年静风频率。

表 1 定日各风向频率（%）

时间	N	NNE	NE	ENE	E	ESE	-SE	SSE	S	SSW	SW	WSW	W	WNW	NW	NNW	C
1 月	1	2	2	1	1	1	5	5	12	5	8	8	9	3	1	0	35
7 月	3	4	9	2	2	2	14	15	10	2	2	2	3	1	1	1	29
全年	2	2	4	1	1	2	10	11	10	4	5	7	6	3	1	0	29

在主导风向型三个地区里，虽然造成主导风向原因不同，但从风向来看，终年基本不变。由于污染区总是在污染源的下风方向，且风向频率越高，其下风侧污染机会越多，所以将向大气排放有害物质的工业企业布置在常年主导风向的下风侧，居住区布置在主导风向的上风侧。

（三）无主导风向区

无主导风向型全年风向不定，没有一个主导风向，各向风频相差不大，一般在 10%

以下。

无主导风向型主要分布在宁夏、甘肃的河西走廊和陇东以及内蒙古的阿拉善左旗等，在冬季影响我国的四条冷空气路径，都不同程度的影响该区，风向多变。夏季偏南风也很难到达这里，而冷空气还时不时南下，所以形成这一区域各个风向频率相当（见表2）。由表2可见，最多风频也仅9%，故在这区里就无上、下风方向之分，也无最小风频之分。

表2　银川、乌兰镇年风向频率（%）

地名	N	NNE	NE	ENE	E	ESE	-SE	SSE	S	SSW	SW	WSW	W	WNW	NW	NNW	C
银川	9	6	6	3	4	2	4	3	8	4	3	1	2	2	5	4	38
乌兰镇	9	4	4	1	2	2	5	3	6	4	6	2	8	5	7	3	29

在这里城市规划或工业厂房的布局，着重考虑风速（在以上两种类型中，风向是主要的，但也要考虑风速），也就是风速愈大，大气污染物质愈低，其污染浓度与风速成反比[5]。为了考虑风速的影响，常用污染系数（烟污染强度系数，卫生防护系数等）来表示：

$$污染系数 = \frac{风向频率}{平均风速} \tag{1}$$

对式（1），杨吾扬等提出了修正：

$$污染系数 = f \cdot \frac{2V}{V+u} \tag{2}$$

式中：f——定向风频；

　　　V——全年平均风速；

　　　u——定向平均风速。

根据大量计算，式（1）与式（2）无大差异，但式（2）在理论上较完善。同时还可用矢量和来表示[6]：

$$R = \sum r_i \tag{3}$$

式中：R——所求的风向；

　　　r_i——各方向频率矢量；

　　　i——方位数。

为了定量的求得各方向频率的不平衡程度，可将风玫瑰图理解为从各方向指向原点具有的模长（矢量长度的数值）等于该方向风频率值的矢量 r_i，这样，风玫瑰图即成了矢量组合图。

在无主导风向型区域里，还可以利用合成风公式计算其合成风向和风速。

无论根据以上哪一个公式计算，其城市布局都应是将向大气排放有害物质的工业企业布置在污染系数最小方位或最大风速的下风向上，居住区在污染系数最大方位或上风方向上。

（四）准静止风区

所谓准静止风，是由于现行的测风仪器，其起动风速都在 1.5m/s 以上。所以资料中的静风是小于 1.5m/s 的风速。若用热线测风仪，超声测风仪可以测出 0.01m/s 以上的风速，绝对静风是很少的，故把静风称为准静止风。

我们将静风频率全年平均在 50%~60%，年平均风速在 1.0m/s 的地区称为准静止风型。由图 1 可以看出，准静止风型分布在两个地区，一个以四川为中心，包括陇南、陕南、鄂西、湘西和贵北等（IV_a）；一个在西双版纳地区（IV_b）。这两个地区从气候角度上分析，前者属东南季风、后者属西南季风，就是由于静风频率高，年平均风速小而划为另区，如绵阳、恩施、阿坝、思南、孟定、景洪等年静风频率都在 65% 以上，景洪最高可达 79%，年平均风速在 0.9m/s 以下，最小仍在景洪，仅 0.5m/s。

过去的城市规划很少考虑静风型，这是极不合理的。在这类地区规划城市时，必须将向大气排放有害物质的工业企业设置在居住区的卫生防护距离之外。因此，需要计算工厂排出的污染物质的地面最大浓度及其落点距离，给出其安全边界，生活区在安全界限之外。一般用萨顿（Sutton）理想化浓度分布模式计算最大着地浓度：

$$C_{\max} = \frac{2Q}{\pi e H_e^2 \overline{u}}\left(\frac{C_z}{C_y}\right) \tag{4}$$

和最大着地浓度距离：

$$X_{\max} = \left(\frac{H_e}{C_z}\right)^{\frac{2}{2-n}} \tag{5}$$

式中：Q——源强（g/s）；

　　　　H_e——烟囱有效高度；

　　　　C_z——垂直方向扩散能力；

　　　　C_y——水平方向扩散能力；

　　　　n——稳定度；

　　　　$\overline{u}$——平均风速（>0）。

根据文献［7］的研究，最大着地浓度出现的距离与烟囱高度有关，大致在 10~20 倍烟囱高度之间变化。居住区距离烟囱高度 10~20 倍远之外，基本不受其污染。

以上四个区是以大尺度划分的，实际上由于地形、水体等造成的局地环流影响，各区中都有个别地区风向类型完全不同，如在季节变化区中也有主导风型或无主导风型等。

三、局地环流与城市规划

山谷风和海陆风环流与季风环流不同之处是以一日为周期变化的风向，但在年风向频率玫瑰图上两者很相近。1月、7月图就大不相同了，比较图 2 和图 4 就可以看出这一点。故将局地环流的风向频率称为双主导风向型。双主导风向型在城市规划时所采取的对策与季节变化型相同。

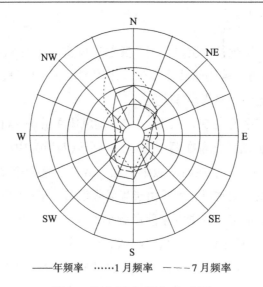

——年频率　……1月频率　－－－7月频率

图4　北京风向频率玫瑰图

注：图中每格频率为5%，圆心为年静风频率。

在山区谷地建立工厂时，总体规划要考虑该山地处于哪一个风向类型区，如在季节变化区，厂址尽可能选择走向接近南北谷地，与季风风向一致，有利于扩散。在主导风向区，也应选在与风向平行的山谷。

海（湖）陆风影响地区，应将工厂和居住区布置在垂直于海陆风的方向，也就是工厂和居住区都布置在平行海（湖）沿岸。

四、近地层风的变化与城市规划

过去城市规划大都以地面10m高处的风向风速作为依据，随着高层建筑逐步发展，特别是工厂烟囱是一个高架源，所以城市规划要考虑100~150m以下近地层风的变化。

根据武汉146m高铁塔资料分析，风速随高度指数增加，风速小于1.0m/s的风（称小风）次数随高度减小，在146m处的约为10m处的57%（见表3）。由表3还可以看出，越近低层小风次数随高度递减的越多，如在10m到15m仅差5m就减少24次，可是在119m到146m处相差27m才减小了16次。此外风向随高度有右偏的趋势，如表4[8]所示，风向右偏随着层次厚度的增大而增加，当层次厚度在188.3m时，风向不变的仅5%，而右偏1~2个方位的占69%，所以在城市规划或工厂总体布局时，也要考虑近地层风变化的这两个特性，才能比较全面、合理地规划好一个城市或工厂。

表3　武汉铁塔各高度的小风次数与比值

高度（m）	5	10	15	20	30	62	87	119	146
小风次数	236	169	145	129	111	116	110	111	95
与10m处之比值	1.39	1.00	0.85	0.76	0.66	0.69	0.65	0.66	0.57

表4　南京跨江铁塔不同起讫高度风向偏转占比（%）

起讫高度（m）	层次厚度（m）	风向右偏方位					风向不变	风向左偏方位				
		≥5	4	3	2	1	0	−1	−2	−3	−4	−5
75~97	22	0	0	0	1	31	62	5	1	0	0	0
107.9~219.3	111.4	3	3	2	21	49	17	4	0	0	0	0
31~219.3	188.3	4	4	12	36	33	5	4	1	0	0	1

参 考 文 献

［1］ P. A. 克拉特采尔. 城市气候 ［M］. 谢克宽, 译. 北京: 中国工业出版社, 1963.

［2］ 高由禧, 徐淑英, 郭其蕴, 等. 东亚季风的若干问题 ［M］. 北京: 科学出版社, 1962.

［3］ 朱瑞兆, 丁国安. 风玫瑰图与气温 ［M］. 北京: 中国建筑工业出版社, 1976.

［4］ 杨吾扬, 董黎明. 关于风象在城市规划和工业布局中的运用 ［J］. 中国科学, 1979（11）: 65-71.

［5］ 曹冀鲁, 李郁竹. 空气污染与风的关系 ［J］. 气象, 1982（1）: 40-41.

［6］ 高加嵘. 风与工业企业总图设计 ［J］. 气象, 1977（9）: 18.

［7］ 中国科学院大气物理研究所. 山区空气污染与气象 ［M］. 科学出版社, 1978.

［8］ 史慧敏, 张正元. 南京近300米塔层风的分析 ［J］. 南京气象学院学报, 1981（1）: 102-111.

城市建设与气候 *

朱瑞兆

（国家气象局研究院天气气候所）

所谓城市，就是一个以人为主体，以空间利用和自然环境利用为特点，以集聚经济效益、社会效益为目的，集约人口、经济科学、技术和文化的空间地域大系统（钱学森，《光明日报》1985.3.18）。城市有不同类型，除了大中小外，还有随着科学技术的进步、生产力的发展所形成的各种特色城市，如钢铁城（鞍山）、煤炭城（平顶山）、科学城、金融城、旅游城、港口城等。各种城市在城市规划时应采用不同的模式。

气候是自然环境的一个组成部分，城市规划、城市建筑和城市发展都要充分利用气候的有利一面，尽可能地以最小的代价来避免其不利的一面。合理的气候知识应用，可以在不同的气候条件下，获得最大的经济和社会效益，并能保持自然环境的完整性。

一、城市规划与气候

城市规划是直接改造客观世界的。旧城市的改建和新城市的规划中有很多气候问题。如美国的明尼阿波利斯（Minneapolis）的劳林公园（Loring Park）地区发展规划，考虑到气候的调剂，地区北侧布置连续的建筑，以便冬季遮挡北风，并将阳光反射到庭院和绿化路上，而南侧为塔楼以便透进阳光。又如日本筑波城规划，日本人认为是世界第一流的科学教育新城，为了防止大气污染，其规划是以纵贯南北9kg长的步行专用道为中轴线，这种设计还是首创的。它完全排除了汽车，以"优先步行的连续空间"作为中轴线，两侧布置建筑群，成为独具风采的新城市。

城市规划需要气候情报，然而，计划人员和管理人员常常低估了气候作为一个经济变量的重要性，很少利用这一社会经济资源，而且认为气象学主要是天气预报，所以在许多地方城市污染严重。在评论城市环境质量时，气象应作为自然环境条件中最主要的因子之一。

城市规划中考虑的主要气象因子：

1. 风。

大气污染问题受到了人们的重视，城市规划要考虑这个问题。首先，工业与住房规划的布局应考虑它们的相互关系，应注意盛行风向，使工业区在盛行风向的下风向，但在造成空气污染危害状态可能出现在当地的非经常性的风系里，因此，这个盛行风向应是在可能形成

---

* 本文刊在《城市气候文集》，陕西省气象科学研究所1988年。

污染严重危险期内的盛行风向。如小风速（小于 4m/s）时的盛行方向，或者在有逆温时的盛行风向。

在季风气候区内冬季盛行风向基本相反，所以在最小风向频率方位上的下风向污染机会最少，故工业区应在最小风频的上风方位上。

在城市规划中以地面风的风速代替高空风向风速，对于高烟囱排放是不合适的，上下层的风向风速经常差别很大，使烟道路径不符合实际情况而改变了地面浓度的分布。

大气中污染物离源后，污染物以顺风方向向下游输送，同时由于湍流的交换作用，向四周扩散，所以，风和湍流是扩散稀释的直接因子，若风向风速不同，则污染物的输送方向和稀释也不相同。

在城市规划中，需要求出一个污染源排放的污染物在地面上的最大浓度 C_{max} 和这个浓度着地距离 X_{max}。其公式：

$$C_{max} = \frac{0.235Q}{\overline{u} \cdot H_e^2} \cdot \frac{C_z}{C_y} \tag{1}$$

$$X_{max} = \frac{(H_e)^{\frac{2}{2-n}}}{C_z} \tag{2}$$

式中：Q——源强（g/s）；

　　　n——大气稳定度参数；

　　　H_e——烟囱有效高度（m）；

　C_z、C_y——扩散系数；

　　　$\overline{u}$——平均风速。

风向风速是模式的重要物理因子。

城市中风向与街道关系很密切，如果风向与街道一致，若风速为 1~2m/s 时，则街道风速为开阔地（气象站）风速的 35%~55%。若街道风速 2~3m/s 和 4~5m/s 时，分别为开阔地的 55%~70% 和 70%~80%。当街道与风向成 45°角时，风速仍在 2~3m/s 和 4~5m/s 时，其风速为开阔地的 45%~60% 和 35%~45%。垂直于街道的风向，其风速比平行于街道的风向的风速减少 30%~70%。城市规划中街道的走向也要考虑各种不同风速下的风向。

夏季在气温大于 30℃ 的情况下，若风速大于 3m/s，就不会给人们造成闷热的感觉。

2. 气温。

从城市规划的角度来说仅仅了解 1.5m 左右高的气温是不够的，还必须考虑对工厂排放到大气中的污染物扩散有重要影响的垂直分布和水平分布，也就是考虑气象条件所能提供的大气排放能力。

近地面层因辐射冷却而形成的辐射逆温，在 1~2kg 高度可产生下沉逆温。逆温层内很难使大气发生上下交换，大气处于稳定状态，风的垂直切变不大。在城市上空，形成混合层，污染物只能在混合层内垂直混合。混合层的厚度是决定城市大气污染严重程度的重要因子。在城市规划时，应考虑烟囱高度在逆温层之上。

在城市中，由于燃烧的燃料而放出大量的热量，以及大面积混凝土路面和建筑群放射热量，加之城市上空笼罩着一层烟和二氧化碳，减少城市地面的散热作用，造成城市温度高于郊区，称为城市热岛。城市中热空气产生上升运动，四周较冷气流流向城市中心，称城市风。如果城郊有污染源，则城市风也会成为市区受到污染的一个原因。对此，城市规划也应采取一些相应的措施。

在山地城市，城区内各地的最低气温有很大差异，在经济上较好的是将工业区放置在最冷的地方，而温度较高的地方布局住房，以减少供热需要。

3. 日照。

太阳光是天然的光源，也是地球上最主要的能源，阳光对地面上的一切物质都有物理、化学和生物的作用。阳光里的紫外线有杀菌的能力，同时在阳光照射下，在人的皮肤中起作用合成维生素 D，可以防止佝偻病的发生，给人类带来了很大的好处。所以人们喜欢得到适宜的阳光，当然过多的日照引起室内过高的温度，对人类也是有害的。

阳光间接地影响到城市的温度、相对湿度和风。四周绿化房屋中的小气候和混凝土环绕的房屋中的小气候完全不同，在夏天气温可相差 10℃ 之多[1]。在城市规划中，日照也是非常重要的因素之一。

城市规划中既要合理安排使居住环境良好，又要提高居住人口密度节约用地。因此建筑群内合理的房屋间距、室内日照标准以及居住建筑高低层选用安排的经济性等，都要进行研究。

我国尚没有统一的住宅日照标准，国际上由于地区纬度不同，其日照标准也不同，如英国规定每年 3 月 1 日居住建筑外墙在室外地面上 2m 处日照时间不少于 3h，太阳高度角小于 10°时不计入。我国在 1979 年编制的《城市规划定额指标暂行规定》（征求意见稿）中规定日照标准："原则上按当地冬至日住宅底层满窗日照时间不少于一小时的要求计算房屋间距。"如果采用标准过高则浪费土地，若偏低则不合卫生要求。

对人类和住房小气候来说，日照也有另外不利的一面，在我国南方和北方的西向居室太阳辐射会引起室内过高的温度，这是遮阳的问题。所以我国的日照标准应根据当地的气候定出标准，不宜全国统一。

建筑布局形式对日照影响也很大。建筑群体间安排缺口，不仅有利于内外交通联系，有利于小区内部通风，而且还可以大大地改善小区内的卫生日照[2]。由图 1 可知，一南北平行布置的两幢住宅，若其间距比值较小，且建筑长度又很大，则后排住宅楼底层在冬至前后全天都见不到阳光，如在前排中间 AB 处开一个 15m 宽的缺口，则后排建筑前立面上 90m 面宽内的日照可得到改善，如图 2 所示。由图 2 可见，其中约 35m 宽度范围内，在冬至那天可照射到阳光的时间超过 1h。另外后排本来全天见不到阳光的庭院，约有 1600m² 也可以照到阳光。

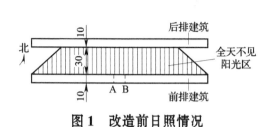

图 1　改造前日照情况

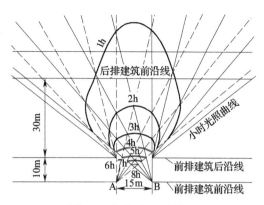

图 2　改造后日照情况

高层塔式住宅不仅有加大建筑的南北进深、增加电梯服务户数、减少交通面等优点，而且在充分保证采光日照条件下，可以大大缩小建筑物间距比值，以达到节约用地的目的。如北京 20 层 60m 高塔楼，南北距离 30m 有建筑物，其间距比值仅 0.5，冬至日后排建筑仍有 5h/d 的日照。

在城市规划时，不但要考虑气候特点，而且还要考虑由于城市用地的自然条件不同而形成的地方性气候特点，以及受城市影响而产生的小气候，这为正确运用城市规划手段与自然条件创造合理的城市环境奠定了基础。从城市规划角度对这些因素作出评价，就能综合考虑大气候和小气候的条件，对各个设计阶段的城市规划、建设、绿化和城市公用设施的合理组织提出具体的要求。

为了取得一个完美的城市规划方案，必须详尽地研究当地的小气候，应考虑该地的气候学和地理学的特征，然而当涉及大城市和工业区的布局时，必须从更大的区域来考虑问题。

在一些国家，对城市规划有法律的规定，特别是在空气污染和农田污染方面。

总之，城市规划要适当考虑气候因子，同时，评价一个城市的设计水平，气候也要作为一个因素来考虑。

二、城市建筑与气候

为了适应各种不同气候特点，各地建筑历来较普遍的反映着许多不同的特点和不同要求，炎热地区需要通风、遮阳、隔热、降温，寒冷地区需要采暖、防寒、保温。

建筑设计在于建造一个局部环境，使人类能够健康而舒适地工作和生活，所以必须充分利用气候的有利一面，尽可能地以最小代价来避免其不利的一面。故城市建设建筑设计、施工等都要全面地了解当地的气候状况。

我国北方城市建设以防寒、保温、采暖为重要问题。屋面结构应能承受较大雪压。基础埋深都在冻土层以下。在总体布置和平面布局上要考虑冬季较长时间的西北寒风的侵袭，如北京的西苑饭店地面上 27 层，高 92m 多，从西北方向看一个窗户都没有，这就是减少西北寒风侵袭的实例。

　　清一色的、一刀齐的北京前三门高层建筑声名狼藉，不是高层建筑本身的问题，而是对建筑形式、卫生日照、面积密度以及公共游息绿地等考虑不周，仅就日照而论，致使建筑北侧整个冬季见不到阳光。

　　在面向冬季主导风向的外墙面上尽可能的少开或不开门窗。必须开设时，窗的面积以满足采光及日照要求为度。如北京四合院，几乎不开北窗，外门有防风保温设施，如设门斗、挂门帘、装置热风幕或双用双道门、转门等。

　　在我国长江中下游城市建筑，过去旧有民居建筑着重通风、避雨、防潮，一般不设防寒保温层。这些建筑措施主要考虑到这些地区1月气温在0~10℃以上，7月在30℃左右，相对湿度75%~80%，风速较小，形成全国闷热的中心。

　　我国华南1月平均气温在10℃以上，本区夏长无冬，降水量在2000mm左右。所以建筑上多阳台、凹廊、骑楼、檐棚以及花架等遮阳纳凉设施，门窗多对开。该区沿海受台风的影响必须有防风的措施，注意减少建筑物的受风面积。东南沿海房屋朝向多为东南，力避西向，以防御强烈的西晒，并迎入夏季主导风。建筑物的间距是以避免建筑物相互的热反射为依据，总体布置为交错的行列式，以利于通风，调剂炎热的气候。

　　云南的架空楼房，亦称吊脚楼、竹楼。由于该地区常年气候温和，四季宜人，夏季太阳辐射强，竹楼可以通风降温。

　　吐鲁番是世界著名的洼地，低于海平面154m，四周高山环绕，7月平均气温33.5℃，极端气温49.6℃，年降水量16mm，所以形成干炎气候。建筑主要在于隔热，降温，无须防潮。这里不宜利用通风降温，而宜隔绝室外热空气和太阳辐射的侵入，如以半地下室或利用土坯、土拱以避夏热。

　　印度一些地区，房屋经常窗户很少，但房顶上的出气口面对海风，有助于房屋的通风。

　　在西印度群岛，由于东信风非常有规律，因此长方形建筑以南北走向为最理想，可以充分利用自然通风。

　　德国R. Reidat做了天气要素对房屋的定向作用图[3]，如图3所示。该图是以德国的汉堡作为实例，天气对房屋各个方向带来不利。而各种天气要素对房屋的作用或多或少都有一定的方向性。因此，对各外墙壁必须采取不同的措施。由图可以看出，冬天东南到西南的墙壁每天平均接收约1h阳光，南到西北的墙面每隔3h要承受一次≥3级风的作用，由西北到东南方向来的风降温≥1.0℃，降雨的50%落在西南到西的墙上。

　　现代计算机使得确立各个气象要素之间的交互作用转变成对建筑工业有用的结果是很容易的事情。但是每一座新的建筑物都会使邻近微气候发生变化。这些影响要及时考虑进去，以免造成以后难以纠正的错误。如高层建筑物

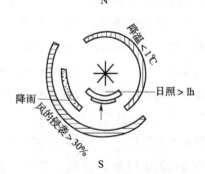

图3　天气定向作用——汉堡（冬季）

的拐角以及楼间的强风，往往容易被设计者忽视。

影响建筑设计的主要与气象有关的因子：

1. 风压风振。

风压是建筑设计的主要问题，直接影响到建筑的安全和经济。风压是垂直于气流的平面上所受的风的压强，单位是 kN/m^2，其公式：

$$\omega_0 = \frac{1}{2}\rho v^2 \tag{3}$$

式中，ρ 为空气密度，v 为风速。这里的风速是最大风速，各国取值不同，我国取的是 10m 高 30 年一遇自记 10min 平均风速。

30 年一遇风速利用极值分布函数：

$$F(X) = e^{-e^{-\alpha(X-\mu)}} \tag{4}$$

式中：α、μ——待定参数；

　　　　α——常数（>0）与离散性有关；

　　　　μ——众数与分布位置有关。

计算出的风压为基本风压，作用到建筑上的风压称风荷载，它还与建筑体型（K）和风速随高度变化（K_z）有关，即

$$\omega = \omega_0 \cdot K \cdot K_z \tag{5}$$

风随高度变化（K），通用的指数律风廓线：

$$\frac{V}{V_1} = \left(\frac{z}{z_1}\right)^\alpha \tag{6}$$

式中：V_1——参考高度 z_1 处的风速；

　　　　V——z 高度处的风速；

　　　　α——指数。

指数 α 随着地面粗糙度不同而各异，α 与地面粗糙度 z_0 的关系已由苏联波里申利等所证明。根据各城市的梯度观测 α 值不同。如上海为 0.33，武汉远郊为 0.19，广州为 0.22，纽约为 0.39，莫斯科为 0.37，东京 0.34，巴黎 0.45 等，α 值的大小反映风速随高度增加的快慢。α 值大，表示风速随高度增加得快或风速梯度大。α 值小，表示风速随高度增加得慢或风速梯度小。

风振是风对高耸构筑物的作用，除稳定风荷载引起静力作用外，脉动风荷载还引起动力作用，也就是平均风速上叠加了湍流速度的作用，即

$$U(t) = \bar{U} + u(t) \tag{7}$$

又由于脉动风速概率分布大体上服从正态分布，因此只需要知道风速的均值 V 及标准差 σ，即可得到风速的概率密度：

$$P(V) = \frac{1}{\sqrt{2\pi}\sigma}e^{-\frac{1}{2}\frac{(V-\bar{V})^2}{\sigma^2}} \tag{8}$$

故可求出瞬时风速与平均风速的关系。再以式（9）可求出阵风系数，即

$$G = \frac{V_{max}}{V} \tag{9}$$

阵风水平功率谱，达文波特给出的表达式：

$$\frac{nSv(n)}{K\bar{V}_z^2} = 4 \cdot \frac{X^2}{(1 + X^2)^{4/3}}$$

$$Sv(n) = 4K\bar{V}_z^2 \cdot \frac{1}{n} \cdot \frac{\left(1200\dfrac{n}{\bar{V}_z}\right)^2}{\left[1 + \left(1200\dfrac{n}{\bar{V}_z}\right)^2\right]^{4/3}} \tag{10}$$

式中：$Sv(n)$——阵风的脉动风速谱；

$$X = 1200\frac{n}{\bar{V}_z};$$

V_z——标准高度的风速（m/s）；

n——风的脉动频率（Hz）；

K——决定地面粗糙度曳力系数。

2. 雪压。

雪压是建筑物的垂直荷载，是单位水平面积上所承受的积雪重量，单位是 kN/m^2。雪压公式：

$$S_0 = h\rho \tag{11}$$

式中，ρ 为积雪密度，h 为积雪深度，我国的雪压标准为"30 年一遇的最大积雪重量"。

3. 太阳能采暖和空调。

建筑物冬天采暖、夏天制冷，利用空调和太阳能已受到人们广泛的重视。因为，采暖和空调消耗的能量约占全世界总能耗的 20%。

利用太阳能采暖和空调的房屋称太阳房，太阳房可分为被动式太阳房（即太阳热在建筑物内以自然形式流动）和主动式太阳房（即用机械带动绝热板的热系统）。主动式太阳房一般是将采暖和空调结合在一起，这样设备利用率高，经济效益较好。

被动式和主动式太阳房，国内外已有几百幢，我国北方各省也都建造有被动式太阳房，但主要是为进行测试，长期记录数据用的试验性建筑。初步估计，被动式太阳房采暖大约可以节约 25%~80% 采暖期所需的煤耗。主动式太阳房也在进行示范研究，由于投资大，限制了它的发展。

太阳能热水器正在城市推广，我国到 1985 年已达 25 万 m^2 集热器的面积。

4. 采暖通风和空调。

用人工的方法把室内气候调节到人体适合的温度、湿度、风速和清洁度，就是所谓采暖通风和空调。

冬季寒冷地区需要保温,以采暖补偿冬季室内外温差而形成的房间损失,夏季炎热地区需要隔热,降温。空调是人工控制室内气候的手段。

正确选择和确定采暖通风和空调,气象参数是重要的依据。冬季以室外计算温度、相对湿度、平均风速作为采暖通风的室外计算基础。夏季以干湿球温度、最热月相对湿度等作为通风空调的室外计算基础。

三、城市建设中的气候问题

城市建设以节约土地、节约材料、节约能源、提高空间利用率、降低造价和运行管理费用,创造优美舒适卫生的生活环境为原则。这个原则能否得以体现,气候是其中一个影响因素,一定要对气候条件作出正确的评价。

(一)城市布局与气候

对不同地形和不同气候的城市,应按其大气候条件、小气候特点具体分析。如北京冬半年多风沙,其布局要保证城市少受风沙的影响。正好北京偏北部为燕山山脉,宜林地约有1000万亩[①],特别在几个风口地区,植树绿化,建设防风林带,形成防风沙的屏障,既改善环境也有利水土保持。

沿海的城市,可沿海岸作带形发展,工业区和生活区平行布置,以便保证凉爽的海风能深入地吹入市区,并能促使城市大气自然稀释。

我国北方冬季需要阳光,所以房屋间距以日照时间为依据。南方炎热地区房屋间距主要是通风,以盛行风向为依据。在长江中下游地区,冬季较冷,夏季酷热,所以冬季需要阳光,夏季又要通风,在建筑布局中应充分考虑这些因素。

(二)城市环境质量与气候

城市是人类环境质量变化最激烈的地区,摸清环境质量变化和发展的规律,首先就要对一个城市进行环境质量评价,其目的就是要研究这种环境变化规律及其对人类生产、生活的影响。因此污染源应当成为首要注意的对象。

要进行环境监测与气象条件的综合分析,建立本地区的环境污染数学模式,对环境质量进行预测研究。同时确定区域的环境污染负荷量,以制定区域排放的控制量。对于一些污染严重的工业要限制排放量。北京空气中飘尘降尘超过标准几倍,据估计,采暖季节的地面扬尘占1/3,烟囱排尘占2/3,而非采暖季节的地面扬尘占2/3,烟囱排放量占1/3。以能见度小于4km为烟雾日,则20世纪50年代为60天左右,70年代则达140天之多,三环路以内主要交通路口空气中一氧化碳和氮氧化物常年超标。

北京市为了控制城市规模,同时也考虑到提高城市环境质量,有计划在远郊建设黄村、昌平、通镇、燕山等卫星城镇,以大分散,小集中减少城区环境污染。

---

① 1亩=666.67平方米。

(三) 绿化与气候

大量树木遮住阳光的照射是调节建筑温度的有效手段。夏天，树木能帮助降温，使房屋免遭曝晒，根据观测大树底下温度比周围低 7~8℃。

绿化造林还是防治污染较经济有效的一个措施，因为植物有过滤各种有害毒物和净化空气的显著功能，一般有绿化的街道距地面 1.5m 处空气中的含尘率，比空旷无林地区低 50% 左右，国外报道，每公顷杉木林每月可吸收二氧化硫 60kg。大搞植树种草，增加绿地面积以减少地面扬尘对大气的污染。

在城市建设中要保留一定的集中绿地，不仅能改善居住小气候，净化空气及美化环境，还可以为人们保健活动提供场所。据有关统计，北京平均每人占有公共绿地 5.1m^2，而华盛顿人均绿地面积为 45m^2，斯德哥尔摩为 80m^2。所以今后要搞好防护林带和四旁绿化，实现农田林网化、城市园林化。

总之，建设一个风景优美、生态健全的城市，要治山治水，绿化造林，防治污染，这些都和气候有很大的关系。

四、小结

现代计算机使得确定各个气象要素之间的相互作用，并应用于城市规划、城市建筑和城市发展都更为方便。但是城市环境又在很大程度上影响了个别气象要素，所以除了考虑各天气要素的共同作用之外，还要考虑局地气候特点，每一幢新的建筑物都会使邻近微气候发生变化。这些影响都要及时考虑进去，以免造成以后难以纠正的错误。

城市建筑对温度、风、湿度随高度的分布，对云量、降水、雾形成都有影响，其影响的程度，随着城市大小，建筑密度、绿化情况、水面覆盖等有所变化。研究城市气候，不但采用常规的气象观测资料，采用卫星、航测的资料，还要建立城市气候的诊断分析，城市气候数字模式研究。

参 考 文 献

[1] M. 得瓦洛夫斯基. 阳光与建筑 [M]. 金大勤，赵喜伦，余平，译. 北京：中国建筑工业出版社，1982.

[2] 张德沛. 居住小区的空间安排与日照采光 [J]. 城市规划研究，1980 (4)：42-48.

[3] Reidat R. The Present Situation Prospects and Problems of building Climatology [J]. WMO technical Note, No. 109.

北京城市发展对气候的影响 [*]

简 涛[1] 朱瑞兆[2]

(1. 北京市气象局 2. 中国气象科学研究院)

虽然北京系统的气象观测始于 1841 年,但其后站址多次迁移,这对于研究城市发展对气候的影响十分不利。为了弥补这一不足,我们采用西郊气象资料进行分析,尽管这样做仍然难以避免由于迁移引起的个别要素的不连续现象(如风速)。需要说明的是,建立于 1953 年 6 月(在此之前,站址位于西郊公园)的中央气象台位于西直门外五塔寺(现北京气象中心所在地),当时周围比较开阔,建筑物较少,是能满足建站时的代表性、准确性和比较性要求的。随着城区建筑物不断扩大,该站逐渐被建筑物包围,至 1979 年停止观测。在此之前的 1969—1972 年及以后的 1979—1980 年资料,不得不用附近气象站资料代替,1981 年起站址迁到西郊北洼路又一村。所有这些站的站址均在三环路以外,距市中心较五塔寺要远。

1963 年 7 月、1984 年 1 月、1971 年和 1977 年 1 月,因特殊需要,曾先后在天安门附近进行临时气象观测。1985—1987 年观测点位于前门中学。我们采用这些资料分析市中心气象状况。

一、北京城市发展概述

从对气候影响的角度分析,北京城市发展有以下几个特点。

(一)人口增长过快

1949 年以来,北京总人口由 1949 年的 420.1 万人增加到 1986 年的 1032.4 万人,净增人口 612.3 万人,而城区总人口已由 1949 年的 100 万人增加到 242 万人。据 1982 年人口普查资料,平均密度达到 2.81 万人/km^2(宣武区达 3.29 万人/km^2),超过巴黎(2.2 万人/km^2)、东京(1.5 万人/km^2)、莫斯科(1.2 万人/km^2)的人口密度,人口密度最大的前门大栅栏地区竟达 5 万多人/km^2。

(二)建筑面积大,绿地面积小

由于人口增加、工商业发展,北京城市房屋鳞次栉比,道路纵横交错。据统计,市内房屋竣工面积由 1949 年的 103 万 m^2 增加到 1983 年的 1332 万 m^2,增加了 11.9 倍,公共绿地面积由 1949 年的 772hm^2 增加到 1983 年的 2798hm^2,增加了 2.5 倍,人均绿地面积由 1949 年的 3.6m^2/人增加到 1983 年的 5.14m^2/人,这个数字低于 1980 年的纽约(19.2m^2/人)、

---

[*] 本文系 1988 年 5 月 24—27 日在全国环境与发展学术讨论会上的报告。

伦敦（22.8m²/人）、巴黎（24.7m²/人）、莫斯科（20.8m²/人）的人均绿地面积。

（三）交通日益发达，能源消耗剧增

1949 年以来，北京的交通有了很大的发展，机动车辆总数由 1949 年的 2272 辆增加到 1986 年的 259479 辆，后者是前者的 114.2 倍，煤炭消耗量由 1952 年的 43 万 t 增加到 1986 年的 1336.7 万 t，净增 1293.7 万 t。

北京的燃料结构一直是以煤为主，在燃料总消费量中煤炭约占 3/4，石油及其产品所占比重较小，特别是煤气、电、热等清洁的二次能源供应非常紧张，远不能满足要求。大量直接烧煤产生的烟尘和 SO_2 污染了大气环境，在缺乏完善的防治污染措施情况下，空气中的污染物质日益增多，尤其是冬季，大气污染已相当严重。例如，国家规定大气中 SO_2 日平均浓度标准为 $0.15mg/m^3$，而 1980 年采暖期 SO_2 浓度为 $0.1mg/m^3$，到 1985 年增至 $0.207mg/m^3$，大大超过国家规定的浓度标准。

二、北京近四十年来气候的一些变化及其地区差异

（一）气温增高

从 19 世纪末到 20 世纪 40 年代，全球气温都是上升的，这是世界性气候增暖时期。40 年代之后，气温开始下降。从西郊多年平均值来看，80 年代前 7 年的平均气温比 50 年代高 0.6℃，超过 1841—1986 年 145 年的平均值（11.8℃），1949 年以来，年平均气温逐渐升高（见表 1）。

表 1 西郊年平均气温（℃）

年　　份	1940—1949	1950—1959	1960—1969	1970—1979	1980—1986	1841—1986
年平均气温	12.0	11.6	11.9	11.9	12.2	11.8

对比同时期远近郊各气象站资料，同样可以说明由于城市的发展，城近郊气温升高了。表 2 为 1960—1986 年北京郊区平均气温状况。不难看出，在靠近城市的近郊区都出现气温升高的现象，而远郊区升温极小，甚至出现降温现象（如平谷、密云、延庆）。

表 2 北京郊区年平均气温（℃）

站　　名	朝阳	丰台	大兴	顺义	昌平	房山	门头沟	通县	怀柔	延庆	密云	平谷
1960—1969 年	11.5	11.5	11.3	11.4	11.8	11.6	11.8	11.4	11.7	8.5	11.0	11.5
1970—1979 年	11.6	11.4	11.6	11.5	11.7	11.6	11.6	11.2	11.6	8.4	10.7	11.3
1980—1986 年	11.8	11.9	11.6	11.6	11.9	11.7	11.9	11.4	11.7	8.2	10.6	10.9

上述现象说明，由于近郊站处在城市的主要影响范围内，因此它们的升温是城市化的结果，而远郊站升温极小甚至出现降温，则可以证明气候变化因素可以排除，因而近郊的增温

现象是由城市影响造成的。假如比较同年冬夏季城郊气温，就能更清楚地显示出城市化的影响。由表3可以看出，1987年与1963年（或1964年）相比，7月城近郊温差升高0.8℃（近郊数据由西郊、朝阳、丰台三站平均获得），城远郊温差升高1.0℃（远郊数据仅用大兴、顺义、昌平、通县四个平原站的平均值作为代表，若使用全部远郊站的资料，城远郊温差将会更大）。1月城近郊温差升高0.3℃，城远郊温差升高0.6℃。冬季城郊温差数值较夏季大，而递增量反而比夏季小，我们认为这是由于冬季采暖造成的。

表3　冬夏季平均气温比较（℃）

年份	市中心平均气温		近郊平均气温		远郊平均气温		市中心与近郊温差		市中心与远郊温差	
	1月	7月	1月	7月	1月	7月	1月	7月	1月	7月
1963	—	27.9	—	27.0	—	26.9	—	0.9	—	1.0
1964	-2.5	—	-3.4	—	-3.9	—	0.9	—	1.4	—
1971	-3.0	26.6	-4.2	25.7	-4.3	25.8	1.2	0.9	1.3	0.8
1977	-6.3	—	-7.5	—	-7.9	—	1.2	—	1.6	—
1985	-3.9	25.8	-5.1	25.2	-5.8	25.0	1.2	0.6	1.9	0.8
1987	-2.8	28.0	-4.0	26.3	-4.8	26.0	1.2	1.7	2.0	2.0

城市的热岛效应，直接或间接地对城市其他气候要素产生影响。例如，在冬季晴朗无风的夜间形成的霜，市中心远比郊区要少（见表4），表4中近郊数据由近郊五站平均获得，远郊由十个站平均获得，市中心数据用古观象台数据代表。如果对比五塔寺前后资料，可以看出20世纪50年代霜日数为96天，60年代为70天，到70年代就只有44天了，近郊的朝阳、丰台也有类似现象，而远郊一些站的霜日数甚至有增加的趋势（如通县、怀柔、平谷等站）。

表4　城郊霜日数

地　点	市中心	近郊	远郊
1985年	17	44	58
1986年	29	50	65

（二）湿度降低

城市中由于下垫面性质的改变，建筑物和铺砌的坚实路面大多数是不透水层，降雨后雨水很快地流失，地面比较干燥，再加上植物覆盖面积小，因此蒸散量小，这一切使城市的湿度伴随着城市发展而下降。表5是近40年西郊年平均相对湿度的变化，不难看出，相对湿度下降的趋势是十分明显的，20世纪80年代与50年代相比，年平均相对湿度降低5.6，也就是说，每10年平均相对湿度约降低1.9。

表5　西郊年平均相对湿度

年　份	1950—1959	1960—1969	1970—1979	1980—1986
年平均相对湿度	59.6	57.6	57.4	53.9

分析远近郊各气象站的年平均水汽压可知，近郊区年平均水汽压均随城市发展而下降，而受城市影响较小的远郊区反而有上升的趋势（见表6）。

表6　北京近郊和远郊年平均水汽压（mbar）

年份	近　郊			远　郊									
	西郊	朝阳	丰台	大兴	顺义	昌平	房山	门头沟	通县	怀柔	延庆	密云	平谷
1960—1969	10.6	10.7	10.9	10.7	10.5	10.2	10.5	10.3	10.6	10.4	8.7	10.2	10.5
1970—1979	10.5	10.7	10.8	10.8	10.4	10.2	10.7	10.5	10.8	10.5	8.6	10.3	10.8
1980—1986	10.2	10.6	10.5	10.7	10.6	9.9	10.8	10.2	10.9	10.3	8.8	10.5	10.7

再比较同年7月城郊平均相对湿度，市中心与远郊的差值随着年代的增长而上升，而与近郊的差值却变化不大（见表7），显然这是因城市不断向近郊发展造成的。

表7　7月平均相对湿度

地　点	市中心	近　郊	远　郊	城郊差	
				城近郊差	城远郊差
1963年	66	73	72	−7	−6
1971年	77	82	82	−5	−5
1986年	73	80	82	−7	−9

当城市近地层空气相对湿度接近或达到饱和时，水汽在凝结核上凝结，形成众多的小水滴，这些小水滴伴随着城市空气中众多的烟尘（有些吸湿性物质可以做凝结核）在适度湍流支持下悬浮在低空，使空气混浊，阻碍视程，当使其水平能见度小于1km时，即称为雾。北京各个地区的全年雾日数以下垫面较潮湿的中部和南部平原为多，平均为10~33天，北部平原和山区雾日较少，只有2~8天。普查1940年以来西郊的雾日资料，结果表明，西郊年平均雾日数有逐渐递减的现象。再对比1960年以来的远近郊雾日资料，表明近郊（西郊、朝阳、丰台）20世纪60年代平均雾日数为16天，70年代为18天，80年代为12天，受地形影响，近郊区雾日数要比远郊同时期雾日数多5~9天，但是由于城市的作用，市中心雾日数反而比近郊要少。以1985年资料为例，全年雾日数分别为：市中心5天，近郊（西郊

等五站平均）少则 8 天，多则达 18 天，平均为 136 天，远郊十个站少则 2 天，多则 29 天（如通县），平均 9.4 天。所以，我们认为，城市化使得在雾日较多的地区，城市中心的雾日要比郊区少，也就是说，城市化具有使雾日减少的作用。

（三）风速减小

一提起北京的风，人们也许对"风沙紧逼北京城"的景象记忆犹新，每逢春季，郊区黄沙漫天，城里风沙袭人。为了改善北京的环境，1980 年以来，全市开展全民义务植树运动，在五大风沙危害区（即永定河沿岸，潮白河沿岸，雁栖河与白河之间，昌平南口地区，塞外延庆的康庄地区）种植了各种树木 1746.1 万多棵，相当于京郊净增人工森林 14 万亩（1986 年 3 月 13 日《北京日报》）。

值得注意的是，20 世纪 60 年代初期各气象站初建时，周围空旷，人烟稀少，而现在多数站已快被民房所包围，人口的增加，城市的发展，加之绿化造林形成的天然绿色屏障，使影响首都环境多年的风沙危害开始失去了往日的威风。根据分布于北方地区的 13 个气象站的资料统计，80 年代头 7 年的平均风速为 2.2m/s，比 60 年代减少了 0.5m/s（其中近郊减少 0.2m/s，远郊减少 0.6m/s），比 70 年代减少 0.2m/s。大风日数也比 60 年代减少 8 天（其中近郊减少 4 天，远郊减少 10 天）。最明显的是延庆站，年平均风速比 60 年代减少了 1.5m/s，大风日数减少了 47 天。而西郊由于受迁站的影响，年均风速与大风日数略有增加。

当然，若对比城郊风速，城市风速显然小于郊区，表 8 是 1971 年与 1985 年由东向西的年平均风速表。

表 8　由东向西年平均风速（m/s）

地点	通县	朝阳	市中心	西郊	门头沟
1971 年	3.5	3.1	2.4	2.8	2.7
1985 年	2.4	2.0	1.3	2.2	2.1

三、关于城市因素对气候要素影响程度的探讨

历来探讨城市发展对气候的影响，均局限于城市发展前后气候要素的对比和同时期城郊气候要素的对比，为了定性地描述城市人口、城市建筑对城市温度和湿度的影响，我们尝试着利用 1958—1986 年的资料计算城市总人口、城市房屋建筑面积及城市高级道路面积与西郊年平均温度、年平均最低温度及年平均相对湿度间的相关系数，如表 9 所示，从该表可以得出如下初步结论：

1. 城市总人口、城市高级道路面积及城市房屋竣工面积增加，将使年平均气温与年平均最低温度升高，而使年平均相对湿度降低。

2. 仅选三个城市因子对年平均相对湿度及年平均最低温度的影响较大，对年平均温度

的影响较小。

3. 就三个城市因子的作用大小而言，城市房屋竣工面积这一因子对气候要素的影响要大一些，它与年平均最低温度及年平均相对湿度的相关系数可以通过 $r=0.01$ 的 t 检验。

当然，影响城市气候的因子很多，如前所述的能源消耗总量、机动车辆数等，由于这些资料年代较短，因而暂不讨论这些因素对城市气候影响的重要作用。

表 9　气候要素与城市因子间相关统计

气候要素	城市总人口		城市高级道路面积		城市房屋竣工面积	
	γ	α	γ	α	γ	α
年均气温	0.1508	—	0.1667	—	0.3254	0.1
年均最低温度	0.3054	0.1	0.3280	0.1	0.5273	0.01
年均相对湿度	−0.3846	0.05	−0.4301	0.05	−0.4750	0.01

四、小结

本文通过纵向（历史变化）和横向（地区差异）两个方面，证明 1949 年以来北京城市发展对气候的影响是十分显著的：它使城市温度升高，风速减小，湿度降低，霜、雾日数减少。最后我们利用城市总人口、城市建筑资料尝试探讨了城市因子对气候要素的影响程度。由于时间紧，资料年代较短，这一工作还是初步的，有些结论尚待进一步研究后才能证实。

谈城市气候*

朱瑞兆

（中国气象科学研究院）

城市是一个国家或一个地区的政治、经济、文化中心，目前世界上约有 40% 的人生活在城市里。城市建筑取代了绿地和森林，破坏了自然界的生态平衡，人类活动如各种燃烧、代谢过程产生的热量和排放的污染物，严重地影响了局地气候，使城市的气候状况与乡村自然条件下的气候状况有很大的差异。

一、城市热岛效应

由于城市居民的生活和生产活动大量消耗能源产生"人为热"进入大气，因此城市中心温度高于郊区温度，形成一个温暖岛屿，故称"城市热岛"。由于城市大小、纬度不同，城市年平均气温比郊区高出的数值也不同，广州高 0.5℃，杭州高 0.4℃，上海高 0.8℃，北京高 0.7℃。热岛效应在不同季节强度也不相同，如北京冬季最强，夏季最弱；广州冬季最强，春季最弱；上海秋季最强，夏季最弱；贵阳夏季最强，冬季最弱。这主要和当地天气气候变化有关。在一天中城市与郊区的温差也是变化不定的，早晨热岛效应最小，日落以后直到半夜热岛效应最显著，这时温差可达 1.5~2.0℃，而在晴朗无风的夏季傍晚温差最大，甚至可达 7℃ 以上。

城市热岛效应随着城市人口和建设规模的扩大也有逐年增加的趋势。如北京 20 世纪 80年代比 50 年代增高 0.6℃。城市温度的升高，虽然不能忽略气候本身的变动，但城市人口的增加、城市规模扩大所造成的影响也是不容忽视的因子。

温度变化 1~2℃ 的热岛效应对我国长江流域一带炎热的夏季来说，会使人们感到更加烦闷难熬，甚至使中暑的人数大幅度增加。对寒冷的冬季来说，就好像城市无形中往南平移了200~400km，使城市变得暖和些，并可能节省用于取暖的能源。因此城市中无霜期通常比郊区长一些，如北京五塔寺 20 世纪 50 年代霜日数为 96 天，60 年代为 70 天，70 年代为 44天。南京城内的无霜期平均比郊区长 40 天左右。因而，春天的信息最先降临城市就不足为奇了。

二、城市风

城市高楼大厦对自然界的风是一个障碍，具有很好的防风作用，市内风速往往比空旷的

---

*　本文发表在《中国气象报》，1989 年 7 月 5 日。

郊区小。如北京城区的风速比郊区减小 20%，上海减小 21%，广州减小 15%。

城市内建筑物的布局和街道走向使市内风速的分布极为复杂。有风时，在顺风的街道风速可能很大，在狭窄的胡同和十字路口风速明显增加，而在垂直于风向的街道上则风速减小，减小的程度视风向与街道走向交角而不同。如以街道中心的风速为标准，在迎风面的人行道上，风速可能减小 10%，在背风的人行道上，又比迎风面小一半。

城市的风是非常复杂的，它既受城市热岛效应引起的局部环流的影响，又受城市下垫面对气流产生的特殊影响。城市风一般是由郊区吹向城区，城市周围的工厂所排放的污染物向城区方向移动，使得混浊的城市空气更加混浊不堪，城市污染物比乡村高 10 倍以上。

三、城市化对其他气象要素的影响

城市化除使地面温度场、风场发生变化外，还对其他气象要素产生影响。如使云量、降水量增加，使辐射、日照、相对湿度等减少（小）。城市绝对湿度大于郊区，有人称为"湿岛"。

四、城市水域的"热源""热汇"效应

在夏季，水体可吸收并积蓄大量热能，起"热汇"的作用，冬季由于水下的湍流交换和水气间的热交换，又将积蓄的热能释放出来，起"热源"的作用。如夏季北京的北海、南京的玄武湖、芜湖的镜湖平均气温比城区其他地方低 0.5~1.7℃。根据卫星观测资料分析，夏季北海比周围温度低 4~5℃，是热岛中的凉岛，小水域对夏季城市高温起到明显的缓和作用。冬季水面有明显的增温作用，据观测，北京可增温 1℃ 左右，可见城市水体对气温有非常显著的调节作用。

五、城市绿化效应

夏半年树林可以削弱太阳辐射，使林中获得的热量较裸地少，所以树荫下的温度比裸地为低，如天安门广场树荫下的气温比裸地低 4℃ 左右。公园树木较多，公园比空旷地面平均气温可低 1~2℃。夏季市区内公园林荫下气温可比建筑物周围低 7~8℃，尤其是在干燥炎热的地区绿化降温更为明显，故在一座房屋周围种植树木能提供舒适的阴凉，若树木较多，可以节省空调所需能源的 1/3，城市绿化还可以改善环境的干燥程度，如南京城市绿化区与未绿化区相比，相对湿度要增加 10%~30%。

城市绿化还是一种经济有效的防治污染措施，树木能吸收空气中的 CO_2、尘埃，过滤各种有害毒物，起到净化空气的作用。一般有绿化的街道距地面 1.5m 处空气中含尘率比空旷无林地区低 50% 左右。每公顷杉木每月可吸收 CO_2 60kg 以上。

城市气候的数值模拟研究 *

吕建芬[1]　朱瑞兆[2]

(1. 江苏省无锡市气象局　2. 中国气象科学研究院)

城市是人类活动最集中的地方，人类发展的进程基本上就是城市化的进程。城市和气候的关系实际上是人类和气候全部关系的缩影。因而城市气候的研究具有重大的实用价值，也具有重大的理论意义。

城市气候的研究已有百余年的历史。Preston-Whyte[1] 曾用谐波统计模式计算了南非 Durban 的地面温度，证明了城市热岛的存在。Sandborg[2]（1950 年）发现瑞典 Uppsala 的夜间城市热岛强度与风速关系最大。Oke（1981）则发现最大城市热岛值与城市的布局形状有关[3]。

统计模式可以用来建立某些热岛模式，但要表示出形成城市气候的基本物理过程，还必须用中尺度城市数值模式。现在最常用的中尺度城市数值模式是动力学模式。

行星边界层中热力环流的动力数值模式开始于 Estoque（1961，1963）[4,5] 提出的海陆风模式。这类模式由 Delay 和 Taylor（1970）[6] 首次运用于城市，他们研究了静稳条件下城市热岛发展过程中的城市风。Mcelory（1973）[7] 应用二维定常模式研究了城市热岛效应。Yu（1973）建立了二维地气系统数值模式，1975 年，又和 Wagner 分析了地气之间的相互作用[8]。Bornstein（1975）[9] 建立了一个二维非定常模式，该模式不仅讨论了热岛环流的本身变化规律，还讨论了整个流场的分布规律，再现了水平和垂直风速的变化。模式在 1976 年又得到改进。Vukovich（1971，1973）建立了不包括粗糙度参数的二维模式，1976 年又改进为三维模式[10]，用于研究圣路易斯城，再现了城市温度、水平速度和垂直速度水平分布的许多特征。1978 年又用该模式作了敏感性分析[11]，研究了风辐散中各参量的影响，结果表明热岛强度和边界层稳定度是热岛环流发展的支配因子。Bornstein（1985）用三维有限差分模式，详细研究了海风锋过境时纽约市及其周围的温度场、风场变化。Draxler（1986）用三维原始方程模式，研究了夜间城市热岛对局地风场的影响。

本文考虑了非线性的平流过程、次网格的动量热量扩散过程，对南北无限长的城市，建立了一个二维城市气候模式。利用数值方法求得瞬变场的差分方程，在不同背景风场、粗糙度、城市热岛条件下，计算了城市及临近郊区的风温场变化。

---

* 本文发表在《山东气象》，1993 年第 1 期。

一、模式方程组的推导

（一）模式的动力架框

假设大气是不可压缩的，忽略分子黏性、辐射效应，再假设城市南北向无限长，则线性非定常的二维城市边界层数值模式方程组为

$$\frac{\partial u}{\partial t} + u\frac{\partial u}{\partial x} + w\frac{\partial u}{\partial z} = -\frac{1}{\rho}\frac{\partial p}{\partial x} + fv + \frac{\partial}{\partial x}k_x\frac{\partial u}{ex} + \frac{\partial}{\partial z}k_M\quad\frac{\partial u}{\partial z}$$

$$\frac{\partial v}{\partial t} + u\frac{\partial v}{\partial x} + w\frac{\partial v}{\partial z} = -fu + \frac{\partial}{\partial x}k_x\frac{\partial v}{\partial x} + \frac{\partial}{\partial z}k_M\frac{\partial v}{\partial z}$$

$$\frac{\partial p}{\partial z} = -\rho g$$

$$\frac{\partial u}{\partial x} + \frac{\partial w}{\partial z} = 0$$

$$\frac{\partial \theta}{\partial t} + u\frac{\partial \theta}{\partial x} + w\frac{\partial \theta}{\partial z} = \frac{\partial}{\partial z}k_H\frac{\partial \theta}{\partial z}$$

Yu（1973）[8]、Vukovich（1976）[10]、叶卓佳（1986）[12]都曾用了类似的出发方程组。

$$\begin{cases} p(x、z、t) = ps(z) + p'(x、z、t) \\ \rho(x、z、t) = \rho s(z) + \rho'(x、z、t) \\ T(x、z、t) = Ts(z) + T'(x、z、t) \end{cases}$$

式中，ps（z）、ρs（z）、Ts（z）为静力学层结分布，即大气静止时，p、ρ、T 随高度的分布；p'、ρ'、T'为下垫面增温不均匀等原因形成的扰动。

$$\begin{cases} u(x、z、t) = \overline{u} + u'(x、z、t) \\ v(x、z、t) = \overline{v} + v'(x、z、t) \\ w(x、z、t) = \overline{w} + w'(x、z、t) \\ \theta(x、z、t) = \theta s(z) + \theta'(x、z、t) \end{cases}$$

式中，$\overline{u}$、$\overline{v}$、$\overline{w}$ 为大尺度和天气尺度大气运动的环境风速，θs（z）为静力学层结分布时的位温分布，即 θs（z）$= Ts$（z）$\cdot \left(\dfrac{p}{p_0}\right)^{R/cp}$，$u'$、$v'$、$w'$、$\theta'$为相对于背景场的扰动量。

令 θs（z）$= \theta s$（0）$+ s \cdot z$，$\theta s(0)$ 为 $z = 0$ 处的 θs，$s = \dfrac{\mathrm{d}\theta s(z)}{\mathrm{d}z}$，取 $s = 0.0038$（°）/m。

引进函数 $\pi = Cp\left(\dfrac{p}{p_0}\right)^{R/cp}$，令 $\pi = \pi_s + \pi'$，并假定存在定常基本气流的情况下，即 $\overline{u} =$ 常数，而设 $\overline{v} = \overline{w} = 0$，则得扰动量 u'、v'、w'、θ'、π'的方程组：

$$\begin{cases} \dfrac{\partial u'}{\partial t} + (\overline{u} + u')\dfrac{\partial u'}{\partial x} + w'\dfrac{\partial u'}{\partial z} = -\theta s\dfrac{\partial \pi'}{\partial x} + fv' + \dfrac{\partial}{\partial x}k_x\dfrac{\partial u'}{\partial x} + \dfrac{\partial}{\partial z}k_M\dfrac{\partial u'}{\partial z} \\[2mm] \dfrac{\partial v'}{\partial t} + (\overline{u} + u')\dfrac{\partial v'}{\partial x} + w'\dfrac{\partial v'}{\partial z} = -f(\overline{u} + u') + \dfrac{\partial}{\partial x}k_x\dfrac{\partial v'}{\partial x} + \dfrac{\partial}{\partial z}k_M\dfrac{\partial v'}{\partial z} \\[2mm] \dfrac{\partial \theta'}{\partial t} + (\overline{u} + u')\dfrac{\partial \theta'}{\partial x} + w'\dfrac{\partial \theta'}{\partial z} = -w's + \dfrac{\partial}{\partial z}k_H\dfrac{\partial \theta'}{\partial z} \\[2mm] \dfrac{\partial u'}{\partial y} + \dfrac{\partial w'}{\partial z} = 0 \\[2mm] \dfrac{\partial \pi'}{\partial z} = \dfrac{g}{\theta s^2}\theta' \end{cases}$$

其中，k_x、k_M、k_H 要随温度层结 $\dfrac{\partial \theta'}{\partial z}$ 和风速切变的变化而调整。每个时间步要重新计算其值。

（二）模式所考虑的物理过程

在模式动力框架中，主要考虑了次网格尺度的运动，即动量和热量的水平、垂直扩散过程。

在不考虑粗糙度影响时，我们根据文献［13］取湍流扩散系数：

$$k_M = k_H = \begin{cases} L^2\left[\left(\dfrac{\partial u'}{\partial z}\right)^2 + \dfrac{g}{\theta s}\left|s + \dfrac{\partial \theta'}{\partial z}\right|\right]^{1/2} \geqslant 5\,\mathrm{m^2/s} & \left(s + \dfrac{\partial \theta'}{\partial z} < 0\right) \\[3mm] 5\,\mathrm{m^2/s} & \left(s + \dfrac{\partial \theta'}{\partial z} > 0\right) \end{cases}$$

其中，L 为混合长，取 $L = 50\mathrm{m}$。

当考虑粗糙度影响时，粗糙度参数由郊区的 $0.3\mathrm{m}$ 逐渐增长到近郊上风向的 $0.9\mathrm{m}$ 到城市中心的 $2.1\mathrm{m}$，又返回到郊区的 $0.3\mathrm{m}$，湍流扩散系数取 1970 年 Estoque[14] 等提出的公式：

$$k_M = k_H = \begin{cases} L^2\left[\left(\dfrac{\partial u'}{\partial z}\right)^2 + \left(\dfrac{\partial v'}{\partial z}\right)^2\right]^{\frac{1}{2}} \cdot (1 + \beta_0 R_i) & (R_i < 0) \\[3mm] L^2\left[\left(\dfrac{\partial u'}{\partial z}\right)^2 + \left(\dfrac{\partial v'}{\partial z}\right)^2\right]^{\frac{1}{2}} \cdot (1 - \beta_0 R_i) & (R_i > 0) \end{cases}$$

其中，$\beta_0 = -3$，$R_i = \dfrac{g}{\theta s} \cdot \left(\dfrac{\partial \theta'}{\partial z} + s\right)\Big/\left[\left(\dfrac{\partial u'}{\partial z}\right)^2 + \left(\dfrac{\partial v'}{\partial z}\right)^2 + 10^{-9}\right]$，混合长 $L = \dfrac{k_0\ (z+z_0)}{1+k_0\ (z+z_0)^\lambda}$，$z_0$ 为粗糙度参数，$k_0 = 0.4$，$\lambda = 0.00027\overline{u}/f$。

水平扩散系数 k_x 取：

$$k_x = k_0^2 \cdot \Delta x \cdot \left[\left|\dfrac{\partial u'}{\partial x}\right| + \left|\dfrac{\partial v'}{\partial x}\right|\right]$$

其中

$$k_0 = 0.21$$

二、初边值条件的选取

（一）初始条件

假设初始大气处于静止、稳定平衡状态，即 $t=0$ 时，u'、v'、w'、θ'、π 均为 0，$\theta s(z)=\theta s(0)+s\cdot z$，取 $\theta s(0)=305\text{K}$，$s=0.0038$（°）/m。

（二）边界条件

假设城市南北向无限长，我们采用图 1 所示的坐标系。计算的水平区域为东西向 50km，共分为 100 个网格（格点序号自西向东），网格距 500m；垂直向范围 2km，共分为 20 个网格（格点序号自下到上），格距 100m。我们选择水平区域的 1/10 范围即 5km 宽作为我们考虑城市的规模。

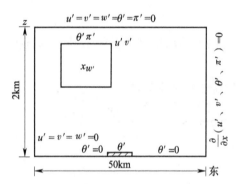

图 1　计算区域、边界条件和网格表示

对于上边界条件，不考虑背景风场的影响，假设 $z=2\text{km}$ 处 $u'=v'=w'=\pi'=0$。

由于城市热岛而引起的垂直扰动只能达到一定的高度，故设上边界 $w'=0$ 是合理的。

下边界条件为 $u'=v'=w'=0$（在 $z=0$ 处）。

侧边界上，假设没有质量的流入流出，则

$$\frac{\partial}{\partial x}（u'、v'、\pi'）=0（在 x=0、x=50\text{km 处}）。$$

对于这么宽的计算区域，所要考虑的城市区域为计算区域的 1/10，则上面所假设的条件对城区的影响很小，其产生的误差可以忽略。

对于热力边界条件，在上边界层，温度场与大尺度的温度场一致，即在 $z=2\text{km}$ 处 $\theta'=0$，且不随时间变化。侧边界上也假设没有热量的流入流出，也即在 $x=0$、$z=50\text{km}$ 处 $\frac{\partial\theta'}{\partial x}=0$。

由热岛观测事实可知如图 2 所示的城市热岛作为温度的下边界条件是合理的。

θ':	0.2	0.5	1.0	1.5	2.0	2.0	1.5	1.0	0.5	0.2
格点:	46	47	48	49	50	51	52	53	54	55

图 2　θ' 的下边界取值

三、模式所采用的计算方案

如图 1 所示，把 w' 写在半数层次上，表示垂直运动在两个层次间的平均值。u'、v' 写于整数层次上，θ'、π' 写于垂直向半数层次上。

时间积分一般采用中央差分方法。在开始起步时，用半时间步长的前差进行起步，时间步长 $\Delta t=3\text{s}$。每积分 30 次，进行一次重新起步。空间积分在区域中用中央差分格式，在区域边界则用边差表示。为了避免计算不稳定性，扩散项的差分用前差表示。积分过程中为了消除由于计算过程而产生的一些没有气象意义的小扰动，我们加入了时空平滑。空间采用平滑系数0.5的九点平滑公式，时间平滑为：

$$\overline{Fi \cdot j \cdot n} = (1 - s)Fi \cdot j \cdot n + \frac{S}{2}(Fi \cdot j \cdot n + Fi \cdot j \cdot n - 1)，其中，s = 0.8572。$$

对于非线性项 $u'\frac{\partial u'}{\partial x}$……，我们对其系数先采用空间的平均，然后再与偏导数相乘。

计算步骤：①求解位温方程得到 θ'；
②θ'代入静力学方程得 π'；
③θ'、π'代入运动学方程得 u'、v'；
④u'代入连续性方程得 w'。

四、数值计算结果

我们首先介绍一个计算例子，在有水平扩散、粗糙度影响时，设背景风场 $\overline{u} = 0$，城市热岛分布为热力学下边界条件所定。图3为积分稳定时的温度扰动（a）、水平风速扰动（b、c）、垂直速度扰动（d）分布图。

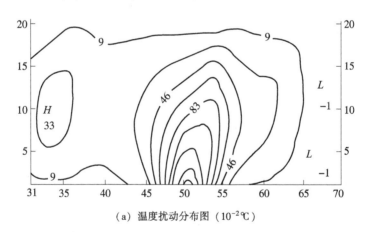

（a）温度扰动分布图（10^{-2}℃）

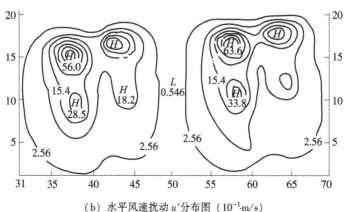

（b）水平风速扰动 u' 分布图（10^{-1}m/s）

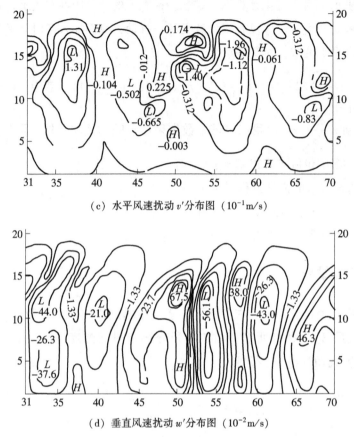

（c）水平风速扰动 v' 分布图（ 10^{-1} m/s）

（d）垂直风速扰动 w' 分布图（ 10^{-2} m/s）

图3　$\bar{u}=0$，有粗糙度影响时的扰动分布图

由图3（a）可知，温度扰动在700m以下对城市中心是对称的，在700m高度以上，扰动向城市下风向稍有偏移。热岛强度在近地面层为最强，随高度升高热岛强度减弱。这是由于地面的热量通过热量湍流扩散不断向上传输，高层没有自己的热量来源。因而高层的温度扰动一般比地面低；另外，由于温度平流的作用，热岛的水平延伸并非在地面达到最宽，在1000m高左右热岛水平范围最大。

图3（b）为 u' 分布图。城市中心风速扰动为最小，城市中心两侧上风向和下风向地区风速扰动的强度和位置基本上是相似的。风速扰动在下风向城市边缘处达极值，极值风速为6.36m/s，极值扰动发生在1500m高度左右。

在垂直速度扰动图3（d）上，城市中心地区为上升运动最大地区，最大上升速度为67.5cm/s，城市中心上风向至城市边缘为大范围的上升运动区域。如此强盛的上升运动必然要由较强的下沉运动来平衡。城市中心下风向临近城市边缘地区，出现了较强的下沉运动区域。最大下沉运动速度为56.1cm/s。城市中心下风向为垂直速度梯度最大地区，也可以说此地区天气差异最大。

（一）背景风场的影响

图4为 $\bar{u}=2$ m/s 时的扰动分布图。与图3比较得到：低层温度扰动的对称性消失，扰动

向下风向倾斜。城市上风向郊区的扰动中心减弱，热岛向下风向延伸的范围大大增强，在下风向郊区出现了另一扰动中心，说明城市热岛随背景风场的增加而向下风向漂移。不同背景风场试验可知：背景风场越大，热岛向下游漂移的距离越大。

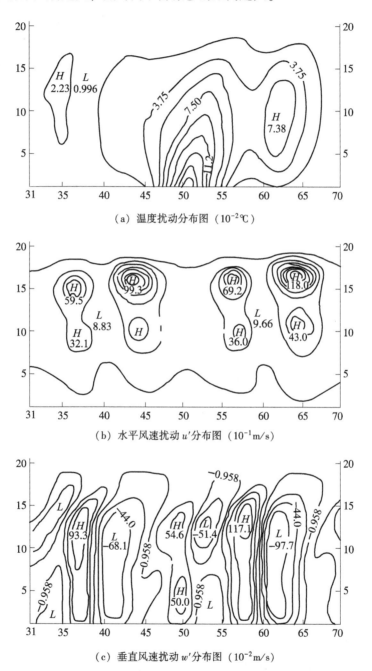

（a）温度扰动分布图（10^{-2}℃）

（b）水平风速扰动 u' 分布图（10^{-1}m/s）

（c）垂直风速扰动 w' 分布图（10^{-2}m/s）

图 4　背景风场 $\bar{u}=2$m/s 时的扰动分布图

由水平风速扰动比较得到：由于背景风场的加入，风速扰动区域向下风向移动 2 个格距。上风向和下风向地区，扰动最大和次大的顺序位置均发生了变化，扰动极值发生的高度基本上没有变化。

图 4（c）为 $\bar{u}=2\text{m/s}$ 时的垂直扰动分布图。与图 3（d）比较可知：城市中心地区为上升运动区域，但量级偏小。最大上升运动区域已移到城市下风向的近郊地区。最大上升速度为 117cm/s。城市中心下风向地区仍然是下沉运动区，但量级同样偏小，最大下沉运动区域也移到城市下风向的郊区。在格点 60 附近出现垂直速度梯度极值。因此天气差异最大的地区也随着背景风场而向下漂移。另外，城市中心上升运动区域内，高层上升运动中心由原来的 67.5cm/s 减弱到此时的 54.6cm/s；低层原先没有构成闭合中心，当有背景风场存在时，出现了 50.0cm/s 的闭合中心。因此我们可以说：在有背景风场作用时，低层由于受热岛阻挡，空气更容易堆积，上升运动增强，高层空气受背景风吹散，上升运动减弱。

（二）粗糙度的影响

为了了解热岛的动力作用，我们将热岛看作平坦地面作了试验。比较有、无粗糙度因子时稳定状态的扰动分布可知：粗糙度使热岛强度增强。不考虑粗糙度时，水平、垂直风速扰动 u'、w' 的极值分别为 4.44m/s、47.7cm/s，而考虑粗糙度影响时，u'、w' 的极值分别为 6.36m/s、67.5cm/s，均增加了 1/3 左右。粗糙度对扰动极值出现的位置没有影响。因此，粗糙度在城市热岛模式中是不可忽略的，它能使热岛效应增强，风速扰动增强。

（三）不同城市热岛条件的影响

我们取了几组热力下边界条件进行试验，结果可知：随着热力下边界条件的增强，热岛效应增强，温度扰动向城市上风向延伸的速度大大快于向下风向延伸的速度。风速扰动（包括水平风速、垂直风速）在分布上完全没有改变，只有强度上的变化。随着热岛温度的增加，扰动极值增强，但两者关系并非是线性的。

五、结论

本文建立了一个二维非定常城市气候数值模式，并用该模式对影响城市环流的背景风场进行了数值试验，讨论了城市热岛的动力、热力作用，结果如下：

1. 没有背景风场时，温度扰动在低层对城市中心是对称的，在高层向城市下风向倾斜。水平风速扰动在城市中心为最小，在城市中心两侧的上风向和下风向地区，扰动的强度和位置基本上是相似的。城市中心为最大上升运动区，城市中心下风向临近边缘地区，为下沉运动区。上风向的郊区也为下沉运动区，城市中心下风向为天气差异最大地区。

2. 有背景风场时，城市热岛随背景风场的增加向下风向漂移。风速水平扰动也向下风向漂移。城市中心仍为上升运动区，但最大上升运动区已移到城市下风向的近郊。

3. 粗糙度使热岛效应增强，风速扰动增强。

4. 城市热岛条件的增强，使热岛效应增强，风速扰动极值增强。

由于城市并非无限长，要再现城市的一些气象效应，如风的流向的改变，必须用三维模式，这是本文局限所在，有待进一步完善。

参 考 文 献

［1］Prestonwhyte R A. A Spatial Model of an Urban Heat Island ［J］. Journal of Applied Meteorology，1970（1）：571-573.

［2］Sundborg A. Local Climatological Studies of the Temperature Conditions in an Urban Area ［J］. Tellus，1950，2（3）：221-231.

［3］Oke T R. Canyon geometry and the nocturnal urban heat island：Comparison of scale model and field observations ［J］. International Journal of Climatology，1981，1（3）：237-254.

［4］Estoque M A. A theoretical study of the sea breeze ［J］. Quarterly Journal of the Royal Meteorological Society，1961（87）：136-146.

［5］Estoque M A. A numerical model of the atmospheric boundary layer ［J］. Journal of Geophysical Research Oceans，1963，68（4）：1103-1113.

［6］Delage Y，Taylor P A. Numerical studies of heat island circulations ［J］. Boundary-Layer Meteorology，1970，1（2）：201-226.

［7］Mcelory J L. A numerical study of the nocturnal heat island over a medium-sized mid-latitude city（Columbus，Ohio）［J］. Boundary-Layer Meteorology，1973，3（4）：442-453.

［8］Yu T W，Wagner N K. Numerical study of the nocturnal urban boundary layer ［J］. Boundary-Layer Meteorology，1975，9（2）：143-162.

［9］Bornstein R D. The Two-Dimensional URBMET Urban Boundary Layer Model ［J］. Journal of Applied Meteorology，1975，14（8）：1459-1477.

［10］Vukovich F M，Dunn J W，Crissman B W. A Theoretical Study of the St. Louis Heat Island：The Wind and Temperature Distribution ［J］. Journal of Applied Meteorology，1976，15（5）：417-440.

［11］Vukovich F M，Dunn J W. A Theoretical Study of the St. Louis Heat Island：Some Parameter Variations ［J］. Journal of Applied Meteorology，1978，17（11）：1585-1594.

［12］叶卓佳，关虹. 夜间城市边界层发展的数值研究 ［J］. 大气科学，1986（1）：80-88.

［13］Ookouchi Y，瓜生道也，沢田竜吉. A numerical study of the effects of a mountain on the land and sea breezes ［J］. Journal of the Meteorological Society of Japan，1978，56（3）：368-385.

［14］Estoque M A，Bhumralkar C M. A method for solving the planetary boundary-layer equations ［J］. Boundary-Layer Meteorology，1970，1（2）：169-194.

城市气候灾害及其防治对策 *

朱瑞兆[1]　王远忠[2]

（1. 中国气象科学研究院　2. 中国气象局科教司）

气候是人类赖以生存的客观存在的自然环境组成部分。城市的建筑物鳞次栉比，道路纵横形成以混凝土、沥青、砖石为主体的下垫面，加之工商业和交通运输以及居民生活排放大量的废气、废液、废渣和消耗能源放出的人为热等，改变了大自然原有的状况，对气候有很大影响。城市气候就是由城市环境引起的气候效应形成的独特的气候特征。有时，一些极端气候给城市带来生产、生活、经济和社会秩序的威胁，造成人身财产的损失，称为城市气候灾害，如风灾、热浪、大气污染、火灾、暴雨、积雪等。

城市灾害是不能够完全避免的，即使在技术上可以避免，但在经济上也是不合理的。只能摸清气候灾害出现和变化的规律，通过预测未来可能发生的危险，采取各种防御对策，尽可能将损失减到最小。

随着科学技术的发展，城市气候灾害的内涵也应当是历史的、相对的，而不可能是不变的和绝对的。

城市是人类生产生活最集中的场所，是人类利用自然最充分的地方，同时也是人类物质财富和精神财富最集中的地方。因此，气候灾害的发生造成的伤亡和经济损失也是最严重的，所以城市气候灾害及其防灾减灾的对策研究应引起关注。

一、城市风灾

（一）台风风灾

在我国造成风灾的天气首推台风。台风尽管可以缓解旱情，但仍是造成我国沿海城市主要灾害性天气之一。

根据美国国外缘灾署（OPDA）公布：1964—1986 年，在 23 年中亚太地区发生各种自然灾害 708 起，其中热带风暴（台风）灾害 225 起，使 40 万人死亡，7400 万人受影响，直接经济损失 45 亿美元。

我国 1982—1990 年 9 年热带气旋造成的损失如表 1 所示。由表可见，平均每年翻沉船4143 艘，倒塌房屋 28.3 万间，以每间 15m² 计算，共为 424.5 万 m²，死亡 463 人，直接经济损失后 6 年平均 41.6 亿元，电力中断、工矿停工、交通堵塞等[1]造成的实际损失还要大。

---

* 本文收录在《城市综合防灾减灾战略与对策论文集》，中国建筑工业出版社 1996 年版。

表 1 1982—1990 年全国台风主要灾情统计

年份	人 员		船舶翻沉	房屋倒塌	估计经济损失
	死亡	失踪	（艘）	（间）	（人民币万元）
1982	59	—	926	335330	—
1983	228	—	103	66159	—
1984	76	—	31	93346	—
1985	1030	—	4236	834472	423400
1986	843	46	4102	386347	278185
1987	343	8	390	153699	153162
1988	229	37	1244	106809	138944
1989	552	407	13	304979	576306
1990	807	69	3300	269048	926741
合计	4167	567	14345	2550189	2496738

如 1988 年 8 月 8 日，7 号台风在浙江象山县登陆，经过杭州造成罕见的灾难。由于现代化城市的基础设施和抗灾应变能力的薄弱，杭州一夜之间陷于瘫痪。市区 116 条万伏线路因电线杆倒塌、线断造成停电 91 条，600 台公用配电变压器停电 400 台，停电覆盖率达90% 以上，60 多班次长途汽车停开，48 列客货列车停运，航运中断，民航各班次全部取消，4 家自来水厂因无电而断水，路灯损毁 5000 多盏，刮倒树木 2 万多株，直接经济损失达 4.8亿元，间接损失如 4000 余家企业停工停产、市中心血站 10 万 ml 鲜血毁于一旦，牛奶无法消毒 12 万 kg 变质，医院、大小饭店宾馆吃不上饭，喝不上水[2]。

1994 年 8 月 21 日 17 号台风在温州瑞安登陆，风速达到 50.4m/s，温州市遭受极大损失。风助浪威，海浪高达 20m，数十年营造的 900km 海堤几乎全线崩溃，海堤决口、海水倒灌，电力、交通、邮电、广播四线瘫痪，成百上千人死伤于房屋倒塌。

历史上，1862 年在广州登陆的一次台风，据广州府志记载："广州河面覆舟溺死者数万计"[3]。那时抗御风灾的能力较低，所以台风造成的损失更大。

台风造成的灾害，主要是由于台风的风速大所致。如汕头 1969 年 7 月 28 日极大风速为52.1m/s，厦门 1959 年 8 月 23 日为 60m/s，香港 1962 年 9 月 1 日为 72.1m/s，花莲 1962 年8 月 5 日为 65m/s，琼海 1973 年 9 月 14 日为 68.9m/s，台东 1959 年 8 月 29 日竟达 70~75m/s等。这样大的风速人力很难抗拒，但采取一些对策可以减少一些损失。

1949—1990 年 42 年中登陆的台风有 462 次，每年平均 11 次，最多的是 1961 年有 21次，最少的是 1968 年、1969 年和 1979 年各为 6 次，台风登陆集中在 7—9 月，约占全年的78.4%，登陆地点广东、海南、台湾、福建、浙江五省占 90%。但强台风次数是很少的。

（二）寒潮和雷暴大风

在全国各个城市均可发生寒潮和雷暴大风，风速远较台风为小，其损失是在有利的条件下造成局部破坏。如1993年4月9日北京站前70m长、8m高、底部有5m高的砖墙，上部全是钢架和铁皮的广告牌，在一次寒潮南下形成的30m/s瞬时大风中倒塌，死亡2人，伤17人。与此同时，还有40多处广告牌及悬挂物被风刮倒或破坏，如建国门外一幢6层外交公寓楼顶上一个尚未竣工的高8m、长50m的钢铁架广告牌从底部被风刮翻，倒悬下来。

成都市1992年10月21日也发生了广告牌被大风刮倒，砸死2人，重伤1人，伤数人。该广告牌在工商银行宿舍7层楼顶，为长约50m、宽10m的钢木结构。当时风只有5级左右。又如1995年11月7日冷空大风将蚌埠一广告牌从8楼顶刮落。贵阳市在1993年4月26日晚一次28.8m/s瞬时大风中，广告牌宣传牌及不少树木等被吹倒。

上海1995年11月7日上午10时一次强冷空气南下形成9级大风，淮海路西侧正在施工的"上海广场"工地上50m长的3层水泥瓦工棚倒塌计300多平方米，9人重伤，4人轻伤。

南京1974年6月17日发生的38.8m/s雷暴大风，青岛1956年7月10日发生的44.2m/s的雷暴大风，长春1959年4月30日发生的36.8m/s的寒潮大风[4]等都造成了城市不同程度的灾害。

二、城市热浪

热浪（heat wave）一般是指日最高气温在35℃以上或日平均气温在30℃以上、持续5天以上的酷热天气。城市有"城市热岛"效应，一般年平均气温城区比郊区高0.2~0.7℃[5]。在个别日子里高的较多，如1981年7月22日在天安门广场和郊区对比观测可高出3℃[7]。所以，酷热的天气城区比郊区更为严重。如上海城区35℃以上的日数为14天，而郊区只有6天。

当气温到达35℃以上时，体力和脑力劳动者的工作效率开始降低。在过热环境中，人的心脏搏出量可增加50%，皮肤血流量激烈增加3倍，血流速度也加快，这样就大大增加体表散热的速度。这无疑使心脏负担加重，有心脏病者易发病，高龄人群和健康状况差的人群死亡率升高。

在高温环境中容易中暑，特别是室外工作的人，因头部受辐射热较多，更易引起热射中暑，严重者甚至死亡。如合肥1988年7月死于热浪的人约36人，武汉1971年中暑人数约1200人[6]。

我国热浪集中地区在长江中下游。因为7月中下旬随着副热带高压的北抬西伸，梅雨季节结束，这一地区稳定地在副热带高压控制下出现持续高温区。这里气温35℃以上的酷热日数普遍在20~30天以上，堪称一个"大火炉"。所谓的"三大火炉"南京、武汉、重庆都在这个大火炉之中。

35℃以上的日数，哈尔滨0.4天、沈阳0.7天、北京6.6天、武汉20.9天、重庆34.9天、长沙29.8天、南京14.8天、上海8.7天、广州5.1天。这可明显看出长江流域大于

35℃天数较南北为多。海南和台湾虽地处北热带，35℃以上的天数也少于长江中下游，如台北为 7.5 天，海口为 17.8 天。也有特例，在欧亚大陆中部的吐鲁番大于 35℃ 的天数竟达98.3 天。

从极端最高气温来看也是长江中下游高，重庆出现过 44℃，南京和长沙也曾达 43℃，上海 38.9℃、广州 38.7℃，北京 40.6℃。最高的极端气温仍在吐鲁番，可达 47.6℃。重庆1995 年 8 月 30 日—9 月 7 日连续 40℃ 以上高温，9 月 6 日达 41.6℃，224 万人饮水发生困难。

根据国外研究在有热浪的年份，65 岁以上死亡人数比无热浪年份死亡人数增加 5.3 倍。如 1977 年夏天，雅典持续的高温、热浪夺去了 1270 人的生命。所以，城市热浪问题应引起人们的关注。

三、城市大气污染

随着工业、交通运输的不断发展，城市空气污染日益严重，无疑影响居民健康，造成古迹和物品的腐蚀等。主要污染物有 SO_2、总悬浮微粒（TSP）、降尘量（DF）、NO_x、CO 和酸雨等。

（一）SO_2 污染

从部分城市的浓度监测结果看，基本上都超过国家二级标准（$0.06mg/m^3$）。如广州$0.08mg/m^3$、上海 $0.13mg/m^3$、北京 $0.12mg/m^3$、沈阳 $0.21mg/m^3$、西安 $0.11mg/m^3$、兰州$0.21mg/m^3$、银川 $0.15mg/m^3$。

若以年变化而论则是夏季低冬季高。冬季可达国家二级标准的 5 倍左右。兰州达$0.4mg/m^3$、银川达 $0.5mg/m^3$、北京达 $0.34mg/m^3$、西安达 $0.33mg/m^3$，这与冬季逆温强度大、气温低及降水少有关。

（二）总悬浮微粒（TSP）污染

TSP 污染浓度分布大致与 SO_2 基本相似。国家二级标准为 $0.3mg/m^3$。广州为 $0.28mg/m^3$、上海为 $0.91mg/m^3$、沈阳为 $1.77mg/m^3$、西安为 $1.12mg/m^3$、兰州为 $1.23mg/m^3$、银川为$1.00mg/m^3$、乌鲁木齐为 $0.68mg/m^3$。

TSP 浓度年变化也是冬季高，夏季低。

（三）氮氧化物（NO_x）污染

大气中 NO_x 主要是由煤炭及石油的燃烧产生的，当大气中的 NO_x 及烃类化合物的含量达到一定浓度时，它们在阳光照射下发生氧化反应形成光化学烟雾。所以控制 NO_x 的污染，光化学烟雾也就减轻。

我国只有少数几个城市出现过 NO_x 超过国家二级标准 $0.10mg/m^3$ 的浓度。哈尔滨、长春、沈阳稍微超标，兰州 $0.10mg/m^3$ 近似二级标准，是我国光化学烟雾的发生区之一。上海、重庆是接近标准浓度的城市[8]，广州尚未超标，为 $0.09mg/m^3$。

（四）降尘污染

我国北方是降尘的高浓度区，国家标准为 8t/（km² · 月），而兰州降尘为 35.65t/（km² · 月）、银川为 29.69t/（km² · 月）、沈阳为 55t/（km² · 月），而南方普遍偏低，如广州为 13.98 t/（km² · 月），这种分布与北方风沙较大而南方降水较多有关。

此外还有 CO、酸雨等污染。目前我国大气污染是以 SO_2、尘的高浓度为表现的典型的煤烟型污染，这种污染是由我国能源结构所决定的。

四、城市洪涝及积雪

城市洪涝灾害主要集中在南方。例如 1931 年 7 月我国暴雨成灾，长江沿岸的很多城市长期泡在洪水中，武汉积水达 4 个月之久，死亡上万人。上海 1949 年 7 月一次台风袭击，最大风速 38.9m/s，日降水量 148.2mm，除市区较高地区外，大小街道积满了水，闸北、虹口、杨树浦一带水深普遍大于 1m。又如上海 1983 年 6 月 25—26 日，由于狂风暴雨，市区有 170 条路段积水 30cm 左右，最深达 70cm。60 多家工厂及 1 万多户居民家中进水，造成较大损失。广州 1989 年 5 月 16 日晚 12h 降水 215.3mm，市内百多家仓库、商店及住宅遭水浸，水深达 60cm，有的地方达 1m，造成交通堵塞，部分工厂企业停工停产。深圳 1993 年 6 月 16 日降雨 254mm，造成市区街道成河。

北方城市也可遭受洪涝。1963 年 8 月一场暴雨，天津南郊一片汪洋，死亡 5000 多人。北京 1963 年 8 月 8 日暴雨，倒塌房屋 8484 间，死亡 35 人。1986 年 6 月 27 日大暴雨降水量 152mm，前门西单等地段积水，8 条公共汽车线路受阻，69 条长途汽车停运，雨漏房 1106 间等[7]。1994 年沈阳大暴雨、1985 年长春、大连大暴雨等都造成了洪涝。即使在干旱地区，如兰州 1978 年 8 月 7 日降水 96.8mm，也造成洪涝，民房进水倒塌，一些工厂停产，造成了很大损失；又如乌鲁木齐 1953 年 8 月 3—4 日降水量 47.9mm，造成洪涝，交通受阻，行人过街雇用毛驴车成为一景。

积雪也可造成灾害。如 1983 年 4 月齐齐哈尔连降大雪，积雪几十厘米，导致铁路电线杆压倒 3000 多根，造成停电停水，通讯中断，几乎全部停运。又如 1955 年 1 月 1 日南京降雪 51cm，来往火车全部误点，市内交通中断。

现在城市全面整治了防洪工程并已取得了很大的成就。一些城市如北京、广州、上海、天津、沈阳等大城市虽也时有大暴雨袭击，但受灾程度大为减轻。一些小城市现有工程设施防洪排涝能力低，难以抗御较大的暴雨洪水，据统计在 500 多个城市中约有 400 个存在着外洪内涝问题。

五、城市火灾

火灾发生的要素是可燃物、助燃物和火源，它们和气象都有密切的关系。可以分为两个方面，一是大雨、高湿能抑制火势蔓延；二是高温、大风和低温又能加速火焰传播和火势蔓延。

1989 年 8 月 12 日山东黄岛港油罐爆炸起火，当天刮大风，风向为北，所以保住了北边的油库。1974 年 5 月 24 日黑龙江绥棱县城发生大火，当时吹 9 级大风，火势蔓延很快，火场面积达 18km²，后遇大雨才彻底浇灭，损失 3600 多万元。1986 年 5 月 6 日伊春大火，当时正刮 7~8 级大风，火场面积 23km²，损失 1450 余万元。这两次大火都因春季气候干燥，再加上风助火势，火乘风威，在短时间内燃烧面积很大。

根据研究[9]，火灾发生的概率有明显的季节性变化，冬春多而夏季少，如北京（见图 1）。

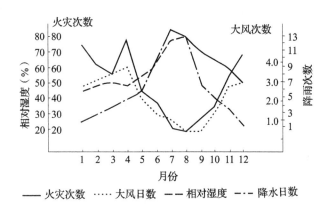

图 1　火灾次数与气象要素逐月变化情况（1951—1985 年）

我国各地气候差异很大，因此火灾次数并非都如图 1 规律，如广州就是秋季和初冬次数最多。由图 1 还可以看出，火灾次数与大风日数成正相关，与降水日数和相对湿度成反相关。同时还建立回归方程，对火灾定量关系如表 2 所示。

表 2　湿度、大风、降水与火灾的关系

月相对湿度增减量（%）	-11.4	-8.6	-5.7	-2.9	2.9	5.7	8.6	11.4
月大风日数增减量（天）	4	3	2	1	-1	-2	-3	-4
月降水日数增减量（天）	-4.1	-3.1	-2.0	-1.0	1.0	2.0	3.1	4.1
月火灾数增减量（次）	20	15	10	5	-5	-10	-15	-20

通过对石家庄 1970—1989 年共 1193 次火灾的资料进行分析，不但得出了火灾与气象要素的关系，而且给出了火险等级预报。根据气温、湿度、风和降水的大小（或多少）结合火灾出现的次数，将火险分为 5 个等级。火险等级越高发生火灾的可能性越大[10]。

此外除大气候影响外，发生火灾后会形成局地小气候火情。如当空气流过建筑背后产生旋涡，造成逆风向流入燃烧区，增加燃烧强度。同时风随高度增加，飞火距离也随着高度增加，室内火灾，在压力差作用下，室内外空气对流，会使烟雾、热气流袭击消防人员等。

尽管火灾发生概率与气象条件有密切关系，但只是属于助燃因素，不是发生火灾的内在因素。因此，在做好防火教育，采取充分防御措施的前提下，在容易起火灾的气象条件下应加倍防范。

六、城市灾害防治对策

1. 人类在与自然灾害斗争的历史中已总结出抗灾、防灾和减灾的经验。实际上这是一个系统工程，是从城市规划、建筑工程的勘察、设计、施工到小区的布局等都需要考虑的问题。

城市气候灾害从性质可分为两类：一类是城市气候特点决定的，如城市热岛、城市风等。要减轻由此加剧的灾害，可以采取绿化城市、扩大绿化比例、增加城市水体面积等措施，进而控制有害气体的排放量，可以适当地改变局地小气候。

另一类是气候异常造成的灾害。为了防御这类灾害，主要是充分利用监测及预报信息，同时在建筑设计和施工中要严格按照国家的规范执行。据统计，大凡倒塌的房屋基本上是低造价房屋、临时工棚和广告牌等，这些建筑由于材料质量差、施工不规范、抗风抗水能力差，遇到特大风或暴雨往往就会倒塌。所以，要加强对非标准建造房屋的管理。

2. 开展城市气候灾害研究，增强防御自然灾害的意识。1987年12月11日第42届联合国大会通过的169号决议，将1990—2000年定为"国际减轻自然灾害十年"。我国1989年成立了"国际减灾十年"委员会，宗旨是积极增强全民的防灾意识，提高防灾抗灾水平，减少灾害损失。

研究城市气候灾害是为了最大可能地防御及减轻气候灾害。气候年际波动剧烈，有时一个城市连续受灾，有时几年甚至十几年无大气候灾害。所以，首先弄清楚本城市不同季节经常可能发生的气候异常，再研究其变化规律，才能做到有针对性的防御，这是非常重要的。

参 考 文 献

[1] 陈定外. 低造价房屋抗台风灾害研究 [J]. 建筑科学, 1994 (3)：3-11.

[2] 赵力, 许钟根. 记8888西子蒙难 [J]. 气象知识, 1989 (1).

[3] 黄增明, 梁建茵, 吴艳标, 等. 广州城市气候 [M]. 北京：气象出版社, 1994.

[4] 朱瑞兆. 风压计算的研究 [M]. 北京：科学出版社, 1976.

[5] 朱瑞兆. 应用气候手册 [M]. 北京：气象出版社, 1991.

[6] 张景哲, 周一星, 刘继韩. 从小气候看天安门广场的绿化 [J]. 建筑学报, 1982 (12)：30-33.

[7] 武汉中心气象台. 武汉中暑人数与气象因子的逐步回归分析 [C] //全国应用气候会议论文集. 北京：科学出版社, 1977.

[8] 段宁, 刘丽杰, 任阵海. 我国近年来主要大气污染物的浓度分布 [G] //中国科学技术蓝皮书第5号气候. 北京：科学技术文献出版社, 1990.

[9] 北京气象局气候资料室. 北京城市气候 [M]. 北京：气象出版社, 1992.

[10] 康嫦娥. 城市火灾的气象条件分布及火险预报 [J]. 气象, 1993 (7)：47-51.

附　　录

驾驭"风神"为我所用[*]

——访著名气象风能专家、国家气象科研院副研究员朱瑞兆

　　金秋时节的古荆州北面门户——荆门，风和日丽，气候宜人。在这著名战略要地的美好日子里，我访问了国内蜚声的气象风能专家、国家气象科学研究院朱瑞兆副研究员。

　　朱副研究员年过五十有四，个儿中等，穿着普通，平易近人。我想了解湖北省的风力资源在全国处于什么地位？他答道，我国的风力资源丰富，从全国来讲，可分为丰富、较丰富、可利用、贫乏等4个区域，湖北省属于可利用区。他接着说，开发利用风能、太阳能、沼气能、地热能等再生能源，特别是核能，具有战略意义。这是因为，煤、油等常规能源总有用完的时候；再生能源则是取之不尽，用之不竭的。利用发展再生能源，不仅能缓解目前农村能源的紧张局面，减少环境污染，而且是为子孙后代造福的大事。我们不打好开发利用再生能源的基础，后代子孙会骂我们这一代的。国家领导已清醒地看到这一点，在"七五"计划期间拨出巨款，用于重点攻关项目，研究开发利用再生能源。

　　朱副研究员1954年毕业于西北大学。32年来，他踏遍国内大山名川，积累了丰富经验，在风力应用的研究上颇有造诣，成果斐然。仅去年他就荣获"中国风力资源及区划"和"沿海风压"两项国家科技进步三等奖。他的英、日、俄文皆好，在国际上连续发表学术文章，是我国在世界大气质量委员会的唯一委员，还被聘为《国际大气边界层》杂志编委。

　　他谈到这次来湖北省的观感时说，他来湖北多次，与湖北省的同行关系密切。他于60年代、70年代分别研究成功的"全国建筑气候分区"、"风压和取暖通风空调的气象差数"等国家项目，都与湖北分不开。70年代末至80年代初，他曾先后在湖北工作3个月之久，与省气象局、湖北电力设计院的科技人员一道完成了"阳逻跨江线路的铁塔梯度观测"的科研课题，首创了在146m距离的不同高度上安装8层仪器观测的科技成果，获国家气象科研院二等奖，这项成果很快在全国各地推广应用。他说："我和湖北是有感情的。"

　　关于湖北在风力资源的开发利用上应注意的问题，他认为湖北属于可利用区，但全省范围内也有丰富区和半丰富区，在开发利用之前，一定要积累资料，做好资源考察研究，不能盲目上马。风力提水、发电等机械的设计要根据湖北风小、季节性强等特点，研制一些结构简单、适于微风启动、成本低、农民买得起的机械。风和水火一样是无情的。他举例说，江浙某地区一夜狂风，使上百台风力机毁于一旦。因此，风力机还应想法自

---

　　[*]　本文载于《湖北科技报》，1986年10月24日第3版，由该报记者钟汉武采访撰写。

动刹机，以提高抗大风能力，不遭风力破坏，让风为人民谋福利。他谈得兴起，高兴地说，湖北有一支很强的风能研究科技队伍，有一批热爱这项事业的科研人员，我想上述问题是不难解决的。

我看看手表，时间已近午夜转钟，旁边还等着两位求教者，访问应该结束了。我告辞出来，带上客房门，房内又传出了亲切的交谈声。

发电巧借八面风*

——访中国气象科学研究院研究员、风能专家朱瑞兆

背景

风，提起这种最常见的自然现象，首先想到的是凉爽和空气的流动，同时又想到了它的"危害"——台风、飓风、沙尘暴等，而您是否想到了风还能发电。不能让风白白溜走，更不能让它总是危害人类；留住它，利用它，让它造福人类——人类有这个能力。

由于风力发电可以减少环境污染，调整改善电力工业结构，对推进新技术进步等有着战略意义，因此，受到世界各国的关注，并已在世界上几十个国家得到了广泛开发和利用。中国蕴藏着丰富的风能资源，具备了大规模开发利用的资源条件。

由于风电是一种新的发电方式，许多人还不了解，以为"风力发电形不成规模""风电成本太高""风电电量不稳定"等，提出这些问题是很自然的，有针对性地答复这些问题，让更多的人了解风电，认识风电也是必要的。

风电的环境效益好，不用燃料、可再生、不需移民。将风力发电作为优先发展的可再生能源技术，加大建设的力度，通过风电的大规模商业化发展，促进风电技术水平的提高，实现风电设备制造国产化，努力降低风电的建设和运行成本，使风电成为具有市场竞争力的清洁能源，以加快能源产业的结构调整，实现能源的多样化，确保我国经济可持续发展。

风能是可再生的清洁能源，我国三北沿海风力资源十分丰富，利用前景广阔

记者：利用风力为人类服务，自古有之，但以风力发电的形式大规模利用风能还是近几十年的事情，方兴未艾，以至于在海边、草原等我们会见到巨大的风轮，此时我们不禁要问，与传统的火电、水电相比，风力发电有哪些优越性？

朱瑞兆：从风的自然特点上可以理解风能（风力发电）的特点。风是一种永不枯竭的资源。地球上的风能大大超过固体燃料和液体燃料能量的总和，只要能够将地球1%的风能利用好就能满足全球能源的需要。在各种能源中，风能是利用起来比较简单的一种，它不同于煤、石油等需要从地下采掘出来，运送到电厂的设备中去燃烧；也不同于水能，必须建造大坝，要推动水轮机运转；也不像原子能那样，需要昂贵的装置和防护设备。除常规保养外，风电没有其他任何消耗。所以说，如果包括环境成本或社会成本，建造风力发电场比水力、火力发电厂或核电站的建造费用、原料成本低得多。

＊　本文载于《辽宁日报》，2005 年 10 月 11 日第 5 版，由该报记者刘洪宇采访撰写。

另外，风力发电场建设工期短，单台机组安装仅需几周，从土建、安装到投产，只需半年至一年时间，是煤电、核电无可比拟的；装机规模灵活，为筹集资金带来便利；运行简单，实际占地少，机组与监控、变电等建筑仅占风电场约1%的土地，其余场地仍可供农、牧、渔使用；对土地利用率高，在山丘、海边、河堤、荒漠等地形条件下均可建设，此外，在发电方式上多样化，既可联网运行，也可和柴油发电机等级成互补系统或独立运行，这对于解决边远无电地区的用电问题提供了现实可能性，这些既是风电的特点，也是优势。所以说，风能有着广阔的开发、利用前途。

最重要的一点，风能是一种清洁能源，它的利用不会产生任何的污染。

记者：是的，认识风能就要从风谈起。风强好发电——我国地域辽阔，气候条件多样，风能储量应该十分巨大，我国哪些地区的风力资源丰富、适于建风力发电场？

朱瑞兆：我国探明风能理论储量为32.26亿kW，居世界首位，陆上可开发利用为2.53亿kW，近海可利用风能7.5亿kW。中国的风能资源丰富区主要集中在两个带状地区，一条是"三北"（东北、华北、西北）地区，终年在高空西风带控制之下，且又是冷空气侵入我国的必经之地，从新疆到东北，是我国连成一片的最大风能资源带。面积大、交通方便、地势较平坦，风速随高度增加很快，这是欧洲地区没法比的，年发电等效小时数一般为2700h，新疆等一些地方可以达到3200h。另一条是"沿海及其岛屿丰富带"，其风能功率密度线平行于海岸线。这些地区每年可利用风能的有效小时数约在7000~8000h；沿海夏秋还有热带气旋的影响，每当台风登陆可产生一次大风过程，是风机满负荷发电的一次机会。

近年来，我国的交通条件得到极大的改善，电网覆盖程度有了很大的提高，许多风资源丰富地区已置于电网覆盖之下，也为我们建设大型风电场提供了更有利的条件。

国内越来越多的风电场的建立和投入运行将大大缓解国内电力紧张的状况

记者：作为重要的可再生能源，风电愈来愈受到关注，究其原因，除了其自身的特点外，与能源紧张是分不开的，那么在能源短缺和环境污染加重的今天，发展风能资源对我国有什么重要意义？

朱瑞兆：我国将开发清洁的可再生能源作为实现可持续发展的重要措施。发展新能源是经济发展和环境保护的需要，也是电力实施可持续发展战略的需要。当前，我国经济正处在一个飞速发展的时期，能源消费快速增长，但是我国发电装机容量仍不足，电网输配能力不足，造成20个省电力供应紧张，部分省市出现拉闸限电，成为经济发展的瓶颈。风力发电的开发利用，可以成为电力供应的重要组成部分，大力开发利用风电，是改善以煤为主的能源结构，缓解能源利用造成的环境污染，促进我国能源与经济、能源与环境协调、可持续发展的重要选择。通俗点说，煤越少，风能作用、意义就越显现。随着国内更多的风电场的建立和投入运行，将大大缓解国内电力紧张的状况。

前面已经提到，风力发电是一种干净的可再生能源，有关资料显示，一台单机容量为

1000kW 的风机与同容量火电装机相比，每年可减排 2000t 二氧化碳、10t 二氧化硫、6t 二氧化氮。

另外，风电在全球已发展为年产值超过 50 亿美元的庞大产业。从长远看，无论是工程投资还是发电成本，都会逐步接近火电。应该说，风力发电是极具发展潜力的产业，极大地带动制造等行业的发展。

记者：有人说，风力发电不连续，有间歇性，"没风就没电"，那么，风力资源本身存在哪些弱点？要开发风力资源，需要克服什么困难？

朱瑞兆：风能有它自身的特点，大家知道风不是时时刻刻都在"吹"，所以风能不能像燃煤电厂那样只要燃料供得上，24 小时都能发电。风能资源间歇性是它的一个弱势，而且产生的大规模电能还不能存储，因此我们必须重视风电供应的稳定性问题。另外，这个问题不是发展风电的障碍。因为，通常情况下风力发电不是单独供应终端用户，它是与火电、水电等联合上网供电。目前，我国风力发电比重只占上网总发电量的 0.17%，容量小，电量少，相对整个电网而言微乎其微，因此它不会引起电网的波动和不稳定。据专家分析，风电比重低于 10% 对电网不会构成影响。我国规定风力发电占总发电量的比重不应超过 5%，所以，即使将来逐步达到 5%，也不会由于不稳定造成影响。

记者：据了解，世界上风能发电每年以 13% 的速度增长，成为增长最快的能源之一，那么，我国利用风力发电达到怎样的规模？

朱瑞兆：近年来，中国的风力发电事业呈现了良好的发展势头。1986 年 4 月，我国第一个风电场在山东荣成并网发电，到 2004 年底，共有 43 个风电场建成（不包括台湾的 5 个风电场），全国风电装机容量达到 76.4 万 kW，在世界上排第 10 位。风电机组 1061 台，分布在 14 个省（市、自治区），累计装机容量前 3 位的是内蒙古、辽宁和新疆。但与全国电力总装机容量的 4.4 亿 kW 相比，风电装机容量仅占其 0.17%。根据我国风力发展规划，2010 年风电装机容量达到 400 万 kW。

由于巨大的市场，除华能、华电、大唐、国电几大发电集团之外，一些具有相当实力的民营企业也纷纷加入风电行业。

大功率风力发电机的国产化是发展我国民族工业、降低风电发电成本、加速我国绿色能源发展的必由之路

记者：我国风电建设取得了许多成就，但我的感觉就是它的发展离我们预想的还有一定的差距，那么，制约风电发展的因素有哪些？风电机组是不是最关键的问题？

朱瑞兆：风能转化为电能的设备最核心的部件就是风电机组，它就在我们通常看到的那个巨大的风轮的后部。风力发电的增长得益于风电技术的成熟。风电机组容量越大，就越能充分利用较高处的风能，如 600kW 的风机轮毂高度为 40m，1.5MW 风机轮毂高度为 70m，70m 高度处比 40m 高度处风速增大 10.5%，风能功率密度增大 27%。而目前我国各风电场应用的主流机组容量仅为 600~700kW。

近年来，我国在风机国产化方面取得了较快的进展，国家计委实施的"乘风计划"、国家经贸委实施的"双加"工程风电专项、国家科技部组织的"九五"新能源科技攻关项目都对风机国产化工作有很大的促进作用，现在参加风机国产化研究工作的单位涉及电力、水利、机械、航空、航天等系统，形成了风机国产化大发展的格局。但是在总体技术上我国风电机组的制造与世界先进国家尚有差距，从事整体研究与设计的人员较少。我国国产风电机组基本上是定桨距的 600kW 的机组，其结构也与国外多数风机结构大同小异，而该风电机组在国外已经停止生产。国际上风电市场的显著特点是风力发电机组单机容量不断扩大，兆瓦级风机已是国际市场的主流机组，更新速度很快，几乎每 2 年就有一种新机型问世，如丹麦新建成的几个风电场单机容量都在 2MW 以上。新的风电机组叶片设计和制造还广泛采用了新技术和新材料、新电子技术和计算技术，有效地改善并提高了风力发电总体设计能力和水平。

大型风机需要进口是发展风力发电的瓶颈。我国现在所用的风力发电机很大程度上依靠国外进口，这样会导致成本升高，相应增加我国发展风力发电的难度。可喜的是，今年，国产兆瓦级机组已研制成功。

记者：风电机组的进口使风力发电的成本大大提高，那么，目前风力发电的成本是多少？如何促进和实现机组的国产化以降低成本、发展风电？

朱瑞兆：在风电场建设的投资中，风电机组设备约占 70%，实现设备本土化，降低工程造价是风电大规模发展的需要。如果我们自己能够研发更好的风力发电机组，掌握更先进的技术，那么风力发电的成本降下来了，风力发电事业也能够更好地发展。现在，掌握风电机技术的一些国家风力发电的成本已低于火力发电。

要尽快实现大功率风机的国产化，除了一定的研发投入外，需要给大功率风机制造厂以启动市场，如建立国产化风机的示范风电场，这样就可以实现制造厂与业主风险共担，效益共享，并达到促进国家风电事业发展的目标。

当然，实现风电机组国产化，最根本的还是在于风机制造企业加快技术革新，通过吸收外国先进的、成功的技术，不断完善提高国产化风机的性能和可靠性，降低制造成本，实现国产化，才能使我国风电事业形成规模，实现风电的规模效益。

随着我国《可再生能源法》的实施，国家采取各种有效的政策、措施支持和鼓励风力发电，风电将会有一个飞速的发展

记者：目前，建风力发电场造价高、投资较大，那么，所供应的电的价格也应该相对较高，否则，投资者入不敷出，这样就产生了一个问题：有"便宜"的火电，谁还会付钱用高价风电？在这方面，国家是不是有政策和机制来支持和鼓励风电？

朱瑞兆：2002 年开始，我国开始实施风电开发特许权项目，采用特许权招标是吸引投资商、降低风电开发成本的方法之一，国家给予承诺和保证，在一定的年限里，以固定价格收购固定的电量。就是说，我们风电的价格一般是指上网电价——风能发电企业卖给电力供应公司的电价，而不是卖给终端用电客户的价格。而前者的价格目前还高于后者，其中的差额部分要在销售电价中分摊，因为风电比例小，对供电公司的影响不大，这就保证了风电投资者（公司）的效益。这是国家支持风电发展的一项有力措施。将来，随着风力发电成本的不断降低，电价也会下降到接近甚至低于火电水电的价格，形成很强的竞争力，形成发电、供电、用户三方受益的局面。

风电电价的制定主要取决于风电场发电量的多少，而影响风电场发电量主要因素是风资源条件和风电机组的价格，其他还有融资条件、贷款利率和偿还期以及电价的确定方法如恒价法还是变价法等。我国幅员广大，风能资源也有差异，根据不同地区制订出一个合理的电价，将有利于吸引投资者，有利于当地经济发展，所以，建立制定有激励作用的合理的风电上网电价至关重要。为此，2005年7月4日，国家发改委"关于风电建设管理有关要求"中第四条要求："风电场上网电价由国务院价格部门根据各地的实际情况，按照成本加收益的原则分地区测算确定，并向社会公布。"这也造成了各地上网电价不同，从浙江苍南风电场1.2元到新疆达坂城风电场0.53元，发展最好的内蒙古风力发电每千瓦设备成本已由1万元降至七八千元，每千瓦时风电的含税还本付息成本价也降至0.5元以下。在国际上单位千瓦造价一般为1000美元，发电成本可达到6~7美分。我国风电场的单位造价约为1万元，而国内大中型水电站的单位千瓦造价为七八千元，火电站如果加上脱硫脱氮等环保设施的话，千瓦造价也要超过7000元，应该说风电具备了和其他电源比较的能力，它的造价和电价是可以接受的。从经济成本的角度核算，我国许多地区风力发电的产业化条件已经成熟。

记者： 2005年2月，我国的《可再生能源法》颁布，作为最重要的再生能源之一的风能，目前我国采取了哪些政策措施来保证其快速、大规模发展？

朱瑞兆： 发展风力发电是一项利于千秋的事业，但在发展初期，与常规能源相比，产业规模小、获益能力低。因此现阶段需要政府给予相应的扶持。随着2006年1月1日《可再生能源法》的施行，再生能源将会有一个飞速的发展。风力发电是新能源和再生能源中技术最成熟、最具有规模开发和商业化发展前景的发电技术之一。在《可再生能源法》的条文中，制定了有关风力发电强制上网、全额收购、分类定价等原则。此外，还明确规定了风力发电的接入成本将由电网承担。

国家采取了一系列的措施和行动保证我国风电有序开发、分步实施、持续发展。如国家发改委2003年10月召开了全国大型风电场建设工作会议，提出对全国各地的风能资源进行一次全面的评价普查工作，全面开展发电场建设的前期工作，包括风能资源评价、风电场选址和风电场预可研三个方面，对全国各地装机容量规划目标进行了规划，同时组织实施了可再生能源和新能源高技术产业化专项。

对于风机的发展，国家发改委有关文件明确指出：加快风电设备制造国产化步伐，不断提高我国风电规划、设计、管理和设备制造能力，逐步建立我国风电技术体系，更好地适应我国风电大规模发展的需要，并规定"风电场设备国产化率要达到70%以上，不满足设备国产化率要求的风电场不允许建设，进口设备海关要照章纳税"，这是实现风机国产化的有力保障。

中国蕴藏着丰富的风能资源，具备了大规模开发利用的资源条件，随着政策、法律技术等方面的不断成熟，已有众多企业纷纷把目光投向风力发电这一前景广阔的朝阳产业，相信我国捕风捉"能"、"自然"发电将会得到长足的发展。

探明中国风能储量的泰斗 *

　　人类依然在大量消耗化石能源，由此而来的温室效应、环境污染已经成为灾难性问题。为此，全球的政治家们真的开始感到头痛了，只是不知道政治家们是不是能够真正步调一致地解决人类的灾难性问题。

　　其实很多年前，就已经有很多人开始寻找替代能源了。本期风能中国人物朱瑞兆就是其中的一位。

　　1980 年冬天，知天命的朱瑞兆知道了中国陆上风能资源的储量大约有 1.6 亿 kW，但这只是 10m 高度的资源量。"显然，随着高度的不同，这个量会有变化，50m 高度的资源量大致可以翻一番"。朱瑞兆的"发现"，使得试验中的中国风电瞬间展现了光明前景。考虑到当时的情况，这一数据并没有对外公开，仅有很少的专家和领导人知道。

　　29 年后的 2009 年 6 月 3 日，79 岁的朱瑞兆在中国气象科学研究院风能资源实验室接受了记者的专访。朱先生神情矍铄，走起路来脚步生风。说到他健康的身体，朱先生先是放声大笑，然后才诙谐地说，赶上一个风能好时代，我一年到头几乎跑在风中，身体就是这么炼成的。

　　在和记者的交流中，朱先生的手机多次响起，周杰伦的"菊花台"很好听。记者问先生是不是也喜欢周杰伦的歌声？先生爽朗地一笑算是回答。先生在电话里回复的多是有关风电项目评估会的邀请，或"我给你留出时间"或"这个时间不行"一类的答复。

转向风能

　　"风能行业的人，怎么可能不知道朱瑞兆？在探明我国风能资源家底方面，朱瑞兆算得上风能界的泰斗。"业内的评价足见朱瑞兆先生是因卓越成就而为众人敬仰的人。

　　其实，朱瑞兆先生在与风能结缘之前，一直从事建筑气候研究，也就是风压对建筑的压力。朱先生说，风压与建筑的关系十分密切，风压是建筑设计中的基本参数之一。过高地估计风压数值，必然形成肥梁胖柱，造成浪费；相反，如果将风压数值取小，房屋建筑则会被风吹毁，造成损失。正是因为在建筑气候方面的多项研究成果，朱瑞兆 1978 年出席了全国科学大会，获得"全国科技重大贡献先进工作者"奖。

　　"这都是过去的事情了。"朱先生说，"1980 年以后，我的主要研究精力转向了风能。"

　　"尽管您的研究转向风能，但您依然在建筑气候研究方面多次获奖，而且出版了多部专著，有的著作还在台湾出版。"

---

　　*　本文载于《中国风能》，2009 年第 5 期，由该杂志记者陈雪采访撰写。

"这是惯性的力量吧。"朱先生说，"我是 50 岁那年开始转向风能资源研究的。当时感到自己做风压研究已经做到了编制荷载规范的高度，再往上做空间已不大，而风能则是新的领域，有较大的发展空间。其实风压和风能关系密切，所不同的是，风压是风速的平方，风能是风速度立方。所以，我的转向相对容易。"

实际上，朱先生转向风能得益于一次国际会议。大约是 1979 年的秋天，朱先生作为世界气象组织（WMO）的报告员，参加了 WMO 在美国华盛顿举行的世界气象年度大会。其间，朱先生听到有些外国专家谈到太阳能和风能，尤其美国已经开展了风力发电，这令朱先生感到新奇和兴奋。回忆起 30 年前的会议，朱先生依然感慨，"那是我收获最大的一次会议，它改变了我的研究方向，当然这个方向符合我国能源经济发展的方向"。

摸清家底

"中国风能资源储量有多少？"1980 年夏天，朱瑞兆在国家科委的支持下，开始了摸清中国风能资源家底的艰苦工作。尽管这是我国首次开展风能资源普查，但鉴于人们当时的认识和重视程度，所有的风能普查工作只能在工作之余进行。那时候，国家气象科学研究院资料楼成了夜晚亮灯窗口最多、时间最长的办公楼。

回忆那段"激情燃烧"的日子，朱瑞兆说，"那时候我组织了 40 多个人做这项工作，但只有我自己是专职的，其他人都是利用晚上的时间和休息日，一般在晚上 7 点或 8 点开始工作，有时候为赶进度，工作到午夜也是常有的事情。那时候大家都被这项开创性的风能普查工作鼓舞着，热情高涨，把做事看得很重，把辛苦和加班补助看得很淡，就这样我们花了大约半年多的时间，才把全国风能资源基础数据的统计工作做完"。

现在看来，那仍然是一项统计量很大的工作，何况当时连手按的计算器都没有，完全是人工计算。朱先生介绍，他在全国 29 省市选择了 300 个气象站点，从每个站点 30 年的气象资料中选出 3 年的数据，也就是风速大值年、小值年、平均年，这样算下来大约有 800 万个数据。

"简单说，我们分析了我国 3~20m/s 范围内各 m/s 的出现时数，计算了风能密度，给出了我国有效风能密度、有效风力出现时间百分率、全年 3~20m/s 风速小时数、全年 6~20m/s 风速小时数 4 张分布图，并描述了它们的特征，进而分析了我国风能资源潜力。"朱瑞兆说，"直到现在我国在风能开发利用方面，还在延续使用这些分布图。"

通过这次普查，朱瑞兆基本探明我国风能资源的储量大约为 1.6 亿 kW，甚至更多，但这一数据并没有对外公开。1981 年第 2 期《太阳能学报》发表了朱瑞兆、薛桁联合署名的《我国风能资源》一文，该文在"小结"中只是使用了"我国相当大的地区有着丰富的风能资源"这样的表述，并没有公布具体的储量数据。但文中的"风能密度的计算""我国风能资源分布""风能随高度变化"等技术性内容为当时试验中的中国风电提供了极具价值的技术支撑。

此后，朱瑞兆又对中国风能区划进行了研究。在谈到开展这项研究的背景时，朱先生说，当时世界气象组织对全球风能资源进行了估算，按风能密度和相应的平均风速将全球风能划分为 10 个等级。但是，世界气象组织所作的风能区划，对我国的分区有较大偏差，如内蒙古偏小、黄河和长江中下游偏大，对青藏高原标明"不了解"，等等。"那么，中国风能区划要考虑哪些因素呢？"这是朱先生当时考虑的问题。

朱先生说，当时他主要考虑了三个因素，也可以说是三个指标。一是风能密度和利用小时数。风能密度越大，利用小时数越多，风机利用效率就越高。二是风能的季节变化。这也是设计蓄电装置和备用电源的重要参数。三是风机最大设计风速，也就是极限风速。极限风速取得过大，会造成浪费；取得偏小，风机又有被损坏的危险。要使风机安全可靠地运行，必须推算出一定重现期下的最大风速。

朱瑞兆说，他根据有效风能密度和全年 3～20m/s 风速的累计小时数、风能的季节分配及 30 年一遇是最大风速指标，将全国划分为风能丰富、较丰富、可利用和贫乏 4 个区，以及 30 个副区。通过分区找出全国各地风能的差异，以便充分利用风能资源。

"现在看来，朱瑞兆提出的这三项指标对风机制造商也具有很高的参照价值。"有业内专家仍然对朱先生 1983 年初确立的"中国风能区划"指标给予很高的评价。

1985 年，朱瑞兆的项目《我国风能资源的计算和区划》获得国家科学技术进步三等奖。

回顾首次风能资源普查工作，朱瑞兆还是感到有些遗憾，比如站网密度较疏，在一定程度上影响了数据的准确性。之后，虽然一些省份也陆续开展了进一步的风能资源调查，但内容与标准参差不齐，就全国范围而言，某些方面缺少可比性。在这种情形下，我国于 1984 年 9 月到 1987 年 7 月开展了第二次风能资源详查。朱瑞兆强调，"与首次普查相比，这次是对我国风能资源丰富和较丰富地区 19 省（市、自治区）风能资源状况的详查研究"。他说，"这次详查对新疆、内蒙古、甘肃等 19 省（市、自治区）的 748 个气象台站连续 10 年的风能资料进行了收集、统计和计算，完成了技术总结报告及分省（市、自治区）报告 21 篇，详细论述了这些地区的风能资源状况，以及开发可能性和建议。"

2009 年 6 月 3 日，记者在国家气象局气象科学研究院资料楼看到了这一项目成果的技术鉴定证书。鉴定委员会认为，这项成果是我国首份全国范围内重点风能资源按地区划分的详尽的数据资料，对我国有效地开发利用风能资源、制定风能开发规划、风机选型、场址选择提供了科学依据，具有普遍的指导意义。

国家气象局气象科学研究院专家从技术层面对这项成果向记者作了解释："从当时的情况看，这项成果从风能密度公式出发，依据实有气象资料，得出平均风能密度估算公式，同时针对我国地形复杂的特点，考虑青藏高原空气密度小对风能等的影响，计算了每一个站点的空气密度，从而修正了国外通常将风能公式中空气密度取作常数的概念，进而提高了计算的精度，在计算中还应用了 Weibull 模型进行资源估算，并导出平均风能密度、有效风能密度，以及各等级风速累积时数等求算公式。"专家称，"朱瑞兆对本项目的创造性贡献在于他提出了本项目的总体方案和有效的研究途径和计算方法。"

1989 年 7 月，《全国 19 省（市、自治区）风能资源详查研究》项目获得国家科学技术进步二等奖。这是朱瑞兆第二次在风能资源研究领域获得国家科技进步奖。

1997 年 11 月，67 岁的朱瑞兆退休了，他是国家气象局退休最晚的人，之所以这样，是因为国家气象局需要这样的泰斗。

之前的 1995 年，国家气象局对外公布，我国陆上 10m 高度处风能技术可开发量约为 2.53 亿 kW。这又回到中国风能资源储量的问题：风能资源的开发利用潜力究竟有多大？这是一个关乎中国风能资源开发利用前景的关键问题。对它的总储量就需要有一个科学、客观、准确的估算。朱瑞兆说："陆上 2.53 亿 kW 这个数据比较准确，这是他们用求积仪一块块计算出来的，而海上 7.5 亿 kW 的数据则是一个大概的估计，误差可能大于陆上。因为相对陆上，海上风资源评估的难度更大，缺乏必要的技术数据支持。"

退休后的朱瑞兆退而不休，他应邀参加了 2004 年我国进行的第三次陆上风能普查，并编写、审查了此次普查形成的《中国风能资源评价报告》。该报告已于 2006 年 12 月出版发行。报告称，我国陆上风能资源总储量达 43.5 亿 kW，其中技术可开发量为 2.97 亿 kW，潜在技术可开发量约为 7900 万 kW。这是有关中国风能储量的最新数据。

到现场去

"多年来，朱瑞兆活跃在风能一线，哪儿需要哪儿就是他的落脚地，全国 80% 的风电场有他工作过的身影。"朱瑞兆的同事这样评价朱瑞兆。

朱瑞兆说："在我国风能开发初期，现场是我最想去的地方。"

20 世纪 80 年代初，朱先生在湖北工作 3 个月之久，他与湖北省气象局、湖北省电力设计院的科技人员一道，完成了"阳逻跨江输电铁塔风的梯度观测研究及应用"课题。该课题充分利用阳逻铁塔 146m 的高度，分别在不同高度安装了 9 层风仪，对近地层风的垂直变化作了大量的统计与分析，为我国平原地区的近地层风特性研究与应用提供了有意义的数据。朱瑞兆称，简单讲，近地面层风的研究既是提供不同高度上风能的潜力，又是风机本身和塔架结构设计的重要依据。

当风力发电商业化气候渐浓的时候，风电场建成为业主头痛的问题。这种情况下，风能资源专家朱瑞兆就成为业主"最想邀请的人"，有人称他是"点风成金的金手指"！

但辛苦和付出只有朱瑞兆自己最清楚。

"简单说，业主请我无非是要我帮助他们完成两项工作，一项是风电场选址；另一项是风机位置选择。"朱瑞兆坦诚地说。

"我去的地方大多地形复杂，在复杂地形条件下，风电场选址要通过实地勘测来确定，工作量很大，十分辛苦，用脑更用体力。"朱瑞兆说，他在广东的横琴岛、硇洲岛实地勘测时，那儿除了山石树丛什么都没有，更困难的是根本找不到上山的道路，只好从当地请了两个老乡作向导，一边挥刀"砍柴"，一边摸索着前行，看看哪儿更适合建风电场。现在想来，那的确是一项费神费力的事情。后来，横琴岛、硇洲岛都建起了风电场，想到风能资源得到了开发利用，那苦那累都成了美好的回味和记忆。

"几十年来，朱瑞兆跋涉在荒漠、在草原、在海岛，他选址的多个风电场，可以说有口皆碑。"朱瑞兆面对这样的评价，仅是一笑而过。当记者问他哪些风电场是他最得意的选址时，朱瑞兆又是爽朗地大笑，笑后却向记者讲起了他在海南岛的"盐碱衣衫"、在辉腾锡勒的沙尘暴。

"不记得哪一年了，我在海南岛实地勘测风场选址，正是夏天最热的时候，衣服湿了又干，干了又湿，回到住处发现浑身的衣服已是白碱一片片。在辉腾锡勒实地勘察时遇上了沙尘暴，那真是伸手不见十指，我们几个人在原地一待就是几个小时……"朱瑞兆说，"对干风电事业的人来说，这都是家常便饭，实在算不得什么。"

"风电场一旦选定，接下来就是风机位置的选择了。"朱瑞兆说，"最初几年，风机位置的选择还没有软件使用，风机装在哪全靠人工计算定位，后来有了这方面的软件，但容易出现偏差，尤其地形稍微复杂，软件就根本无法使用了，最终还得靠人工解决问题。其实，风机位置的选择是一个重要的气象研究问题。也就是说，风力的大小与地形、地理位置、风机安装高度、风机间的距离等因素关系密切。"

其实，早在 1981 年 11 月，朱瑞兆就在《气象》杂志发表了《风机位置选择中的一些气象问题》一文，后来在现场进行的风机定位只是对一些研究成果的应用。

说到那时的风电场选址以及风机定位，朱瑞兆禁不住说，"那时候在南澳、在商都，我和杨校生跑选址……那时候在长岛，我和王文启定机位……"朱瑞兆说到的这些名字都是注定进入中国风电发展史的人物。

现在已近 80 岁的朱瑞兆依然风风火火，他的经历、学识和智慧依然是我国风电事业发展进程中的一股动力，一如风力催动着风车，不仅仅是轻盈和诗意，更是宣示一种补充或替代化石能源的方式。

风资源测评对风电发展至关重要 *

　　2010 年 3 月 29 日召开的能源行业风电标准化工作会议上，中国气象科学研究院风电专家朱瑞兆研究员作为风电标准建设专家咨询组成员参加了讨论。会后，《中国能源报》记者就风电标准体系建设中的相关问题采访了朱瑞兆。

风资源测评是风电标准的重要基础

　　中国能源报：在您看来，目前出台的《风电标准体系框架》（讨论稿）有哪些地方还需要改进？

　　朱瑞兆：首先，讨论稿中第一章内容是"风电场规划设计"，我认为，如果《风电标准框架》在没有清楚地反映出我们国家海上和陆上究竟有多少风能储量的情况下，一上来就做风电场规划设计特别是海上风能规划是不合理的。另外在风资源评估上，我们把我国的风资源分成 4 个等级：风资源丰富的、较丰富的、可以利用的、比较贫乏的。这一项工作在标准框架的进一步完善过程中应该反映出来。

　　其次，现在的标准体系里把风资源的测量评估放在风电场的规划设计里面了，让人感觉它只是风电场规划设计的一个基础，但事实上风资源特点还是风电场施工与安装、运行维护管理的基础，包括风机制造和风电并网，在理想状态下都应该与风资源气象环境、风电功率预报有关系。

　　建议把风资源测量评估及其规划拿出来，放在前面单独作为一组标准，或者增加气象部门参与到这一部分的研究中来。

　　再就是，我建议将风力发电功率预报的这部分技术标准放到风电并网管理技术这一个组中，而不是风电场运行维护管理这一个组。当然，如果是通过风力预报，了解某一天有大风，不适合风机设备维修，就不上去维修，那放在运行维护管理这一类别的话是可以的，但这不是风电功率预报的主要目的。对于风电来说，这里面比较关键的问题是风力发电本身不稳定，可能需要电的时候没有风，不需要电的时候风来了，只有通过风电功率预报提高电网调度能力，使不稳定风电变为便于调度的电能，这主要是风电并网需要考虑的问题。

　　中国能源报：能不能结合行业现状，谈谈您为何强调风资源测评？

　　朱瑞兆：我们开发风能应该是风资源测量先行，首先要了解地方风资源的情况。根据财政部和国家发展改革委下达的任务，现在国家气象局在全国建设了 400 个铁塔。再加上已有

---

　　* 本文载于《中国能源报》，2010 年 4 月 5 日第 4 版，由该报记者贺娇采访撰写。

的 2700 多个气象观测站，对获取的基础资料进行分析研究，都是作出这部分标准的依据。

风能储量的评估也很重要。我国到底能开发多少风电，要以风资源储量为依据来制定规划。再比如说我们现在在三北地区规划 6 个千万千瓦级风电基地，就是根据三北风资源条件比较好的评估来制定的，没有资源的话，盲目开发是不可以的。

在风资源测量评价这一块，目前缺乏一个国家层面的标准。现在很多开发商也没有把风资源特点放在一个很重要的地位来看待，这是一个误区。我们现在已经建了很多风电场，运行过程中存在一些问题，很可能跟当初的风资源评价上的重视不够有很大关系。风力发电的情况和风速、风频、空气密度等都有密切关系。即使两个地方的风速完全相同，发电的情况也不见得一样。所以应该更加重视风资源评估的重要性。

从目前风电场后评估来看，已经建成和运行的风电场与当初的可研报告中发电量不一致，造成这种情况除了对风资源估计不足外，对低温、沙尘暴、雷暴等气象环境估计不足也是一个原因。

标准制定应避免与前期基础工作脱节

中国能源报：我们国家在风资源测评的标准制定方面做过相关的基础工作吗？

朱瑞兆：国家气象局政策法规司这几年专门组织了全国的气象部门做风能资源标准体系建设，包括风能资源测量技术、评估技术子体系、风力发电机组气象条件子体系等。以风能资源的测量和评估方面的工作为例，历时三年左右，目前已经完成的和正在编写过程中的有 20 多个规范。包括风能资源观测系统技术规范、区域风能资源评估方法、近海风电场选址技术规范等。

目前，这些在风电标准体系框架报告中还没有详细地反映出来。这些工作怎么衔接？是需要我们考虑的问题。我认为应该避免与前期基础工作脱节的现象。

中国能源报：在您看来，此次发布的《标准框架》中与风资源相关的标准，在具体制定时应该注意些什么问题？

朱瑞兆：《标准框架》里面，风电机组设备抗台风、抗低温、防沙尘暴等方面的要求都跟气象因素密不可分。低温、台风环境、沙尘暴等谁来研究？设备厂商设计院肯定没办法研究，只能由气象部门去研究对风电机组的影响。

此外，风电标准体系中的风电场微观选址技术规定、风力发电功率预测技术等都与气象环境密不可分，建议这几个组中适当增加气象部门人员。

我认为最好应该单独由一个风资源组来做这个基础工作，研究气象环境对风力发电和风机制造等方面的影响，为其他各组的工作提供一个坚实有力的支撑。

将风资源因素纳入标准化工作迫在眉睫

中国能源报：您怎样看待目前我国进行风电标准化工作的意义？

朱瑞兆：我们国家的风电装机容量到 2009 年底已经达到约 2268 万 kW，已经排在世界第三位。到现在为止国内的风机设备生产厂家已经有 80 多家，但大部分都是从国外引进技术，或买许可证，这些风电机组所用的规范基本是按照欧洲标准，非常不符合我国的情况，造成的损失相当严重，所以现在亟须有一个规范。

例如我们国家有低温、台风和沙尘暴，欧洲没有这些。我们国家没有相关的标准，造成按照比较固定的值来预计发电量不够准确。因此亟须考虑台风最大风速阈值、最低气温极值及持续时间、沙尘暴的频率等环境因素，并将其列到风电机组设备标准里面去。风电机组设备商必须要考虑到台风、低温、沙尘暴等影响，这样制造出来的风机设备才能适应我国的气候环境。

从这些情况来看，将风资源因素纳入风电标准化工作是迫在眉睫的事情。

海上风电发展应在稳步中前进 *

——访中国气象科学研究院研究员朱瑞兆

近年来，在世界范围内，一场大规模的风电开发运动正在蓬勃兴起。中国和其他国家一样，风电开发得到了迅猛的发展，在风能的开发利用中，风资源的测量、分析、评估等工作对于风电基地的选址、规划及其经济性都有至关重要的作用。然而随着陆上风电的大规模发展及海上风电的开发，风资源测评、海上风场建设及诸多发展中的问题再度成为热点，引起业内的极大关注。近日，记者在中国气象科学研究院采访了风资源测评方面的泰斗朱瑞兆。

朱瑞兆与风能结缘于 30 年前。1980 年，一直从事建筑气候研究的朱瑞兆开始将主要研究精力转向风能，30 年来为我国风资源的探明作出了卓越的贡献，被业内誉为"探明我国风能资源家底方面的风能界泰斗"。采访中，朱瑞兆常常提起他在全国各地风电场所见的现实情况，从沿海到内陆，朱老师的足迹几乎遍布各个地区的风电场，实际考察评估风电场资源 200 个以上。如今，这位已逾 80 岁高龄的老人依然坚守在风能风资源第一线，对此，朱瑞兆真挚地说，人如果可以保持童真的话，就会活得充实、活得好。

风能是具有明显优势的新能源

在采访中，朱瑞兆首先对风能发展给予了极大的肯定。他说，风电是目前技术比较成熟、发展最快的可再生能源发电技术，在未来的新能源产业发展中将占据极大的比重，具有非常好的发展前景。

朱瑞兆首先提到了我国的风资源。他说，一个地区能否大规模地开发利用风能资源和大力发展风电，取决于风能资源的丰歉。我国幅员辽阔、海岸线长、风能资源较为丰富。他表示，正是丰富的风资源为我国发展风力发电提供了最为基本的条件。

提到风资源，我们不得不提到朱瑞兆这位"泰斗"为探明我国风资源储量所奉献的多年努力和所取得的成就。1980 年夏天，朱瑞兆在国家科学技术委员会的支持下，开始了摸清中国风能资源家底的艰苦工作。

据了解，他在全国 29 个省（市）选择了 600 个气象站点，从每个站点 30 年的气象资料中选出 3 年的数据，包括风速大值年、小值年、平均年等 800 万个数据。通过这次普查，终于探明了我国风能资源的储量大约为 1.6 亿 kW，朱瑞兆于 1981 年发表了《我国风能资源》一文，为当时还处于试验中的我国风电的发展提供了极具价值的技术支撑。

---

* 本文载于《风能产业观察》，2010 年第 5 期，由该杂志记者刘莲、黄霞采访撰写。

　　此后，朱瑞兆又开始悉心研究中国风能区划，于 1983 年初确立了"中国风能区划"指标；1984 年 9 月至 1987 年 7 月开展了第二次风能资源详查，与首次普查相比，这次是对我国风能资源丰富和较丰富地区 19 省（市、自治区）风能资源状况的详查研究。这次详查对新疆、内蒙古、甘肃等 19 省（市、自治区）的 748 个气象台站连续 10 年的风能资料进行了收集、统计和计算，完成了技术总结报告及分省（市、自治区）报告 21 篇，详细论述了这些地区的风能资源状况以及开发可能性和建议，为我国有效地开发利用风能资源、制定风能开发规划、风机选型、场址选择提供了科学依据。1985 年朱瑞兆的项目《我国风能资源的计算和区划》获得国家科学技术进步三等奖。1989 年《全国 19 省（市、自治区）风能资源详查研究》获得国家科学进步二等奖。

　　朱瑞兆引用多年的风资源领域的研究经验为记者详细讲解，我国风能开发利用主要集中在三北和沿海等丰富区。整个三北地区的风能资源都很丰富，年有效风能功率密度在 200～300W/m²，大于 3m/s 的小时数有 5000～6000h。截至 2009 年，全国 423 个风电场装机容量 2268 万 kW，三北地区占全国 85% 以上。此外，我国有超过 18000 千米的海岸线，初步估算，在我国海上风能储量 10m 高约为 7.5 亿 kW，50m 高为 15 亿 kW。由此，以丰富的资源为基础，风能可以作为重要的替代能源。

　　朱瑞兆表示，和其他能源相比，风电也具有相当的优势。2010 年，我国的新能源发电量比重将占总发电量的 2.5%。朱瑞兆直言，在新能源产业中，太阳能目前成本较贵，而生物质能的开发是有限的。

　　朱瑞兆指出，当前太阳能行业的发展中国家政策的补贴占据相当大一部分，并且到目前为止还没有统一的电价，这已成为长久以来太阳能产业的发展之殇。此外，太阳能业内很多人士反映，多晶硅在生产中需要消耗相当大的能量，占地又多，这也是发展太阳能的一个壁垒。

　　对于生物质能的发展，朱瑞兆以生物质能发电中的秸秆这一原料为例，说起亲身经历的几年前内蒙古地区的生物质能发电站的现实问题。朱瑞兆曾参与了生物质能发电站前期规划和市场调研，在发电站建成前，秸秆的价格极低，但发电站建成后，秸秆的价格却居高不下，使得生物质能的发电成本飙升，这是很多生物质能发电站存在的问题。由此，朱瑞兆再次强调，相比之下，风电肯定会成为未来节能减排的主力军。

风电发展中的问题不容忽视

　　在肯定风能的优势和发展前景的同时，朱瑞兆老师也非常冷静地指出了风电发展道路中的几点问题。对于风电在前进中的问题，很多业内专家表示，并网一直是风电发展的重要因素。对此，朱瑞兆表示认同，他说，如果想大力发展风电，首先应该解决的最大瓶颈就是并网问题。

解决电网问题是关键

　　朱瑞兆指出，风电对电网的影响主要是由于风速、风向变化的不稳定性而导致的输出功率变化，我国电网比较薄弱，为防止电网崩溃事故，风电在局部电网中的比例一般控制在15%以下。在解决风电上网的问题上，虽然《中华人民共和国可再生能源法》明确规定可再生能源发电就近上网，电网公司全额收购，但是在风力资源丰富的地区往往电网较薄弱，电力输送难度大，影响了装机建设。有的风电场装机建设完成了，但配套电网工程滞后，还是不能发电。以2009年内蒙古风电场的风电上网问题为例，朱瑞兆说，去年内蒙古有三分之一的风电场电力无法输出，尤其是冬季，也就是风力最大的时候，热电厂不能停，发电量受到了极大的限制。

朱瑞兆提起在甘肃酒泉做风电场后评估工作时所了解的情况，甘肃酒泉风电一期建设规模516万kW，目前已投运66万kW，在建47万kW，近期国家发展改革委集中核准380万kW，预计2010年前后516万kW装机将全部投产。酒泉风电基地装机容量大，距离负荷中心远，电能需要汇集后远距离输送，就必须依靠坚强的电网做保证。目前，新疆电网与西北主网尚未联网，甘肃河西地区位于西北电网送端末梢，电网结构薄弱，电力外送能力受电网暂态稳定制约严重。自2008年随着电源容量增加，酒泉地区风电送出受限幅度进一步加大，目前在投入稳控切机装置后，按风电场装机容量计算，风电受限幅度为瓜州地区20%、玉门地区40%，同时当地小水电出力也严重受限。据西北电力调度通信中心的分析计算，2010年，西北电网（不含新疆）预计最大负荷达3000万kW，峰谷差将达600万kW左右，加之风电的反调峰特性，届时电网的调峰能力在满足自身峰谷差需要的前提下，仅能满足250万kW的风电接入。开发风电必须有调峰电源配套，而且在风电场源头调峰更为合理。如果通过远距离的电源点为酒泉风电提供调峰，将导致全网潮流的大范围转移，特别是河西电网结构薄弱，极易引发电网稳定问题。因此，酒泉大型风电基地必须就近配备一定容量的常规能源机组，为风电机组"保驾护航"。

朱瑞兆说，受电网影响，很多风电企业开始选择南方电网坚强地带来发展风电，而南方内陆风速偏小，湖北地区规划300万kW风电，而湖北地区因属于内地，风速只有5m/s左右，只能通过增加叶片长度来增加风速提高发电量。此外，因为这些地区冬季湿气过大有浮冰问题，对风力发电也带来不小的影响。

风能预报应重视

与常规电源不同，风力发电具有很大的随机性、间歇性和不可控性，正因如此，大容量的风电接入电网会对电力系统的安全、稳定运行以及保证电能质量带来严峻挑战。对此，朱瑞兆表示，国家应加强开发和重视风电功率预报系统工作。风电功率预报系统可以采用中小尺度数值天气预报模式进行近地面风场预报，以风速大小为依据，以逐时风速预报场为基础建立风电发电量预报系统，从而提高风电场的运行效率并作为电网的调度依据。

理性看待风沙问题

对于业内比较关注的风沙磨损将对风电机组寿命产生影响这一问题，朱瑞兆也阐述了自己的观点。他强调，鉴于我国风资源分布的特点和气候特征，风资源丰富区域例如三北地区大多在风沙地区。他笑言，如果把风沙作为阻碍风机寿命和风电发展的因素，那么我国就不能发展风电了。但同时，朱瑞兆也提出，风沙对风力发电也并非完全不产生影响，并且应该重视风沙气候引起的问题。朱瑞兆表示，风沙会损害风机叶片，风机叶片长久运行在风沙气候中会日益减少表面光滑度，造成叶片的污染，从而降低发电量，但这些问题在风电场的发电量计算中会做相关考虑和计算。

稳步推动海上风电发展

2010 年 1 月，为规范海上风电建设，引导海上风电的健康、持续、稳定发展，国家能源局、国家海洋局联合下发《海上风电开发建设管理暂行办法》。有专家表示，此办法使海上风电开发有路径可依，甚至有专家表示 2010 年可以看作是海上风电开发真正起步的年份。而后，随着我国首座也是亚洲首座大型海上风电场即上海东海大桥海上风电场全部 34 台风机安装取得圆满成功，中国海上风电开发的帷幕正式拉开了。对于这种乐观的景象，朱瑞兆说，我国发展海上风电的工作做得远远不够，海上风电在今年可能会有所突破，但大规模发展海上风电的条件并未成熟。

朱瑞兆说，海上风能资源比陆地上大，一般海上风速比陆地上大 10% ~ 20%，而且海上很少有静风期，能有效提高风的机组利用率。另外，与陆地风场机受噪音标准的影响相比，海上风机可以提高风轮转速，风电机组的转速比陆上增大 10%，可使风机利用效率提高 5% ~ 6%。但他强调，虽然海上风电具有广阔的发展空间和前景，针对当前我国风电发展的现实情况和技术水平，还应谨慎投资，不宜过热。

海上风电开发困难重重

众所周知，海上风电场的建设成本远比陆地高得多，一般要高出陆地 1.7 倍以上，另外，海上风电场要求有更坚固的基础，必须牢固地固定在海底，以抵抗海上更大风速的荷载和抗海浪袭击的负荷，仅风机基础投资即约为陆地风机的 10 倍。此外，海上风电远距离的电力输送和并网问题也十分突出。海上风电场由最初离海岸线 10km，发展到目前 60km，需要铺设海底电缆，电缆的铺设路线需要符合海底电缆的标准，才能将风电送到主要的用电地区，大大增加了风电成本。由此，陆地风电场风电机组占总投资的 70%，而在海上的风电场接入电力系统和风电机的基础成本就占到总投资的 50% 以上。

同时，朱瑞兆表示除这些成本问题之外，海上风电的特有环境对风电场建设和风机维修维护工作带来了诸多的不便，不仅要考虑运输工具等问题，天气环境也很重要。朱瑞兆举了一个实例，几年前，国内某大型风电企业在渤海湾海上风场的风电装机仅一年后便由于可靠性及维护成本高昂等问题停止运行。

海上风资源并未摸清

朱瑞兆特别强调，海上风电的发展，风资源普查等基础方面的工作非常重要，应做好非常扎实的工作。他说，虽然陆地上的风资源储量已普查了3次，但都是以气象站资料为基础做的统计结果，由于气象站周围环境复杂且都处于城市郊区，因此存在局限，并不能代表风电场所在地的风资源现状，特别是在复杂地形条件下和沿海岸地带的差异更大。对于海上千万千瓦基地的风资源测量工作，朱瑞兆表现出担忧。除测风塔数量过少外，海底的地质、海浪等情况也需要进一步探测。此外，根据此前的观测数据来看，海上风速并非如想象的那样理想。

因此，我国海上风能资源的普查工作基本还处在初级阶段，当前应在海上风电开发之前做好海上风能资源的普查工作。比如，在各个海域区域建立观测塔结合模式给出详细的海上风能资源分布、区划以及海上风能储量，为今后开发海上风电提供科学依据。

海上电价未明确

3月17日，国家能源局召开了海上风电招标工作方案讨论会。这次会议研究将在江苏大丰、射阳、东台和滨海的4块风场进行特许权招标，并将依此形成海上风电的参考电价。风电上网电价一直以来都是业内关注的热点，尤其是海上风电电价，据悉，国家能源局正在加紧推动海上风电的特许权招标。4月中旬，国家能源局将完成海上风电特许权招标的合同文本，4月底将可能进行正式招标，中国首轮海上风电特许权项目的招标，已经进入最后的准备阶段。我国现在实施的风电标杆电价对于海上风电的规定较为模糊，只是针对陆上四类资源区的定价，要想适应大规模发展海上风电的要求，还应制定专门的电价政策。朱瑞兆表示，希望通过特许权招标，有关部门可以明确海上电价，从而使得海上风电电价有所依据。

朱瑞兆对于海上风电电价问题发表了自己的观点，据他预计，海上风电电价大概有六等分。他将海上风电分为滩涂、近海、远海三种电价。又以长江口以南和以北两个地区受台风影响不同而分为两种区域，因此就变成了6个电价。他认为，这应该是最为合理的海上电价，这样就将台风作为影响电价的因素考虑进去。

在整个采访过程中，朱瑞兆老师不仅对风能发展中的热点、难点问题发表了自己的独到见解，同时，他一直对风电的发展前景寄予美好期望，希望风力发电这一极具潜力的可再生能源早日突破发展中存在的一些问题，取得更好更长足的发展。

我的导师朱瑞兆 *

　　朱瑞兆（1931—　）陕西西安市人，应用气候学家，中国应用气候学奠基人及开拓者，1954 年毕业于西北大学地理系，1986 年被评为研究员，1992 年享受政府津贴。曾任中国气象科学院天气气候所所长。1982 年作为中国代表参加华盛顿世界气象组织第八届气候委员会，被选为建筑气候专业组报告员，同时受邀成为联合国教育科学和文化组织（UNESCO）中国风能报告和联络员。他长期致力于建筑气候学和太阳能和风能资源的研究。在建筑气候中研究中国风压、雪压计算模式以及采暖通风空调的气候指标，并绘制中国风压分布图，1976 年著有《风压计算的研究》，《沿海风压研究》项目在 1985 年获国家科学技术进步奖三等奖。1978 年出席全国科学大会，获全国科学技术奖和"全国科技重大贡献先进工作者"称号，受到党和国家领导人的接见。1980 年率先研究中国风能资源计算模式并首先给出中国风能资源分布和区划。为中国风能开发利用奠基了科学依据，该分布图 30 多年来一直沿用至今，《我国风能资源的计算和区划》项目在 1985 年获国家科技进步奖三等奖。1988 年著有《中国太阳能、风能资源及其利用》一书，1989 年《全国十九省（市、自治区）风能资源详查研究》项目获得国家科学技术进步奖二等奖。1990 年主编中国第一本《中国科学技术蓝皮书（第 5 号）"气候"》并译为英语，由国家科委发布。1985 年合著《应用气候》，1991 年专著《应用气候手册》，1993 年台湾明文书局以繁体字再版，1990—1991 年任《中国气候》共 10 卷副主编，2001 年合著《应用气候学》，2005 年著《应用气候概论》。他提出中国应用气候概论，气候是自然环境组成部分，气候变化可能是有利的，也可能是有害的。应用气候的研究就是充分应用气候有利的一面，尽可能以最小代价来避免其不利的一面，使气候灾害所造成的社会和经济损失减小到最少。实际上就是科学合理地开发利用气候资源，积极有效地预防气候灾害。

一、成长的经历

　　1931 年 10 月 7 日陕西省临潼县阎良镇（现西安市阎良区）朱明道家出生了一个男孩，按家谱属于"瑞"字辈，为了预示家庭有好的彩头，起名"瑞兆"。他的母亲长年多病，他 7 岁时母亲离开了人世。从小就失去了母爱的他，在一段时间里感到很悲观，深陷茫茫然之中。父亲当过人家的账房先生，后经营自己的商店和管理庄稼，他的管理经营模式是"若要发，生意带庄稼"，这种农商互补理念使之发展快而稳定。他总是用朴实的语言教育孩子，"其他一切都是人家的，只有知识是自己的"。他父亲要求孩子很是严格，自己也总是

---

　　*　本文由中国气象科学研究院杨振斌、袁春红撰写。

以身作则，不吸烟不喝酒，没有任何不良嗜好，至今朱家兄弟五人中无一人吸烟喝酒。每到期末，孩子的成绩若不是优等，会很严厉地批评，有时还训斥或者体罚。1944 年朱瑞兆在距家 15 里路程的教会学校"崇美中学"上初中，基督教的一些礼仪活动学生都得参加，如朝会礼拜等。1947 年在距离 60 里地的三原中学读高中，学校各年级按成绩分甲、乙、丙……班，每年根据学生成绩调整一次，朱瑞兆三年都是以优异的成绩分在甲班。1950 年 7月末他考入西北大学地理系，对气象学、气候学特别感兴趣，1954 年毕业后，怀着一种不可遏止的探索天气奥秘的强烈愿望，来到陕西省气象局西安气象台，从事天气预报工作。当时尚无现代卫星云图和数值模式预报天气。朱瑞兆凭着自己对西北天气演变受地形影响的理论研究，预报准确率很高，同时，他又研究了陕西气候各要素随着季节的变化规律，利用图表显示，为天气预报的气候背景提供了科学依据。这一开创性的研究受到了原中央气象局副局长张乃召的当面表扬。和他面谈时，他要求到中央气象局搞气候工作。1956 年底，被调到中央气象局从事气候研究，承担的第一项工作是绘制"国家大地图集"气候图。朱瑞兆任科学编辑，在陶诗言和程纯枢院士的指导下绘制完成了近百幅气象要素图、天气气候图、中国气候锋、气旋路径和反气旋路径、台风路径图等。他的第一篇论文"东亚气候锋"1963 年发表于《气象学报》，填补了我国气候锋图的空白，后被日本刊物转载。1960 年参加了国家建委组织的"东南沿海台风造成损失的全面调查"工作，认识到台风危害很大，激发了他研究建筑风压的信念。他 1980 年和 1982 年两次参加世界气象组织气候委员会会议，会上了解到国外已进行太阳能、风能资源的研究，但中国还是一个空白。于是他连续组织申请国家"六五""七五""八五""九五"攻关项目"中国风能资源计算模式""中国风能资源分布区划""卫星遥感地理信息数值模拟与风能资源评估研究""山区资源模拟研究"等课题。他对风压及风能资源的研究作出了卓越贡献。

在气候研究中他不断吸收新理论，努力提高研究水平，敢于探索创新，在他担任天气气候所所长时，成立了应用气候研究室并兼任主任，他非常注重年轻人的培养，经常与年轻人探讨问题。作为中国应用气候研究开创者，1974 年曾应邀任南京大学客座教授。

1987 年世界气象组织制订了《世界气候计划（WCP）（1988—1997）》，中国相应于 1987年成立了国家气候委员会，该委员会设有 5 个分委会，包含 5 个子计划，其中中国气候应用子计划的研究内容方案由朱瑞兆起草。国家气候委员会计划编写《中国科学技术蓝皮书"气候"》，朱瑞兆负责组织 5 个子计划的编写并兼任主编。经过 3 年的努力，该书 1990 年完成并出版，国务委员宋健作序，国家科委正式发布，填补了中国"气候蓝皮书"的空白。程纯枢院士在书评中说："1990 年宋健率团参加世界气候大会，作为大会文献反映了我国把保护环境和气候变化作为基本国策的郑重立场。"

1995 年，国家科学技术奖励委员会专业评委会特邀朱瑞兆为评委会委员。

2005 年，中国科学院学部组织"我国大规模可再生能源基地与技术发展的研究"，朱瑞兆负责其中"大规模风力发电的研究"的编写。

2007 年 9 月，朱瑞兆参加中国科学院学部组织的"新疆可再生能源院士考察团"工作。

2003—2007 年，国家发展改革委聘朱瑞兆为"国家发展改革委风能特许权项目 1—5 期"评委。

2009 年，朱瑞兆被中国风能杂志誉为"探明中国风能储量泰斗"。

2010 年，国家能源局聘朱瑞兆为"能源行业风电标准建设专家咨询组"专家。

2011 年，风能机械分会为朱瑞兆研究员颁发"2007—2011 年度特殊贡献奖"。

二、主要研究领域和学术成就

（一）开展建筑与气候研究，奠定中国应用气候的基础

应用气候的研究是利用气候学的理论推动经济建设，以提高其完成各项活动的能力，在不同的气候条件下获得最大的经济和社会效益，并保持环境的完整性。

居住是人们的基本生活条件，朱瑞兆认为应用气候研究应从建筑气候着手，为了使建筑适应中国气候特点，他从 20 世纪 50 年代开始就与国家建委合作对建筑风压进行研究。当时上海建筑工程设计风压取值为 $1.96kN/m^2$，广州 $1.181kN/m^2$，他认为如此大的风压几乎是不可能的，经过十多年的研究，他得出了上海 $0.55kN/m^2$、广州 $0.5kN/m^2$ 的合理取值。他为了研究中国的风压，首先调查全国被风灾破坏的建筑，反推当时的最大风速，经过很多案例基本掌握了发生风灾的可能最大风速，并从天气系统和气象资料入手，分析研究我国沿海台风风速究竟可达到多大。由于气象风速资料观测仪器不同，记录的时距（有 2min、10min、瞬时等）和观测的时次（有一天 24 次、3 次、4 次等）不同，给研究风压带来极大的困难，需要将这些原始气候资料同化到同一个水平。朱瑞兆从 1960—1976 年专门针对中国几百个气象站近几十年的最大风速进行一一对比分析研究，对于有疑问的资料亲自去当地调研，整理出一系列完整的最大风速序列。经过数理统计计算给出中国不同地区一整套定时与自记、2min 与 10min 等时距换算的计算模式，同时按天气系统建立台风、寒潮、雷暴等瞬时与 10min 的计算模式，这是他首次自主创新的各种计算模式，时至今日仍在沿用。根据这一套模式结合极值概率分布计算出中国首张风压分布图，1974 年被列入《中华人民共和国建筑结构荷载规范》，1976 年著有《风压计算的研究》专著，1978 年参加全国科学大会荣获"全国科学技术重大贡献先进工作者"。

1979 年，朱瑞兆受国家建委委托在风压研究的基础上进行沿海风压的研究。针对台风影响地区受风压板测风仪在不同地形影响下的最大风速不准确，他在不同坡度设立观测点进行对比观测，并在北航风洞进行仿真试验。经过实测和风洞对比分析给出不同坡度不同风速下影响的风速值，并拟合在坡度为 0°、8°、10°、15°、30°和 46°时的计算模式，以此订正沿海有坡度气象站的最大风速，建立沿海 500 多个点风速序列，提出台风地区最大风速的诊断分析和计算模式，首次给出全国沿海地带的风压分布图，提供给中国建筑荷载规范修订时作为科学依据，该项目 1985 年荣获国家科学技术三等奖。1991—1994 年朱瑞兆又作为第二主持人主持国家自然科学基金和建设部"低造价房屋抗台风灾害的研究"项目，提出台风地区建筑的抗台风措施，该项目获建设部三等奖。

风压是建筑水平荷载，雪压是垂直荷载，朱瑞兆在研究风压的同时对雪压也进行了研究。雪压计算存在两个问题，一是 1980 年以前积雪密度观测站很少，全国仅有 80 余站，积雪密度和气温、积雪深度、积雪时间等因子有很大关系，合理确定全国的积雪密度值是非常关键的问题。他研究建立了积雪密度与各种因子的关系，并根据中国积雪的气候特点将全国划分为 4 个区，长江中下游、新疆北部和东北及内蒙古东部区域积雪密度较大，西北及黄河中下游区较小。二是我国长江中下游冬季积雪很不稳定，有些年份积雪深度很大，而有些年份无积雪，积雪深度为零，给 50 年一遇极值概率计算带来困难，经过数理推导他先将大于 0 的 X 项的资料进行频率计算，这只能代表全部 n 项资料中一部分的概率分布，故全部资料的概率计算必须缩小为 k/n，才能得到真正的概率值。

冬季的严寒和盛夏的酷热给人们的生活带来不适，在建筑设计中必须适应当地的气候，朱瑞兆从 1975 年开始研究采暖区划的气象指标，到 1995 年先后统计并分析绘制冬季通风室外计算温度，采暖室外计算温度，夏季空气调节室外计算日平均温度，夏季通风室外计算温度，夏季空气调节室外计算干、湿球温度，累年日平均温度 ≤5℃ 天数等十余种气候资料和分布图，为我国采暖通风空气调节设计规范提供科学可靠的数据和分区。他还为采暖通风规范编写了有关条目，作为气象指标内容在几次规范修编中没有任何变动。

1976 年，朱瑞兆研究风与城市规划，在城市规划中考虑污染物的输送方向，风速大小决定污染物的稀释能力。朱瑞兆根据全国风向频率玫瑰图首先提出将全国城市分为季节风向变化型、主导风向型、无主导风向型、准静止风四大类型，并提出各风向型城市规划应采取的对策措施。1992 年著有《城乡建筑与天时地利》一书。

1982 年被世界气候委员会邀请为中国建筑气候成员，同时被邀请为中国唯一的国际《Boundary-layer Meteorology》杂志编委，直到 1996 年他主动推荐我国一位院士接任编委。由于建筑气候是应用气候中重要的分支，朱瑞兆了解到应用气候分支中太阳能、风能、城市气候等也很重要，在研究建筑气候的同时，开展了新能源气候的研究。

（二）开展风能资源研究，为中国大规模利用奠定基础

20 世纪 70 年代初，环境污染问题逐渐受到国际社会的关注，风能和太阳能是取之不尽用之不竭的清洁的可再生能源，朱瑞兆认为风能资源的测量、分析、评估等研究对风电选址、规划及其经济效益都有至关重要的作用。1979 年他开始集中精力对风能、太阳能资源进行研究，得到国家科委的支持，"中国风能资源计算和区划"列入国家"六五"科学技术攻关项目。由他策划领导，与薛桁同志共同研究风能功率密度的计算模型。利用已有气象站实测风速资料得到风速的年（月）频数和风速累积频数，他们认为韦布尔（Weibull）概率分布更精确地反映了我国风速的频数，故将韦布尔分布确定为我国风能计算模式。韦布尔分布概率密度函数中有两个参数即尺度参数（A）和形状参数（K），这两个参数的估算有最小二乘法、平均风速和均方差法以及用平均风速和最大风速计算等三种方法。根据比较他认为用最小二乘法计算 A、K 值误差最小。当参数 A、K 值确定后，就可计算风能功率密度。同时，风速的概率密度函数的参数确定后，还可以计算风能的可利用时数等风能参数。

风能与风速的立方成正比，所以风速的取值非常重要。我国气象观测是 1 日 4 次的平均风速和一日 24 次自记平均风速，利用二者风速资料计算出来的风能差异还是较大的，这种较大差异主要是统计本身的误差，所以他选取全国 300 余个平均风速较均一的台站自记风速资料进行计算。由于当时计算条件的原因，每个台站用 30 年的风速资料计算风能功率密度较为困难，经过对比分析他认为采取在 30 年中选一个最大风速年，一个最小风速年和一个平均风速来代表 30 年的风速状况是比较好的模式。该项研究工程浩大，即使选 3 年风速资源仍有 800 万个样本数据要处理计算。

1981 年，朱瑞兆计算得到中国有效风能、风能功率密度和出现的百分率以及有效风能功率密度、风速的年累积小时数等参数。1983 年又与薛桁研究中国风能区划，按有效风能功率的大小、风速年累积小时数的多少，结合天气气候背景、地形等将全国分为风能丰富区、较丰富区、可利用区和欠缺区四个区划。

中国风能资源分布图和中国风能区划图是我国首次研究出的成果，1985 年获得国家科学技术进步三等奖。这些成果已有 30 多年的历史，至今国内外仍以这些成果为依据开发中国的风能。1985 年和 2004 年第二、第三次全国风能普查，与他们研究的中国风能资源的分布和储量基本一致。

1985 年，朱瑞兆和薛桁与水利部合作又开展了第二次风能资源详查，与首次普查相比，这次是针对我国风能资源丰富和较丰富区的 19 省（市、自治区）风能资源状况的详查研究。朱瑞兆与薛桁同志利用 748 个气象台站连续 10 年的风速资料统计计算出分省的风能资料报告 21 篇，详细论述了地区的风能资源状况，为我国有效开发利用风能资源、制定风能开发规划提供了依据。该研究 1989 年获国家科学技术进步二等奖、部局级一二等奖项各一次。特别是后来国家能源局《新能源产业振兴发展规划》中规划全国 8 个千万千瓦级风电基地以及全国几百个风电场均在给出的风能丰富和较丰富区内，为中国风能大规模开发建设奠定了科学基础。

1988 年，朱瑞兆指导研究生开展山区风能资源的模拟研究，以地形坐标系中的水平无辐散关系作为约束条件，在变分的意义下对客观分析获得的风场进行调整，在计算中对风场进行了自然正交展开，可以大大地减少调整次数，从而提高了模式的实用性，并以内蒙古乌盟南部山丘为实例，给出计算过程，得到一定精度的山区风场风能估计值。

1992 年，朱瑞兆指导研究生进行了复杂地形下地面风场的数值模拟及试验。运用一层西格玛坐标下中尺度模式对地面风场进行了诊断模拟，在给定天气背景的高度和温度场后，考虑地表摩擦、非绝热强迫及次网格扩散等过程，在温度场中对稳定状态下的水平动量和表面温度方程进行积分，即可诊断地面风场。以辽东半岛为例模拟出地形和海陆影响下的风场差异，为风电场选址提供了理论依据。

1986 年，朱瑞兆进行的我国风机潜力估计，是在计算全国各地风能密度和利用小时数的基础上，分析风能气候变化规律，在此基础上利用 Justus 给出的风力机输出潜力的方法，计算了不同类型风力机的容量系数，随着平均风速的增大容量系数或输出功率有所增大，但并非按风速三次方增加而是随风速小时增加更为明显，并绘制成图，为选择风电机组提供参考。

（三）撰写中国第一本《气候》蓝皮书

蓝皮书是政府正式发表的重要文件，"中国科学技术蓝皮书"第5号《气候》由国家科学技术委员会于1990年11月发布，国务委员、国家科委主任宋健作序，指出中华民族的发展和进步面临人口膨胀、资源短缺和环境恶化三大问题的严重挑战，而这三大问题的解决都与气候有关。因此研究各种尺度的中长期气候变化规律，深刻了解全球气候、东亚气候、中国气候、各地的局部气候变化规律，对中华民族的发展和建设具有重大的指导意义。

蓝皮书的编写由国家气候委员会组织，经审定批准，朱瑞兆任《气候》分册组长，由12位专家成员组成编写组。1987年11月召开由组长提出的"气候蓝皮书"纲要草稿会议，几经修改报国家气候委员会批准，国家气象局局长气候委员会主任召集6位院士审定，最后形成了一个完整的蓝皮书编写纲要。全书共分五章：第一章概述我国气候特征，包括近海气候及风浪、海冰、海雾、海浪情况，比较详细地概述了干旱、雨涝、台风、霜冻、冷害等气候灾害及其对经济的影响。第二章介绍我国的气候资源，包括光、热、水、太阳能和风能，并综述了我国气候资源的优势和潜力。第三章专论我国四个重大灾害性气候问题：西北地区干旱化趋势；华北的干旱问题及其对水资源的影响；东部旱涝和低温；人类活动对气候的影响。第四章是本书的核心部分，对我国未来60年和10年的气候变化进行了预测。预测首先分别用统计方法、气候变化周期或韵律、太阳活动和人类活动的影响来推测，然后作出综合的预测。第五章提出对策和建议。合理开发、利用和保护气候资源；防御气候灾害，认真对待经济建设中面临的气候问题；减少人类活动对气候恶化的影响；编制国民经济发展规划时要考虑气候变化因素；增强气候意识，加强气候基础工作；加强气候和科学研究与预测工作。

本书经过3年多时间于1990年完成，3年来朱瑞兆研究员全力以赴，不但完成自己负责的章节，而且对全书进行了协调校阅和修改。《气候》蓝皮书出版后，在宋健同志率领代表团出席第二届世界气候大会时，该书作为正式文件，反映了我国把保护环境作为基本国策的郑重立场。由7位院士组成的评审委员会认为"本书是近20年来有关中国气候研究全面的、系统的总结……编写态度严谨，是有关中国气候的一本权威著作，本书不但有很高的学术水平，而且有很大的实用价值"。宋健同志评论本书是"气候科学对社会发展的一个重要贡献，达到了国际水平"。第一本《气候》蓝皮书的发表必将成为历史文献载入史册。

（四）其他主要论著

朱瑞兆自己或与他人合作出版和发表了许多论著，除前文提到的之外，还有一些主要论著如下。

1. 朱瑞兆. 东亚的气候锋 [J]. 气象学报，1963，(4)：527-536.

2. 朱瑞兆，丁国安. 风玫瑰图与气温 [M]. 北京：中国建筑工业出版社，1976.

3. 朱瑞兆. 风压计算的研究 [M]. 北京：科学出版社，1976.

4. 朱瑞兆，王雷. 基本雪压计算中的几个问题 [C]. 全国应用气候会议论文集. 北京：

科学出版社，1977.

　5. 朱瑞兆. 应用气候学的意义、内容和特点 [C]. 全国应用气候会议论文集. 北京：科学出版社，1977.

　6. Zhu Ruizhao. some studies on Applied Climatology in China [C]. WMO World Climate Programme，1980.

　7. 朱瑞兆，薛桁. 我国风能资源 [J]. 太阳能学报，1981 (2)：117-124.

　8. 丁国安，薛桁，朱瑞兆. 武汉地区低空风的特性 [G]. 大气湍流扩散及污染气象论文集. 北京：气象出版社，1982.

　9. 朱瑞兆，薛桁. 中国风能区划 [J]. 太阳能学报，1983 (2)：123-132.

　10. 朱瑞兆. 我国不同概率风压计算 [J]. 气象学报，1984，42 (2)：211-218.

　11. 朱瑞兆. 风与城市规划 [M] //中国地理学会. 城市气候与城市规划. 北京：科学出版社，1985.

　12. Zhu Ruizhao. Wind Energy Resources and Division in China [C]. Proceeding of the 1985 International conference on Solar and Wind energy Application，1985.

　13. 朱瑞兆. 我国风力机潜力的估计 [J]. 气象科学研究院院刊，1986 (2)：185-195.

　14. 朱瑞兆. 中国太阳能-风能综合利用区划 [J]. 太阳能学报，1986 (1)：3-11.

　15. 刘永强，朱瑞兆. 山区风能资源的模拟研究 [J]. 气象学报，1988 (1)：69-76.

　16. 朱瑞兆，祝昌汉，薛桁. 中国太阳能·风能资源及其利用 [M]. 北京：气象出版社，1988.

　17. 薛桁，朱瑞兆. 我国风能开发利用及布局潜力评估 [J]. 太阳能学报，1990 (1)：1-11.

　18. 朱瑞兆. 近地层风特性与风能利用 [C]. 全国风工程及工业空气动力学术会议文集，1990.

　19. 陈志鹏，朱瑞兆，尹晓荣. 中国气候数值区划的研究 [J]. 应用气象学报，1991，2 (3)：271-279.

　20. 朱瑞兆. 应用气候手册 [M]. 北京：气象出版社，1991. （台湾明文出版书局1993年再版）

　21. Zhu Ruizhao. Studies of Building Climate in China [C]. Proceeding of the First Sino-Soviet Symposium on Applied Climatology and Agricultural Meteorology，1991.

　22. 张家诚，朱瑞兆，林之光. 中国气候总论 [M]. 北京：气象出版社，1991.

　23. 刘宣飞，朱瑞兆. 复杂地形下地面风场的数值模拟及试验 [J]. 太阳能学报，1992 (1)：8-14.

　24. 薛桁，朱瑞兆，冯守忠，等. 我国北部草原地区近地层平均风特性分析 [J]. 太阳能学报，1992 (3)：232-238.

　25. 骆箭原，朱瑞兆. 北京八达岭地区近地层风谱特性 [J]. 太阳能学报，1993 (4)：

279-287.

26. 薛桁，朱瑞兆，杨振斌，袁春红. 中国风能资源贮量估算 ［J］. 太阳能学报，2001，22（2）：167-170.

27. 薛桁，朱瑞兆，杨振斌. 沿海陆上风速衰减规律 ［J］. 太阳能学报，2002，23（2）：207-210.

28. 朱瑞兆，谭冠日，王石立. 应用气候学概论 ［M］. 北京：气象出版社，2005.

29. 杨振斌，朱瑞兆，薛桁. 风电场风能资源评价两个参数——相当风速、有效风功率密度 ［J］. 太阳能学报，2007，28（3）：248-251.

荣 誉 证 书

全国科学大会奖状（1）

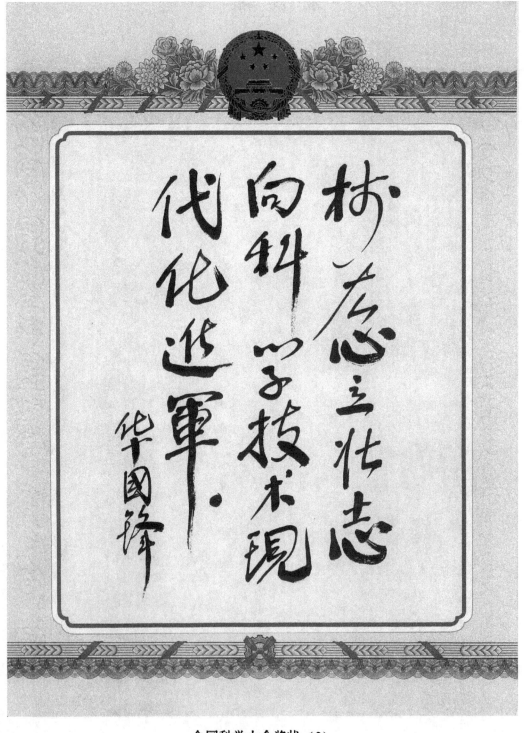

全国科学大会奖状（2）

奖　状

0001104

为表扬在我国科学技术工作中作出重大贡献的先进工作者和先进集体，特颁发此奖状，以资鼓励。

受奖者：朱瑞兆

全国科学大会

一九七八年

全国科学大会奖状（3）

国家科学技术进步奖证书及奖章（1）

国家科学技术进步奖证书及奖章（2）

政府特殊津贴证书

为表彰荣获建设部一九九四年科学技术进步奖，特颁发此证书，以资鼓励。

奖励日期：一九九五年四月

证书号：94-3-1903

获奖项目：低造价房屋抗台风灾害研究

获奖等级：三等

获奖者：陈定外　金新阳　朱瑞兆

中华人民共和国建设部
一九九五年四月

水利电力部科学技术进步奖

获奖证书

为表彰在水利电力科学技术进步工作中做出重大贡献，特颁发此证书，以资鼓励。

获奖项目：全国十九省（市、自治区）风能资源详查

获奖者：朱瑞兆　证书号：8721012-G3

奖励等级：二等　奖励日期：1988.6.20

水利电力部科学技术进步奖
评审委员会
一九八八年六月三十日

部级获奖证书

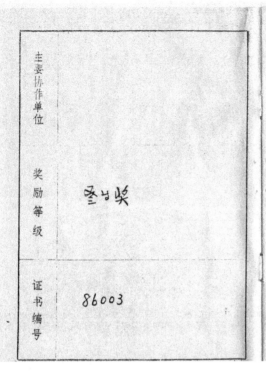

行业获奖证书（1）

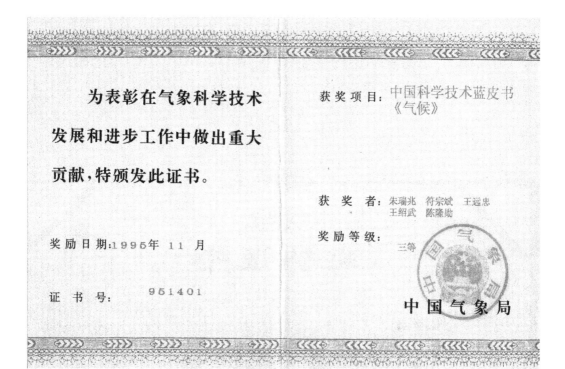

行业获奖证书（2）

行业获奖证书（3）

聘　书

兹聘请 朱瑞兆 同志为能源行业风电标准建设专家咨询组专家。

有效期：2013 年 3 月 31 日

国家能源局

聘书

兹聘请 朱瑞兆 研究员为中国可再生能源学会风能专业委员会顾问。聘期自 2014 年 1 月至 2018 年 12 月。

证书号：CWEA-ZJ2014006

中国可再生能源学会风能专业委员会

二〇一四年一月十日

聘书

后　序

　　支持朱瑞兆老师出这本论文集，是我们多年的心愿，主要是为了记录朱老师在我国新能源领域一路走来的风光历程；弘扬朱老师勇于探索、甘于奉献的科研精神；更重要的是勉励年轻人要树立持之以恒、厚积薄发、勤于钻研的进取精神。

　　朱老师是我们熟知的行业内资深专家，他所取得的成就我们如数家珍。经过多年的潜心研究，他提出了中国应用气候的概念，在建筑气候领域中研究城市规划与气候的关系，给出了风压、雪压计算模式，以及采暖通风空调的气候指标；在太阳能、风能领域研究中他最先提出风能计算模式，并首次给出中国风能分布和区划图以及复杂地形下风场数值模拟；主编了中国科学技术蓝皮书第5号《气候》，同时还进行了中国气候和不同气候区域中城市气候研究等，编著了多本专业图书，发表了数十篇有影响力的论文。

　　朱老师长期从事可再生能源规划和政策制定等工作，曾任中国资源综合利用协会可再生能源专业委员会主任、中国能源研究会理事，曾参与《中华人民共和国节约能源法》起草工作，参加了"七五""八五""九五"和"十五"可再生能源科技攻关项目。

　　朱老师曾荣获"全国科技重大贡献先进工作者"称号，荣获国家科技进步奖二等奖一次、三等奖二次、部局级奖六次，享受政府特殊津贴，还被英国IBC收入世界名人传记。

　　朱老师是我国新能源领域有突出贡献的开拓者，也是为计鹏公司付出无数汗水的老顾问，这本论文集的出版发行，能够让更多人认识朱老师、了解朱老师，让更多人受益于他的研究成果，这既是对他学术成果的认可和传播，也是对他科研精神的敬仰和传承，也是对计鹏公司成立20周年的一份有意义的纪念。

　　正所谓：风电场上九旬长青不老松，人生途中万里征程未停步！感谢朱老师风雨兼程走遍千山万水，推动中国风电从小到大走向辉煌！感谢朱老师德学双馨倾情后生学子，指引计鹏公司由弱变强奔往未来！

　　感谢中国计划出版社周昌恩社长以及其他各位领导、老师的大力支持！

北京计鹏信息咨询有限公司总经理　李昕
2019年6月